注册消防工程师资格考试辅导用书

U0822033

2018年版

消防安全技术综合能力

考前冲刺

主　　编　刘双跃

副 主 编　韩中华

参编人员　（按姓氏笔画排序）

田晴晴　史　昕　刘小芬　刘天琪

刘俊林　张　杰　胡　欢　赵国程

中国劳动社会保障出版社

图书在版编目（CIP）数据

消防安全技术综合能力考前冲刺：2018年版 / 刘双跃主编. -- 北京：中国劳动社会保障出版社，2018

注册消防工程师资格考试辅导用书

ISBN 978-7-5167-3663-0

Ⅰ.①消… Ⅱ.①刘… Ⅲ.①消防－安全技术－资格考试－自学参考资料 Ⅳ.①TU998.1

中国版本图书馆CIP数据核字（2018）第171798号

中国劳动社会保障出版社出版发行

（北京市惠新东街1号 邮政编码：100029）

*

保定市中画美凯印刷有限公司印刷装订 新华书店经销

787毫米×1092毫米 16开本 21印张 532千字

2018年7月第1版 2018年9月第3次印刷

定价：60.00元

营销中心电话：（010）64962347

中国人事考试图书网网址：http://rsks.class.com.cn

版权专有 侵权必究

如有印装差错，请与本社联系调换：（010）50948191

我社将与版权执法机关配合，大力打击盗印、销售和使用盗版图书活动，敬请广大读者协助举报，经查实将给予举报者奖励。

举报电话：（010）64954652

前　言

为满足应试人员全方位备考需求，准确理解注册消防工程师资格考试大纲和2018年版教材，更好地开展复习备考，我们特邀长期从事实践工作和教学研究的专家，对考试大纲和2018年版教材进行深入分析，对历年考试情况进行了系统梳理，结合知识点重要程度，组织编写了“注册消防工程师资格考试辅导用书”，包括模拟测试和考前冲刺两个系列。

模拟测试系列丛书，由贴近考试要求、考试题型和考试难度的模拟测试题组成，力求全面、真实地体现考试重点和考试难点，帮助应试人员进行考前测试，检验学习效果。书中还提供了模拟测试题参考答案及解析。

考前冲刺系列丛书，结合2018年版教材和标准规范内容，总结考试规律，对考点进行了全面梳理，以各章主要考点形式呈现，以便应试人员有的放矢，在有限时间内有效提高备考能力。为便于自我测评，图书最后附有一套模拟测试题，帮助应试人员进行考前冲刺。

需要特别说明的是，本套辅导用书的内容如有与现行国家消防技术标准规范不一致之处，应以国家的消防技术标准规范为准。

由于编者水平所限，加之时间仓促，书中难免存在不足，希望读者批评指正。有关意见建议，请发至邮箱 xfszgks@126.com。

目　录

第一部分　备考攻略

第二部分　考点汇集

第一部分　备考攻略

一、复习方法

结合注册消防工程师资格考试的特点，总结学习经验，特向应试人员推荐下列三大学习方法。

（一）正向学习

正向学习是指从教材阅读开始，经过对知识点的梳理和记忆，再加入习题练习，最后参加考试的过程。这样的学习过程，适合于时间较充裕，且能自由支配复习时间的应试人员，同时也要求应试人员具备良好的自控和自学能力。正向学习的优点是学习基础扎实、记忆效果深刻，通常能取得较好的考试成绩。

采取正向学习要注意以下几点。

1. 学习目标层次化

在具备足够的备考时间的情况下，既要确定学习目标，又要将学习目标划分为不同的层次。正向学习首先要明确学习目标，了解某个知识点在知识结构（网）中的位置，在复习时着重从宏观中把握微观，注重知识点的联系。更重要的是明确知识点的难易程度，应该掌握的层次要求，即认知、理解、应用、分析、综合、评价等不同层次，从中找到或明确学习的重要目标，即知识重点。

明确学习目标并分好层次是正向学习的先决条件。其核心问题是必须形成自我测验、自我矫正、自我补救的自我约束习惯。通常来讲，每学习完一章后，就要对应着学习目标寻找一些检测性习题，对自己进行检测并及时地反馈评价，及时矫正和补救。

2. 归纳思维记忆化

在正向学习中的另一个关键问题就是知识点的梳理，在学习教材的同时，通过运用归纳思维，寻找到相关的知识点，形成对知识的特点、核心、性质的认知、理解与运用。在学习教材的基础上认真深入地思考，把学习与思考结合起来。运用归纳思维，要善于归纳事物的特点、性质，甚至对消防技术标准规范中的语句、段落、前提条件、应用场景等都要精准把握，同时，以归纳为基础，搜索相同、相近、相反的知识，把它们放在一起进行识记与理解，以达到更快地理解、掌握、记忆的效果。

（二）反向学习

反向学习是指从做题开始，在做题过程中梳理和记忆知识点，再查阅教材和消防技术标准规范等，最后参加考试的过程。这样的学习过程，适合于可支配自由时间较少的应试人员，以充分实现碎片化学习。

选择反向学习要注意以下几点。

1. 问题学习主动性

带着问题去看书，有利于集中注意力，使目的更明确。反向学习要求一边做题，一边梳理知识点和问题，对于不好理解的知识点和问题，还要去教材或标准规范中寻找答案，思考问题和集中注意力去解决问题是反向学习的核心和关键。最终，应试人员在复习备考时能够努力去解决一个个问题，解决问题的过程，也就是应试人员获取知识、不断进步的过程。

2. 矛盾学习对比性

矛盾的观点是采用对比学习的哲学依据，要对比不同知识点是否具有相同、相近或相反的属性。在消防专业知识中，存在着许多可对比的内容，例如，建筑分类、危险性分类、消防设施等。对比学习的最大优点在于：①对比记忆可以减轻应试人员记忆负担，相同的时间内可识记更多的内容。②对比学习有利于区别易混淆的概念、原理，加深对知识的理解。③对比学习要求应试人员把知识按不同的特点进行归类，形成容易检索的程序知识，有利于知识的再现与提取，也有利于知识的灵活运用。

（三）模块学习

模块学习就是跨教材的学习。注册消防工程师资格考试中的建筑防火和消防设施两大方面更适合于模块学习。即将《消防安全技术实务（2018 年版）》第二篇建筑防火，第四篇其他建筑、场所防火，《消防安全技术综合能力（2018 年版）》第二篇建筑防火检查，与《消防安全案例分析（2018 年版）》第一篇建筑防火案例分析组合在一起构成“建筑防火模块”；将《消防安全技术实务（2018 年版）》第三篇建筑消防设施，《消防安全技术综合能力（2018 年版）》第三篇消防设施安装、检测与维护管理，与《消防安全案例分析（2018 年版）》第二篇消防设施应用案例分析组合在一起构成“消防设施模块”。对于上述的两个模块，鉴于它们之间存在着相同的知识基础和知识点，因此可以进行跨教材的学习。在模块学习过程中，要注意以下几个方面。

1. 具体学习关联性

消防安全技术实务、消防安全技术综合能力和消防安全案例分析的知识点之间存在着一定的联系，应试人员把联系的观点运用到学习当中，会有助于对消防专业知识的理解，起到事半功倍的效果。联系学习要求自觉地发挥主观能动性，从而有目的地去探索和寻找模块内部之间共同的知识点及内在联系。

对消防知识掌握的广度与深度直接影响到建立知识点间的联系。应试人员可以运用辩证思维，通过阅读教材、查阅法规、做题训练构建知识点间的联系，并使之储存在大脑之中，从而使应试人员知识结构（网）日益扩大，知识点掌握日益增多，把抽象的知识具体化，形成联想记忆。

2. 循序渐进持续性

应试人员在备考学习中的第一个误区就是一心求快，不考虑自己的水平，拿到书就看，去记忆那些不理解的防火间距、耐火等级以及疏散人数规定等枯燥数据；拿到练习题就做，不求甚解地大量“刷题”。应试人员在备考学习中第二个误区就是认为只要肯花时间，多看书、多做练习，考试成绩必然提高。其实不尽然。虽然量变的必然结果是质变，但并不能说任何量变都会引起质变。在现实生活中，有的应试人员时间花得不多、练习量不大为何能明显提高得分率呢？这就是一个效率问题，不能盲目地投入精力，需要做到循序渐进。最好的方法是采取多遍循环深入的方式来学习，即：“先结构，后体系，再到内容细节”。学习也是一个“先懂、后记、再应用”的过程，如果只是大量的死记教材或规范中枯燥数据及公式，离开了应用场景是无法完成消防工程的计算题目的。应试人员要针对自己的实际情况，采取正确的学习方法，按照循序渐进方式一点一滴来备考。

上述三种备考学习方式，可以在不同的学习阶段混合应用，根据应试人员自己的实际情况正确选择。随着计算机网络和社交媒体的应用，各种“合作学习群”也是值得提倡的。合作学习有 5 个不可缺少的要素：①积极“互赖”，指的是应试人员知道他们不仅要为自己的学习负责，而且要为其所在小组的其他同学的学习负责。②面对面的促进性相互作用。③个人责任，指的是每个应试人员都必须承担一定的学习任务。④社交与表达技能。⑤学习小组自加工，小组必须定期地评价共同活动的情况，保持小组活动的有效性，持续改进提高。

与水平差不多的人一起学习，就有了一个学习伙伴，更何况每位应试人员都有自己的长处；与水平高于你的人一起学习，他就是你的老师，你自然可以学得许多东西；与水平低于你的人一起学习，你是他的老师，也就是“教学相长”，同样可以学得许多东西。合作学习有利于增进备考的技能、技巧与策略，学会有效地表达所学的知识。

二、重点内容

（一）考试大纲

《注册消防工程师资格考试大纲》（以下简称《大纲》）是注册消防工程师资格考试的标准，是考试命题的依据，是应试人员的必备指南，其内容和范围体现了注册消防工程师运用所学消防专业知识和技术，完成消防专业技术工作的基本能力。作为参加注册消防工程师考试的应试人员有必要对《大纲》中的考试目的、考试内容及要求和考试样题进行深入了解，以此做好考前的准备工作。

《消防安全技术综合能力》科目的考试目的是考查消防专业技术人员在消防安全技术工作中，根据现行消防法律法规，运用相关消防技术和标准规范，检查、发现、解决消防安全技术问题的能力。

《消防安全技术综合能力》科目的考试内容及要求共分为五部分：消防法规及相关知识运用；建筑消防安全检查；消防设施检测与维护管理；火灾高危单位消防安全评估；消防安全管理。具体内容及要求如下。

1. 消防法规及相关知识运用

（1）消防专业理论应用

运用燃烧、火灾及相关爆炸机理，辨识火灾和爆炸的类别及其特点，分析各种燃烧物质的燃烧产物及其有毒有害性，提出预防火灾、爆炸和扑救火灾的技术方法。

（2）易燃易爆危险品管理

运用燃烧和爆炸机理及相关标准规范，分析易燃易爆危险品火灾、爆炸的危险性，提出易燃易爆危险品安全管理的措施、方法与要求。

（3）消防法及相关法律法规的运用

根据《中华人民共和国消防法》《中华人民共和国行政处罚法》《中华人民共和国刑法》等法律以及《机关、团体、企业、事业单位消防安全管理规定》和《社会消防技术服务管理规定》等行政规章的有关规定，分析、判断建设工程活动和消防产品使用以及其他消防安全管理中违法行为及其相应的法律责任。

（4）消防职业道德行为

根据《中华人民共和国消防法》《社会消防技术服务管理规定》和《注册消防工程师制度暂行规定》，辨识注册消防工程师执业活动的合法性，确认注册消防工程师履行义务的情况以及规范注册消防工程师执业行为和职业道德修养的基本原则和方法，分析界定注册消防工程师执业行为的法律责任。

2. 建筑消防安全检查

（1）建筑总平面布局与平面布置

运用消防技术和标准规范，辨识建筑分类及其耐火等级，开展建筑总平面布局和平面布置检查，排查存在的消防安全隐患，分析原因，提出隐患整改的措施、方法和要求。

（2）建筑防火防烟分区

运用消防技术和标准规范，开展建筑防火分区与防烟分区划分及防火分隔设施设置的消防安全检查，排查存在的消防安全隐患，分析原因，提出隐患整改的措施、方法和要求。

（3）建筑安全疏散设施

运用消防技术和标准规范，开展建筑安全疏散设施的消防安全检查，排查安全疏散设施方面存在的消防安全隐患，分析原因，提出隐患整改的措施、方法和要求。

（4）易燃易爆场所防爆

运用消防技术和标准规范，辨识易燃易爆场所危险等级，开展防爆检查，排查火灾、爆炸等消防安全隐患，分析原因，提出隐患整改的措施、方法和要求。

（5）建筑装修和建筑外墙保温

运用消防技术和标准规范，辨识建筑内部装修和外墙保温材料的燃烧性能，开展建筑内部装修和外墙保温材料的消防安全检查，排查存在的消防安全隐患，分析原因，提出隐患整改的措施、方法和要求。

3. 消防设施检测与维护管理

（1）通用要求

运用消防相关技术和标准规范，开展建筑消防设施的监测和检查，开展单体建筑面积4万m^2及以下建筑的消防设施的检测与维护保养。

（2）消防给水设施

运用相关消防技术和标准规范，开展消防给水设施的检查、检测与维护保养，发现消防给水设施的常见故障，分析原因，解决相关技术问题。

（3）室内外消火栓系统

运用相关消防技术和标准规范，开展消火栓系统的检查、检测与维护保养，发现系统的常见故障，分析原因，解决相关技术问题。

（4）自动水灭火系统

运用相关消防技术和标准规范，开展自动喷水灭火系统、水喷雾灭火系统、细水雾灭火系统的检查、检测与维护保养，发现系统的常见故障，分析原因，解决相关技术问题。

（5）气体灭火系统

运用相关消防技术和标准规范，开展二氧化碳、IG541、七氟丙烷等气体灭火系统的检查、检测与维护保养，发现系统的常见故障，分析原因，解决相关技术问题。

（6）泡沫灭火系统

运用相关消防技术和标准规范，开展各种泡沫灭火系统检查、检测与维护保养，发现系统的常见故障，分析原因，解决相关技术问题。

（7）干粉灭火系统

运用相关消防技术和标准规范，开展干粉灭火系统检查、检测与维护保养，发现系统的常见故障，分析原因，解决相关技术问题。

（8）建筑灭火器配置与维护管理

运用相关消防技术和标准规范，对建筑灭火器进行安装配置、检查和维修，发现建筑灭火器安装配置、检查以及灭火器维修过程中常见的问题，分析原因，解决相关技术问题。

（9）建筑防烟排烟系统

运用相关消防技术和标准规范，开展建筑防烟排烟系统检查、检测与维护保养，发现系统的常见故障，分析原因，解决相关技术问题。

（10）消防用电设备的供配电与电气防火防爆

运用相关消防技术和标准规范，开展消防供配电系统和电气防火防爆的检查，提出电气防火技术措施，发现常见的电气消防安全隐患。

（11）消防应急照明和疏散指示标志

运用相关消防技术和标准规范，开展建筑消防应急照明和疏散指示标志的检查、检测与维护保养，发现常见故障，分析原因，解决相关技术问题。

（12）火灾自动报警系统

运用相关消防技术和标准规范，开展火灾探测报警系统、消防联动控制系统、可燃气体探测报警系统、电气火灾监控系统检查、检测与维护保养，发现系统的常见故障，分析原因，解决相关技术问题。

（13）城市消防安全远程监控系统

运用相关消防技术和标准规范，开展城市消防安全远程监控系统监测活动，发现常见故障，分析原因，解决相关技术问题。

4. 火灾高危单位消防安全评估

根据有关规定和相关消防技术标准规范，运用消防安全评估技术与方法，确定单位消防安全评估的内容、方法和步骤，开展对除100 m（含）以上公共建筑、大型的人员密集场所、大型的危险化学品单位外的火灾高危单位进行消防安全评估活动，辨识和分析其火灾风险，提出解决问题的措施、方法和要求。

5. 消防安全管理

（1）社会单位消防安全管理

根据消防法律法规和有关规定，运用相关消防技术和标准要求，对除250 m（含）以上高层公共建筑、大型危险化学品单位外的社会单位进行消防安全管理。组织制定消防安全制度、操作规程和消防工作计划。组织实施防火检查、消防设施和灭火器材维护保养，整改火灾隐患。组织开展消防知识、技能的宣传教育和培训。组织灭火和应急疏散预案的制定和演练。组织管理专职消防队和义务消防队。检查单位依法履行消防安全职责的情况，解决单位消防安全管理问题。

（2）建设工程施工现场消防安全管理

根据消防法律法规和有关规定，运用相关消防技术和标准规范，提出施工现场消防管理内容与要求，排查施工现场消防安全隐患，指导和监督相关作业人员依法依规施工作业，解决施工现场消防安全管理问题。

（二）考点分布

通过对近三年的试题分析，《消防安全技术综合能力》科目的考试题目按篇的分布情况见表1—1。

表 1—1 《消防安全技术综合能力》试题按篇分布统计

考试年份	2015 年		2016 年		2017 年	
统计项目	题量	分值	题量	分值	题量	分值
第一篇 消防法及相关法律法规与消防职业道德	12	13	7	7	7	7
第二篇 建筑防火检查	27	33	31	38	30	39
第三篇 消防设施安装、检测与维护管理	50	60	51	61	47	56
第四篇 消防安全评估方法与技术	3	4	2	2	2	2
第五篇 消防安全管理	5	6	8	10	11	12
其他	3	4	1	2	3	4
合计	100	120	100	120	100	120

1. 消防法及相关法律法规与消防职业道德

第一篇消防法及相关法律法规与消防职业道德各年分值所占比值：2015 年为 11.2%；2016 年为 5.9%；2017 年为 6.0%。试题按章的分布情况见表 1—2。

表 1—2 第一篇消防法及相关法律法规与消防职业道德按章分布统计

考试年份	2015 年		2016 年		2017 年	
统计项目	题量	分值	题量	分值	题量	分值
第一篇 消防法及相关法律法规与消防职业道德	12	13	7	7	7	7
第一章 消防法及相关法律法规	10	11	6	6	7	7
第二章 注册消防工程师职业道德	2	2	1	1	0	0

2. 建筑防火检查

第二篇建筑防火检查各年分值所占比值：2015 年为 28.4%；2016 年为 32.2%；2017 年为 33.6%。试题按章的分布情况见表 1—3。

表 1—3 第二篇建筑防火检查按章分布统计

考试年份	2015 年		2016 年		2017 年	
统计项目	题量	分值	题量	分值	题量	分值
第二篇 建筑防火检查	27	33	31	38	30	39
第一章 建筑分类和耐火等级检查	2	2	2	2	2	2
第二章 总平面布局与平面布置检查	8	12	6	8	6	8
第三章 防火防烟分区检查	4	4	5	5	6	7
第四章 安全疏散设施检查	8	10	10	13	9	11
第五章 防爆检查	2	2	4	5	3	4
第六章 建筑装修和保温系统检查	3	3	4	5	4	5

3. 消防设施安装、检测与维护管理

第三篇消防设施安装、检测与维护管理各年分值所占比值：2015年为51.7%；2016年为51.7%；2017年为48.3%。试题按章的分布情况见表1—4。

表1—4　　第三篇消防设施安装、检测与维护管理按章分布统计

考试年份	2015年		2016年		2017年	
统计项目	题量	分值	题量	分值	题量	分值
第三篇　消防设施安装、检测与维护管理	50	60	51	61	47	56
第一章　消防设施质量控制、维护管理与消防控制室管理	3	3	3	3	2	2
第二章　消防给水	6	7	8	11	5	7
第三章　消火栓系统	3	4	2	2	3	3
第四章　自动喷水灭火系统	9	11	10	12	9	11
第五章　水喷雾灭火系统	2	2	1	1	1	1
第六章　细水雾灭火系统	0	0	1	1	1	1
第七章　气体灭火系统	4	5	4	5	4	5
第八章　泡沫灭火系统	2	2	3	3	3	3
第九章　干粉灭火系统	2	2	2	2	2	2
第十章　建筑灭火器	4	5	4	5	4	5
第十一章　防烟排烟系统	3	3	3	3	2	2
第十二章　消防用电设备的供配电与电气防火防爆	4	5	1	1	2	2
第十三章　消防应急照明和疏散指示系统	2	2	2	2	2	2
第十四章　火灾自动报警系统	6	9	7	10	6	9
第十五章　城市消防远程监控系统	0	0	0	0	1	1

4. 消防安全评估方法与技术

第四篇消防安全评估方法与技术各年分值所占比值：2015年为3.4%；2016年为1.7%；2017年为1.7%。试题按章的分布情况见表1—5。

表 1—5　　第四篇消防安全评估方法与技术按章分布统计

考试年份	2015 年		2016 年		2017 年	
统计项目	题量	分值	题量	分值	题量	分值
第四篇　消防安全评估方法与技术	3	4	2	2	2	2
第一章　区域消防安全评估方法与技术	0	0	0	0	1	1
第二章　建筑火灾风险评估方法与技术	1	1	1	1	1	1
第三章　建筑消防性能化设计评估方法与技术	2	3	1	1	0	0
第四章　人员密集场所消防安全评估方法与技术	0	0	0	0	0	0

5. 消防安全管理

第五篇消防安全管理各年分值所占比值：2015 年为 5.2%；2016 年为 8.5%；2017 年为 12.1%。试题按章的分布情况见表 1—6。

表 1—6　　第五篇消防安全管理按章分布统计

考试年份	2015 年		2016 年		2017 年	
统计项目	题量	分值	题量	分值	题量	分值
第五篇　消防安全管理	5	6	8	10	11	12
第一章　消防安全管理概述	0	0	0	0	0	0
第二章　社会单位消防安全管理	2	3	2	4	6	6
第三章　社会单位消防宣传与教育培训	0	0	1	1	1	1
第四章　应急预案编制与演练	1	1	2	2	1	2
第五章　施工现场消防安全管理	2	2	2	2	2	2
第六章　大型群众性活动消防安全管理	0	0	1	1	1	1

（三）重点概述

《消防安全技术综合能力（2018 年版）》辅导教材的内容分为：第一篇消防法及相关法律法规与消防职业道德，第二篇建筑防火检查，第三篇消防设施安装、检测与维护管理，第四篇消防安全评估方法与技术，第五篇消防安全管理。各篇重点复习内容以及本书汇集的考点如图 1—1 至图 1—7 所示。

- 第一篇 消防法及相关法律法规与消防职业道德
  - 第一章 消防法及相关法律法规
    - 【考点一】单位的消防安全责任【★★】
    - 【考点二】建设工程消防设计审核、验收和备案制度【★★★★】
    - 【考点三】举办大型群众性活动的消防要求【★★★】
    - 【考点四】消防技术服务机构和执业人员的规定【★★★】
    - 【考点五】《中华人民共和国消防法》的法律责任【6★】
    - 【考点六】《中华人民共和国建筑法》相关规定【★★】
    - 【考点七】《中华人民共和国安全生产法》相关规定【★★】
    - 【考点八】《中华人民共和国刑法》相关规定【★★★★】
    - 【考点九】《公共娱乐场所消防安全管理规定》相关要求【★★】
    - 【考点十】《机关、团体、企业、事业单位消防安全管理规定》相关要求【6★】
    - 【考点十一】《社会消防安全教育培训规定》相关要求【★★★★】
    - 【考点十二】《建设工程消防监督管理规定》相关要求【★★★★★】
    - 【考点十三】《消防监督检查规定》相关要求【★★】
    - 【考点十四】《火灾事故调查规定》相关要求【★★】
    - 【考点十五】《消防产品监督管理规定》相关要求【★★★】
    - 【考点十六】《社会消防技术服务管理规定》相关要求【★★★】
    - 【考点十七】《注册消防工程师制度暂行规定》【★★★★★】
  - 第二章 注册消防工程师职业道德
    - 【考点一】职业道德的特点【★★】
    - 【考点二】职业道德原则的特点及作用【★★】
    - 【考点三】消防工程师职业道德的根本原则【★★★】
    - 【考点四】消防工程师职业道德基本规范组成【★★★】
    - 【考点五】消防工程师职业道德修养的内容【★★】
    - 【考点六】消防工程师职业道德修养的途径和方法【★★★】

图1—1 第一篇消防法及相关法律法规与消防职业道德考点分布图

- 第二篇　建筑防火检查
  - 第一章　建筑分类和耐火等级检查
    - 【考点一】建筑分类【★★】
    - 【考点二】建筑高度及层数的检查【★★】
    - 【考点三】火灾危险性的分类【★★★★】
    - 【考点四】火灾危险性的检查【★★★】
    - 【考点五】民用建筑类别的检查【★★】
    - 【考点六】汽车库、修车库、停车场的检查【★★】
    - 【考点七】建筑构件的燃烧性能和耐火极限【★★★★】
    - 【考点八】耐火等级与建筑分类的适应性【★★★】
    - 【考点九】建筑最多允许层数与耐火等级适应性检查【★★】
    - 【考点十】钢结构建筑构件防火涂料检查【★★】
  - 第二章　总平面布局与平面布置检查
    - 【考点一】城市总体布局的消防安全【★★】
    - 【考点二】企业总平面布局【★★★】
    - 【考点三】防火间距【★★★★★】
    - 【考点四】消防车道检查【★★★】
    - 【考点五】消防车登高操作场地检查【★★★★】
    - 【考点六】厂房、仓库平面布置检查内容【7★】
    - 【考点七】民用建筑平面布置检查内容【★★★★★】
    - 【考点八】汽车库、修车库检查内容【★★】
    - 【考点九】人防工程检查内容【★★★】
    - 【考点十】消防电梯检查内容及方法【7★】
    - 【考点十一】直升机停机坪的检查【★★】
    - 【考点十二】消防救援口的检查【★★★★】
  - 第三章　防火防烟分区检查
    - 【考点一】防火分区的划分及目的【★★】
    - 【考点二】防火分区检查【6★】
    - 【考点三】中庭的检查【★★】
    - 【考点四】有顶棚的步行街防火检查【★★】
    - 【考点五】电梯井和管道井等竖向井道检查【★★】
    - 【考点六】建筑外（幕）墙检查【★★】
    - 【考点七】变形缝检查【★★】
    - 【考点八】防烟分区设置【★★★★】
    - 【考点九】挡烟设施【★★★★★】
    - 【考点十】防烟和排烟设施【★★★】
    - 【考点十一】防烟墙的检查【★★★★】
    - 【考点十二】防火门的检查【★★★★★】
    - 【考点十三】防火窗的检查【★★★】
    - 【考点十四】防火卷帘的检查【★★★】
    - 【考点十五】防火阀的检查【★★】
    - 【考点十六】排烟防火阀【★★★★】
    - 【考点十七】防火隔间【★★】
  - 第四章　安全疏散设施检查
    - 【考点一】安全出口的检查【★★★】
    - 【考点二】疏散出口的检查【★★★★★】
    - 【考点三】安全疏散距离的检查【★★★】
    - 【考点四】疏散走道的检查【★★★★】
    - 【考点五】避难走道的检查【★★★★★】
    - 【考点六】疏散楼梯间的设置形式检查【★★★★】
    - 【考点七】疏散楼梯间平面布置及净宽度检查【7★】
    - 【考点八】疏散楼梯间的安全性检查【★★★】
    - 【考点九】疏散楼梯间的检查方法【★★★】
    - 【考点十】防火隔间检查内容【★★★】
    - 【考点十一】避难层（间）检查内容【★★★★】
    - 【考点十二】病房楼的避难间检查内容【★★★★】
    - 【考点十三】下沉式广场检查内容【★★★★★】
  - 第五章　防爆检查
    - 【考点一】建筑防爆检查内容【★★★★★】
    - 【考点二】电气防爆检查内容【★★★★★】
    - 【考点三】消防供电检查【★★★】
    - 【考点四】通风和空调系统检查内容【★★★★】
    - 【考点五】供暖系统检查内容【★★】
  - 第六章　建筑装修和保温系统检查
    - 【考点一】建筑内部装修的检查【7★】
    - 【考点二】建筑外墙的装饰检查内容【★★★★】
    - 【考点三】建筑外保温系统检查内容【6★】

图 1—2　第二篇建筑防火检查考点分布图

第三篇 消防设施安装、检测与维护管理

第一章 维护管理与消防设施质量控制、消防控制室管理

- 【考点一】消防设施施工准备、过程控制及问题处理【★★★】
- 【考点二】消防设施现场检查【★★★★】
- 【考点三】消防设施施工安装调试【★★】
- 【考点四】消防设施技术检测【★★】
- 【考点五】维护管理各环节工作要求【★★★】
- 【考点六】消防控制设备的监控要求【★★】
- 【考点七】消防控制室台账档案建立【★★★】
- 【考点八】消防控制室值班要求【★★★★】
- 【考点九】消防控制室应急处置程序【★★★】
- 【考点十】消防控制室控制、显示要求【★★★】

第二章 消防给水

- 【考点一】消防给水系统的分类【★★★】
- 【考点二】消防水源选择的条件【★★】
- 【考点三】设备、组件、管材管件及其他设备、材料进场检查【★★★】
- 【考点四】消防水泵的检查【★★】
- 【考点五】稳压泵及水泵接合器的检查【★★】
- 【考点六】管材、管件、阀门及其附件的现场检查【★★★】
- 【考点七】消防水泵的选择、安装验收及控制操作要求【★★★★★】
- 【考点八】消防稳压泵的设计安装要求【★★★★★】
- 【考点九】水泵接合器的安装及验收【★★★★】
- 【考点十】消防水泵房的设计要求【★★★】
- 【考点十一】给水管网的连接方式及安装要求【★★★】
- 【考点十二】临时消防给水系统设计要求【★★★】
- 【考点十三】消防给水系统试压和冲洗【★★★】
- 【考点十四】消防给水系统维护管理人员要求【★★★】
- 【考点十五】消防水源的维护管理【★★★】
- 【考点十六】消防给水供水设施设备的维护管理【6★】
- 【考点十七】给水管网的维护管理【★★】

第三章 消火栓系统

- 【考点一】消火栓的选择【★★★】
- 【考点二】消火栓的分类与检查【★★】
- 【考点三】消火栓箱的分类与检查【★★】
- 【考点四】消防水带的分类与检查【★★】
- 【考点五】消防水枪的分类与检查【★★★】
- 【考点六】消防接口的分类与检查【★★】
- 【考点七】室外消火栓的安装调试及检测验收【★★★】
- 【考点八】室内消火栓的安装调试与检测验收【★★】
- 【考点九】消火栓箱检测验收【★★】
- 【考点十】消火栓的调试和测试【★★★】
- 【考点十一】消火栓系统减压阀调试【★★★】
- 【考点十二】消火栓的检测验收【★★★★】
- 【考点十三】室外消火栓系统的维护管理【★★】
- 【考点十四】室内消火栓系统的维护管理【★★】
- 【考点十五】消火栓外观和漏水维护管理【★★★】

第四章 自动喷水灭火系统

- 【考点一】自动喷水灭火系统的构成及分类【★★★】
- 【考点二】自动喷水灭火系统喷头的现场检验要求【7★】
- 【考点三】自动喷水灭火系统报警阀组现场检查内容及要求【★★★★】
- 【考点四】自动喷水灭火系统其他组件的现场检查【★★】
- 【考点五】自动喷水灭火系统喷头安装及质量检测要求【★★★】
- 【考点六】自动喷水灭火系统报警阀组安装与检测要求【★★】
- 【考点七】自动喷水灭火系统报警阀组安装与技术检测【★★】
- 【考点八】自动喷水灭火系统水流报警装置安装与技术检测【★★★】
- 【考点九】自动喷水灭火系统冲洗、试压【★★★】
- 【考点十】自动喷水灭火系统调试与联动试验【6★】
- 【考点十一】自动喷水灭火系统竣工验收【★★★★】
- 【考点十二】末端试水装置设置要求【★★★】
- 【考点十三】自动喷水灭火系统巡查内容及周期【★★★】
- 【考点十四】自动喷水灭火系统维护频次及要求【7★】
- 【考点十五】湿式报警阀组常见故障分析、处理【★★★★★】
- 【考点十六】预作用装置常见故障分析、处理【★★】
- 【考点十七】雨淋报警阀组常见故障分析、处理【★★】
- 【考点十八】水流指示器常见故障分析、处理【★★】

第五章 水喷雾灭火系统

- 【考点一】水喷雾灭火系统喷头工作压力及选型【★★★★】
- 【考点二】水喷雾灭火系统雨淋报警阀组安装【★★】
- 【考点三】水喷雾灭火系统的冲洗【★★】
- 【考点四】水喷雾灭火系统调试【★★★★】
- 【考点五】水喷雾灭火系统验收【★★】
- 【考点六】水喷雾灭火系统维护管理【★★】

图 1—3 第三篇消防设施安装、检测与维护管理（第一～五章）考点分布图

第三篇　消防设施安装、检测与维护管理

第六章　细水雾灭火系统
- 【考点一】细水雾灭火系统分类【★★】
- 【考点二】细水雾灭火系统喷头及阀组的现场检查【★★】
- 【考点三】细水雾灭火系统泵组及泵组控制柜的安装要求【★★】
- 【考点四】细水雾灭火系统管道的安装要求【★★】
- 【考点五】细水雾灭火系统喷头的安装要求【★★★】
- 【考点六】细水雾灭火系统控制阀组的安装要求【★★】
- 【考点七】细水雾灭火系统管网的冲洗、试压【★★】
- 【考点八】细水雾灭火系统调试与现场功能测试【★★★】
- 【考点九】细水雾灭火系统验收【★★】
- 【考点十】细水雾灭火系统维护检查【★★】

第八章　泡沫灭火系统
- 【考点一】泡沫液的现场检验【★★】
- 【考点二】系统组件外观、性能、强度及严密性检查【★★★★】
- 【考点三】泡沫液储罐的安装要求【★★★】
- 【考点四】泡沫比例混合器（装置）的安装要求【★★】
- 【考点五】泡沫灭火系统阀门的安装要求【★★】
- 【考点六】泡沫消火栓的安装要求【★★】
- 【考点七】泡沫产生装置的安装要求【★★】
- 【考点八】泡沫灭火系统管网、管道安装要求【★★】
- 【考点九】泡沫灭火系统的试压、冲洗要求【★★】
- 【考点十】泡沫灭火系统组件调试要求【★★★】
- 【考点十一】泡沫灭火系统功能试验要求【★★★】
- 【考点十二】泡沫灭火系统验收要求【★★】
- 【考点十三】低倍数泡沫灭火系统设计要求【★★★★】
- 【考点十四】泡沫灭火系统维护频次及内容【★★★★】
- 【考点十五】泡沫灭火系统常见故障分析及处理【★★】

第十章　建筑灭火器
- 【考点一】灭火器及灭火器箱现场质量检查【★★★】
- 【考点二】手提式及推车式灭火器的安装设置要求【★★★★】
- 【考点三】灭火器的类型选择【★★★】
- 【考点四】灭火器的设置要求【★★★】
- 【考点五】灭火器的配置及验收要求【★★★】
- 【考点六】灭火器设置点及其间距设置要求【★★】
- 【考点七】建筑灭火器竣工验收判定标准【★★★】
- 【考点八】灭火器日常管理及检查【★★★】
- 【考点九】灭火器维修【★★★★】
- 【考点十】灭火器报废【★★★★】

第七章　气体灭火系统
- 【考点一】气体灭火系统的分类【★★】
- 【考点二】气体灭火系统管材、管道连接件的检查要求【★★】
- 【考点三】气体灭火系统组件安装前的检查内容及要求【★★★】
- 【考点四】气体灭火系统灭火剂储存装置安装要求【★★】
- 【考点五】气体灭火系统选择阀及信号反馈装置安装要求【★★】
- 【考点六】气体灭火系统阀驱动装置的安装要求【★★★】
- 【考点七】气体灭火系统灭火剂输送管道的安装要求【★★】
- 【考点八】气体灭火系统及控制组件的安装要求【★★】
- 【考点九】气体灭火系统模拟启动试验【★★★】
- 【考点十】气体灭火系统喷气试验与切换操作试验【★★★★】
- 【考点十一】气体灭火系统管道强度和气密性试验【★★★★】
- 【考点十二】气体灭火系统检测要求【★★★★】
- 【考点十三】气体灭火系统的操作与控制【★★★★】
- 【考点十四】气体灭火系统验收要求【★★★】
- 【考点十五】气体灭火系统的维护频次及维护内容【★★★★★】

第九章　干粉灭火系统
- 【考点一】干粉储存容器、组件及阀驱动的现场检查【★★】
- 【考点二】干粉灭火系统组件的安装与技术检测【★★】
- 【考点三】干粉灭火系统试压和吹扫【★★】
- 【考点四】干粉灭火系统调试与现场功能测试【★★★】
- 【考点五】干粉灭火系统验收要求【★★】
- 【考点六】干粉灭火系统设计要求【★★★★】
- 【考点七】干粉灭火系统组件【★★★★】
- 【考点八】干粉灭火系统控制与操作及安全要求【★★★】
- 【考点九】干粉灭火系统巡查的内容、方法及要求【★★】
- 【考点十】干粉灭火系统周期性检查内容【★★★】
- 【考点十一】干粉灭火系统年度检测【★★★】

第十一章　防烟排烟系统
- 【考点一】防烟排烟系统分类及组成【★★★】
- 【考点二】防烟排烟系统质量控制文件及现场检查要求【★★★】
- 【考点三】防烟排烟系统风管的制作与连接要求【★★】
- 【考点四】防烟排烟系统风管及风道的安装与检测【★★】
- 【考点五】排烟口、排烟阀和排烟防火阀的设置要求【★★★】
- 【考点六】防火阀、排烟防火阀的安装与检测【★★】
- 【考点七】防烟排烟系统风机的安装与检测【★★★】
- 【考点八】防烟排烟系统的单机调试【★★】
- 【考点九】防烟排烟系统的联动调试【★★★★】
- 【考点十】防烟排烟系统验收资料查验【★★★】
- 【考点十一】感官质量、现场抽样及功能性测试验收【★★】
- 【考点十二】机械防烟排烟系统的主要性能参数验收【★★】
- 【考点十三】防烟排烟系统日常巡查【★★★】
- 【考点十四】防烟排烟系统周期性检查维护【★★★★】

图 1—4　第三篇建筑消防设施安装、检测与维护管理（第六～十一章）考点分布图

- 第三篇 消防设施安装、检测与维护管理
  - 第十二章 消防用电设备的供配电与电气防火防爆
    - 【考点一】消防用电设备供配电系统的设置【★★★】
    - 【考点二】消防设备供电线路敷设及防火封堵【★★★】
    - 【考点三】防火防爆平面布置、环境及保护检查【★★】
    - 【考点四】变、配电装置防火措施的检查【★★★】
    - 【考点五】低压配电和控制电器防火检查【★★★】
    - 【考点六】电气线路防火措施的检查要求【★★★★】
    - 【考点七】插座与照明开关防火措施的检查【★★】
    - 【考点八】照明器具防火措施的检查【★★★】
    - 【考点九】电热器具防火措施的检查【★★】
    - 【考点十】电气装置和设备的维护方法【★★】
    - 【考点十一】爆炸性环境电缆和导线【★★★】
  - 第十四章 火灾自动报警系统
    - 【考点一】自动喷水灭火系统的联动控制设计【★★★★】
    - 【考点二】火灾自动报警系统的一般规定【★★★】
    - 【考点三】火灾自动报警系统的布线要求【★★★】
    - 【考点四】自动报警系统控制器类设备安装要求【★★★】
    - 【考点五】火灾探测器的安装要求【★★★★★】
    - 【考点六】手动火灾报警按钮的安装要求【★★★】
    - 【考点七】消防电气控制装置的安装要求【★★】
    - 【考点八】火灾自动报警系统其他安装要求【★★★★】
    - 【考点九】火灾报警控制器调试要求【★★★】
    - 【考点十】火灾探测器调试要求【★★★】
    - 【考点十一】消防联动控制器调试要求【★★】
    - 【考点十二】消防专用电话调试要求【★★】
    - 【考点十三】火灾声光警报器调试要求【★★】
    - 【考点十四】消防控制室图形显示装置调试要求【★★】
    - 【考点十五】气体(泡沫)灭火控制器【★★】
    - 【考点十六】防火卷帘控制器、防火门监控器调试要求【★★】
    - 【考点十七】消防设备应急电源调试要求【★★】
    - 【考点十八】可燃气体报警控制器和探测器调试要求【★★】
    - 【考点十九】电气火灾监控器与调试要求【★★】
    - 【考点二十】火灾自动报警系统检测的内容【★★★】
    - 【考点二十一】火灾自动报警系统设备检测数量要求【★★★】
    - 【考点二十二】火灾自动报警系统工程质量检测标准【★★★】
    - 【考点二十三】火灾自动报警系统季度检查要求【★★★★】
    - 【考点二十四】火灾自动报警系统年度检查与维修【★★★】
    - 【考点二十五】自动报警系统常见故障及处理方法【★★】
    - 【考点二十六】火灾自动报警系统重大故障【★★】
    - 【考点二十七】火灾自动报警系统误报的原因【★★】
  - 第十三章 消防应急照明和疏散指示系统
    - 【考点一】消防应急灯具的安装要求【★★★★】
    - 【考点二】消防应急电源的组件安装【★★】
    - 【考点三】应急照明控制器的安装【★★】
    - 【考点四】电线电缆选择与线路敷设【★★】
    - 【考点五】消防应急标志灯具的调试【★★★】
    - 【考点六】应急照明集中电源的调试【★★】
    - 【考点七】应急照明控制器的调试【★★】
    - 【考点八】应急照明与疏散指示系统功能调试【★★】
    - 【考点九】消防应急灯具检测【★★】
    - 【考点十】应急照明集中电源检测项目【★★】
    - 【考点十一】应急照明控制器检测项目【★★】
    - 【考点十二】系统功能检测项目【★★★★】
    - 【考点十三】系统供配电检查【★★】
    - 【考点十四】建筑内疏散照明地面最低水平照度【★★★】
    - 【考点十五】系统维护管理【★★】
  - 第十五章 城市消防远程监控系统
    - 【考点一】城市消防远程监控系统的构成【★★★】
    - 【考点二】城市消防远程监控系统布线检查内容【★★】
    - 【考点三】用户信息传输装置安装要求【★★】
    - 【考点四】系统调试【★★】
    - 【考点五】城市消防远程监控系统检测项目【★★】
    - 【考点六】用户信息传输装置使用与检查【★★】
    - 【考点七】通信服务器软件使用与检查【★★】
    - 【考点八】报警受理系统软件使用与检查【★★】
    - 【考点九】信息查询系统软件使用与检查【★★】
    - 【考点十】用户服务系统软件使用与检查【★★】
    - 【考点十一】火警信息终端软件使用与检查【★★】
    - 【考点十二】年度检查与维护保养【★★】

图1—5 第三篇消防设施安装、检测与维护管理（第十二～十五章）考点分布图

- 第四篇　消防安全评估方法与技术
  - 第一章　区域消防安全评估方法与技术
    - 【考点一】区域火灾风险评估的目的、原则及内容【★★】
    - 【考点二】区域火灾风险评估流程【★★★】
    - 【考点三】区域火灾风险评估注意事项【★★】
    - 【考点四】火灾风险评估指标体系【★★】
  - 第二章　建筑火灾风险评估方法与技术
    - 【考点一】建筑火灾风险评估目的、原则及内容【★★】
    - 【考点二】建筑火灾风险评估流程【★★★★★】
    - 【考点三】注意事项【★★】
  - 第三章　建筑消防性能化设计评估方法与技术
    - 【考点一】消防性能化设计的适用范围【★★】
    - 【考点二】消防性能化设计的基本程序【★★★】
    - 【考点三】消防性能化设计的设计步骤【★★】
    - 【考点四】资料收集【★★】
    - 【考点五】安全目标设定【★★】
    - 【考点六】建筑防火系统【★★】
    - 【考点七】火灾模拟【★★】
    - 【考点八】疏散模拟【★★】
    - 【考点九】模型评价【★★】
    - 【考点十】火灾场景确定原则【★★】
    - 【考点十一】确定火灾场景的方法【★★】
    - 【考点十二】火灾场景设计【★★★★】
    - 【考点十三】疏散场景确定【★★】
    - 【考点十四】用于分析计算结果的判定准则【★★】
    - 【考点十五】计算结果分析与应用【★★】
    - 【考点十六】消防性能化防火设计文件编制内容【★★】
  - 第四章　人员密集场所消防安全评估方法与技术
    - 【考点一】评估目的【★★】
    - 【考点二】评估工作程序和步骤【★★】

图 1—6　第四篇消防安全评估方法与技术考点分布图

第五篇 消防安全管理

第一章 消防安全管理概述

- 【考点一】消防安全管理的性质和特性【★★】
- 【考点二】消防安全管理的要素【★★】

第二章 社会单位消防安全管理

- 【考点一】消防安全重点单位的界定标准【★★】
- 【考点二】消防安全重点单位的界定程序【★★】
- 【考点三】消防安全组织职责【★★】
- 【考点四】消防安全管理职责【★★★★★】
- 【考点五】消防安全制度的种类和主要内容【★★】
- 【考点六】单位消防安全制度的落实【★★★★】
- 【考点七】消防安全重点部位的确定【★★★】
- 【考点八】消防安全重点部位的管理【★★★】
- 【考点九】火灾隐患的判定【★★】
- 【考点十】单位火灾隐患的排查内容【★★】
- 【考点十一】重大火灾隐患判定程序和不予判定的情况【★★】
- 【考点十二】重大火灾隐患直接判定【★★★★】
- 【考点十三】重大火灾隐患综合判定要素及标准【★★★★★】
- 【考点十四】消防档案的内容【★★★】
- 【考点十五】消防档案的管理【★★】

第三章 社会单位消防安全宣传与教育培训

- 【考点一】消防安全宣传与教育培训的原则和目标【★★】
- 【考点二】消防安全宣传的主要内容和形式【★★★】
- 【考点三】消防安全教育培训的主要内容和形式【★★★★★】

第四章 应急预案编制与演练

- 【考点一】应急预案编制有关内容【★★】
- 【考点二】应急预案的编制内容【★★★★】
- 【考点三】应急预案演练目的、原则及分类【★★★】
- 【考点四】应急预案演练规划【★★★】
- 【考点五】应急预案演练准备【★★★】
- 【考点六】应急预案演练实施【★★】
- 【考点七】应急预案演练评估与总结【★★】

第五章 施工现场消防安全管理

- 【考点一】施工现场总平面布置的原则【★★】
- 【考点二】防火间距【★★★】
- 【考点三】临时消防车通道【★★】
- 【考点四】施工现场临时用房的防火要求【★★】
- 【考点五】在建工程防火要求【★★★】
- 【考点六】灭火器设置场所及配置要求【★★】
- 【考点七】施工现场临时消防用水要求【★★★】
- 【考点八】临时应急照明设置【★★★】
- 【考点九】施工现场消防安全管理制度【★★】
- 【考点十】施工现场防火技术方案【★★】
- 【考点十一】施工现场灭火及应急疏散预案【★★★】
- 【考点十二】施工现场消防安全教育与培训【★★】
- 【考点十三】消防安全技术交底【★★】
- 【考点十四】消防安全检查【★★★】
- 【考点十五】消防管理档案【★★】
- 【考点十六】可燃物及易燃易爆危险品管理【★★】
- 【考点十七】用火、用电、用气管理【★★】

第六章 大型群众性活动消防安全管理

- 【考点一】大型群众性活动消防安全责任【★★★】
- 【考点二】大型群众性活动消防安全管理工作原则【★★】
- 【考点三】大型群众性活动消防安全管理工作职责【★★★★】
- 【考点四】大型群众性活动消防安全管理的档案管理【★★】
- 【考点五】大型群众性活动消防安全管理的实施【★★】
- 【考点六】大型群众性活动消防安全管理的工作内容【★★】

图1—7 第五篇消防安全管理考点分布图

三、答题技巧

（一）应试答题通则

了解和掌握常见的答题技巧及注意事项，并将其转化成自己的技能，有利于考试的通过，为此，请关注下列问题和注意事项。

1. 明确答卷要求

在考场上，监考人员会讲一些要求，例如怎样填写姓名、准考证号，怎样填写答案。有时监考人员还会对试卷作一些说明或要求，应试人员要听准，若有不明之处，应立即问清。千万不要拿到试卷就急于埋头做题，造成没按格式要求而错填、漏填或做错题等严重后果。

2. 通览试卷，考虑答题计划

接到试卷首先要看清楚试卷前面的说明和要求，随后冷静、迅速地认真通览一遍试卷。这样做具有以下好处：①接触每一道题，初步掌握题意，为正式审题解答打下基础。②能够了解整体分量，难易试题的比例和分布，做到心中有数。有些应试人员认为通览试卷浪费时间，其实恰恰相反，这样才能预防错漏，少走弯路，合理利用时间，提高答卷效率。安排答题计划应考虑两个主要准则：一是自己对考试内容的熟知程度；二是不同考题分值的分布。安排好了准备用于每道题的时间后，就要按计划去做。

3. 审清题意，明确考点

审清题意就是要细心读题，推敲题意，掌握已知条件，看准未知条件；判断该题是属于哪部分知识范围，明确解答该题需要哪些基础知识和技能技巧，联想与做过的习题有什么异同。认定了知识范围，就确定了它的性质；明确了所需要用的基础知识，就找到了解答的工具；区别了异同，就抓住了特点。

4. 依据题量和能力，科学安排时间

科学安排时间是临场发挥的一项重要策略。科学安排时间的原则是，保证在能得分的地方一定不丢分，不易得分的地方力争得分。应试人员心中时刻要意识到，每一道题要花费时间正确把握，如《消防安全技术综合能力》科目的单选题共 80 题，每题 1 分，一般来讲，每道题的答题时间就 1 min 左右，当答题超过 1 min 后，就按照最大可能性选择一个答案，做好标记（留给最后，有时间再来思考吧）。千万不要前松后紧，到最后答不完卷子。

5. 留够时间，细心检查订正

考场上常见到以下这种情况：仓促解答，忽视复查审阅，做完就匆匆交卷。考试时间非常宝贵，每分每秒都要加倍珍惜。一般可将考试时间大体分为三段：第一段用三五分钟填写相关信息，通览试卷；第二段做题；第三段检查。

考试时间紧迫，答案往往有错漏，必须最后加以查缺补漏，订正差错。检查答卷，一要检查题目是否有遗漏，二要检查答案是否正确。要对照原题，看是否弄错了题意，是否抄错了字母、符号等。三是留出 2 ~ 5 min 的时间检查机读答题卡。每次考试中，都会有应试人员因答题卡填涂失误而丢分。考试最后几分钟，大家不要忘记检查答题卡，检查类型、科目、考号填涂是否正确；仔细核对答题卡所涂答案和题号与试卷上的是否一一相符。检查是一场考试的最后时刻，容易精神紧张，特别需要沉着镇静、认真仔细。

（二）单选题答题技巧

《消防安全技术综合能力》科目的考试共为 100 题，其中有 80 道为单项选择题，每题 1

分。单项选择题是应试人员提高得分率并通过考试的关键，一定要在单项选择题上下功夫。从概率的角度讲，确实有 25% 的可能性可以猜对。如果学会或利用一些技巧，排除一些选项，就会大大提高答对的概率（参考本书第三部分模考实战的参考答案与解析，将更有收获）。

1. 排除法

如果正确答案不能一眼看出，应首先排除明显是不合理、不相关或不正确的选项。尽可能排除一些选择项，可以提高选对答案而得分的概率。

2. 推测法

如果应试人员不知道确切的答案，也一定不要放弃，要充分利用所学知识去推测。一般来说，排除的选项越多，推测出正确答案的可能性就越大。

3. 比较法

运用比较法，直接把各选项加以比较，并分析它们之间的不同点，集中考虑正确选项和错误选项的关键所在。

（三）多选题答题技巧

《消防安全技术综合能力》科目的考试共为 100 题，其中有 20 道为多项选择题，每题 2 分。多项选择题是比较难得分的，也很难得满分。所以应该以不丢分为原则，也就是千万不要选错（参考本书第三部分模考实战的参考答案与解析，将更有收获）。

1. 先找错

根据题意“错选，本题不得分”，所以，集中精力首先将 5 个选项中，错误可能性最大的选出。

2. 别少选

根据题意“有 2 个或 2 个以上符合题意”，所以，最少选择 2 个选项。

3. 别多选

根据题意“漏选，所选的每个选项得 0.5 分”，所以，在至少选择 2 个答案以后，按照把握性的大小开始选择，最多只能选择 4 个选项。

第二部分　考点汇集

第一篇
消防法及相关法律法规与消防职业道德

第一章　消防法及相关法律法规

【考点一】单位的消防安全责任【★★】

（一）单位和个人的义务

《中华人民共和国消防法》（以下简称《消防法》）第五条规定，任何单位和个人都有维护消防安全、保护消防设施、预防火灾、报告火警的义务。任何单位和成年人都有参加有组织的灭火工作的义务。第六条规定，机关、团体、企业、事业等单位，应当加强对本单位人员的消防宣传教育。

（二）消防安全职责

《消防法》第十六条规定，机关、团体、企业、事业等单位应当履行下列消防安全职责：

（1）落实消防安全责任制，制定本单位的消防安全制度、消防安全操作规程，制定灭火和应急疏散预案。

（2）按照国家标准、行业标准配置消防设施、器材，设置消防安全标志，并定期组织检验、维修，确保完好有效。

（3）对建筑消防设施每年至少进行一次全面检测，确保完好有效，检测记录应当完整准确，存档备查。

（4）保障疏散通道、安全出口、消防车通道畅通，保证防火防烟分区、防火间距符合消防技术标准。

（5）组织防火检查，及时消除火灾隐患。

（6）组织进行有针对性的消防演练。

（7）法律、法规规定的其他消防安全职责。

单位的主要负责人是本单位的消防安全责任人。

（三）消防安全重点单位的安全职责

《消防法》第十七条规定，消防安全重点单位除应当履行本法第十六条规定的职责外，还应当履行下列消防安全职责：

（1）确定消防安全管理人，组织实施本单位的消防安全管理工作。

（2）建立消防档案，确定消防安全重点部位，设置防火标志，实行严格管理。

（3）实行每日防火巡查，并建立巡查记录。

（4）对职工进行岗前消防安全培训，定期组织消防安全培训和消防演练。

【考点二】建设工程消防设计审核、验收和备案制度【★★★★】

《消防法》第十条规定，按照国家工程建设消防技术标准需要进行消防设计的建设工程，除本法第十一条另有规定的外，建设单位应当自依法取得施工许可之日起七个工作日内，将消防设计文件报消防机构备案，消防机构应当进行抽查。

《消防法》第十一条规定，国务院公安部门规定的大型的人员密集场所和其他特殊建设工程，建设单位应当将消防设计文件报送消防机构审核。消防机构依法对审核的结果负责。

《消防法》第十二条规定，依法应当经消防机构进行消防设计审核的建设工程，未经依法审核或者审核不合格的，负责审批该工程施工许可的部门不得给予施工许可，建设单位、施工单位不得施工；其他建设工程取得施工许可后经依法抽查不合格的，应当停止施工。

【考点三】举办大型群众性活动的消防要求【★★★】

《消防法》第二十条规定，举办大型群众性活动，承办人应当依法向公安机关申请安全许可，制定灭火和应急疏散预案并组织演练，明确消防安全责任分工，确定消防安全管理人员，保持消防设施和消防器材配置齐全、完好有效，保证疏散通道、安全出口、疏散指示标志、应急照明和消防车通道符合消防技术标准和管理规定。

【考点四】消防技术服务机构和执业人员的规定【★★★】

《消防法》第三十四条规定，消防产品质量认证、消防设施检测、消防安全监测等消防技术服务机构和执业人员，应当依法获得相应的资质、资格；依照法律、行政法规、国家标准、行业标准和执业准则，接受委托提供消防技术服务，并对服务质量负责。

【考点五】《中华人民共和国消防法》的法律责任【6★】

《消防法》强化了法律责任追究，共设有警告、罚款、拘留、责令停产停业（停止施工、停止使用）、没收违法所得、责令停止执业（吊销相应资质、资格）6类行政处罚。

《消防法》第五十八条规定，违反本法规定，有下列行为之一的，责令停止施工、停止使用或者停产停业，并处三万元以上三十万元以下罚款：

（1）依法应当经消防机构进行消防设计审核的建设工程，未经依法审核或者审核不合格，擅自施工的。

（2）消防设计经消防机构依法抽查不合格，不停止施工的。

（3）依法应当进行消防验收的建设工程，未经消防验收或者消防验收不合格，擅自投入使用的。

（4）建设工程投入使用后经消防机构依法抽查不合格，不停止使用的。

（5）公众聚集场所未经消防安全检查或者经检查不符合消防安全要求，擅自投入使用、营业的。

建设单位未依照本法规定将消防设计文件报消防机构备案，或者在竣工后未依照本法规定报消防机构备案的，责令限期改正，处五千元以下罚款。

《消防法》第五十九条规定，违反本法规定，有下列行为之一的，责令改正或者停止施工，并处一万元以上十万元以下罚款：

（1）建设单位要求建筑设计单位或者建筑施工企业降低消防技术标准设计、施工的。

（2）建筑设计单位不按照消防技术标准强制性要求进行消防设计的。

（3）建筑施工企业不按照消防设计文件和消防技术标准施工，降低消防施工质量的。

（4）工程监理单位与建设单位或者建筑施工企业串通，弄虚作假，降低消防施工质量的。

《消防法》第六十四条规定，违反本法规定，有下列行为之一，尚不构成犯罪的，处十日以上十五日以下拘留，可以并处五百元以下罚款；情节较轻的，处警告或者五百元以下罚款：

（1）指使或者强令他人违反消防安全规定，冒险作业的。

（2）过失引起火灾的。

（3）在火灾发生后阻拦报警，或者负有报告职责的人员不及时报警的。

（4）扰乱火灾现场秩序，或者拒不执行火灾现场指挥员指挥，影响灭火救援的。

（5）故意破坏或者伪造火灾现场的。

（6）擅自拆封或者使用被消防机构查封的场所、部位的。

《消防法》第六十八条规定，人员密集场所发生火灾，该场所的现场工作人员不履行组织、引导在场人员疏散的义务，情节严重，尚不构成犯罪的，处五日以上十日以下拘留。

《消防法》第六十九条规定，消防产品质量认证、消防设施检测等消防技术服务机构出具虚假文件的，责令改正，处五万元以上十万元以下罚款，并对直接负责的主管人员和其他直接责任人员处一万元以上五万元以下罚款；有违法所得的，并处没收违法所得；给他人造成损失的，依法承担赔偿责任；情节严重的，由原许可机关依法责令停止执业或者吊销相应资质、资格。

前款规定的机构出具失实文件，给他人造成损失的，依法承担赔偿责任；造成重大损失的，由原许可机关依法责令停止执业或者吊销相应资质、资格。

【考点六】《中华人民共和国建筑法》（以下简称《建筑法》）相关规定【★★】

（一）建筑许可

《建筑法》第七条规定，建筑工程开工前，建设单位应当按照国家有关规定向工程所在地县级以上人民政府建设行政主管部门申请领取施工许可证；但是，国务院建设行政主管部门确定的限额以下的小型工程除外。

按照国务院规定的权限和程序批准开工报告的建筑工程，不再领取施工许可证。

（二）从业资格

《建筑法》第十三条规定，从事建筑活动的建筑施工企业、勘察单位、设计单位和工程监理单位，按照其拥有的注册资本、专业技术人员、技术装备和已完成的建筑工程业绩等资质条件，划分为不同的资质等级，经资质审查合格，取得相应等级的资质证书后，方可在其资质等级许可的范围内从事建筑活动。

《建筑法》第十四条规定，从事建筑活动的专业技术人员，应当依法取得相应的执业资格证书，并在执业资格证书许可的范围内从事建筑活动。

【考点七】《中华人民共和国安全生产法》（以下简称《安全生产法》）相关规定【★★】

《安全生产法》第三条规定，安全生产工作应当以人为本，坚持安全发展，坚持安全第一、预防为主、综合治理的方针，强化和落实生产经营单位的主体责任，建立生产经营单位负责、职工参与、政府监管、行业自律和社会监督的机制。

【考点八】《中华人民共和国刑法》（以下简称《刑法》）相关规定【★★★★】

（一）失火罪

失火罪是指由于行为人的过失引起火灾，造成严重后果，危害公共安全的行为。

（1）立案标准。最高人民检察院、公安部《关于公安机关管辖的刑事案件立案追诉标准的规定（一）》第一条规定，过失引起火灾，涉嫌下列情形之一的，应予以立案追诉：①导致死亡1人以上，或者重伤3人以上的。②造成公共财产或者他人财产直接经济损失50万元以上的。③造成10户以上家庭的房屋以及其他基本生活资料烧毁的。④造成森林火灾，过火有林地面积2公顷以上，或者过火疏林地、灌木林地、未成林地、苗圃地面积4公顷以上的。⑤其他造成严重后果的情形。

（2）刑罚。《刑法》第一百一十五条第二款规定，犯失火罪的，处3年以上7年以下有期徒刑；情节较轻的，处3年以下有期徒刑或者拘役。

（二）消防责任事故罪

消防责任事故罪是指违反消防管理法规，经消防监督机构通知采取改正措施而拒绝执行，造成严重后果，危害公共安全的行为。

（1）立案标准。《关于公安机关管辖的刑事案件立案追诉标准的规定（一）》第十五条规定，违反消防管理法规，经消防监督机构通知采取改正措施而拒绝执行，涉嫌下列情形之一的，应予立案追诉：①导致死亡1人以上，或者重伤3人以上的。②造成直接经济损失50万元以上的。③造成森林火灾，过火有林地面积2公顷以上，或者过火疏林地、灌木林地、未成林地、苗圃地面积4公顷以上的。④其他造成严重后果的情形。

（2）刑罚。《刑法》第一百三十九条第一款规定，犯消防责任事故罪，处3年以下有期徒刑或者拘役；后果特别严重的，处3年以上7年以下有期徒刑。

（三）重大责任事故罪

重大责任事故罪是指在生产、作业中违反有关安全管理的规定，因而发生重大伤亡事故或者造成其他严重后果的行为。

（1）立案标准。《关于公安机关管辖的刑事案件立案追诉标准的规定（一）》第八条规定，在生产、作业中违反有关安全管理的规定，涉嫌下列情形之一的，应予以立案追诉：①造成死亡1人以上，或者重伤3人以上的。②造成直接经济损失50万元以上的。③发生矿山生产安全事故，造成直接经济损失100万元以上的。④其他造成严重后果的情形。

（2）刑罚。《刑法》第一百三十四条第一款规定，在生产、作业中违反有关安全管理的规定，因而发生重大伤亡事故或者造成其他严重后果的，处3年以下有期徒刑或者拘役；情节特别恶劣的，处3年以上7年以下有期徒刑。

（四）强令违章冒险作业罪

强令违章冒险作业罪是指强令他人违章冒险作业，因而发生重大伤亡事故或者造成其他严重后果的行为。

（1）立案标准。《关于公安机关管辖的刑事案件立案追诉标准的规定（一）》第九条规定，强令他人违章冒险作业，涉嫌下列情形之一的，应予以立案追诉：①造成死亡1人以上，或者重伤3人以上的。②造成直接经济损失50万元以上的。③发生矿山生产安全事故，造成直接经济损失100万元以上的。④其他造成严重后果的情形。

（2）刑罚。《刑法》第一百三十四条第二款规定，强令他人违章冒险作业，因而发生重大伤亡事故或者造成其他严重后果的，处 5 年以下有期徒刑或者拘役；情节特别恶劣的，处 5 年以上有期徒刑。

（五）重大劳动安全事故罪

重大劳动安全事故罪是指安全生产设施或者安全生产条件不符合国家规定，因而发生重大伤亡事故或者造成其他严重后果的行为。

（1）立案标准。《关于公安机关管辖的刑事案件立案追诉标准的规定（一）》第十条规定，安全生产设施或者安全生产条件不符合国家规定，涉嫌下列情形之一的，应予以立案追诉：①造成死亡 1 人以上，或者重伤 3 人以上的。②造成直接经济损失 50 万元以上的。③发生矿山生产安全事故，造成直接经济损失 100 万元以上的。④其他造成严重后果的情形。

（2）刑罚。《刑法》第一百三十五条第一款规定，安全生产设施或者安全生产条件不符合国家规定，因而发生重大伤亡事故或者造成其他严重后果的，对直接负责的主管人员和其他直接责任人员，处 3 年以下有期徒刑或者拘役；情节特别恶劣的，处 3 年以上 7 年以下有期徒刑。

（六）大型群众性活动重大安全事故罪

大型群众性活动重大安全事故罪是指举办大型群众性活动违反安全管理规定，因而发生重大伤亡事故或者造成其他严重后果的行为。

（1）立案标准。《关于公安机关管辖的刑事案件立案追诉标准的规定（一）》第十一条规定，举办大型群众性活动违反安全管理规定，涉嫌下列情形之一的，应予以立案追诉：①造成死亡 1 人以上，或者重伤 3 人以上的。②造成直接经济损失 50 万元以上的。③其他造成严重后果的情形。

（2）刑罚。《刑法》第一百三十五条第二款规定，举办大型群众性活动违反安全管理规定，因而发生重大伤亡事故或者造成其他严重后果的，对直接负责的主管人员和其他直接责任人员，处 3 年以下有期徒刑或者拘役；情节特别恶劣的，处 3 年以上 7 年以下有期徒刑。

（七）工程重大安全事故罪

工程重大安全事故罪是指建设单位、设计单位、施工单位、工程监理单位违反国家规定，降低工程质量标准，造成重大安全事故的行为。

（1）立案标准。《关于公安机关管辖的刑事案件立案追诉标准的规定（一）》第十三条规定，建设单位、设计单位、施工单位、工程监理单位违反国家规定，降低工程质量标准，涉嫌下列情形之一的，应予以立案追诉：①造成死亡 1 人以上，或者重伤 3 人以上的。②造成直接经济损失 50 万元以上的。③其他造成严重后果的情形。

（2）刑罚。《刑法》第一百三十七条规定，建设单位、设计单位、施工单位、工程监理单位违反国家规定，降低工程质量标准，造成重大安全事故的，对直接责任人员，处 5 年以下有期徒刑或者拘役，并处罚金；后果特别严重的，处 5 年以上 10 年以下有期徒刑，并处罚金。

【考点九】《公共娱乐场所消防安全管理规定》相关要求【★★】

（一）概念

公共娱乐场所是指向公众开放的影剧院、录像厅、礼堂等演出、放映场所；舞厅、卡拉 OK 厅等歌舞娱乐场所；具有娱乐功能的夜总会、音乐茶座和餐饮场所；游艺、游乐场所；保龄球馆、旱冰场、桑拿浴室等营业性健身、休闲场所等室内场所。

（二）消防行政许可办理

公共娱乐场所应当依法办理消防设计审核、竣工验收和消防安全检查，其消防安全由经营者负责。

（三）公共娱乐场所及其从业人员的消防安全管理责任

《公共娱乐场所消防安全管理规定》第十九条规定，公共娱乐场所应当制定防火安全管理制度，制定紧急安全疏散方案。在营业时间和营业结束后，应当指定专人进行安全巡视检查。

【考点十】《机关、团体、企业、事业单位消防安全管理规定》相关要求【6★】

（一）消防安全责任人的消防安全职责

《机关、团体、企业、事业单位消防安全管理规定》第六条规定，单位的消防安全责任人应当履行下列消防安全职责：

（1）贯彻执行中华人民共和国消防法规，保证单位消防安全符合规定，掌握本单位的消防安全情况。

（2）将消防工作与本单位的生产、科研、经营、管理等活动统筹安排，批准实施年度消防工作计划。

（3）为本单位的消防安全提供必要的经费和组织保障。

（4）确定逐级消防安全责任，批准实施消防安全制度和保障消防安全的操作规程。

（5）组织防火检查，督促落实火灾隐患整改，及时处理涉及消防安全的重大问题。

（6）根据中华人民共和国消防法规的规定建立专职消防队、志愿消防队。

（7）组织制定符合本单位实际的灭火和应急疏散预案，并实施演练。

（二）消防安全管理人的消防安全职责

《机关、团体、企业、事业单位消防安全管理规定》第七条规定，单位可以根据需要确定本单位的消防安全管理人。消防安全管理人对单位的消防安全责任人负责，实施和组织落实下列消防安全管理工作：

（1）拟订年度消防工作计划，组织实施日常消防安全管理工作。

（2）组织制定消防安全制度和保障消防安全的操作规程并检查督促其落实。

（3）拟订消防安全工作的资金投入和组织保障方案。

（4）组织实施防火检查和火灾隐患整改工作。

（5）组织实施对本单位消防设施、灭火器材和消防安全标志的维护保养，确保其完好有效，确保疏散通道和安全出口畅通。

（6）组织管理专职消防队和义务消防队。

（7）在员工中组织开展消防知识、技能的宣传教育和培训，组织灭火和应急疏散预案的实施和演练。

（8）单位消防安全责任人委托的其他消防安全管理工作。

消防安全管理人应当定期向消防安全责任人报告消防安全情况，及时报告涉及消防安全的重大问题。未确定消防安全管理人的单位，前款规定的消防安全管理工作由单位消防安全责任人负责实施。

（三）加强防火检查，落实火灾隐患整改

《机关、团体、企业、事业单位消防安全管理规定》第二十五条规定，消防安全重点单位应当进行每日防火巡查，并确定巡查的人员、内容、部位和频次。其他单位可以根据需要组织防火巡查。巡查的内容应当包括：

（1）用火、用电有无违章情况。

（2）安全出口、疏散通道是否畅通，安全疏散指示标志、应急照明是否完好。

（3）消防设施、器材和消防安全标志是否在位、完整。

（4）常闭式防火门是否处于关闭状态，防火卷帘下是否堆放物品影响使用。

（5）消防安全重点部位的人员在岗情况。

（6）其他消防安全情况。

公众聚集场所在营业期间的防火巡查应当至少每二小时一次；营业结束时应当对营业现场进行检查，消除遗留火种。医院、养老院、寄宿制的学校、托儿所、幼儿园应当加强夜间防火巡查，其他消防安全重点单位可以结合实际组织夜间防火巡查。

《机关、团体、企业、事业单位消防安全管理规定》第二十六条规定，机关、团体、事业单位应当至少每季度进行一次防火检查，其他单位应当至少每月进行一次防火检查。

《机关、团体、企业、事业单位消防安全管理规定》第二十七条规定，单位应当按照建筑消防设施检查维修保养有关规定的要求，对建筑消防设施的完好有效情况进行检查和维修保养。

（四）开展消防安全宣传教育培训和疏散演练

《机关、团体、企业、事业单位消防安全管理规定》第三十六条规定，单位应当通过多种形式开展经常性的消防安全宣传教育。消防安全重点单位对每名员工应当至少每年进行一次消防安全培训。

公众聚集场所对员工的消防安全培训应当至少每半年进行一次，培训的内容还应当包括组织、引导在场群众疏散的知识和技能。

单位应当组织新上岗和进入新岗位的员工进行上岗前的消防安全培训。

《机关、团体、企业、事业单位消防安全管理规定》第四十条规定，消防安全重点单位应当按照灭火和应急疏散预案，至少每半年进行一次演练，并结合实际，不断完善预案。其他单位应当结合本单位实际，参照制定相应的应急方案，至少每年组织一次演练。

（五）建立消防档案

《机关、团体、企业、事业单位消防安全管理规定》第四十一条规定，消防安全重点单位应当建立健全消防档案。消防档案应当包括消防安全基本情况和消防安全管理情况。消防档案应当翔实，全面反映单位消防工作的基本情况，并附有必要的图表，根据情况变化及时更新。

单位应当对消防档案统一保管、备查。

【考点十一】《社会消防安全教育培训规定》相关要求【★★★★】

（一）消防安全教育培训

（1）《社会消防安全教育培训规定》第十四条规定，单位应当根据本单位的特点，建立健全消防安全教育培训制度，明确机构和人员，保障教育培训工作经费，按照下列规定对职工进行消防安全教育培训：

1）定期开展形式多样的消防安全宣传教育。

2）对新上岗和进入新岗位的职工进行上岗前消防安全培训。

3）对在岗的职工每年至少进行一次消防安全培训。

4）消防安全重点单位每半年至少组织一次、其他单位每年至少组织一次灭火和应急疏散演练。

单位对职工的消防安全教育培训应当将本单位的火灾危险性、防火灭火措施、消防设施及灭火器材的操作使用方法、人员疏散逃生知识等作为培训的重点。

（2）《社会消防安全教育培训规定》第十九条规定，社区居民委员会、村民委员会应当开展下列消防安全教育工作：

1）组织制定防火安全公约。

2）在社区、村庄的公共活动场所设置消防宣传栏，利用文化活动站、学习室等场所，对居民、村民开展经常性的消防安全宣传教育。

3）组织志愿消防队、治安联防队和灾害信息员、保安人员等开展消防安全宣传教育。

4）利用社区、乡村广播、视频设备定时播放消防安全常识，在火灾多发季节、农业收获季节、重大节日和乡村民俗活动期间，有针对性地开展消防安全宣传教育。

社区居民委员会、村民委员会应当确定至少一名专（兼）职消防安全员，具体负责消防安全宣传教育工作。

（二）消防安全培训机构

《社会消防安全教育培训规定》第二十七条规定，国家机构以外的社会组织或者个人利用非国家财政性经费，举办消防安全专业培训机构，面向社会从事消防安全专业培训的，应当经省级教育行政部门或者人力资源和社会保障部门依法批准，并到省级民政部门申请民办非企业单位登记。

《社会消防安全教育培训规定》第三十条规定，消防安全专业培训机构应当按照有关法律法规、规章和章程规定，开展消防安全专业培训，保证培训质量。

消防安全专业培训机构开展消防安全专业培训，应当将消防安全管理、建筑防火和自动消防设施施工、操作、检测、维护技能作为培训的重点，对经理论和技能操作考核合格的人员，颁发培训证书。

消防安全专业培训的收费标准，应当符合国家有关规定，并向社会公布。

【考点十二】《建设工程消防监督管理规定》相关要求【★★★★★】

（一）消防设计审核、消防验收和备案抽查制度

《建设工程消防监督管理规定》第十三条、第十四条明确了消防设计审核、消防验收的范围，规定具有规定情形的人员密集场所和特殊建设工程，建设单位应当向消防主管部门申请消防设计审核，并在建设工程竣工后向出具消防设计审核意见的消防主管部门申请消防验收。对本规定第十三条、第十四条规定以外的建设工程，建设单位依法办理消防设计、竣工验收消防备案。

（1）《建设工程消防监督管理规定》第十三条规定，对具有下列情形之一的人员密集场所，建设单位应当向消防机构申请消防设计审核，并在建设工程竣工后向出具消防设计审核意见的消防机构申请消防验收：

1）建筑总面积大于二万平方米的体育场馆、会堂，公共展览馆、博物馆的展示厅。

2）建筑总面积大于一万五千平方米的民用机场航站楼、客运车站候车室、客运码头候船厅。

3）建筑总面积大于一万平方米的宾馆、饭店、商场、市场。

4）建筑总面积大于二千五百平方米的影剧院，公共图书馆的阅览室，营业性室内健身、休闲场馆，医院的门诊楼，大学的教学楼、图书馆、食堂，劳动密集型企业的生产加工车间，寺庙、教堂。

5）建筑总面积大于一千平方米的托儿所、幼儿园的儿童用房，儿童游乐厅等室内儿童活动场所，养老院、福利院，医院、疗养院的病房楼，中小学校的教学楼、图书馆、食堂，学校的集体宿舍，劳动密集型企业的员工集体宿舍。

6）建筑总面积大于五百平方米的歌舞厅、录像厅、放映厅、卡拉 OK 厅、夜总会、游艺厅、桑拿浴室、网吧、酒吧，具有娱乐功能的餐馆、茶馆、咖啡厅。

（2）《建设工程消防监督管理规定》第十四条规定，对具有下列情形之一的特殊建设工程，建设单位必须向消防机构申请消防设计审核，并且在建设工程竣工后向出具消防设计审核意见的消防机构申请消防验收：

1）设有本规定第十三条所列的人员密集场所的建设工程。

2）国家机关办公楼、电力调度楼、电信楼、邮政楼、防灾指挥调度楼、广播电视楼、档案楼。

3）本条第一项、第二项规定以外的单体建筑面积大于四万平方米或者建筑高度超过五十米的公共建筑。

4）国家标准规定的一类高层住宅建筑。

5）城市轨道交通、隧道工程，大型发电、变配电工程。

6）生产、储存、装卸易燃易爆危险物品的工厂、仓库和专用车站、码头，易燃易爆气体和液体的充装站、供应站、调压站。

（二）专家评审制度

对具有国家工程建设消防技术标准没有规定的；消防设计文件拟采用的新技术、新工艺、新材料可能影响建设工程消防安全，不符合国家标准规定的；拟采用国际标准或者境外消防技术标准等情形之一的建设工程，消防主管部门依法组织专家评审。对 2/3 以上评审专家同意的特殊消防设计文件，消防主管部门可以作为消防设计审核的依据。

（三）执法联动机制

对建设、施工、设计、工程监理单位的消防安全违法行为，消防主管部门依法追究其法律责任，并函告同级住房和城乡建设主管部门，建立执法联动机制。

（四）关于修改变更的规定

《建设工程消防监督管理规定》第二十条规定，建设、设计、施工单位不得擅自修改经消防机构审核合格的建设工程消防设计。确需修改的，建设单位应当向出具消防设计审核意见的消防机构重新申请消防设计审核。

【考点十三】《消防监督检查规定》相关要求【★★】

（一）消防监督检查形式

《消防监督检查规定》第六条规定，消防监督检查的形式有：

（1）对公众聚集场所在投入使用、营业前的消防安全检查。

（2）对单位履行法定消防安全职责情况的监督抽查。

（3）对举报投诉的消防安全违法行为的核查。

（4）对大型群众性活动举办前的消防安全检查。

（5）根据需要进行的其他消防监督检查。

（二）火灾隐患判定

《消防监督检查规定》第三十八条规定，具有下列情形之一的，应当确定为火灾隐患：

（1）影响人员安全疏散或者灭火救援行动，不能立即改正的。

（2）消防设施未保持完好有效，影响防火灭火功能的。

（3）擅自改变防火分区，容易导致火势蔓延、扩大的。

（4）在人员密集场所违反消防安全规定，使用、储存易燃易爆危险品，不能立即改正的。

（5）不符合城市消防安全布局要求，影响公共安全的。

（6）其他可能增加火灾实质危险性或者危害性的情形。

【考点十四】《火灾事故调查规定》相关要求【★★】

（一）调查程序

《火灾事故调查规定》第十二条规定，同时具有下列情形的火灾，可以适用简易调查程序：

（1）没有人员伤亡的。

（2）直接财产损失轻微的。

（3）当事人对火灾事故事实没有异议的。

（4）没有放火嫌疑的。

《火灾事故调查规定》第十三条规定，适用简易调查程序的，可以由一名火灾事故调查人员调查。

（二）复核

《火灾事故调查规定》第三十五条规定，当事人对火灾事故认定有异议的，可以自火灾事故认定书送达之日起十五日内，向上一级消防机构提出书面复核申请；对省级人民政府消防机构作出的火灾事故认定有异议的，向省级人民政府公安机关提出书面复核申请。

【考点十五】《消防产品监督管理规定》相关要求【★★★】

（一）市场准入

（1）《消防产品监督管理规定》第五条规定，依法实行强制性产品认证的消防产品，由具有法定资质的认证机构按照国家标准、行业标准的强制性要求认证合格后，方可生产、销售、使用。

（2）《消防产品监督管理规定》第九条规定，新研制的尚未制定国家标准、行业标准的消防产品，经消防产品技术鉴定机构技术鉴定符合消防安全要求的，方可生产、销售、使用。

（二）产品质量责任和义务

（1）《消防产品监督管理规定》第十七条规定，消防产品生产者应当对其生产的消防产品质量负责，建立有效的质量管理体系，保持消防产品的生产条件，保证产品质量、标志、标识符合相关法律法规和标准要求。不得生产应当获得而未获得市场准入资格的消防产品、不合格的消防产品或者国家明令淘汰的消防产品。

（2）《消防产品监督管理规定》第十八条规定，消防产品销售者应当建立并执行进货检查验收制度，验明产品合格证明和其他标识，不得销售应当获得而未获得市场准入资格的消防产品、不合格的消防产品或者国家明令淘汰的消防产品。

（3）《消防产品监督管理规定》第十九条规定，消防产品使用者应当查验产品合格证明、产品标识和有关证书，选用符合市场准入的、合格的消防产品。

（4）机关、团体、企业、事业等单位应当按照国家标准、行业标准定期组织对消防设施、器材进行维修保养，确保完好有效。

【考点十六】《社会消防技术服务管理规定》相关要求【★★★】

（一）资质许可制度

（1）《社会消防技术服务管理规定》第四条规定，国家对消防技术服务机构实行资质许可制度。消防技术服务机构应当取得相应消防技术服务机构资质证书（以下简称资质证书），并在资质证书确定的业务范围内从事消防技术服务活动。

（2）《社会消防技术服务管理规定》第十六条规定，消防技术服务机构资质由省级消防机构审批；其中，对拟批准消防安全评估机构一级资质的，由公安部消防局书面复核。

（二）分级和条件

《社会消防技术服务管理规定》第六条规定，消防设施维护保养检测机构的资质分为一级、二级和三级，消防安全评估机构的资质分为一级和二级。

（三）法律责任

《社会消防技术服务管理规定》第四十七条规定，消防技术服务机构违反本规定，有下列情形之一的，责令改正，处一万元以上二万元以下罚款：

（1）超越资质许可范围从事社会消防技术服务活动的。

（2）不再符合资质条件，经责令限期改正未改正或者在改正期间继续从事相应社会消防技术服务活动的。

（3）涂改、倒卖、出租、出借或者以其他形式非法转让资质证书的。

（4）所属注册消防工程师同时在两个以上社会组织执业的。

（5）指派无相应资格从业人员从事社会消防技术服务活动的。

（6）转包、分包消防技术服务项目的。

对有前款第四项行为的注册消防工程师，处五千元以上一万元以下罚款。

【考点十七】《注册消防工程师制度暂行规定》【★★★★★】

（一）概念

（1）《注册消防工程师制度暂行规定》第四条规定，本规定所称注册消防工程师，是指经考试取得相应级别注册消防工程师资格证书，并依法注册后，从事消防设施检测、消防安全监测等消防安全技术工作的专业技术人员。

（2）《注册消防工程师制度暂行规定》第五条规定，注册消防工程师分为高级注册消防工程师、一级注册消防工程师和二级注册消防工程师。

（二）一级注册消防工程师资格考试报名条件

《注册消防工程师制度暂行规定》第十二条规定，一级注册消防工程师资格考试报名条件：

（1）取得消防工程专业大学专科学历，工作满6年，其中从事消防安全技术工作满4年；或者取得消防工程相关专业大学专科学历，工作满7年，其中从事消防安全技术工作满5年。

（2）取得消防工程专业大学本科学历或者学位，工作满4年，其中从事消防安全技术工作满3年；或者取得消防工程相关专业大学本科学历，工作满5年，其中从事消防安全技术工作满4年。

（3）取得含消防工程专业在内的双学士学位或者研究生班毕业，工作满3年，其中从事消防安全技术工作满2年；或者取得消防工程相关专业在内的双学士学位或者研究生班毕业，工作满4年，其中从事消防安全技术工作满3年。

（4）取得消防工程专业硕士学历或者学位，工作满2年，其中从事消防安全技术工作满1年；或者取得消防工程相关专业硕士学历或者学位，工作满3年，其中从事消防安全技术工作满2年。

（5）取得消防工程专业博士学历或者学位，从事消防安全技术工作满1年；或者取得消防工程相关专业博士学历或者学位，从事消防安全技术工作满2年。

（6）取得其他专业相应学历或者学位的人员，其工作年限和从事消防安全技术工作年限均相应增加1年。

（三）注册执业

（1）《注册消防工程师制度暂行规定》第十七条规定，国家对注册消防工程师资格实行注册执业管理制度。取得一级、二级注册消防工程师资格证书的人员，经注册方可以相应级别注册消防工程师名义执业。

（2）《注册消防工程师制度暂行规定》第十九条规定，取得一级、二级注册消防工程师资格证书并申请注册的人员，应当受聘于一个经批准的消防技术服务机构或者消防安全重点单位，并通过聘用单位向本单位所在地（聘用单位属企业的，通过本企业向工商注册所在地）的消防机构提交注册申请材料。

（3）《注册消防工程师制度暂行规定》第二十九条规定，一级注册消防工程师的执业范围：

1）消防技术咨询与消防安全评估。

2）消防安全管理与技术培训。

3）消防设施检测与维护。

4）消防安全监测与检查。

5）火灾事故技术分析。

6）公安部规定的其他消防安全技术工作。

（四）权利义务

（1）《注册消防工程师制度暂行规定》第三十二条规定，注册消防工程师享有下列权利：

1）使用注册消防工程师称谓。

2）在规定范围内从事消防安全技术执业活动。

3）对违反相关法律、法规和技术标准的行为提出劝告，并向本级别注册审批部门或者上级主管部门报告。

4）接受继续教育。

5）获得与执业责任相应的劳动报酬。

6）对侵犯本人权利的行为进行申诉。

（2）《注册消防工程师制度暂行规定》第三十三条规定，注册消防工程师履行下列义务：

1）遵守法律、法规和有关管理规定，恪守职业道德。

2）执行中华人民共和国消防法律、法规、规章及有关技术标准。

3）履行岗位职责，保证消防安全技术执业活动质量，并承担相应责任。

4）保守知悉的国家秘密和聘用单位的商业、技术秘密。

5）不得允许他人以本人名义执业。

6）不断更新知识，提高消防安全技术能力。

7）完成注册管理部门交办的相关工作。

第二章　注册消防工程师职业道德

【考点一】职业道德的特点【★★】

（1）具有执行中华人民共和国消防法规标准的原则性。注册消防工程师执业行为必须独立、公正、合法，不为利益所诱，不惧权势所迫，始终自觉以维护中华人民共和国消防法规标准的正确实施、维护服务对象的合法权益和社会公共安全为执业行为的目的。

（2）具有维护社会公共安全的责任性。注册消防工程师职业道德具有更强的责任性，直接影响着社会公共安全的稳定。注册消防工程师要富有强烈的责任心，加强职业道德建设，对自己的工作尽心尽责。这既是对注册消防工程师的政治要求和社会要求，也是伦理要求。

（3）具有高度的服务性。注册消防工程师职业道德调整和制约着双方的服务关系，具有高度的服务性特点。因此，注册消防工程师在执业中必须树立服务意识，不断提升服务质量。

（4）具有与社会经济联系的密切性。注册消防工程师的职业行为本身就是一种重要的社会经济活动，且对社会公共安全具有重要影响，而受注册消防工程师职业道德影响的职业活动又会影响社会经济活动的效益和效果。注册消防工程师职业道德是直接影响社会经济活动的精神力量。

【考点二】职业道德原则的特点及作用【★★】

（一）职业道德原则的特点

（1）本质性。本质性是注册消防工程师职业道德的社会本质最直接、最集中的反映，是注册消防工程师区别于其他不同类型道德最根本、最显著的标志。

（2）基准性。基准性是注册消防工程师职业行为的基本准则，对注册消防工程师的职业行为具有普遍约束力和指导意义。

（3）稳定性。稳定性是指职业道德规范相对来说比较稳定，这是由它的核心地位和本身所具有的约束力和抽象性所决定的。

（4）独特性。独特性是指具有注册消防工程师行业的职业特点，有别于其他行业的职业道德。

（二）职业道德原则的作用

（1）注册消防工程师职业道德原则对于注册消防工程师职业道德规范具有指导、制约作用。

（2）注册消防工程师职业道德原则是注册消防工程师处理职业关系最基本的出发点和归宿。

【考点三】消防工程师职业道德的根本原则【★★★】

（1）维护公共安全原则。消防安全是公共安全的重要组成部分，维护公共安全是开展消防工作的根本目的。注册消防工程师作为直接参与消防工作社会化管理的队伍，要将维护公共安全原则作为职业的宗旨，要将其作为职业道德的根本原则。

（2）诚实守信原则。诚实守信是中华民族的优良传统，是一个人立足于社会的基本准则，也是对从业者的道德要求。诚实守信不仅是注册消防工程师步入行业的“通行证”，体现着道德操守和人格力量，也是具体行业立足的基础。

【考点四】消防工程师职业道德基本规范组成【★★★】

注册消防工程师职业道德的基本规范可以归纳为爱岗敬业、依法执业、客观公正、公平竞争、提高技能、保守秘密、奉献社会。

（1）爱岗敬业。爱岗敬业是注册消防工程师职业道德的基础和核心，是其职业道德建设所倡导的首要规范。爱岗是敬业的前提，表现为热爱自己的工作岗位，安心本职工作。

（2）依法执业。依法执业不仅是注册消防工程师行业的法律规范，也是行业的重要职业道德规范。依法执业是注册消防工程师职业的基本内容，是注册消防工程师依照法律法规，从事消防设施检测、消防安全监测等消防安全技术工作的总称。

（3）客观公正。客观是指不以人的意志为转移的事物的本身属性，简单地说，就是不带主观偏见，以事实为依据，实事求是。公正是指公平正直，没有偏私，强调人们所享有的权利和应尽的义务应当一致；付出的劳动和得到的报酬应当一致；处理问题不偏不倚，即公平或公正。

（4）公平竞争。公平竞争是指注册消防工程师及其聘用单位要遵循公开、平等、公正和诚实信用的市场原则，严格按照有关法律、法规及政策开展消防安全技术工作等服务活动，参与市场竞争，其目的是保障执业市场规范运作。

（5）提高技能。提高技能是注册消防工程师为了适应工作需要，提高自己的职业技能或专业胜任能力。职业技能是人们进行职业活动、履行职业责任的能力和手段。《注册消防工程师制度暂行规定》也明确把“不断更新知识，提高消防安全技术能力”作为注册消防工程师必须履行的义务。

（6）保守秘密。保守秘密是指注册消防工程师要保守执业过程中所知晓的商业秘密，除非获得授权或国家法律有特别规定，这些秘密是不可对外泄露的。

（7）奉献社会。奉献社会是要求从业人员在自己的岗位上树立奉献社会的职业精神，并通过兢兢业业的工作，自觉为社会和他人做出贡献。

【考点五】消防工程师职业道德修养的内容【★★】

（1）理论修养。一是政治理论修养，主要通过学习马克思列宁主义、毛泽东思想、邓小平理论、“三个代表”重要思想、科学发展观和习近平新时代中国特色社会主义思想，不断提高政治理论水平；二是思想道德理论修养，包括学习社会主义和共产主义道德理论知识。

（2）业务知识修养。加强有关专业知识的学习，是注册消防工程师职业道德修养的基本要求。

（3）人生观的修养。人生观既是职业道德教育的主要内容，又是职业道德修养的主要内容。

（4）职业道德品质修养。注册消防工程师应当具备“忠于职守、诚实守信、工作认真、吃苦耐劳、廉洁正直、热情服务”的基本职业道德品质。

【考点六】消防工程师职业道德修养的途径和方法【★★★】

在履行职业责任过程中进行职业道德修养，是注册消防工程师进行职业道德修养的根本途径和根本方法。具体方法主要有以下几种：

（1）自我反思。注册消防工程师要经常进行自我反思，依据注册消防工程师职业道德原则和规范来评价、检查和反省自己的职业行为。

（2）向榜样学习。学习先进模范人物的高尚品德和崇高精神，使之在全社会发扬光大，是社会主义精神文明建设的重要内容，也是注册消防工程师加强职业道德修养、提高自身职业道德水平的必由之路。

（3）坚持“慎独”。不管所在单位的制度有无规定，也不管有无人监督，领导管理是否严格，都能够自觉地严格要求自己，遵守职业道德原则和规范，坚决杜绝不正之风和违法乱纪行为。

（4）提高道德选择能力。注册消防工程师的职业道德选择应当建立在对所从事职业的全面、准确认识的基础上，充分发挥主观意识的能动性，要具有前瞻意识。

第二篇
建筑防火检查

第一章　建筑分类和耐火等级检查

【考点一】建筑分类【★★】

建筑分类方法是多样的，根据《建筑设计防火规范》（GB 50016—2014）第 5.1.1 条的规定：民用建筑根据其建筑高度和层数可分为单、多层民用建筑和高层民用建筑。高层民用建筑根据其建筑高度、使用功能和楼层的建筑面积可分为一类高层民用建筑和二类高层民用建筑。民用建筑的分类应符合表 2—2—1—1 的规定。

表 2—2—1—1　　民用建筑的分类

名称	高层民用建筑		单、多层民用建筑
	一类	二类	
住宅建筑	建筑高度大于 54 m 的住宅建筑（包括设置商业服务网点的住宅建筑）	建筑高度大于 27 m，但不大于 54 m 的住宅建筑（包括设置商业服务网点的住宅建筑）	建筑高度不大于 27 m 的住宅建筑（包括设置商业服务网点的住宅建筑）
公共建筑	1. 建筑高度大于 50 m 的公共建筑 2. 建筑高度 24 m 以上的部分任一楼层建筑面积大于 1 000 m² 的商店、展览、电信、邮政、财贸金融建筑和其他多种功能组合的建筑医疗建筑、重要公共建筑 3. 省级及以上的广播电视和防灾指挥调度建筑、网局级和省级电力调度建筑 4. 藏书超过 100 万册的图书馆、书库	除一类高层公共建筑外的其他高层公共建筑	1. 建筑高度大于 24 m 的单层公共建筑 2. 建筑高度不大于 24 m 的其他公共建筑

【考点二】建筑高度及层数的检查【★★】

（一）建筑高度的检查

《建筑设计防火规范》（GB 50016—2014）附录 A.0.1 规定，建筑高度的计算应符合下列规定：

（1）建筑屋面为坡屋面时，建筑高度应为建筑室外设计地面至其檐口与屋脊的平均高度。

（2）建筑屋面为平屋面（包括有女儿墙的平屋面）时，建筑高度应为建筑室外设计地面至其屋面面层的高度。

（3）同一座建筑有多种形式的屋面时，建筑高度应按上述方法分别计算后，取其中最大值。

（4）对于台阶式地坪，当位于不同高程地坪上的同一建筑之间有防火墙分隔，各自有符合规范规定的安全出口，且可沿建筑的两个长边设置贯通式或尽头式消防车道时，可分别计算各自的建筑高度。否则，应按其中建筑高度最大者确定该建筑的建筑高度。

（5）局部突出屋顶的瞭望塔、冷却塔、水箱间、微波天线间或设施、电梯机房、排风和排烟机房以及楼梯出口小间等辅助用房占屋面面积不大于 1/4 者，可不计入建筑高度。

（6）对于住宅建筑，设置在底部且室内高度不大于 2.2 m 的自行车库、储藏室、敞开空间，室内外高差或建筑的地下或半地下室的顶板面高出室外设计地面的高度不大于 1.5 m 的部分，可不计入建筑高度。

（二）建筑层数的检查

《建筑设计防火规范》（GB 50016—2014）附录 A.0.2 规定，建筑层数应按建筑的自然层数计算，下列空间可不计入建筑层数：

（1）室内顶板面高出室外设计地面的高度不大于 1.5 m 的地下或半地下室。

（2）设置在建筑底部且室内高度不大于 2.2 m 的自行车库、储藏室、敞开空间。

（3）建筑屋顶上突出的局部设备用房、出屋面的楼梯间等。

【考点三】火灾危险性的分类【★★★★】

（一）生产的火灾危险性分类

《建筑设计防火规范》（GB 50016—2014）第 3.1.1 条规定，生产的火灾危险性分类根据生产中使用或产生的物质性质及其数量等因素划分，分为甲、乙、丙、丁、戊五类，并应符合表 2—2—1—2 的规定。

表 2—2—1—2　　生产的火灾危险性分类

生产的火灾危险性类别	使用或产生下列物质生产的火灾危险性特征
甲	1. 闪点小于 28℃的液体 2. 爆炸下限小于 10% 的气体 3. 常温下能自行分解或在空气中氧化能导致迅速自燃或爆炸的物质 4. 常温下受到水或空气中水蒸气的作用，能产生可燃气体并引起燃烧或爆炸的物质 5. 遇酸、受热、撞击、摩擦、催化以及遇有机物或硫黄等易燃的无机物，极易引起燃烧或爆炸的强氧化剂 6. 受撞击、摩擦或与氧化剂、有机物接触时能引起燃烧或爆炸的物质 7. 在密闭设备内操作温度不小于物质本身自燃点的生产
乙	1. 闪点不小于 28℃，但小于 60℃的液体 2. 爆炸下限不小于 10% 的气体 3. 不属于甲类的氧化剂 4. 不属于甲类的易燃固体 5. 助燃气体 6. 能与空气形成爆炸性混合物的浮游状态的粉尘、纤维，闪点不小于 60℃的液体雾滴

续表

生产的火灾危险性类别	使用或产生下列物质生产的火灾危险性特征
丙	1. 闪点不小于 60℃的液体 2. 可燃固体
丁	1. 对不燃烧物质进行加工，并在高温或熔化状态下经常产生强辐射热、火花或火焰的生产 2. 利用气体、液体、固体作为燃料或将气体、液体进行燃烧作其他用的各种生产 3. 常温下使用或加工难燃烧物质的生产
戊	常温下使用或加工不燃烧物质的生产

（二）储存物品的火灾危险性分类

《建筑设计防火规范》（GB 50016—2014）第 3.1.3 条规定，储存物品的火灾危险性分类根据储存物品的性质和储存物品中的可燃物数量等因素划分，分为甲、乙、丙、丁、戊五类，并应符合表 2—2—1—3 的规定。

表 2—2—1—3　　储存物品的火灾危险性分类

储存物品的火灾危险性类别	储存物品的火灾危险性特征
甲	1. 闪点小于 28℃的液体 2. 爆炸下限小于 10% 的气体，受到水或空气中水蒸气的作用能产生爆炸下限小于 10% 气体的固体物质 3. 常温下能自行分解或在空气中氧化能导致迅速自燃或爆炸的物质 4. 常温下受到水或空气中水蒸气的作用，能产生可燃气体并引起燃烧或爆炸的物质 5. 遇酸、受热、撞击、摩擦、催化以及遇有机物或硫黄等易燃的无机物，极易引起燃烧或爆炸的强氧化剂 6. 受撞击、摩擦或与氧化剂、有机物接触时能引起燃烧或爆炸的物质
乙	1. 闪点不小于 28℃，但小于 60℃的液体 2. 爆炸下限不小于 10% 的气体 3. 不属于甲类的氧化剂 4. 不属于甲类的易燃固体 5. 助燃气体 6. 常温下与空气接触能缓慢氧化，积热不散引起自燃的物质
丙	1. 闪点不小于 60℃的液体 2. 可燃固体
丁	难燃烧物品
戊	不燃烧物品

【考点四】火灾危险性的检查【★★★】

（一）厂房的火灾危险性检查

《建筑设计防火规范》（GB 50016—2014）第 3.1.2 条规定，同一座厂房或厂房的任一防火分区内有不同火灾危险性生产时，厂房或防火分区内的生产火灾危险性类别应按火灾危险性较大的部分确定；当生产过程中使用或产生易燃、可燃物的量较少，不足以构成爆炸或火灾危险时，可按实际情况确定；当符合下述条件之一时，可按火灾危险性较小的部分确定：

（1）火灾危险性较大的生产部分占本层或本防火分区建筑面积的比例小于5%或丁、戊类厂房内的油漆工段小于10%，且发生火灾事故时不足以蔓延至其他部位或火灾危险性较大的生产部分采取了有效的防火措施。

（2）丁、戊类厂房内的油漆工段，当采用封闭喷漆工艺，封闭喷漆空间内保持负压、油漆工段设置可燃气体探测报警系统或自动抑爆系统，且油漆工段占所在防火分区建筑面积的比例不大于20%。

（二）储存物品的火灾危险性检查

（1）《建筑设计防火规范》（GB 50016—2014）第3.1.4条规定，同一座仓库或仓库的任一防火分区内储存不同火灾危险性物品时，仓库或防火分区的火灾危险性应按火灾危险性最大的物品确定。

（2）《建筑设计防火规范》（GB 50016—2014）第3.1.5条规定，丁、戊类储存物品仓库的火灾危险性，当可燃包装重量大于物品本身重量1/4或可燃包装体积大于物品本身体积的1/2时，应按丙类确定。

【考点五】民用建筑类别的检查【★★】

民用建筑类别是根据建筑高度、使用功能、火灾危险性和扑救难易程度确定的，分为住宅建筑和公共建筑两大类。对于住宅建筑，以建筑高度27 m为界区分多层住宅和高层住宅，高层住宅建筑又以54 m为界划分一类高层住宅建筑和二类高层住宅建筑；对于公共建筑，以建筑高度24 m为界区分多层和高层公共建筑；在高层公共建筑中又将使用性质重要、火灾危险性大、疏散和扑救难度大的建筑划分为一类高层公共建筑。例如，考虑到建筑中一些患者行动不便、疏散困难，建筑内发生火灾易致人员伤亡等特点，将医疗建筑划为一类高层公共建筑。检查民用建筑类别时，需要注意：

（1）现行国家标准《民用建筑设计通则》（GB 50352—2005）将民用建筑分为居住建筑和公共建筑两大类。其中居住建筑包括住宅建筑、宿舍建筑等。在防火方面，除住宅建筑外，宿舍、公寓等非住宅类居住建筑的火灾危险性与公共建筑接近，防火要求按照公共建筑的有关规定执行。

（2）对于建筑高度大于24 m的单层公共建筑，在实际检查中情况往往比较复杂，可能存在单层和多层组合建造的情况，难以确定是按单层建筑、多层建筑还是高层建筑进行检查。这时需要根据建筑各层的使用功能和建筑高度综合确定。

（3）建筑防火检查中，如果遇到规范中未列举的建筑，需要根据建筑功能的具体情况，通过类比，确定建筑类别。

【考点六】汽车库、修车库、停车场的检查【★★】

汽车库、修车库、停车场类别是根据停车（车位）数量和总建筑面积确定的，分为Ⅰ类、Ⅱ类、Ⅲ类、Ⅳ类。检查汽车库、修车库、停车场类别时，需要注意：

（1）屋面露天停车场与下部汽车库共用汽车坡道时，停车数量计算在汽车库的车辆总数内。

（2）室外坡道、屋面露天停车场的建筑面积可不计入汽车库的建筑面积之内。

（3）公交汽车库的建筑面积可按规定值增加 2 倍。

【考点七】建筑构件的燃烧性能和耐火极限【★★★★】

建筑耐火等级是建筑物整体耐火性能的基本判据，决定了建筑抗御火灾的能力。建筑耐火等级由组成建筑物的墙、柱、梁、楼板等主要构件的燃烧性能和最低耐火极限决定，分为一级、二级、三级、四级。

建筑主要构件的燃烧性能和耐火极限不得低于建筑相应耐火等级的要求。主要检查要求：一级耐火等级建筑的主要构件都是不燃烧体；二级耐火等级建筑的主要构件，除吊顶为难燃烧体外，其余构件都要求是不燃烧体；三级耐火等级建筑的主要构件，除吊顶（包括吊顶格栅）和房间隔墙可采用难燃烧体外，其余构件都是不燃烧体；四级耐火等级建筑的主要构件，除防火墙需采用不燃烧体外，其余构件可采用难燃烧体或可燃烧体。以木柱承重且以不燃材料作为墙体的建筑物，其耐火等级按四级确定。

建筑的金属建筑构件，在高温条件下会出现强度降低和蠕变现象，极易失去承载力。目前钢结构构件的防火保护措施主要有两种：一种是采用砖石、沙浆、防火板等无机耐火材料包覆的方式；另一种是涂刷钢结构防火涂料，通过在建筑物和构筑物钢结构构件表面涂刷钢结构防火涂料，形成耐火隔热保护层，以提高钢结构耐火极限。由于钢结构防火涂料目前所存在的固有缺陷，实际运用中首先考虑采用不燃材料包覆的方式。具体检查要求为：

（1）一级耐火等级的单、多层厂房（仓库），当采用自动喷水灭火系统进行全保护时，其屋顶承重构件的耐火极限不应低于 1.00 h。需要注意的是，对于厂房内虽设置了自动灭火系统，但对这些构件无保护作用时，屋顶承重构件的耐火极限不应低于 1.50 h。

（2）建筑内预制钢筋混凝土结构金属构件的节点和明露的钢结构承重构件部位，是构件的防火薄弱环节，往往又是保证结构整体承载能力的关键部位，需要采取防火保护措施并保证节点的耐火极限不低于该节点部位连接构件中要求的耐火极限最高者。

（3）民用建筑的中庭和屋顶承重构件采用金属构件时，通过采取外包覆不燃材料、设置自动喷水灭火系统和喷涂防火涂料等措施，保证其耐火极限不低于耐火等级的要求。

（4）二级耐火等级的散装粮食平房仓可采用无防火保护的金属承重构件。

【考点八】耐火等级与建筑分类的适应性【★★★】

主要检查建筑耐火等级的选定与建筑高度、使用功能、重要性质和火灾扑救难度等是否一致。具体要求如下：

（一）厂房和仓库

（1）使用或储存特殊、贵重的机器、仪表、仪器等设备或物品时，建筑耐火等级不低于二级。

（2）高层厂房，甲、乙类厂房，使用或产生丙类液体的厂房和有火花、赤热表面、明火的丁类厂房，油浸变压器室、高压配电装置室，锅炉房，高架仓库、高层仓库、甲类仓库、多层乙类仓库和储存可燃液体的多层丙类仓库，粮食筒仓，建筑的耐火等级不低于二级。

（3）单、多层丙类厂房，多层丁、戊类厂房，单层乙类仓库，单层丙类仓库，储存可燃固体的多层丙类仓库和多层丁、戊类仓库，粮食平房仓，建筑的耐火等级不低于三级。

（4）建筑面积不大于 300 m^2 的独立甲、乙类单层厂房，建筑面积不大于 500 m^2 的单层丙类厂房或建筑面积不大于 1 000 m^2 的单层丁类厂房，燃煤锅炉房且锅炉的总蒸发量不大于 4 t/h 时，可采用三级耐火等级的建筑。

（二）民用建筑

地下或半地下建筑（室）和一类高层建筑的耐火等级不低于一级；单、多层重要公共建筑和二类高层建筑的耐火等级不低于二级。这里的“地下或半地下建筑（室）”包括附建在建筑中的地下室、半地下室和单独建造的地下、半地下建筑。

（三）汽车库和修车库

地下、半地下和高层汽车库，甲、乙类物品运输车的汽车库、修车库和Ⅰ类汽车库、修车库，耐火等级应为一级。Ⅱ类、Ⅲ类汽车库、修车库的耐火等级不低于二级。Ⅳ类汽车库、修车库的耐火等级不低于三级。

【考点九】建筑最多允许层数与耐火等级适应性检查【★★】

不同耐火等级的建筑，可建造的最大建筑层数有所不同。检查要求为：

（一）厂房

二级耐火等级的乙类厂房建筑层数最多为 6 层；三级耐火等级的丙类厂房建筑层数最多为 2 层；三级耐火等级的丁类、戊类厂房建筑层数最多为 3 层；甲类厂房和四级耐火等级的丁类、戊类厂房只能为单层建筑。

（二）仓库

甲类仓库，三级耐火等级的乙类仓库，四级耐火等级的丁、戊类仓库，都只能为单层建筑。一级、二级耐火等级的乙类易燃液体、固体、氧化剂仓库，三级耐火等级的丙类固体仓库和丁类、戊类仓库建筑层数最多为 3 层；一级、二级耐火等级的乙类易燃气体、助燃气体、氧化自燃物品和丙类液体仓库建筑层数最多为 5 层。

（三）民用建筑

对耐火等级为三级的建筑，允许其建筑层数最多为 5 层；对耐火等级为四级的建筑，允许其建筑层数最多为 2 层。商店建筑、展览建筑、托儿所、幼儿园的儿童用房，老年人活动场所和儿童游乐厅等儿童活动场所、医院和疗养院的住院部分、教学建筑、食堂、菜市场、剧场、电影院、礼堂等采用三级耐火等级建筑时，建筑层数不超过 2 层。除剧场、电影院、礼堂外的上述建筑如采用四级耐火等级时，只能为单层建筑。

【考点十】钢结构建筑构件防火涂料检查【★★】

检查钢结构防火涂料时，按照下列要求操作：

（1）对比样品。与选用的样品对比，检查用于工程上的钢结构防火涂料的品种及颜色是否与设计选用及规定的相符。

（2）检查涂层外观。目测涂层颜色及漏涂和裂缝情况，用 0.75 ~ 1 kg 锤子轻击涂层检测其强度等，用 1 m 直尺检测涂层平整度；检查防火涂层无开裂、脱落；用黑色平绒布轻擦薄涂型钢结构防火涂层表面 5 次，平绒布不变色；涂层与钢基材之间和各涂层之间，黏结牢固，无空鼓、脱层和松散等情况；薄涂型钢结构防火涂层表面如有个别裂缝，其宽度不大于 0.5 mm。

（3）检查涂层厚度。现场选取至少 5 个不同的涂层部位，用测厚仪分别测量其厚度。厚涂型钢结构防火涂层最薄处厚度不低于设计要求的 85%，且厚度不足部位的连续面积的长度不大于 1 m，并在 5 m 范围内不再出现类似情况。

（4）检查膨胀倍数。当采用薄型（膨胀型）、超薄型钢结构防火涂料时，需检查涂料的膨胀倍数。

第二章　总平面布局与平面布置检查

【考点一】城市总体布局的消防安全【★★】

（1）易燃易爆物品的工厂、仓库，甲、乙、丙类液体储罐区，液化石油气储罐区，可燃、助燃气体储罐区，可燃材料堆场等，布置在城市（区域）的边缘或相对独立的安全地带，并布置于城市（区域）全年最小频率风向的上风侧；与影剧院、会堂、体育馆、大型商场、游乐场等人员密集的公共建筑或场所保持足够的防火安全距离。

（2）甲、乙、丙类液体储罐（区）尽量布置在地势较低的地带；当条件受限确需布置在地势较高的地带时，需设置可靠的安全防护设施，如加强防火堤设置，或增设防护墙等。

（3）散发可燃气体、可燃蒸气和可燃粉尘的工厂和大型液化石油气储存基地，布置在城市全年最小频率风向的上风侧；液化石油气储罐（区）宜布置在地势平坦、开阔等不易积存液化石油气的地带，并与居住区、商业区或其他人员集中地区保持足够的防火安全距离。

（4）大中型石油化工企业、石油库、液化石油气储罐站等，沿城市、河流布置时，布置在城市河流的下游，并采取防止液体流入河流的可靠措施。

（5）汽车加油、加气站远离人员集中的场所、重要的公共建筑。一级加油站、一级加气站、一级加油加气合建站和 CNG 加气母站设置在城市建成区和中心区域以外的区域。输油、输送可燃气体干管上不得有违法修建的建筑物、构筑物或堆放物质。

（6）地下建筑（包括地铁、城市隧道等）与加油站的埋地油罐及其他用途的埋地可燃液体储罐保持足够的防火安全距离，其出口和风亭等设施与邻近建筑保持足够的防火安全距离。

（7）汽车库、修车库、停车场远离易燃、可燃液体或可燃气体的生产装置区和储存区；汽车库与甲、乙类厂房、仓库分开建造。

（8）装运液化石油气和其他易燃易爆化学物品的专用码头、车站布置在城市或港区的独立安全地段。装运液化石油气和其他易燃易爆化学物品的专用码头，与装运其他物品的码头之间的距离不小于最大装运船舶长度的两倍，距主航道的距离不小于最大装运船舶长度的一倍。

（9）城市消防站的布置应结合城市交通状况和各区域的火灾危险性进行合理布局；街区道路布置和市政消火栓的布局能满足灭火救援需要；街区道路中心线间距离一般宜在 160 m 以内，市政消火栓沿可通行消防车的街区道路布置，间距不得大于 120 m。

对于旧城区中严重影响城市消防安全的企业，要及时纳入改造计划，采取限期迁移或改变生产使用性质等措施。对于耐火等级低的建筑密集区和棚户区，要结合改造工程，拆除一些破旧房屋，建造一级、二级耐火等级的建筑；对一时不能拆除重建的，可划分占地面积不大于 2 500 m^2 的防火分区，各分区之间留出不小于 6 m 的防火通道或设置高出建筑屋面不小于 50 cm 的防火墙。对于无市政消火栓或消防给水不足、无消防车通道的区域，要结合本区域内给水管道的改建，增设给水管道管径和消火栓，或根据具体条件修建容量 100 ~ 200 m^3 的消防水池。

【考点二】企业总平面布局【★★★】

（一）石油化工企业

1. 企业区域规划

根据工厂的生产流程及各组成部分的生产特点和火灾危险性，结合地形、风向等条件，检查企业的功能分区、集中布置的建筑和装置等总平面布置。可能散发可燃气体的工艺装置、罐组、装卸区或全厂性污水处理场等设施，宜布置在人员集中场所及明火或散发火花地点的全年最小频率风向的上风侧；在山区或丘陵地区的，需避免布置在窝风地带。

2. 主要出入口

厂区主要出入口不少于两个，且应设置在不同方位。生产区的道路宜采用双车道。工艺装置区，液化烃储罐区，可燃液体的储罐区、装卸区及化学危险品仓库区按规定设置环形消防车道。

3. 企业消防站

消防站的设置位置应便于消防车迅速通往工艺装置区和罐区，宜位于生产区全年最小频率风向的下风侧，且避开工厂主要人流道路。

（二）火力发电厂

1. 厂区选址

厂区应布置在地势较低的边缘地带，安全防护设施可以布置在地形较高的边缘地带。对于布置在厂区内的点火油罐区，其围栅高度不小于 1.8 m。当利用厂区围墙作为点火油罐区的围栅时，实体围墙的高度不小于 2.5 m。

2. 主要出入口

厂区的出入口不少于两个，其位置应便于消防车出入。主厂房、点火油罐区及储煤场周围应设置环形消防车道。

（三）钢铁冶金企业

1. 厂区选址

储存或使用甲、乙、丙类液体，可燃气体，明火或散发火花以及产生大量烟气、粉尘、有毒有害气体的车间，必须布置在厂区边缘或主要生产车间、职工生活区全年最小频率风向的上风侧。

2. 围墙的设置

煤气罐区四周均须设置围墙，实地测量罐体外壁与围墙的间距。当总容积不超过 200 000 m^3 时，罐体外壁与围墙的间距不宜小于 15.0 m；当总容积大于 200 000 m^3 时，罐体外壁与围墙的间距不宜小于 18.0 m。

3. 储罐的间距

实地测量露天布置的可燃气体与不可燃气体固定容积储罐之间的净距，氧气固定容积储罐与不可燃气体固定体积储罐之间的净距，不可燃气体固定容积储罐之间的净距；实地测量露天布置的液氧储罐或不可燃的液化气体储罐之间的净距，不可燃的液化气体储罐之间的净距，上述净距均不得小于 2.0 m。

4. 管道的敷设

高炉煤气、发生炉煤气、转炉煤气和铁合金电炉煤气的管道不能埋地敷设。氧气管道不得与燃油管道、腐蚀性介质管道和电缆、电线同沟敷设，动力电缆不得与可燃、助燃气体和燃油管道同沟敷设。

【考点三】防火间距【★★★★★】

防火间距是指防止着火建筑在一定时间内引燃相邻建筑，便于消防扑救的间隔距离。

（一）防火间距的测量

对防火间距实地进行测量时，沿建筑周围选择相对较近处测量间距，测量值的允许负偏差不得大于规定值的5%。具体测量方法如下：

（1）建筑物之间的防火间距按相邻建筑外墙的最近水平距离计算，当外墙有凸出的可燃或难燃构件时，从其凸出部分外缘算起。建筑物与储罐、堆场的防火间距，为建筑外墙至储罐外壁或堆场中相邻堆垛外缘的最近水平距离。

（2）储罐之间的防火间距为相邻两储罐外壁的最近水平距离。储罐与堆场的防火间距为储罐外壁至堆场中相邻堆垛外缘的最近水平距离。

（3）堆场之间的防火间距为两堆场中相邻堆垛外缘的最近水平距离。

（4）变压器之间的防火间距为相邻变压器外壁的最近水平距离。变压器与建筑物、储罐或堆场的防火间距，为变压器外壁至建筑外墙、储罐外壁或相邻堆垛外缘的最近水平距离。

（5）建筑物、储罐或堆场与道路、铁路的防火间距，为建筑外墙、储罐外壁或相邻堆垛外缘距道路最近一侧路边或铁路中心线的最小水平距离。

（二）防火间距不足时的处理

防火间距由于场地等原因，难以满足国家有关消防技术规范的要求时，可根据具体情况，采取下列相应的措施：

（1）改变建筑物的生产或使用性质，尽量减少建筑物的火灾危险性；改变房屋部分结构的耐火性能，提高建筑物的耐火等级。

（2）调整生产厂房的部分工艺流程和库房储存物品的数量，调整部分构件的耐火性能和燃烧性能。

（3）将建筑物的普通外墙改为防火墙。

（4）拆除部分耐火等级低、占地面积小、适用性不强且与新建建筑相邻的原有建筑物。

（5）设置独立的防火墙等。

【考点四】消防车道检查【★★★】

消防车道是指供消防车灭火时通行的道路。其设置可以保障火灾时消防车顺利到达火场，消防人员迅速开展灭火战斗，最大限度减少人员伤亡和火灾损失。

（一）检查内容

1. 消防车道形式

（1）工厂、仓库。工厂、仓库区内应设置消防车道。高层厂房，占地面积大于3 000 m^2的甲、乙、丙类厂房和占地面积大于1 500 m^2的乙、丙类仓库，消防车道的设置形式为环形，确有困难时，应沿建筑物的两个长边设置消防车道。

（2）民用建筑。高层民用建筑，超过3 000个座位的体育馆，超过2 000个座位的会堂，占地面积大于3 000 m^2的商店建筑、展览建筑等单、多层公共建筑，消防车道的设置形式为环形，确有困难时，可沿建筑的两个长边设置消防车道。对于高层住宅建筑和山坡地或河道边临空建造的高层民用建筑，消防车道可沿建筑的一个长边设置，但该长边所在建筑立面应为消防车登高操作面。

（3）沿街建筑和设有封闭内院或天井的建筑物。对于沿街道部分的长度大于150 m或总长度大于220 m的建筑，应设置穿过建筑物的消防车道。确有困难时，可沿建筑四周设置环形消防车道。对于设有短边且长度大于24 m的有封闭内院或天井的建筑物，宜设置进入内院或天井的消防车道。

（4）汽车库、修车库。汽车库、修车库周围应设环形车道，当设环形车道有困难时，可沿建筑物的一个长边和另一边设置消防车道，消防车道宜利用交通道路。

（5）露天堆场区、储罐区。可燃材料露天堆场区，液化石油气储罐区，甲、乙、丙类液体储罐区和可燃气体储罐区，应设置消防车道。消防车道的设置应符合下列规定：

1）储量大于表2—2—2—1规定的堆场、储罐区，宜设置环形消防车道。

表2—2—2—1　　堆场或储罐区的储量

名称	棉、麻、毛、化纤（t）	秸秆、芦苇（t）	木材（m^3）	甲、乙、丙类液体储罐（m^3）	液化石油气储罐（m^3）	可燃气体储罐（m^3）
储量	1 000	5 000	5 000	1 500	500	30 000

2）占地面积大于30 000 m^2的可燃材料堆场，应设置与环形消防车道相通的中间消防车道，消防车道的间距不宜大于150 m。液化石油气储罐区，甲、乙、丙类液体储罐区和可燃气体储罐区内的环形消防车道之间宜设置连通的消防车道。

3）消防车道的边缘距离可燃材料堆垛不应小于5 m。

2. 消防车道的净宽和净高

消防车道的净宽度和净空高度均不小于4.0 m，其坡度不宜大于8%。

3. 消防车道的荷载

消防车道的路面、救援操作场地及其下面的管道和暗沟等应能承受重型消防车压力。

4. 消防车道的最小转弯半径

中间消防车道与环形消防车道的交接处必须满足消防车转弯半径的要求。目前我国普通消防车的转弯半径为9 m，登高车的转弯半径为12 m，一些特种车辆的转弯半径为16 ~ 20 m。

5. 消防车道的回车场

环形消防车道至少应有两处与其他车道连通。对于尽头式消防车道，应设置回车道或回车场。回车场的面积不应小于12 m × 12 m；高层民用建筑的回车场面积不宜小于15 m × 15 m；供重型消防车使用时，回车场面积不宜小于18 m × 18 m。

（二）检查方法

（1）沿消防车道全程查看消防车道路面情况，消防车道与厂房（仓库）、民用建筑之间不得设置妨碍消防车作业的树木、架空管线等障碍物；消防车道利用交通道路时，合用道路需满足消防车通行与停靠的要求。

（2）选择消防车道路面相对较窄部位以及消防车道4 m净空高度内两侧凸出物最近距离处进行测量，以最小宽度确定为消防车道宽度。宽度测量值的允许负偏差不得大于规定值的5%，且不影响正常使用。

（3）选择消防车道正上方距车道相对较低的凸出物进行测量，测量点不少于 5 个，以凸出物与车道的垂直高度确定为消防车道净高，高度测量值的允许负偏差不大于规定值的 5%。

（4）不规则回车场以消防车可以利用场地的内接正方形为回车场地或根据实际设置情况进行消防车通行试验，满足消防车回车的要求。

（5）查阅施工记录、消防车通行试验报告，核查消防车道设计承受荷载。当消防车道设置在建筑红线外时，还需查验是否取得权属单位的同意，确保消防车道正常使用。

【考点五】消防车登高操作场地检查【★★★★】

（一）检查内容

1. 消防车登高面的设置

高层建筑应至少沿一个长边或周边长度的 1/4 且不小于一个长边长度的底边连续布置消防车登高面，该范围内的裙房进深不应大于 4 m。

建筑高度不大于 50 m 的建筑，连续布置消防车登高面确有困难时，可间隔布置，但间隔距离不宜大于 30 m，且消防车登高面的总长度仍应符合上述规定。

2. 消防车登高操作场地的设置

消防车登高操作场地应符合下列规定：

场地与厂房、仓库、民用建筑之间不应设置妨碍消防车操作的树木、架空管线等障碍物和车库出入口；场地的长度和宽度分别不应小于 15 m 和 10 m。对于建筑高度大于 50 m 的建筑，场地的长度和宽度分别不应小于 20 m 和 10 m；场地应与消防车道连通，场地靠建筑外墙一侧的边缘距离建筑外墙不宜小于 5 m，且不应大于 10 m；场地的坡度不宜大于 3%。

3. 消防车登高操作场地的荷载

消防车登高操作场地及其下面的建筑结构、管道和暗沟等，应能承受重型消防车的压力。对于建筑高度超过 100 m 的建筑，还需考虑大型消防车辆灭火救援作业的需求。

（二）检查方法

（1）沿消防车道全程查看消防车登高操作场地路面情况，确保消防车登高操作场地与厂房、仓库、民用建筑之间不得设置妨碍消防车操作的架空高压电线、树木、车库出入口等障碍。

（2）沿消防车登高面全程测量消防车登高操作场地的长度、宽度、坡度，场地靠建筑外墙一侧的边缘至建筑外墙的距离等数据。长度、宽度测量值的允许负偏差不得大于规定值 5%。

（3）查验施工记录、消防车通行及登高操作试验报告，核查消防车登高场地设计承受荷载。当消防车登高操作场地设置在建筑红线外时，还需查验是否取得权属单位的同意，确保消防登高操作场地正常使用。

【考点六】厂房、仓库平面布置检查内容【7★】

（一）员工宿舍的设置

员工宿舍严禁设置在厂房、仓库内。

（二）办公室、休息室的布置

（1）对于甲、乙类厂房，办公室、休息室等不得设置在厂房内。确需贴邻本厂房时，厂房的耐火等级不得低于二级，采用耐火极限不低于3.00 h的防爆墙与厂房分隔，且设置独立的安全出口。对于甲、乙类仓库，办公室、休息室等也不得设置在仓库内，且不应贴邻。

（2）办公室、休息室设置在丙类厂房或丙、丁类仓库时，需采用耐火极限不低于2.50 h的防火隔墙和耐火极限不低于1.00 h的楼板与其他部位分隔，并至少设置1个独立的安全出口。如隔墙上需开设相互连通的门时，采用乙级防火门。

（三）中间仓库的布置

（1）对于甲、乙类中间仓库，储量不宜超过一昼夜的需要量；靠外墙布置，并采用防火墙和耐火极限不低于1.50 h的不燃性楼板与其他部位隔开。对于需用量较少的厂房，如有的手表厂用于清洗的汽油，每昼夜需用量只有20 kg，则可适当调整到存放1 ~ 2昼夜的用量；如一昼夜需用量较大，则要严格控制为一昼夜用量。

（2）对于丙类仓库，采用防火墙和耐火极限不低于1.50 h的不燃性楼板与其他部位分隔，仓库的耐火等级和面积要同时符合丙类仓库的相关规定，且中间仓库与所服务车间的建筑面积之和不得大于该类厂房有关一个防火分区的最大允许建筑面积。

（3）对于丁、戊类仓库，采用耐火极限不低于2.00 h的防火隔墙和耐火极限不低于1.00 h的楼板与其他部位分隔，仓库的耐火等级和面积符合丁、戊类仓库的相关规定。需要注意：在厂房内设置中间仓库时，生产车间和中间仓库的耐火等级应当一致，且该耐火等级要按仓库和厂房两者中要求较高者确定。对于丙类仓库，需要采用防火墙和耐火极限不低于1.50 h的不燃性楼板与生产作业部位隔开。对于建筑功能以分拣、加工等作业为主的物流建筑，检查要求按有关厂房的规定确定，其中仓储部分应按中间仓库确定。

（四）中间储罐的布置

厂房内的丙类液体中间储罐设置在单独房间内，其容量不大于5 m^3。设置中间储罐的房间，采用耐火极限不低于3.00 h的防火隔墙和耐火极限不低于1.50 h的楼板与其他部位分隔，房间门采用甲级防火门。

（五）变、配电站的布置

（1）变、配电站不得设置在甲、乙类厂房内或贴邻建造，且不得设置在爆炸性气体、粉尘环境的危险区域内；供甲、乙类厂房专用的10 kV及以下的变、配电所，即该变电站、配电站当仅向与其贴邻的甲、乙类厂房供电，而不向其他厂房供电，当采用无门、窗、洞口的防火墙隔开时，可与厂房一面贴邻建造。

（2）对于乙类厂房的配电站，如氨压缩机房的配电站，为观察设备、仪表运转情况而需要设观察窗时，允许在配电站的防火墙上设置采用不燃材料制作并且不能开启的甲级防火窗。

【考点七】民用建筑平面布置检查内容【★★★★★】

（一）营业厅、展览厅

（1）设置层数。营业厅、展览厅不得设置在地下三层及以下；设置在三级耐火等级建筑内的营业厅、展览厅，只能布置在首层或二层，设置在四级耐火等级建筑内时，只能布置在首层。

（2）放置物品种类。地下或半地下营业厅、展览厅不得经营、储存和展示甲、乙类火灾危险性物品。

（3）地下营业厅的防火分隔。地下或半地下商店的总建筑面积大于 20 000 m^2 时，采用无门、窗、洞口的防火墙和耐火极限不低于 2.00 h 的楼板分隔为多个建筑面积不大于 20 000 m^2 的区域。相邻区域确需局部连通时，采用下沉式广场等室外开敞空间、防火隔间、避难走道、防烟楼梯间等方式进行连通。

（二）儿童用房和儿童、老年人活动场所

（1）与其他部位的防火分隔。儿童活动场所宜设置在独立建筑内；当设置在其他民用建筑内时，需采用耐火极限不低于 2.00 h 的防火隔墙和耐火极限不低于 1.00 h 的楼板与其他场所或部位隔开，墙上必须开设门、窗的，采用乙级防火门、窗。

（2）设置层数。儿童活动场所不得设置地下、半地下。采用一级、二级耐火等级的建筑时，不超过三层；设置在一级、二级耐火等级的民用建筑内时，布置在首层、二层或三层。采用三级耐火等级的建筑时，不超过两层；设置在三级耐火等级的建筑内时，布置在首层、二层。采用四级耐火等级的建筑时，应为单层；设置在四级耐火等级的建筑内时，布置在首层。

（3）安全出口的设置。设置在单、多层建筑内时，宜设置单独的安全出口和疏散楼梯。设置在高层建筑内时，这些场所的安全出口和疏散楼梯要完全独立于其他场所，不得与其他场所内的疏散人员共用，而仅供托儿所、幼儿园或老年人活动场所等的人员疏散使用。

（三）医院和疗养院的住院部分

（1）设置层数。不得设置地下、半地下。可设在一级、二级耐火等级建筑的首层、二层、三层，三级耐火等级建筑的首层或二层，四级耐火等级建筑的首层。

（2）相邻护理单元间的防火分隔。医院和疗养院的病房楼内相邻护理单元之间采用耐火极限不低于 2.00 h 的防火隔墙分隔，隔墙上的门应为乙级防火门，设置在走道上的防火门采用常开防火门。

（3）设置避难间。

（四）教学建筑、食堂、菜市场

可设在三级耐火等级建筑的首层或二层，四级耐火等级建筑的首层。小学教学楼的主要教学用房不得设置在四层以上，中学教学楼的主要教学用房不得设置在五层以上。

（五）剧场、电影院、礼堂

（1）与建筑其他部位的防火分隔。宜设置在独立的建筑内。设置在其他民用建筑内时，至少设置 1 个独立的安全出口和疏散楼梯，并采用耐火极限不低于 2.00 h 的防火隔墙和甲级防火门与其他区域分隔。

（2）设置层数。设置在地下或半地下时，宜设置在地下一层，不得设置在地下三层及以下楼层。设置在一级、二级耐火等级的建筑内时，观众厅宜布置在首层、二层或三层。设置在三级耐火等级的建筑内时，不得布置在三层及以上楼层。

（3）观众厅的布置。如布置在四层及以上楼层时，每个观众厅的建筑面积不宜大于 400 m^2，且一个厅、室的疏散门不少于 2 个。

（六）歌舞娱乐放映游艺场所

（1）布置楼层。不得布置在地下二层及以下楼层。设置在一级、二级耐火等级的建筑物内时，布置在首层、二层或三层的靠外墙部位；如受条件限制布置在地下一层时，必须检查地下一层地面与室外出入口地坪的高差不得大于 10 m。

（2）厅、室的布局。“厅、室”是指歌舞娱乐放映游艺场所中相互分隔的独立房间。歌舞娱乐放映游艺场所如布置在袋形走道的两侧或尽端时，直通疏散走道的房间疏散门至最近安全出口的直线距离不超过 9 m。厅、室之间采用耐火极限不低于 2.00 h 的防火隔墙和耐火极限不低于 1.00 h 的不燃性楼板分隔，厅、室墙上的门均采用乙级防火门；建筑面积大于 50 m^2 的厅、室的疏散门不得少于 2 个；布置在地下一层或地上四层及以上楼层时，一个厅、室的建筑面积不得大于 200 m^2；需要注意的是，即使设置自动喷水灭火系统，该面积也不能增加。

（3）防火分隔。厅、室之间及与建筑的其他部位之间采用耐火极限不低于 2.00 h 的防火隔墙和耐火极限不低于 1.00 h 的不燃性楼板分隔，设置在厅、室墙上的门和该场所与建筑内其他部位相通的门均要采用乙级防火门。

（七）与其他使用功能* 建筑合建的住宅建筑

（1）住宅部分与其他使用功能之间的防火分隔。两者之间采用耐火极限不低于 2.00 h 且无门、窗、洞口的防火隔墙和耐火极限不低于 1.50 h 的不燃性楼板完全分隔；当为高层建筑时，采用无门、窗、洞口的防火隔墙和耐火极限不低于 2.00 h 的不燃性楼板完全分隔。

（2）安全出口与疏散楼梯的设置。住宅部分与非住宅部分的安全出口和疏散楼梯分别独立设置；为住宅部分服务的地上车库设置独立的疏散楼梯或安全出口，地下车库的疏散楼梯当与地上部分共用楼梯间时，在首层须采用耐火极限不低于 2.00 h 的防火隔墙和乙级防火门将地下部分与地上部分的连通部位完全分隔并设置明显的标志。

（八）燃油或燃气锅炉房

燃油或燃气锅炉房宜设置在建筑外的专用房间内。当锅炉房受条件限制确需贴邻民用建筑时，专用房间的耐火等级不得低于二级，与所贴邻的建筑采用防火墙分隔，且不得贴邻人员密集场所；确需布置在民用建筑内时，不得布置在人员密集场所的上一层、下一层或贴邻。主要检查以下内容：

（1）设置部位。锅炉房设置在首层或地下一层的靠外墙部位，如为常（负）压燃油或燃气锅炉，可设置在地下二层或屋顶上。设置在屋顶上的常（负）压燃气锅炉，距离通向屋面的安全出口不小于 6 m。采用相对密度（与空气密度的比值）不小于 0.75 的可燃气体为燃料的锅炉，不得设置在地下或半地下。

（2）与建筑其他部位的防火分隔。与其他部位之间采用耐火极限不低于 2.00 h 的防火隔墙和耐火极限不低于 1.50 h 的不燃性楼板分隔。确需在隔墙上开设的门、窗采用甲级防火门、窗。

（3）疏散门的设置。疏散门直通室外或安全出口。

（4）储油间的设置。锅炉房内设置的储油间总储存量不得大于 1 m^3，且储油间采用耐火极限不低于 3.0 h 的防火隔墙与锅炉间分隔；确需在防火隔墙上开设的门，采用甲级防火门。

（5）储油罐的设置。布置在建筑外的储油罐，与建筑间防火间距符合相关规定；当设置中间罐时，中间罐的容量不得大于 1 m^3，并设置在一级、二级耐火等级的单独房间，房间门采用甲级防火门。

（6）锅炉的容量。锅炉的容量符合《锅炉房设计规范》（GB 50041—2008）的有关规定。

---

* “其他使用功能”不包括住宅底部设置的商业服务网点。

（7）燃料供给管道的设置。在进入建筑物前和设备间内的管道上均设置自动和手动切断阀；储油间的油箱密闭且设置通向室外的通气管，通气管设置带阻火器的呼吸阀，油箱的下部设置防止油品流散的设施。

（8）设施的配置。锅炉房设置火灾报警装置、独立的通风系统、与锅炉容量及建筑规模相适应的灭火设施，当建筑内其他部位设置自动喷水灭火系统时，也相应设置自动喷水灭火系统；燃气锅炉房还需检查是否设置爆炸泄压设施。

（九）变压器室

（1）设置部位。变压器室设有油浸变压器、充有可燃油的高压电容器和多油开关，且受条件限制必须贴邻民用建筑时，该专用房间的耐火等级不得低于二级。确需布置在民用建筑内时，不得布置在人员密集场所的上一层、下一层或贴邻。

（2）设置层数。变压器室设置在首层或地下一层的靠外墙部位。

（3）与建筑其他部位的防火分隔。变压器室之间、变压器室与配电室之间、变压器室与其他部位之间采用耐火极限不低于 2.00 h 的防火隔墙和耐火极限不低于 1.50 h 的不燃性楼板分隔。确需在隔墙上开设的门、窗，采用甲级防火门、窗。

（4）疏散门的设置。疏散门直通室外或安全出口。

（5）变压器的容量。油浸变压器的总容量不大于 1 260 kV·A，单台容量不大于 630 kV·A。

（6）设施的配置。油浸变压器、多油开关室、高压电容器室，设置火灾报警装置，防止油品流散的设施，与变压器、电容器和多油开关等的容量及建筑规模相适应的灭火设施。当建筑内其他部位设置自动喷水灭火系统时，也相应设置自动喷水灭火系统；对于油浸变压器，还需要检查其下面是否设置能储存变压器全部油量的事故储油设施。

（十）柴油发电机房

（1）设置层数。不得布置在人员密集场所的上一层、下一层或贴邻，宜布置在建筑物的首层及地下一层、二层。

（2）与建筑其他部位的防火分隔。采用耐火极限不低于 2.00 h 的防火隔墙和耐火极限不低于 1.50 h 的不燃性楼板与其他部位分隔，门采用甲级防火门。

（3）储油间的设置。机房内设置储油间的，总储存量不大于 1 m^3，且储油间采用耐火极限不低于 3.00 h 的防火隔墙与发电机间分隔；确需在防火隔墙上开门时，设置甲级防火门。

（4）燃料供给管道的设置。在进入建筑物前和设备间内的管道上设置自动和手动切断阀；储油间的油箱密闭且设置通向室外的通气管，通气管上设置带阻火器的呼吸阀，油箱的下部设置防止油品流散的设施。

（5）设施的配置。柴油发电机房设置火灾报警装置、与柴油发电机容量和建筑规模相适应的灭火设施，当建筑内其他部位设置自动喷水灭火系统时，机房内相应设置自动喷水灭火系统。

（十一）瓶装液化石油气瓶组间

（1）与所服务建筑的间距。液化石油气气瓶采用自然气化方式供气时，总容积不大于 1 m^3 的瓶组间可以与所服务的其他建筑贴邻；总容积大于 1 m^3、不大于 4 m^3 的独立瓶组间，与所服务建筑的防火间距符合相关规定。

（2）设施的配置。瓶组间设置可燃气体浓度报警装置；在瓶组间的总出气管道上设置紧急事故自动切断阀。

（十二）供建筑内使用的丙类液体储罐

供建筑内使用的丙类液体储罐主要根据储罐的总容量和埋设方式检查与相邻建筑的防火间距。当设置中间罐时，中间罐的容量不得大于1 m^3，并设置在一级、二级耐火等级的单独房间内，房间门采用甲级防火门。

（十三）消防控制室

（1）设置部位。消防控制室可设置在建筑物的首层或地下一层靠外墙部位，远离电磁场干扰较强及其他可能影响消防控制设备工作的房间；如单独建造，建筑物的耐火等级不低于二级。

（2）与其他部位的防火分隔。采用耐火极限不低于2.00 h的防火隔墙和耐火极限不低于1.50 h的楼板与其他部位分隔，开向建筑内的门采用乙级防火门。

（3）疏散门的设置。疏散门直通室外或安全出口。

（4）设施的设置。为避免消防控制室被淹或因进水受到影响，需设置挡水门槛等挡水措施，如消防控制室设置在地下时，还需检查是否设置排水沟等防淹措施。

（十四）消防水泵房

（1）设置部位。附设在建筑内的消防水泵房，不得设置在地下三层及以下或室内地面与室外出入口地坪高差大于10 m的地下楼层内；如单独建造，建筑物的耐火等级不低于二级。

（2）与其他部位的防火分隔。采用耐火极限不低于2.00 h的防火隔墙和耐火极限不低于1.50 h的楼板与其他部位分隔，开向建筑内的门采用乙级防火门。

（3）疏散门的设置。疏散门直通室外或安全出口。

（4）设施的设置。为避免消防水泵房被淹或因进水受到影响，需设置挡水门槛等挡水措施，如消防水泵房设置在地下时，还需检查是否设置排水沟等防淹措施。

【考点八】汽车库、修车库检查内容【★★】

（一）为车库服务的附属建筑

（1）建筑规模。甲类物品库房储存量不大于1.0 t；乙炔发生器间总安装容量不大于5.0 m^3/h，乙炔气瓶库储存量不超过5个标准钢瓶；非喷漆间不大于1个车位、封闭喷漆间不大于2个车位；充电间和其他甲类生产场所的建筑面积不大于200 m^2。

（2）与车库的分隔。与汽车库、修车库之间采用防火墙隔开，并设置直通室外的安全出口。

（二）为车库服务的附属设施

（1）地下、半地下汽车库内不得设置修理车位、喷漆间、充电间、乙炔间和甲、乙类物品库房。

（2）汽车库和修车库内不得设置汽油罐、加油机、液化石油气或液化天然气储罐、加气机。

（3）在停放易燃液体、液化石油气罐车的汽车库内不得设置地下室和地沟。

（三）与修车库组合建造的其他建筑功能

修车库不得与甲、乙类厂房、仓库、明火作业的车间或托儿所、幼儿园、中小学校的教学楼、老年人建筑、病房楼及人员密集场所组合建造或贴邻。

（四）与汽车库组合建造的其他建筑功能

汽车库不得与甲、乙类厂房、库房贴邻或组合建造。如汽车库设置在托儿所、幼儿园、中小学校的教学楼、老年人建筑、病房楼等建筑内时，须检查其是否只设置在建筑的地下部分，并采用耐火极限不低于 2.00 h 的楼板与其他部位完全分隔；汽车库的安全出口和疏散楼梯与其他部位分别设置。

【考点九】人防工程检查内容【★★★】

（一）不允许设置的场所或设施

（1）《人民防空工程设计防火规范》（GB 50098—2009）第 3.1.3 条规定，人防工程内不应设置哺乳室、托儿所、幼儿园、游乐厅等儿童活动场所和残疾人员活动场所。

（2）《人民防空工程设计防火规范》（GB 50098—2009）第 3.1.2 条规定，人防工程内不得使用和储存液化石油气、相对密度（与空气密度比值）大于或等于 0.75 的可燃气体和闪点小于 60℃的液体燃料。

（3）油浸电力变压器和其他油浸电气设备。

（二）地下商店

《人民防空工程设计防火规范》（GB 50098—2009）第 3.1.6 条规定，地下商店应符合下列规定：

（1）不应经营和储存火灾危险性为甲、乙类储存物品属性的商品。

（2）营业厅不应设置在地下三层及三层以下。

（3）当总建筑面积大于 20 000 m^2 时，应采用防火墙进行分隔，且防火墙上不得开设门窗洞口，相邻区域确需局部连通时，应采取可靠的防火分隔措施。

（三）歌舞娱乐放映游艺场所

（1）与其他部位的防火分隔。采用耐火极限不低于 2.00 h 的不燃烧体墙和耐火极限不低于 1.00 h 的楼板与其他场所隔开，墙上必须开设门的，应为乙级防火门。

（2）设置部位。布置在袋形走道的两侧或尽端时，最远房间的疏散门至最近安全出口的距离不大于 9 m。

（3）设置层数。歌舞娱乐放映游艺场所不得布置在地下二层及二层以下。当布置在地下一层时，地下一层地面与室外出入口地坪的高差不大于 10 m。

（4）房间布局。一个厅、室的建筑面积不大于 200 m^2；建筑面积大于 50 m^2 的厅、室，疏散出口不少于 2 个；厅、室隔墙上的门为乙级防火门。

（四）医院病房

人防工程内的医院病房不得设置在地下二层及以下层；设置在地下一层时，室内地面与室外出入口地坪的高差不大于 10 m。

（五）消防控制室

（1）设置部位。设置在地下一层，并邻近直接通向地面的安全出口。当地面建筑设有消防控制室时，可与地面建筑消防控制室合用。

（2）与建筑其他部位的防火分隔。采用耐火极限不低于 2.00 h 的隔墙和耐火极限不低于 1.50 h 的楼板与其他部位隔开。

（六）柴油发电机房

（1）储油间的设置。机房内设置储油间的总储存量不大于 1 m^3，且储油间采用防火墙和常闭甲级防火门与发电机间隔开，并设置高 150 mm 的不燃烧、不渗漏的门槛，地面不得设置地漏。

（2）与电站控制室的防火分隔。与电站控制室之间的连接通道处设置一道常闭甲级防火门，与电站控制室之间的密闭观察窗达到甲级防火窗性能。

【考点十】消防电梯检查内容及方法【7 ★】

（一）检查内容

1. 消防电梯设置的场所

《建筑设计防火规范》（GB 50016—2014）第 7.3.1 条规定，下列建筑应设置消防电梯：

（1）建筑高度大于 33 m 的住宅建筑。

（2）一类高层公共建筑和建筑高度大于 32 m 的二类高层公共建筑。

（3）设置消防电梯的建筑的地下或半地下室，埋深大于 10 m 且总建筑面积大于 3 000 m^2 的其他地下或半地下建筑（室）。

2. 消防电梯设置的数量

根据建筑物的性质、重要性和建筑高度、建筑面积等因素，确定设置消防电梯及其数量。通常消防电梯应分别设置在不同防火分区内，且每个防火分区不少于 1 部。

3. 消防电梯前室的设置

《建筑设计防火规范》（GB 50016—2014）第 7.3.5 条规定，除设置在仓库连廊、冷库穿堂或谷物筒仓工作塔内的消防电梯外，消防电梯应设置前室，并应符合下列规定：

（1）前室宜靠外墙设置，并应在首层直通室外或经过长度不大于 30 m 的通道通向室外。

（2）前室的使用面积不应小于 6.0 m^2。

（3）除前室的出入口、前室内设置的正压送风口和本规范第 5.5.27 条规定的户门外，前室内不应开设其他门、窗、洞口。

（4）前室或合用前室的门应采用乙级防火门，不应设置卷帘。

4. 消防电梯井、机房的设置

消防电梯井、机房与相邻其他电梯井、机房之间采用耐火极限不低于 2.00 h 的防火隔墙分隔；在隔墙上开设的门采用甲级防火门。

5. 消防电梯的配置

消防电梯的配置包括消防电梯的载质量、运行速度、轿厢的内部装修材料、通信设备的配置，以及消防电梯的动力与控制电缆、电线、控制面板采取的防水措施。

6. 消防电梯的排水

消防电梯的井底应设置排水设施，排水井的容量不小于 2 m^3，排水泵的排水量不小于 10 L/s。消防电梯间前室的门口宜设置挡水设施。

（二）检查方法

（1）核查电梯检测主管部门核发的有关证明文件，检查消防电梯的载质量、消防电梯的井底排水设施。

（2）测量消防电梯前室面积、首层消防电梯间通向室外的安全出口通道的长度，面积测量值的允许负偏差和通道长度测量值的允许正偏差不得大于规定值的 5%。

（3）使用首层供消防人员专用的操作按钮，检查消防电梯能否下降到首层并发出反馈信号，此时其他楼层按钮不能呼叫消防电梯，只能在轿厢内控制。

（4）模拟火灾报警，检查消防控制设备能否手动和自动控制电梯返回首层，并接收反馈信号。

（5）使用消防电梯轿厢内专用消防对讲电话与消防控制中心进行不少于 2 次通话试验，通话语音清晰。

（6）使用秒表测试消防电梯由首层直达顶层的运行时间，检查消防电梯行驶速度是否保证从首层到顶层的运行时间不超过 60 s。

【考点十一】直升机停机坪的检查【★★】

直升机停机坪是发生火灾时供直升机救援屋顶平台上的避难人员时停靠的设施。建筑高度大于 100 m 且标准层建筑面积大于 2 000 m^2 的公共建筑，在屋顶宜设置直升机停机坪或供直升机救助的设施。直升机停机坪检查的主要内容如下：

（1）与周边凸出物的间距。设在屋顶平台上的停机坪，与设备机房、电梯机房、水箱间、共用天线等凸出物的距离不小于 5 m。

（2）直通屋面出口的设置。从建筑主体通向停机坪的出口不少于 2 个，且每个出口的宽度不宜小于 0.90 m。

（3）设施的配置。直升机停机坪四周设置航空障碍灯、应急照明设施和消火栓等。

【考点十二】消防救援口的检查【★★★★】

消防救援口是指设置在厂房、仓库、公共建筑的外墙上，便于消防救援人员迅速进入建筑内部，有效开展人员救助和灭火行动的窗口。

《建筑设计防火规范》（GB 50016—2014）第 7.2.5 条规定，供消防救援人员进入的窗口的净高度和净宽度均不应小于 1.0 m，下沿距室内地面不宜大于 1.2 m，间距不宜大于 20 m 且每个防火分区不应少于 2 个，设置位置应与消防车登高操作场地相对应。窗口的玻璃应易于破碎，并应设置可在室外易于识别的明显标志。

洁净厂房同层洁净室（区）外墙设置可供消防救援人员通往厂房洁净室（区）的门窗，门窗洞口间距大于 80 m 时，在该段外墙的适当部位设置专用消防口，宽度不小于 750 mm，高度不小于 1 800 mm，并设有明显标志。楼层的专用消防口设置阳台，并从二层开始向上层架设钢梯。

第三章　防火防烟分区检查

【考点一】防火分区的划分及目的【★★】

（一）防火分区的划分

防火分区主要包括水平防火分区和垂直防火分区。

（1）水平防火分区：用防火墙或防火门、防火卷帘等将各楼层在水平方向分隔为两个或几个防火分区。

（2）垂直防火分区：采用耐火的楼板和窗间墙将上下层隔开。

（二）划分目的

（1）通过耐火性能较好的楼板及窗间墙（含窗下墙），在建筑物的垂直方向对每个楼层进行的防火分隔。

（2）利用防火墙或防火门、防火卷帘等防火分隔物将各楼层在水平方向分隔出防火区域，可以有效地把火势控制在一定的范围内，减少火灾损失，同时可以为人员安全疏散、消防扑救提供有利的条件。

【考点二】防火分区检查【6★】

通过查阅消防设计文件、建筑平面图、防火分区示意图、施工记录等资料，了解建筑分类、耐火等级、建筑平面布局等基本要素，确定防火分区划分的标准后开展现场检查。对于功能复杂的建筑工程，检查时要注意涵盖不同使用功能的楼层，其中歌舞娱乐放映游艺场所必须检查。防火分区建筑面积测量值的允许偏差不得大于规定值的5%。具体检查内容如下。

（一）防火分区的建筑面积

（1）工业建筑检查时，根据火灾危险性类别、建筑物耐火等级、建筑层数等因素确定每个防火分区的最大允许建筑面积；在同一座库房或同一个防火墙间内如储存数种火灾危险性不同的物品时，其库房或隔间的最大允许建筑面积，按其中火灾危险性最大的物品确定。

（2）民用建筑检查时，根据建筑物耐火等级、建筑高度或层数、使用性质等确定每个防火分区的最大允许建筑面积；当裙房与高层建筑主体之间设置防火墙时，裙房的防火分区可按单、多层建筑的要求确定。

（3）人防工程检查时，对于溜冰馆的冰场、游泳馆的游泳池、射击馆的靶道区、保龄球馆的球道区等，其面积可不计入溜冰馆、游泳馆、射击馆、保龄球馆的防火分区建筑面积；水泵房、污水泵房、水库、厕所、盥洗间等无可燃物的房间面积可不计入防火分区的建筑面积；设置的避难走道无须划分防火分区。

（4）建筑内设置自动扶梯、敞开楼梯、传送带、中庭等开口部位时，其防火分区的建筑面积应将上下相连通的建筑面积叠加计算；同样，对于敞开式、错层式、斜楼板式的汽车库，其上下连通层的防火分区面积也需要叠加计算。

（5）对于一些有特殊功能要求的区域，其防火分区最大允许建筑面积在最大限度提高建筑消防安全水平并进行充分论证的基础上，可以根据专家评审纪要中的评审意见适当放宽。

（二）防火分隔完整性

（1）对防火分区间代替防火墙分隔的防火卷帘，耐火极限不得低于所设置部位墙体的耐火极限要求，并检查防火卷帘与楼板、梁、墙、柱之间的空隙是否采用防火封堵材料封堵严实。

（2）对设在变形缝处附近的防火门，检查是否设置在楼层较多的一侧，且防火门开启后不得跨越变形缝。

（3）对建筑内的隔墙，包括房间隔墙和疏散走道两侧的隔墙、住宅分户墙和单元之间的墙，检查是否从楼地面基层隔断砌至顶板底面基层。

【考点三】中庭的检查【★★】

中庭是指建筑室内无楼板分隔，上下敞开相联通的建筑内部空间，因开口大并与周围空间相互连通，是火灾竖向蔓延的主要通道，容易造成火势蔓延迅速、烟气扩散快，导致人员疏散和火灾扑救难度增大。具体检查内容如下。

（一）防火分隔措施

（1）采用防火隔墙时，其耐火极限不低 1.00 h。

（2）采用防火玻璃墙时，其耐火隔热性和耐火完整性不低于 1.00 h。

（3）采用耐火完整性不低于 1.00 h 的非隔热性防火玻璃墙时，设置自动喷水灭火系统进行保护。

（4）采用防火卷帘时，其耐火极限不低于 3.00 h，并符合相关规定。

（5）与中庭相连通的门、窗采用火灾时能自行关闭的甲级防火门、窗。

（二）消防设施的配置

主要检查中庭排烟设施，如果为高层民用建筑，还需检查中庭回廊自动喷水灭火系统和火灾自动报警系统的具体设置。

（三）中庭的使用功能

中庭内不得布置任何经营性商业设施、可燃物，不得用于人员通行外的其他用途。

（四）与中庭连通部位的装修材料

建筑内上下层相连通的中庭，其连通部位的顶棚、墙面装修材料燃烧等级须为 A 级，其他部位可采用不低于 B_1 级的装修材料。

【考点四】有顶棚的步行街防火检查【★★】

（一）步行街两侧建筑

步行街两侧建筑的耐火等级不低于二级。两侧建筑相对面的最近距离均不小于规范对相应高度建筑的防火间距要求，且不小于 9 m。当步行街两侧的建筑为多层时，每层面向步行街一侧的商铺须设置防止火灾竖向蔓延的措施并符合规范的相关规定，如设置回廊或挑檐时，其出挑宽度不应小于 1.2 m。步行街两侧建筑内的疏散楼梯靠外墙设置并宜直通室外，确有困难时，可在首层直接通至步行街。

（二）两侧建筑的商铺

步行街两侧建筑的商铺，每间建筑面积不宜大于 300 m^2，商铺之间设置耐火极限不低于 2.00 h 的防火隔墙。商铺面向步行街一侧的围护构件宜采用耐火极限不低于 1.00 h 的实体墙，其门、窗应采用乙级防火门、窗或符合规定的防火玻璃墙；相邻商铺之间面向步行街一侧设置宽度不小于 1.0 m，耐火极限不低于 1.00 h 的实体墙。步行街两侧的商铺在上部各层设置回廊和连接天桥时，应保证步行街上部各层的开口面积不小于步行街地面面积的 37%，且开口宜均匀布置。

（三）步行街的端部

步行街的端部在各层均不宜封闭，确需封闭时，在外墙上须设置可开启的门窗，且可开启门窗的开口面积不小于该层外墙面积的一半。

（四）步行街的顶棚

步行街的顶棚采用不燃或难燃材料，其承重结构的耐火极限不低于 1.00 h。顶棚下檐距地面的高度不小于 6.0 m，顶棚设置的自然排烟设施如采用常开式排烟口时，自然排烟口的有效面积不应小于步行街地面面积的 25%。常闭式自然排烟设施设置在火灾时能手动和自动开启的装置。

（五）步行街的消防设施

步行街两侧建筑的商铺外，每隔 30 m 设置 *DN*65 mm 的消火栓，并配备消防软管卷盘或消防水龙；商铺内设置自动喷水灭火系统和火灾自动报警系统；商铺内外均设置疏散照明、灯光疏散指示标志和消防应急广播系统。每层回廊均设置自动喷水灭火系统。步行街内宜设置自动跟踪定位射流灭火系统。

【考点五】电梯井和管道井等竖向井道检查【★★】

建筑内的管道和管道井是火灾烟气和火灾蔓延的通道之一，在火灾时极易产生烟囱效应。具体检查内容如下。

（一）竖向井道设置

（1）建筑的电缆井、管道井、排（气）烟道、垃圾道等竖向井道，均分别独立设置。井壁耐火极限不低于 1.00 h，井壁上的检查门采用丙级防火门。

（2）建筑内的垃圾道排气口直接开向室外，该前室的门采用丙级防火门。垃圾斗采用不燃材料制作，并能自行关闭。

（3）电梯井独立设置。井内严禁敷设可燃气体和甲、乙、丙类液体管道，且不得敷设与电梯无关的电缆、电线等。井壁除设置电梯门、安全逃生门和通气孔洞外，不得设置其他开口。电梯门的耐火极限不低于 1.00 h，并同时符合相关完整性和隔热性要求。

（二）缝隙、孔洞的封堵

（1）建筑内电缆井、管道井与房间、走道等相连通的孔隙，采用防火封堵材料封堵。

（2）建筑内电缆井、管道井在每层楼板处采用不低于楼板耐火极限的不燃材料或防火封堵材料封堵。

【考点六】建筑外（幕）墙检查【★★】

目前，大部分幕墙存在空腔结构，这些空腔上下贯通，在火灾时会产生烟囱效应，如不采取一定分隔措施，会加剧火势在水平和竖向的迅速蔓延，导致建筑整体着火，难以实施扑救。具体检查内容如下。

（1）外立面开口之间的防火措施。建筑外墙上、下层开口之间，如果采用实体墙分隔，当室内设置自动喷水灭火系统时，墙体的高度不小于 0.80 m，否则墙体的高度不小于 1.20 m；如果采用防火挑檐分隔，挑檐的宽度不小于 1.0 m、长度不小于开口宽度；如果上、下层开口之间因实体墙设置有困难，采用防火玻璃墙分隔。对于高层建筑，防火玻璃墙的耐火完整性不低于 1.00 h；对于多层建筑，防火玻璃墙的耐火完整性不低于 0.50 h。

对于住宅建筑，还需要检查外墙上相邻户开口之间的墙体宽度，如果小于 1.0 m，开口之间要设置凸出外墙不小于 0.6 m 的隔板。

（2）幕墙缝隙的封堵。幕墙与每层楼板、隔墙处的缝隙，需要采用具有一定弹性和防火性能的材料填塞密实。这种材料可以是不燃材料，也可以是具有一定耐火性能的难燃材料。

（3）消防救援口的设置。位于消防车登高操作场地一侧的建筑外（幕）墙，需同时参照本篇第二章检查消防救援口的设置。

【考点七】变形缝检查【★★】

建筑物的伸缩缝、沉降缝、抗震缝等各种变形缝是为防止建筑变形影响建筑结构安全和使用功能而设，也是火灾蔓延的途径之一，尤其是纵向变形缝具有很强的拔烟、拔火作用。具体检查内容为：

（1）变形缝的材质。变形缝的填充材料和变形缝的构造基层采用不燃材料。

（2）管道的敷设。变形缝内不得设置电缆、电线、可燃气体和甲、乙、丙类液体的管道。确需穿过时，在穿过处加设不燃材料制作的套管或采取其他防变形措施，并采用防火封堵材料封堵。当通风、空气调节系统的风管穿越防火分隔处的变形缝时，其两侧设置公称动作温度为 70℃的防火阀。

【考点八】防烟分区设置（★★★★）

（一）防烟分区设置目的

建筑内设置防烟分区，可以保证在一定时间内使火场上产生的高温烟气不致随意扩散，并加以排除，从而达到有利于人员安全疏散、控制火势蔓延和减少火灾损失的目的。

（二）检查内容

1. 防烟分区的划分

（1）防烟分区不得跨越防火分区。

（2）有特殊用途的场所，如防烟楼梯间、消防电梯、避难层间等，必须独立划分防烟分区；不设排烟设施的部位（包括地下室）可不划分防烟分区。

2. 防烟分区的面积

防烟分区如果面积过大，会使烟气波及面积扩大，增加受灾面，不利于安全疏散和扑救；如果面积过小，不仅影响使用，还会提高工程造价。因此，对于公共建筑和工业建筑（包括地下建筑和人防工程），需要根据具体情况确定合适的防烟分区大小。空间净高（H）≤ 3.0 m 时，最大允许面积为 500 m^2；3.0 m ＜空间净高（H）≤ 6.0 m 时，最大允许面积为 1 000 m^2；6.0 m ＜空间净高（H）≤ 9.0 m 时，最大允许面积为 2 000 m^2。

（三）检查方法

查阅消防设计文件、建筑平面图和剖面图，了解需要设置机械排烟设施的部位及其室内净高，确定建筑排烟平面图，了解防烟分区的具体划分后开展现场检查。测量最大防烟分区的面积，测量值的允许正偏差不得大于设计值的 5%。

【考点九】挡烟设施【★★★★★】

（一）检查内容

（1）挡烟高度。各类挡烟设施处于安装位置时，其底部与顶部之间的垂直高度，要求不得小于 500 mm。

（2）挡烟垂壁。挡烟垂壁有固定式和活动式两种。固定式挡烟垂壁是指固定安装的、能满足设定挡烟高度的挡烟垂壁；活动式挡烟垂壁是指可从初始位置自动运行至挡烟工作位置，并满足设定挡烟高度的挡烟垂壁。主要对挡烟垂壁的外观、材料、尺寸与搭接宽度、控制运行性能等进行逐项检查。

（二）检查方法

（1）查看挡烟垂壁的外观。挡烟垂壁的标牌牢固，标识清楚，金属零部件表面无明显凹痕或机械损伤，各零部件的组装、拼接处无错位。

（2）测量挡烟垂壁的搭接宽度。卷帘式挡烟垂壁挡烟部件由两块或两块以上织物缝制时，搭接宽度不得小于 20 mm；当单节挡烟垂壁的宽度不能满足防烟分区要求，采用多节垂壁搭接的形式使用时，卷帘式挡烟垂壁的搭接宽度不得小于 100 mm；翻板式挡烟垂壁的搭接宽度不得小于 20 mm。宽度测量值的允许负偏差不得大于规定值的 5%。

（3）测量挡烟垂壁边沿与建筑物结构表面的最小距离，此距离不得大于 20 mm，测量值的允许正偏差不得大于规定值的 5%。

（4）观察活动式挡烟垂壁的下降，使用秒表、卷尺测量挡烟垂壁的电动下降或机械下降运行速度和时间。卷帘式挡烟垂壁的运行速度应大于等于 0.07 m/s；翻板式挡烟垂壁的运行时间应小于 7 s。挡烟垂壁必须设置限位装置，当其运行至上、下限位时，能自动停止。

（5）采用加烟的方法使感烟探测器发出模拟火灾报警信号，或由消防控制中心发出控制信号，观察防烟分区内的活动式挡烟垂壁应能自动下降至挡烟工作位置。

（6）切断系统供电，观察挡烟垂壁是否能自动下降至挡烟工作位置。

【考点十】防烟和排烟设施【★★★】

（1）《建筑设计防火规范》（GB 50016—2014）第 8.5.1 条规定，建筑的下列场所或部位应设置防烟设施：

1）防烟楼梯间及其前室。

2）消防电梯间前室或合用前室。

3）避难走道的前室、避难层（间）。

（2）建筑高度不大于 50 m 的公共建筑、厂房、仓库和建筑高度不大于 100 m 的住宅建筑，当其防烟楼梯间的前室或合用前室符合下列条件之一时，楼梯间可不设置防烟系统：

1）前室或合用前室采用敞开的阳台、凹廊。

2）前室或合用前室具有不同朝向的可开启外窗，且可开启外窗的面积满足自然排烟口的面积要求。

（3）《建筑设计防火规范》（GB 50016—2014）第 8.5.2 条规定，厂房或仓库的下列场所或部位应设置排烟设施：

1）人员或可燃物较多的丙类生产场所，丙类厂房内建筑面积大于 300 m^2 且经常有人停留或可燃物较多的地上房间。

2）建筑面积大于 5 000 m^2 的丁类生产车间。

3）占地面积大于 1 000 m^2 的丙类仓库。

4）高度大于 32 m 的高层厂房（仓库）内长度大于 20 m 的疏散走道，其他厂房（仓库）内长度大于 40 m 的疏散走道。

（4）《建筑设计防火规范》（GB 50016—2014）第 8.5.3 条规定，民用建筑的下列场所或部位应设置排烟设施：

1）设置在一、二、三层且房间建筑面积大于 100 m^2 的歌舞娱乐放映游艺场所，设置在四层及以上楼层、地下或半地下的歌舞娱乐放映游艺场所。

2）中庭。

3）公共建筑内建筑面积大于 100 m^2 且经常有人停留的地上房间。

4）公共建筑内建筑面积大于 300 m^2，且可燃物较多的地上房间。

5）建筑内长度大于 20 m 的疏散走道。

（5）《建筑设计防火规范》（GB 50016—2014）第 8.5.4 条规定，地下或半地下建筑（室）、地上建筑内的无窗房间，当总建筑面积大于 200 m^2 或一个房间建筑面积大于 50 m^2，且经常有人停留或可燃物较多时，应设置排烟设施。

【考点十一】防火墙的检查【★★★★】

防火墙是防止火灾蔓延至相邻建筑或相邻水平防火分区且耐火极限不低于 3.00 h 的不燃性实体墙。

（一）检查内容

1. 防火墙的设置位置

（1）设置在建筑物的基础或钢筋混凝土框架、梁等承重结构上，从楼地面基层隔断至梁、楼板或屋面结构层的底面。

（2）如设置在转角附近，内转角两侧墙上的门、窗洞口之间最近边缘的水平距离不小于 4.0 m；当采取设置乙级防火窗等防止火灾水平蔓延的措施时，距离可不限。

（3）防火墙的构造在防火墙任意一侧的屋架、梁、楼板等受到火灾的影响而破坏时，不会导致防火墙倒塌。

（4）紧靠防火墙两侧的门、窗、洞口之间最近边缘的水平距离不得小于 2.0 m；采取设置乙级防火窗等防止火灾水平蔓延的措施时，距离可不限。

2. 防火墙墙体材料

防火墙的耐火极限一般要求为 3.00 h，对甲、乙类厂房和甲、乙、丙类仓库，因火灾延续时间较长，燃烧过程中所释放的热量较大，因而用于防火分区分隔的防火墙耐火极限要保持不低于 4.00 h。防火墙上一般不开设门、窗、洞口，必须开设时，需设置不可开启或火灾时能自动关闭的甲级防火门、窗，防止建筑内火灾的浓烟和火焰穿过门窗洞口蔓延扩散。

3. 穿越防火墙的管道

防火墙内不得设置排气道，以及可燃气体和甲、乙、丙类液体的管道。对穿过防火墙的其他管道，检查是否采用防火封堵材料将墙与管道之间的空隙紧密填实；对穿过防火墙处的管道保温材料，检查是否采用不燃材料；当管道为难燃及可燃材料时，还需检查防火墙两侧的管道上采取的防火措施。

4. 防火封堵的严密性

防火封堵的严密性主要是检查防火墙、隔墙墙体与梁、楼板的结合是否紧密，无孔洞、缝隙；墙上的施工孔洞是否采用不燃材料填塞密实；墙体上嵌有箱体时是否在其背部采用不燃材料封堵，并满足墙体相应耐火极限要求。

（二）检查方法

（1）测量防火墙两侧的门、窗、洞口之间最近边缘水平距离，距离测量值的允许负偏差不得大于规定值的5%。

（2）沿防火墙现场检查管道敷设情况、墙体上嵌有箱体的部位，核查防火封堵材料、保温材料产品与市场准入文件、消防设计文件的一致性。

【考点十二】防火门的检查【★★★★★】

（一）检查内容

1. 防火门的选型

防火门按开启状态分为常闭防火门和常开防火门。对设置在建筑内经常有人通行处的防火门优先选用常开防火门，其他位置均采用常闭防火门。对于常闭防火门，应在门扇明显位置设置“保持防火门关闭”等提示标志。

2. 防火门的外观

防火门的门框、门扇及各配件表面应平整、光洁，并无明显凹凸、擦痕等缺陷，在其明显部位设有耐久性标牌且内容清晰、设置牢靠。常闭防火门应装有闭门器，双扇和多扇防火门应装有顺序器；常开防火门装有在发生火灾时能自动关闭门扇的控制、信号反馈装置和现场手动控制装置，且符合产品说明书的要求。防火插销安装在双扇门或多扇门相对固定一侧的门扇上。

3. 防火门的安装

除特殊情况外，防火门应向疏散方向开启，关闭后应能从任何一侧手动开启。对设置在变形缝附近的防火门，应检查是否安装在楼层数较多的一侧，且门扇开启后不应跨越变形缝。钢质防火门门框内填充水泥沙浆，门框与墙体采用预埋钢件或膨胀螺栓等连接牢固，固定点间距不宜大于600 mm。防火门门扇与门框的搭接尺寸不小于12 mm。防火门门框与门扇、门扇与门扇的缝隙处嵌装的防火密封件应牢固、完好。

4. 防火门的系统功能

防火门的系统功能主要包括常闭防火门启闭功能、常开防火门联动控制功能、消防控制室手动控制功能和现场手动关闭功能的检查。

（二）检查方法

（1）查看防火门的外观，使用测力计测试其门扇开启力，防火门门扇开启力不得大于80 N，防火门的门扇与下框或地面的活动间隙不应大于9 mm。

（2）开启防火门，查看关闭效果。从常闭防火门的任意一侧手动开启，应能自动关闭。当装有反馈信号时，开、关状态信号能反馈到消防控制室。需要注意的是，防火门在正常使用状态下关闭后需要具备防烟性能。防火门当前存在的主要问题是如密封条未达到规定的温度，则不会膨胀，不能有效阻止烟气侵入，成为导致一些场所内如宾馆、住宅、公寓等人员死亡的重要原因之一。

（3）触发常开防火门一侧的火灾探测器，发出模拟火灾报警信号，观察防火门动作情况及消防控制室信号显示情况。防火门能自动关闭，并将关闭信号反馈至消防控制室。

（4）将消防控制室的火灾报警控制器或消防联动控制设备处于手动状态，消防控制室手动启动常开防火门电动关闭装置，观察防火门动作情况及消防控制室信号显示情况。接到消防控制室手动发出的关闭指令后，常开防火门能自动关闭，并将关闭信号反馈至消防控制室。

【考点十三】防火窗的检查【★★★】

（一）检查内容

（1）防火窗的选型。

（2）防火窗的外观。活动式防火窗应装配在火灾时能控制窗扇自动关闭的温控释放装置。

（3）防火窗的安装质量。钢质防火窗窗框内填充水泥沙浆，窗框与墙体采用预埋钢件或膨胀螺栓等连接牢固，固定点间距不宜大于 600 mm。

（4）防火窗的控制功能。主要检查活动式防火窗的控制功能、联动功能、消防控制室手动功能和温控释放功能。

（二）检查方法

（1）查看防火窗的外观，确保完好无损、安装牢固。

（2）现场手动启动活动式防火窗的窗扇启闭控制装置，窗扇能灵活开启，并完全关闭，无启闭卡阻现象。

（3）触发活动式防火窗任一侧的火灾探测器，使其发出模拟火灾报警信号，观察防火窗动作情况及消防控制室信号显示情况。当火灾探测器报警后，活动式防火窗应能自动关闭，并将关闭信号反馈至消防控制室。

（4）将消防控制室的火灾报警控制器或消防联动控制设备处于手动状态，消防控制室手动启动活动式防火窗电动关闭装置，观察防火窗动作情况及消防控制室信号显示情况。活动式防火窗接到消防控制室手动发出的关闭指令后，应能自动关闭，并将关闭信号反馈至消防控制室。

（5）切断活动式防火窗电源，加热温控释放装置，使其热敏感元件动作，观察防火窗动作情况，用秒表测试关闭时间。活动式防火窗在温控释放装置动作后 60 s 内应能自动关闭。

【考点十四】防火卷帘的检查【★★★】

（一）检查内容

1. 防火卷帘的设置部位

防火卷帘下方不得有影响其下降的障碍物，具体位置须对照建筑平面图进行检查。对设置在中庭以外用于防火分隔的防火卷帘，须检查其设置宽度。《建筑设计防火规范》（GB 50016—2014）第 6.5.3.1 条规定：除中庭外，当防火分隔部位的宽度不大于 30 m 时，防火卷帘的宽度不应大于 10 m；当防火分隔部位的宽度大于 30 m 时，防火卷帘的宽度不应大于该部位宽度的 1/3，且不应大于 20 m。

2. 防火卷帘的选型

当防火卷帘的耐火极限符合耐火完整性和耐火隔热性的判定条件时，可不设置自动喷水灭火系统保护；当防火卷帘的耐火极限仅符合耐火完整性的判定条件时，应设置自动喷水灭火系统保护。防火卷帘类型选择的正确与否根据具体设置位置进行判断，一般不宜选用侧式防火卷帘。

3. 防火卷帘的外观

防火卷帘的帘面平整、光洁，金属零部件的表面无裂纹、压坑及明显的凹痕或机械损伤。在其明显部位设置永久性标牌，标明产品名称、型号、规格、耐火性能及商标、生产单位（制造商）名称和厂址、出厂日期及产品生产批号、执行标准等，内容清晰，设置牢靠。

4. 防火卷帘的安装质量

门扇各接缝处、导轨、卷筒等缝隙，应有防火防烟密封措施防止烟火窜入。防火卷帘上部、周围的缝隙应采用不低于防火卷帘耐火极限的不燃材料填充、封隔。防火卷帘的控制器和手动按钮盒应分别安装在防火卷帘内外两侧墙壁便于识别的位置，底边距地面高度宜为1.3 ~ 1.5 m，并标出上升、下降、停止等功能。防火卷帘与火灾自动报警系统联动时，还须同时检查防火卷帘的两侧是否安装手动控制按钮、火灾探测器组及其警报装置。

5. 防火卷帘的系统功能

防火卷帘的系统功能主要包括防火卷帘控制器的火灾报警功能、自动控制功能、手动控制功能、故障报警功能、控制速放功能、备用电源功能，防火卷帘用卷门机的手动操作功能、电动启闭功能、自重下降功能、自动限位功能，防火卷帘的运行平稳性、电动启闭运行速度、运行噪声等功能的检查。

（二）检查方法

（1）查看防火卷帘外观，检查周围是否存放商品或杂物。手动启动防火卷帘，观察防火卷帘运行平稳性能以及与地面的接触情况；使用秒表、卷尺测量卷帘的启、闭运行速度；使用声级计在距卷帘表面的垂直距离 1 m、距地面的垂直距离 1.5 m 处水平测量卷帘启、闭运行的噪声。检查是否满足以下要求：①防火卷帘的导轨运行平稳，没有脱轨和明显的倾斜现象。②双帘面卷帘的两个帘面同时升降，两个帘面之间的高度差不大于 50 mm。③垂直卷帘的电动启、闭运行速度在 2 ~ 7.5 m/min；其自重下降速度不大于 9.5 m/min。④卷帘启、闭运行的平均噪声不大于 85 dB。⑤与地面接触时，座板与地面平行，接触均匀且不倾斜。

（2）拉动手动速放装置，观察防火卷帘是否具有自重恒速下降功能。防火卷帘卷门机具有依靠防火卷帘自重恒速下降的功能，操作臂力不得大于 70 N。切断防火卷帘电源，加热温控释放装置，使其热敏感元件动作，观察防火卷帘动作情况，防火卷帘在温控释放装置动作后应能自动下降至全闭。

（3）在控制室手动启动消防控制设备上的防火卷帘控制装置，观察防火卷帘远程启动。卷帘下降、停止等功能应正常，并向控制室的消防控制设备反馈动作信号。

（4）对防火卷帘控制器进行通电功能、备用电源、火灾报警功能、故障报警功能、自动控制功能、手动控制功能和自重下降功能测试，检查是否满足以下要求：①通电功能测试。将防火卷帘控制器分别与消防控制室的火灾报警控制器或消防联动控制设备、相关的火灾探测器、卷门机等连接并通电，防火卷帘控制器应处于正常工作状态。②备用电源测试。切断防火卷帘控制器的主电源，观察电源工作指示灯变化情况和防火卷帘是否发生误动作。再切断卷门机主电源，使用备用电源供电，使防火卷帘控制器工作 1 h，用备用电源启动速放控制装置，防火卷帘应能完成自重垂降，降至下限位。③火灾报警功能测试。使火灾探测器组发出火灾报警信号，防火卷帘控制器应能发出声、光报警信号。④故障报警功能测试。任意断开电源一相或对调电源的任意两相，手动操作防火卷帘控制器按钮，或断开火灾探测器与防火卷帘控制器的连接线，防火卷帘控制器均应能发出故障报警信号。⑤自动控制功能测试。分别使火灾探测器组发出半降、全降信号，当防火卷帘控制器接收到火灾报警信号后，控制分隔防火分区的防火卷帘由上限位自动关闭至全闭：防火卷帘控制器接到感烟火灾探测器的报警信号后，控制防火卷帘自动关闭至中位（1.8 m）处停止，接到感温火灾探测器的报警信号后，继续关闭至全闭。防火卷帘半降、全降的动作状态信号反馈到消防控制室。⑥手动控制功能测试。手动操作防火卷帘控制器上的按钮和手动按钮盒上的按钮，可以控制防火卷帘的上升、下降、停止。⑦自重下降功能测试。切断卷门机电源，按下防火卷帘控制器下降按钮，防火卷帘在防火卷帘控制器的控制下，依靠自重下降至全闭。

【考点十五】防火阀的检查【★★】

防火阀是指安装在通风、空调系统的送、回风管路上，平时呈开启状态，火灾时当管道内气体温度达到 70℃时关闭，在一定时间内满足耐火稳定性和耐火完整性要求，起隔烟阻火作用的阀门。

（一）检查内容

1. 防火阀的外观

防火阀的外观完好无损，机械部分外表无锈蚀、变形或机械损伤。在其明显部位设置永久性标牌，标明产品名称、型号、规格、耐火性能及商标、生产单位（制造商）名称和厂址、出厂日期及产品生产批号、执行标准等，内容清晰，设置牢靠。

2. 防火阀的安装部位

防火阀主要安装在风管靠近防火分隔处，暗装时，安装部位应设置方便维护的检修口。具体安装部位为：

（1）通风、空调系统的风管，穿越防火分区处，穿越通风、空调机房的房间隔墙和楼板处，穿越重要或火灾危险性大的房间隔墙和楼板处，穿越防火分隔处的变形缝两侧、竖向风管与每层水平风管交接处的水平管段上，都要设置防火阀。当建筑内每个防火分区的通风、空调系统均独立设置时，水平风管与竖向总管的交接处可不设置防火阀。

（2）公共建筑的浴室、卫生间和厨房的竖向排风管，应采取防止回流措施，并在支管上设置防火阀。

（3）公共建筑内厨房的排油烟管道，在与竖向排风管连接的支管处设置防火阀。

3. 防火阀的公称动作温度

公共建筑内厨房的排油烟管道与竖向排风管连接的支管处设置的防火阀，公称动作温度为 150℃。其他风管上安装的防火阀，公称动作温度均为 70℃。

4. 防火阀的控制功能

防火阀的控制功能主要是检查防火阀的手动、联动控制和复位功能。防火阀平时处于开启状态，可手动关闭，也可与火灾报警系统联动自动关闭，均能在消防控制室接收到防火阀动作的信号。

（二）检查方法

（1）查看防火阀外观，检查是否完好无损、安装牢固，阀体内不得有杂物。

（2）在防火阀现场手动操作防火阀的关、复位控制装置，观察防火阀的现场关闭和手动复位功能。防火阀应关闭、复位正常，并向控制室消防控制设备反馈其动作信号。

（3）在消防控制室的消防控制设备上和手动直接控制装置上分别手动关闭防烟分区的防火阀，观察防火阀的远程关闭功能。防火阀的关闭、复位功能应正常，并向控制室消防控制设备反馈其动作信号。

（4）采用加烟的方法使被试防烟分区的火灾探测器发出模拟火灾报警信号，观察防火阀的自动关闭功能。该防烟分区的防火阀应能自动关闭，并向控制室消防控制设备反馈其动作信号。

（5）现场手动操作防火阀的手动复位装置，观察防火阀的手动复位功能。防火阀能复位，并向控制室消防控制设备反馈其动作信号。

（6）接通电源操作试验1～2次，以确认系统工作性能可靠，输出信号正常，否则需要及时排除故障。

【考点十六】排烟防火阀【★★★★】

排烟防火阀是指平时呈开启状态，火灾时当管道内气体温度达到280℃时自动关闭，在一定时间内能满足漏烟量和耐火完整性要求，起阻火隔烟作用的阀门。排烟防火阀的组成、形状和工作原理与防火阀相似。其不同之处主要是安装管道和动作温度不同，防火阀安装在通风、空调系统的管道上时，其公称动作温度为70℃；而排烟防火阀安装在排烟系统的管道上时，其公称动作温度为280℃。

【考点十七】防火隔间【★★】

防火隔间主要用于将大型地下或半地下商店等分隔为多个相对独立的区域，一旦某个区域发生火灾且不能有效控制时，该空间要能防止火灾蔓延至其他区域。具体检查内容为：

（1）建筑面积不小于6.0 m^2。

（2）防火隔间墙采用耐火极限不低于3.00 h的防火隔墙，门采用甲级防火门；不同防火分区通向防火隔间的门最小间距不小于4 m。

（3）防火隔间内部装修材料的燃烧性能均采用A级。

（4）防火隔间只能用于相邻两个独立使用场所的人员相互通行，不得用于除人员通行外的其他用途。

第四章　安全疏散设施检查

【考点一】安全出口的检查【★★★】

安全出口是指供人员安全疏散用的楼梯间、室外楼梯的出入口或直通室内外安全区域的出口。其作用是保证在火灾时能够迅速安全地疏散人员和抢救物资，减少人员伤亡，降低火灾损失。检查安全出口时，出口的宽度、间距测量值的允许负偏差不得大于规定值的5%。具体检查内容如下。

（一）安全出口的形式

利用楼梯间作为安全出口时，疏散楼梯的设置形式与建筑物的使用性质、建筑层数、建筑高度等因素密切相关。

（二）安全出口的数量

为满足人员在建筑着火后能有多个不同方向的疏散路线的要求，一般要求建筑内的每个防火分区或一个防火分区的每个楼层，安全出口不少于2个。对于仅设一个安全出口的建筑，必须检查各种类别的建筑是否满足相应的要求。

1. 公共建筑

当公共建筑仅设一个安全出口或一部疏散楼梯时，需满足：

（1）除托儿所、幼儿园外的单层公共建筑或多层公共建筑的首层，建筑面积不大于200 m^2且人数不超过50人。

（2）除医疗建筑，老年人建筑，托儿所、幼儿园的儿童用房，儿童游乐厅等儿童活动场所和歌舞娱乐放映游艺场所等外的公共建筑，耐火等级、最多建筑层数、每层最大建筑面积和使用人数应符合相关规定。

（3）除歌舞娱乐放映游艺场所外，地下或半地下设备间的防火分区建筑面积不大于200 m^2，其他地下或半地下建筑（室）防火分区建筑面积不大于50 m^2，且经常停留人数不超过15人。

2. 住宅建筑

住宅建筑安全出口数量与建筑单元每层的建筑面积和户门至最近安全出口的距离有关，一般要求住宅建筑单元每层的安全出口不少于2个。检查要求为：

（1）建筑高度不大于27 m的住宅建筑，当每个单元任一层的建筑面积大于650 m^2，或任一户门至最近安全出口的距离大于15 m时，每个单元每层的安全出口不少于2个。

（2）建筑高度大于27 m、不大于54 m的住宅建筑，当每个单元任一层的建筑面积大于650 m^2，或任一户门至最近安全出口的距离大于10 m时，每个单元每层的安全出口不少于2个。

（3）建筑高度大于54 m的住宅建筑，每个单元每层的安全出口不少于2个。

（4）建筑高度大于27 m，但不大于54 m的住宅建筑，每个单元设置一座疏散楼梯时，户门需采用乙级防火门，疏散楼梯均通至屋面并能通过屋面与其他单元的疏散楼梯连通。对于疏散楼梯不能通至屋面或不能通过屋面连通的住宅建筑，每个单元需要设置 2 个安全出口。

3. 厂房

《建筑设计防火规范》（GB 50016—2014）第 3.7.2 条规定，厂房内每个防火分区或一个防火分区内的每个楼层，其安全出口的数量应经计算确定，且不应少于 2 个；当符合下列条件时，可设置 1 个安全出口：

（1）甲类厂房，每层建筑面积不大于 100 m^2，且同一时间的作业人数不超过 5 人。

（2）乙类厂房，每层建筑面积不大于 150 m^2，且同一时间的作业人数不超过 10 人。

（3）丙类厂房，每层建筑面积不大于 250 m^2，且同一时间的作业人数不超过 20 人。

（4）丁、戊类厂房，每层建筑面积不大于 400 m^2，且同一时间的作业人数不超过 30 人。

（5）地下或半地下厂房（包括地下或半地下室），每层建筑面积不大于 50 m^2，且同一时间的作业人数不超过 15 人。

《建筑设计防火规范》（GB 50016—2014）第 3.7.3 条规定，地下或半地下厂房（包括地下或半地下室），当有多个防火分区相邻布置，并采用防火墙分隔时，每个防火分区可利用防火墙上通向相邻防火分区的甲级防火门作为第二安全出口，但每个防火分区必须至少有 1 个直通室外的独立安全出口。

4. 仓库

（1）《建筑设计防火规范》（GB 50016—2014）第 3.8.1 条规定，仓库的安全出口应分散布置。每个防火分区或一个防火分区的每个楼层，其相邻 2 个安全出口最近边缘之间的水平距离不应小于 5 m。

（2）《建筑设计防火规范》（GB 50016—2014）第 3.8.2 条规定，每座仓库的安全出口不应少于 2 个。当一座仓库的占地面积不大于 300 m^2 时，可设置 1 个安全出口。仓库内每个防火分区通向疏散走道、楼梯或室外的出口不宜少于 2 个，当防火分区的建筑面积不大于 100 m^2 时，可设置 1 个出口。通向疏散走道或楼梯的门应为乙级防火门。

（3）《建筑设计防火规范》（GB 50016—2014）第 3.8.3 条规定，地下或半地下仓库（包括地下或半地下室）的安全出口不应少于 2 个；当建筑面积不大于 100 m^2 时，可设置 1 个安全出口。

地下或半地下仓库（包括地下或半地下室），当有多个防火分区相邻布置并采用防火墙分隔时，每个防火分区可利用防火墙上通向相邻防火分区的甲级防火门作为第二安全出口，但每个防火分区必须至少有 1 个直通室外的安全出口。

5. 汽车库、修车库

除室内无车道且无人员停留的机械式汽车库外，汽车库、修车库的每个防火分区内的人员安全出口不少于 2 个，Ⅳ类汽车库和Ⅲ类、Ⅳ类的修车库可设置 1 个安全出口。

6. 人防工程

每个防火分区的安全出口不少于 2 个。当人防工程仅设一个安全出口时，需满足：

（1）如有防火墙隔成多个防火分区且每个防火分区设有一个直通室外的安全出口时，每个防火分区可利用防火墙上通向相邻分区的甲级防火门作为第二安全出口。

（2）建筑面积不大于 500 m^2，其室内地面与室外出入口地坪高差不大于 10 m，容纳人数不大于 30 人的防火分区，当设置仅用于采光或进风的竖井且竖井内有金属梯直通地面时，可设一个安全出口或一个与相邻防火分区相通的防火门。

（3）建筑面积不大于 200 m²，且经常停留人数不大于 3 人的防火分区，可只设置一个通向相邻防火分区的防火门。

（三）安全出口的宽度

建筑中安全出口总宽度与安全疏散设施的构造形式，建筑物的耐火等级、使用性质、消防安全设施等多种因素有关。安全出口宽度检查时，需要注意：

（1）当每层疏散人数不等时，疏散楼梯的总宽度可分层计算，地上建筑内下层楼梯的总宽度按该层及以上疏散人数最多一层的疏散人数计算。例如，一座二级耐火等级的 6 层民用建筑，第 4 层的使用人数最多为 400 人，第 5 层、第 6 层每层的人数均为 200 人。计算该建筑的楼梯总宽度时，根据楼梯宽度指标 1.0 m/ 百人的规定，第 4 层和第 4 层以下每层楼梯的总宽度为 4.0 m，第 5 层和第 6 层每层楼梯的总宽度可为 2.0 m。

（2）地下建筑内上层楼梯的总宽度，应按该层及以下疏散人数最多一层的人数计算。

（3）首层外门的总宽度按该建筑疏散人数最多的一层的疏散人数计算确定；不供其他楼层人员疏散的外门，可按本层疏散人数计算确定。首层外门的最小净宽度与建筑类别有关，如厂房不小于 1.20 m，高层医疗建筑不小于 1.30 m，其他高层公共建筑不小于 1.20 m，住宅建筑不小于 1.10 m。

（四）安全出口的间距

每个防火分区、一个防火分区的每个楼层，其相邻两个安全出口最近边缘之间的水平距离不小于 5 m。

（五）安全出口的畅通性

建筑物的安全出口在使用时应保持畅通，不得设有影响人员疏散的凸出物和障碍物，安全出口的门向疏散方向开启。

【考点二】疏散出口的检查【★★★★★】

疏散出口包括安全出口和疏散门，这里主要指的是疏散门，即设置在建筑物内各房间直接通向疏散走道的门或安全出口上的门，不包括套间内的隔间门或住宅套内的房间门。具体检查内容如下。

（一）疏散门的数量

1. 公共建筑

公共建筑内各房间疏散门的数量不少于 2 个。除托儿所、幼儿园、老年人建筑、医疗建筑、教学建筑内位于走道尽端的房间外，当房间仅设一个疏散门时，需满足：

（1）位于两个安全出口之间或袋形走道两侧的房间，对于托儿所、幼儿园、老年人建筑，建筑面积不大于 50 m²；对于医疗建筑、教学建筑，建筑面积不大于 75 m²；对于其他建筑或场所，建筑面积不大于 120 m²。

（2）位于走道尽端的房间，建筑面积小于 50 m² 且疏散门的净宽度不小于 0.90 m，或由房间内任一点至疏散门的直线距离不大于 15 m、建筑面积不大于 200 m² 且疏散门的净宽度不小于 1.40 m。

（3）位于歌舞娱乐放映游艺场所内的厅、室，建筑面积不大于 50 m² 且经常停留人数不超过 15 人。

（4）位于地下或半地下的房间，设备间的建筑面积不大于200 m^2；其他房间的建筑面积不大于50 m^2且经常停留人数不超过15人。

2. 剧院、电影院和礼堂的观众厅

根据人员从一级、二级耐火等级建筑的观众厅疏散出去的时间不大于2 min，从三级耐火等级的剧场、电影院等的观众厅疏散出去的时间不大于1.5 min的原则，剧院、电影院和礼堂的观众厅的每个疏散门的平均疏散人数不超过250人；当容纳人数超过2 000人时，其超过2 000人的部分，每个疏散门的平均疏散人数不超过400人。

3. 体育馆的观众厅

体育馆建筑均为一级、二级耐火等级，根据容量的不同，人员从观众厅疏散出去的时间一般按3 ~ 4 min控制，每个疏散门的平均疏散人数一般不超过700人。

（二）疏散门的宽度

公共建筑内疏散门和住宅建筑户门的净宽度不小于0.9 m；观众厅及其他人员密集场所的疏散门，净宽度不得小于1.4 m。需要注意：

（1）疏散门的宽度与走道、楼梯宽度的匹配性。一般来讲，走道的宽度均较宽，当以疏散门宽为计算宽度时，楼梯的宽度不得小于疏散门的宽度；当以楼梯的宽度为计算宽度时，疏散门的宽度不得小于楼梯的宽度。此外，下层的楼梯或疏散门的宽度不得小于上层的宽度；对于地下、半地下的疏散门，则上层的楼梯或门的宽度不得小于下层的宽度。

（2）体育馆、剧院、电影院和礼堂观众厅疏散门的宽度与数量、疏散时间的匹配性。

（三）疏散门的形式

（1）民用建筑和厂房的疏散门，采用向疏散方向开启的平开门，不得采用推拉门、卷帘门、吊门、转门和折叠门。除甲、乙类生产车间外，人数不超过60人且每樘门的平均疏散人数不超过30人的房间，其疏散门的开启方向不限。仓库的疏散门采用向疏散方向开启的平开门，但丙、丁、戊类仓库首层靠墙的外侧可采用推拉门或卷帘门。电影院、剧场的疏散门采用甲级自动推闩式外开门。

（2）人员密集场所内平时需要控制人员随意出入的疏散门和设置门禁系统的住宅、宿舍、公寓建筑的外门，要保证火灾时不需使用钥匙等任何工具即能从内部易于打开，并在显著位置设置标识和使用提示。

（四）疏散门的间距

每个房间相邻两个疏散门最近边缘之间的水平距离不小于5 m。

（五）疏散门的畅通性

开向疏散楼梯或疏散楼梯间的门完全开启时，不得减少楼梯平台的有效宽度。疏散门在使用时保持畅通，不得上锁或在其附近设有影响人员疏散的凸出物和障碍物。尤其是人员密集的公共场所、观众厅的疏散门，其净宽度不应小于1.40 m，不得设置门槛且紧靠门口内外各1.40 m范围内不得设置踏步。

【考点三】安全疏散距离的检查【★★★】

民用建筑的安全疏散距离主要包括房间内任一点至直通疏散走道的疏散门之间的距离、直通疏散走道的房间疏散门至最近安全出口的距离。厂房安全疏散距离即厂房内任一点至最近安全出口的距离。需要注意：

（1）建筑物内全部设置自动喷水灭火系统时，安全疏散距离可按规定增加 25%。

（2）建筑内开向敞开式外廊的房间，疏散门至最近安全出口的距离可按规定增加 5 m。

（3）直通疏散走道的房间疏散门至最近敞开楼梯间的距离，当房间位于两个楼梯间之间时，按规定减少 5 m；当房间位于袋形走道两侧或尽端时，按规定减少 2 m。

（4）对于一些机场候机楼的候机厅、展览建筑的展览厅等有特殊功能要求的区域，其疏散距离在最大限度地提高建筑消防安全水平并进行充分论证的基础上，可以适当放宽。

【考点四】疏散走道的检查【★★★★】

（一）疏散走道的宽度

（1）厂房疏散走道的净宽度不小于 1.40 m。

（2）单、多层公共建筑疏散走道的净宽度不小于 1.10 m；高层医疗建筑单面布房疏散走道的净宽度不小于 1.40 m，双面布房疏散走道的净宽度不小于 1.50 m；其他高层公共建筑单面布房疏散走道的净宽度不小于 1.30 m，双面布房疏散走道的净宽度不小于 1.40 m。

（3）住宅疏散走道的净宽度不小于 1.10 m。

（4）剧院、电影院、礼堂、体育馆等人员密集场所，观众厅内疏散走道的净宽度不小 1.00 m，边走道的净宽度不小于 0.80 m；人员密集公共场所的室外疏散通道的净宽度不小于 3.00 m，并直接通向宽敞地带。

（二）疏散走道的畅通性

疏散走道的设置要简明直接，尽量避免曲折，尤其不要往返转折。疏散走道内不得设置阶梯、门槛、门垛、管道等影响人员疏散的凸出物和障碍物。

（三）疏散走道与其他部位的分隔

疏散走道两侧应采用一定耐火极限的隔墙与其他部位分隔，隔墙必须砌至梁、板底部且不留有缝隙。疏散走道两侧隔墙的耐火极限，一级、二级耐火等级的建筑不低于 1.00 h，三级耐火等级的建筑不低于 0.5 h，四级耐火等级的建筑不低于 0.25 h。

（四）疏散走道的装修材料

地上建筑的水平疏散走道，其顶棚装饰材料应采用 A 级装修材料，其他部位应采用不低于 B_1 级的装修材料。地下民用建筑的疏散走道，其顶棚、墙面和地面的装修材料均采用 A 级装修材料。

【考点五】避难走道的检查【★★★★★】

避难走道是指设置防烟设施且两侧采用耐火极限不低于 3.00 h 的防火墙分隔，用于人员安全通行至室外的走道。《建筑设计防火规范》（GB 50016—2014）第 6.4.14 条规定，避难走道的设置应符合下列规定：

（1）避难走道防火隔墙的耐火极限不应低于 3.00 h，楼板的耐火极限不应低于 1.50 h。

（2）避难走道直通地面的出口不应少于 2 个，并应设置在不同方向；当避难走道仅与一个防火分区相通且该防火分区至少有 1 个直通室外的安全出口时，可设置 1 个直通地面的出口。任一防火分区通向避难走道的门至该避难走道最近直通地面的出口的距离不应大于 60 m。

（3）避难走道的净宽度不应小于任一防火分区通向该避难走道的设计疏散总净宽度。

（4）避难走道内部装修材料的燃烧性能等级应为A级。

（5）防火分区至避难走道入口处应设置防烟前室，前室的使用面积不应小于6.0 m^2，开向前室的门应采用甲级防火门，前室开向避难走道的门应采用乙级防火门。

（6）避难走道内应设置消火栓、消防应急照明、应急广播和消防专线电话。

【考点六】疏散楼梯间的设置形式检查【★★★★】

疏散楼梯间分为敞开楼梯间、封闭楼梯间、防烟楼梯间和室外楼梯四种形式。其中，封闭楼梯间是用建筑构件、配件分隔，能防止烟和热气进入楼梯间；防烟楼梯间是在楼梯间入口处设有防烟前室，或设有专供排烟用的阳台、凹廊等，且通向前室和楼梯间的门均为乙级防火门的楼梯间；室外楼梯可以作为辅助的防烟楼梯。

（一）厂房、库房

甲、乙、丙类多层厂房和高层厂房的疏散楼梯采用封闭楼梯间或室外楼梯；建筑高度大于32 m且任一层人数超过10人的高层厂房，采用防烟楼梯间或室外楼梯。高层仓库采用封闭楼梯间。

（二）民用建筑

（1）地下或半地下建筑（室）。3层及以上或室内地面与室外出入口地坪高差大于10 m的地下或半地下建筑（室），其疏散楼梯应采用防烟楼梯间；其他地下或半地下建筑（室），其疏散楼梯可采用封闭楼梯间。

（2）住宅。建筑高度不大于21 m的住宅建筑可采用敞开楼梯间；与电梯井相邻布置的疏散楼梯应采用封闭楼梯间，当户门采用乙级防火门时，仍可采用敞开楼梯间。建筑高度大于21 m、不大于33 m的住宅建筑采用封闭楼梯间；当户门采用乙级防火门时，可采用敞开楼梯间。建筑高度大于33 m的住宅建筑采用防烟楼梯间。户门不宜直接开向前室，确有困难时，每层开向同一前室的户门不大于3樘且应采用乙级防火门。

（3）多层公共建筑。医疗建筑、旅馆、老年人建筑及类似使用功能的建筑，设置歌舞娱乐放映游艺场所的建筑，商店、图书馆、展览建筑、会议中心及类似使用功能的建筑，6层及以上的其他建筑等，均采用封闭楼梯间。注意，当剧场、电影院、礼堂、体育馆等人员密集场所与其他功能空间组合在同一座建筑内时，其疏散楼梯的设置形式应按其中要求最高者确定，或按该建筑的主要功能确定。

（4）高层公共建筑。一类高层公共建筑和建筑高度大于32 m的二类高层公共建筑，采用防烟楼梯间；裙房和建筑高度不大于32 m的二类高层公共建筑，采用封闭楼梯间。

（三）汽车库、修车库

建筑高度大于32 m的高层汽车库、室内地面与室外出入口地坪的高差大于10 m的地下汽车库采用防烟楼梯间，其他汽车库、修车库采用封闭楼梯间。

（四）人防工程

设有电影院、礼堂，建筑面积大于500 m^2的医院、旅馆；建筑面积大于1 000 m^2的商场、餐厅、展览厅、公共娱乐场所、健身体育场所等公共活动场所的人防工程，当底层室内地面与室外出入口地坪高差大于10 m时，采用防烟楼梯间；当地下为两层，且地下第二层的室内地面与室外出入口地坪高差不大于10 m时，采用封闭楼梯间。

【考点七】疏散楼梯间平面布置及净宽度检查【7★】

（一）封闭楼梯间

（1）楼梯间靠外墙布置，并能直接天然采光和自然通风。首层如将走道和门厅等包括在楼梯间内形成扩大的封闭楼梯间时，须采用乙级防火门等措施与其他走道和房间隔开。

（2）除楼梯间的出入口和外窗外，楼梯间的墙上不得开设其他门、窗、洞口。

（3）高层建筑，人员密集的公共建筑，人员密集的多层丙类厂房，甲、乙类厂房，其封闭楼梯间的门采用乙级防火门，并向疏散方向开启。

（4）楼梯间的顶棚、墙面和地面的装修材料必须采用不燃材料。

（二）防烟楼梯间

（1）楼梯间的首层如将走道和门厅等包括在楼梯间前室内形成扩大的防烟前室时，应采用乙级防火门等措施与其他走道和房间分隔。

（2）防烟楼梯间所设前室可与消防电梯间前室合用。前室的使用面积为公共建筑、高层厂房（仓库）不小于 6.0 m^2，住宅建筑不小于 4.5 m^2；合用前室的使用面积为公共建筑、高层厂房（仓库）不小于 10.0 m^2，住宅建筑不小于 6.0 m^2。

（3）除住宅建筑的楼梯间前室外，防烟楼梯间和前室内的墙上不应开设除疏散门和送风口外的其他门、窗、洞口。

（4）疏散走道通向前室以及前室通向楼梯间的门应采用乙级防火门。

（5）防烟楼梯间、前室的顶棚、墙面和地面的装修材料必须采用不燃材料。

（三）剪刀楼梯间

高层公共建筑的疏散楼梯，当分散设置确有困难且从任一疏散门至最近疏散楼梯间入口的距离不大于 10 m 时，可采用剪刀楼梯间，但应符合下列规定：

（1）楼梯间应为防烟楼梯间。

（2）梯段之间应设置耐火极限不低于 1.00 h 的防火隔墙。

（3）楼梯间的前室应分别设置。

（四）室外楼梯

（1）室外楼梯和每层出口处平台，采用不燃材料制作，平台的耐火极限不低于 1.00 h。

（2）在楼梯周围 2.0 m 内的墙面上，除疏散门外，不开设其他门、窗、洞口。疏散门采用向外开启的乙级防火门，且不正对梯段设置。

（3）楼梯段耐火极限不低于 0.25 h，楼梯的净宽不小于 0.9 m，倾斜角度不大于 45°，栏杆扶手的高度不小于 1.1 m。

（4）用作疏散的楼梯不宜采用螺旋楼梯和扇形踏步；确需采用时，踏步上下两级所形成的平面角不大于 10°，每级离扶手 25 cm 处的踏步深度不小于 22 cm。公共建筑的疏散楼梯，两梯段扶手之间的水平净距不小于 15 cm。

（五）净宽度

（1）一般公共建筑疏散楼梯的净宽度不小于 1.10 m；高层医疗建筑疏散楼梯的净宽度不小于 1.30 m；其他高层公共建筑疏散楼梯的净宽度不小于 1.20 m。

（2）住宅建筑疏散楼梯的净宽度不小于 1.10 m；当住宅建筑高度不大于 18 m 且疏散楼梯一边设置栏杆时，其疏散楼梯的净宽度不小于 1.0 m。

（3）厂房、汽车库、修车库的疏散楼梯的最小净宽度不小于1.10 m。

（4）人防工程中商场、公共娱乐场所、健身体育场所疏散楼梯的净宽不小于1.4 m，医院的疏散楼梯净宽不小于1.3 m，其他建筑疏散楼梯的净宽不小于1.1 m。

【考点八】疏散楼梯间的安全性检查【★★★】

（1）疏散楼梯间内不得设置烧水间、可燃材料储存室、垃圾道。

（2）不得设有影响疏散的凸出物或其他障碍物。

（3）严禁敷设甲、乙、丙类液体管道。

（4）公共建筑的疏散楼梯间内不得敷设可燃气体管道，住宅建筑的楼梯间不得敷设可燃气体管道和设置天然气体计量表。当住宅建筑必须设置时，需检查是否采用金属管道和设置切断气源的装置等保护措施。

【考点九】疏散楼梯间的检查方法【★★★】

（1）沿楼梯全程检查安全性和畅通性。需要注意的是，除与地下室连通的楼梯、超高层建筑中通向避难层的楼梯外，疏散楼梯间在各层的平面位置不得改变，必须上下直通；当地下室或半地下室与地上层共用楼梯间时，在首层与地下或半地下层的出入口处，必须检查是否设置了耐火极限不低于2.00 h的隔墙和乙级的防火门隔开，并设有明显提示标志。

（2）在设计人数最多的楼层，选择疏散楼梯扶手与楼梯隔墙之间相对较窄处测量疏散楼梯的净宽度，并核查与消防设计文件的一致性。每部楼梯的测量点不少于5个，宽度测量值的允许负偏差不得大于规定值的5%。

（3）测量前室（合用前室）使用面积，测量值的允许负偏差不得大于规定值的5%。

（4）测量楼梯间（前室）疏散门的宽度，测量值的允许负偏差不得大于规定值的5%，并核查防火门产品与市场准入文件、消防设计文件的一致性。

【考点十】防火隔间检查内容【★★★】

《建筑设计防火规范》（GB 50016—2014）第6.4.13条规定，防火隔间的设置应符合下列规定：

（1）防火隔间的建筑面积不应小于6.0 m^2。

（2）防火隔间的门应采用甲级防火门。

（3）不同防火分区通向防火隔间的门不应计入安全出口，门的最小间距不应小于4 m。

（4）防火隔间内部装修材料的燃烧性能应为A级。

（5）不应用于除人员通行外的其他用途。

【考点十一】避难层（间）检查内容【★★★★】

《建筑设计防火规范》（GB 50016—2014）第5.5.23条规定，建筑高度大于100 m的公共建筑，应设置避难层（间）。避难层（间）应符合下列规定：

（1）第一个避难层（间）的楼地面至灭火救援场地地面的高度不应大于50 m，两个避难层（间）之间的高度不宜大于50 m。

（2）通向避难层（间）的疏散楼梯应在避难层分隔、同层错位或上下层断开。

（3）避难层（间）的净面积应能满足设计避难人数避难的要求，并宜按 5.0 人 /m² 计算。

（4）避难层可兼作设备层。设备管道宜集中布置，其中的易燃、可燃液体或气体管道应集中布置，设备管道区应采用耐火极限不低于 3.00 h 的防火隔墙与避难区分隔。管道井和设备间应采用耐火极限不低于 2.00 h 的防火隔墙与避难区分隔，管道井和设备间的门不应直接开向避难区；确需直接开向避难区时，与避难层区出入口的距离不应小于 5 m，且应采用甲级防火门。

避难间内不应设置易燃、可燃液体或气体管道，不应开设除外窗、疏散门之外的其他开口。

（5）避难层应设置消防电梯出口。

（6）应设置消火栓和消防软管卷盘。

（7）应设置消防专线电话和应急广播。

（8）在避难层（间）进入楼梯间的入口处和疏散楼梯通向避难层（间）的出口处，应设置明显的指示标志。

（9）应设置直接对外的可开启窗口或独立的机械防烟设施，外窗应采用乙级防火窗。

当建筑内的避难人数较少而不需将整个楼层用作避难层时，除上述检查内容外还需要检查该避难层除设置火灾危险性小的设备用房外，不能用于其他使用功能；避难层采用防火墙将该楼层分隔成不同的区域；从非避难区进入避难区的部位，采取防止非避难区的火灾和烟气进入避难区的措施，如设置防烟前室。

【考点十二】病房楼的避难间检查内容【★★★★】

《建筑设计防火规范》（GB 50016—2014）第 5.5.24 条规定，高层病房楼应在二层及以上的病房楼层和洁净手术部设置避难间。避难间应符合下列规定：

（1）避难间服务的护理单元不应超过 2 个，其净面积应按每个护理单元不小于 25.0 m² 确定。

（2）避难间兼作其他用途时，应保证人员的避难安全，且不得减少可供避难的净面积。

（3）应靠近楼梯间，并应采用耐火极限不低于 2.00 h 的防火隔墙和甲级防火门与其他部位分隔。

（4）应设置消防专线电话和消防应急广播。

（5）避难间的入口处应设置明显的指示标志。

（6）应设置直接对外的可开启窗口或独立的机械防烟设施，外窗应采用乙级防火窗。

【考点十三】下沉式广场检查内容【★★★★★】

下沉式广场是大型地下商业用房通过设置一定的室外开敞空间，用来防止相邻区域的火灾蔓延和便于人员疏散的区域。

《建筑设计防火规范》（GB 50016—2014）第 6.4.12 条规定，用于防火分隔的下沉式广场等室外开敞空间，应符合下列规定：

（1）分隔后的不同区域通向下沉式广场等室外开敞空间的开口最近边缘之间的水平距离不应小于 13 m。室外开敞空间除用于人员疏散外不得用于其他商业或可能导致火灾蔓延的用途，其中用于疏散的净面积不应小于 169 m²。

（2）下沉式广场等室外开敞空间内应设置不少于 1 部直通地面的疏散楼梯。当连接下沉广场的防火分区需利用下沉广场进行疏散时，疏散楼梯的总净宽度不应小于任一防火分区通向室外开敞空间的设计疏散总净宽度。

（3）确需设置防风雨篷时，防风雨篷不应完全封闭，四周开口部位应均匀布置，开口的面积不应小于该空间地面面积的 25%，开口高度不应小于 1.0 m；开口设置百叶时，百叶的有效排烟面积可按百叶通风口面积的 60% 计算。

第五章 防 爆 检 查

【考点一】建筑防爆检查内容【★★★★★】

（一）爆炸危险区域的确定

爆炸危险区域按场所内存在物质的物态不同，分为爆炸性气体环境和爆炸性粉尘环境。

（1）爆炸性气体环境危险区域范围主要根据释放源的级别和位置、易燃易爆物质的性质、通风条件、障碍物及生产条件、运行经验等经技术经济比较综合确定。

（2）爆炸性粉尘环境危险区域范围主要根据粉尘量、释放率、浓度和物理特性，以及同类企业相似厂房的运行经验确定。

（二）有爆炸危险的厂房的总体布局

（1）有爆炸危险的甲、乙类厂房宜独立设置，并宜采用敞开或半敞开式。

（2）有爆炸危险的甲、乙类厂房的总控制室应独立设置。

有爆炸危险的甲、乙类厂房的分控制室宜独立设置，当贴邻外墙设置时，应采用耐火极限不低于 3.00 h 的防火隔墙与其他部位分隔。

（3）净化有爆炸危险粉尘的干式除尘器和过滤器宜布置在厂房外的独立建筑内，且建筑外墙与所属厂房的防火间距不小于 10 m。对符合一定条件可以布置在厂房内的单独房间内时，需检查是否采用耐火极限不低于 3.00 h 的防火隔墙和耐火极限不低于 1.50 h 的楼板与其他部位分隔。

（三）有爆炸危险的厂房的平面布置

（1）有爆炸危险的甲、乙类生产部位，宜布置在单层厂房靠外墙的泄压设施或多层厂房顶层靠外墙的泄压设施附近。

（2）有爆炸危险的设备布置宜避开厂房的梁、柱等主要承重构件。

（3）有爆炸危险区域内的楼梯间、室外楼梯或有爆炸危险的区域与相邻区域连通处，应设置门斗等防护措施。门斗的隔墙应为耐火极限不应低于 2.00 h 的防火隔墙，门应采用甲级防火门并与楼梯间的门错位设置。

（4）办公室、休息室不得布置在有爆炸危险的甲、乙类厂房内。确需贴邻本厂房时，其耐火等级不应低于二级，并采用耐火极限不低于 3.00 h 的防爆墙与厂房分隔，还要设置独立的安全出口。

（5）排除燃烧或爆炸危险气体、蒸气和粉尘的排风系统，排风设备不得布置在地下或半地下建筑（室）内。

（四）采取的防爆措施

《建筑设计防火规范》（GB 50016—2014）第 3.6.6 条规定，散发较空气重的可燃气体、可燃蒸气的甲类厂房和有粉尘、纤维爆炸危险的乙类厂房，应符合下列规定：

（1）应采用不发火花的地面。采用绝缘材料作整体面层时，应采取防静电措施。

（2）散发可燃粉尘、纤维的厂房，其内表面应平整、光滑，并易于清扫。

（3）厂房内不宜设置地沟，确需设置时，其盖板应严密，地沟应采取防止可燃气体、可燃蒸气和粉尘、纤维在地沟积聚的有效措施，且应在与相邻厂房连通处采用防火材料密封。

《建筑设计防火规范》（GB 50016—2014）第3.6.12条规定，甲、乙、丙类液体仓库应设置防止液体流散的设施。遇湿会发生燃烧爆炸的物品仓库应采取防止水浸渍的措施。

（五）泄压设施的设置

（1）有爆炸危险的甲、乙类厂房宜采用敞开或半敞开式，承重结构宜采用钢筋混凝土或钢框架、排架结构。

（2）泄压设施的材质宜采用轻质屋面板、轻质墙体和易于泄压的门、窗等，并采用安全玻璃等在爆炸时不产生尖锐碎片的材料。作为泄压设施的轻质屋面板和墙体，每平方米的质量不宜大于60 kg。

（3）泄压设施的设置避开人员密集场所和主要交通道路，并宜靠近有爆炸危险的部位。有粉尘爆炸危险的筒仓，泄压设施应设置在顶部盖板。屋顶上的泄压设施采取防冰雪积聚措施。

（4）散发较空气轻的可燃气体、可燃蒸气的甲类厂房，宜采用轻质屋面板作为泄压面积。顶棚尽量平整、无死角，厂房上部空间保证通风良好。

（5）有爆炸危险的厂房、粮食筒仓工作塔和上通廊设置的泄压面积严格按《建筑设计防火规范》（GB 50016—2014）第3.6.4条计算确定。

（六）与爆炸危险场所毗连的变、配电所的布置

（1）爆炸危险场所的正上方或正下方不得设置变、配电所。必须毗连时，变、配电所尽量靠近楼梯间和外墙布置。

（2）根据爆炸危险场所的危险等级，确定变、配电所与之共用墙面的数量，共用隔墙和楼板为抹灰的实体和非燃烧体。

（3）当变、配电所为正压室且布置在1区、2区时，室内地面宜高出室外地面0.6 m左右。

【考点二】电气防爆检查内容【★★★★★】

（一）导线材质

导线材质不得选用铝质的，应选用铜芯绝缘导线或电缆，铜芯导线或电缆的截面1区应为2.5 mm^2以上，2区应为1.5 mm^2以上。

（二）导线允许载流量

绝缘电线和电缆的允许载流量不得小于熔断器熔体额定电流的1.25倍和断流器长延时过流脱口器整定电流的1.25倍。

（三）线路的敷设方式

（1）当爆炸环境中气体、蒸气的密度比空气大时，电气线路敷设在高处或埋入地下。架空敷设时选用电缆桥架；电缆沟敷设时沟内填充沙并设置有效的排水措施。

（2）当爆炸环境中气体、蒸气的密度比空气小时，电气线路敷设在较低处或用电缆沟敷设。敷设电气线路的沟道、钢管或电缆，在穿过不同区域之间墙或楼板处的孔洞时，采用不燃材料严密堵塞，防止爆炸性混合物或蒸气沿沟道、电缆管道流动。

（四）线路的连接方式

电气线路之间原则上不能直接连接。如必须实行连接或封端时，检查是否采用压接、熔焊或钎焊，并保证接触良好，防止局部过热。线路与电气设备的连接，特别是铜铝线相接时，采用适当的过渡接头。

（五）电气设备的选择

防爆电气设备的级别和组别，不得低于该爆炸性气体环境内爆炸性气体混合物的级别和组别。当存在有两种以上易燃性物质形成的爆炸性气体混合物时，需要按危险程度较高的级别和组别选用防爆电气设备。爆炸性粉尘环境防爆电气设备的选型，根据粉尘的种类，选择防尘结构或尘密结构的粉尘防爆电气设备。

（六）带电部件的接地

许多电气设备在一般情况下可以不接地，但为了防止带电部件发生接地产生火花或危险温度而形成引爆源，所以在爆炸危险场所内仍需要接地。这类设备主要有：

（1）在导线不良的地面处，交流额定电压 1 000 V 以下和直流额定电压 1 500 V 以下的电气设备正常时不带电的金属外壳。

（2）在干燥环境，交流额定电压为 127 V 以下、直流电压为 110 V 以下的电气设备正常时不带电的金属外壳。

（3）安装在已接地的金属结构上的电气设备，敷设铠装电缆的金属构架。

检查时还需注意，接地干线宜设置在爆炸危险区域的不同方向，且不少于两处与接地体相连。

【考点三】消防供电检查【★★★】

（1）《建筑设计防火规范》（GB 50016—2014）第 10.1.1 条规定，下列建筑物的消防用电应按一级负荷供电：

1）建筑高度大于 50 m 的乙、丙类厂房和丙类仓库。

2）一类高层民用建筑。

（2）《建筑设计防火规范》（GB 50016—2014）第 10.1.2 条规定，下列建筑物、储罐（区）和堆场的消防用电应按二级负荷供电：

1）室外消防用水量大于 30 L/s 的厂房（仓库）。

2）室外消防用水量大于 35 L/s 的可燃材料堆场、可燃气体储罐（区）和甲、乙类液体储罐（区）。

3）粮食仓库及粮食筒仓。

4）二类高层民用建筑。

5）座位数超过 1 500 个的电影院、剧场，座位数超过 3 000 个的体育馆，任一层建筑面积大于 3 000 m^2 的商店和展览建筑，省（市）级及以上的广播电视、电信和财贸金融建筑，室外消防用水量大于 25 L/s 的其他公共建筑。

（3）除《建筑设计防火规范》（GB 50016—2014）第 10.1.1 条和第 10.1.2 条规定外的建筑物、储罐（区）和堆场等的消防用电，可按三级负荷供电。

【考点四】通风和空调系统检查内容【★★★★】

（一）空调系统的选择

甲、乙类厂房内的空气不应循环使用。丙类厂房内含有燃烧或爆炸危险粉尘、纤维的空气，在循环使用前应经净化处理，并使空气中的含尘浓度低于其爆炸下限的 25%。民用建筑内空气中含有容易起火或爆炸危险物质的房间，设置自然通风或独立的机械通风设施，且其空气不应循环使用。

（二）管道的敷设

厂房内用于有爆炸危险场所的排风管道，严禁穿过防火墙和有爆炸危险的房间隔墙。甲、乙、丙类厂房内的送、排风管道宜分层设置。

（三）通风设备的选择

对空气中含有易燃易爆危险物质的房间，其送、排风系统选用防爆型的通风设备。当送风机布置在单独分隔的通风机房内且送风干管上设置防止回流设施时，可采用普通型的通风设备。燃气锅炉房选用防爆型的事故排风机，且事故排风量满足换气次数不少于 12 次 /h。

（四）除尘器、过滤器的设置

含有燃烧和爆炸危险粉尘的空气，在进入排风机前应采用不产生火花的除尘器进行处理；对于遇水可能形成爆炸的粉尘，严禁采用湿式除尘器。

（五）接地装置的设置

排除有燃烧或爆炸危险气体、蒸气和粉尘的排风系统及燃油或燃气锅炉房的机械通风设施，设置导除静电的接地装置。

【考点五】供暖系统检查内容【★★】

（一）供暖方式的选择

常见容易发生火灾或爆炸的厂房主要有：

（1）生产过程中散发的可燃气体、蒸气、粉尘、纤维与采暖管道、散热器表面接触，虽然采暖温度不高，但也可能引起燃烧的厂房，例如散发二硫化碳气体、黄磷蒸气及其粉尘等的厂房。

（2）生产过程中散发的粉尘受到水、水蒸气的作用，能引起自燃和爆炸的厂房，例如生产和加工钾、钠、钙等物质的厂房。

（3）生产过程中散发的粉尘受到水、水蒸气的作用能产生爆炸性气体的厂房，例如电石、碳化铝、氢化钾、氢化钠、硼氢化钠等释放出的可燃气体的厂房。

（二）供暖管道的敷设

供暖管道不得穿过存在与供暖管道接触能引起燃烧或爆炸的气体、蒸气或粉尘的房间，必须穿过时，检查是否采用不燃材料隔热。同时，供暖管道与可燃物之间保持的距离应满足以下要求：当供暖管道的表面温度大于 100℃时，间隔距离不小于 100 mm 或采用不燃材料隔热；当供暖管道的表面温度不大于 100℃时，间隔距离不小于 50 mm 或采用不燃材料隔热。

（三）供暖管道和设备绝热材料的燃烧性能

对于甲、乙类厂房（仓库），建筑内供暖管道和设备的绝热材料采用不燃材料。

（四）散热器表面的温度

在散发可燃粉尘、纤维的厂房内，散热器表面平均温度不得超过 82.5℃。输煤廊的散热器表面平均温度不得超过 130℃。

第六章 建筑装修和保温系统检查

【考点一】建筑内部装修的检查【7★】

（一）检查内容

1. 装修功能与原建筑分类的一致性

装修工程的使用功能与所在建筑原设计功能须保持一致，不得改变原有建筑分类。当装修工程的使用功能与原建筑设计不一致时，检查中应根据其现有使用功能判断是否引起整栋建筑的性质变化，是否需要重新确定建筑分类，并明确所检查装修工程的装修范围和建筑面积。

2. 装修工程的平面布置

主要检查装修工程的平面布置是否满足相关要求，即由疏散楼梯、疏散走道、防火分区组成的立体疏散体系是否完整与畅通。疏散楼梯间要检查其设置形式、数量及梯段净宽，疏散走道要检查疏散距离、疏散宽度，防火分区要检查分区面积的大小以及防火墙、防火门、防火卷帘等防火分隔的设置等。

3. 装修材料燃烧性能等级

装修材料根据其在内部装修中使用的部位和功能，主要分为顶棚装修材料、墙面装修材料、地面装修材料、隔断装修材料、固定家具、装饰织物和其他装饰材料七大类。不同建筑类别、建筑规模和使用部位的装修材料，燃烧性能等级的要求不同，主要分为 A（不燃性）、B_1（难燃性）、B_2（可燃性）和 B_3（易燃性）四个等级。设定原则为：

（1）对重要建筑比一般建筑要求严；对地下建筑比地上建筑要求严；对 100 m 以上的建筑比一般高层建筑要求严。

（2）对建筑物防火的重点部位，如公共活动区、楼梯、疏散走道及危险性大的场所等，比一般建筑部位要求严。

（3）对顶棚的要求严于墙面，对墙面的要求又严于地面，对悬挂物（如窗帘、幕布等）的要求严于粘贴在基材上的物件。

4. 装修对疏散设施的影响

核实建筑内部装修是否减少安全出口、疏散出口和疏散走道的设计所需的净宽度和数量。疏散走道两侧和安全出口附近不得设置有误导人员安全疏散的反光镜、玻璃等装修材料。

5. 装修对消防设施的影响

消火栓箱门不得被装饰物遮掩，箱门的颜色与四周的装修材料颜色有明显区别；建筑内部装修不得遮挡消火栓箱、手动报警按钮、喷头、火灾探测器以及安全疏散指示标志和安全出口指示标志等消防设施。

6. 照明灯具和配电箱的安装

（1）开关、插座、配电箱不得直接安装在燃烧性能等级低于 B_1 级的装修材料上。安装在燃烧性能等级 B_1 级以下的材料基座上时，必须采用具有良好隔热性能的不燃材料隔绝。

（2）白炽灯、卤钨灯、荧光高压汞灯、镇流器等不得直接设置在可燃装修材料或可燃构件上。

（3）照明灯具的高温部位，当靠近燃烧性能等级非 A 级装修材料时，采取隔热、散热等防火保护措施。灯饰所用材料的燃烧性能等级不得低于 B_1 级。

7. 公共场所内阻燃制品标识张贴

公共场所内建筑制品、织物、塑料或橡胶、泡沫塑料类、家具及组件、电线电缆六类产品需使用阻燃制品并加贴阻燃标识。

（二）检查方法

（1）安装在金属龙骨上燃烧性能达到 B_1 级的纸面石膏板、矿棉吸声板，可作为燃烧性能等级为 A 级的装修材料；单位质量小于 300 g/m^2 的纸质、布质壁纸，当直接粘贴在 A 级基材上时，可作为 B_1 级装修材料；施涂于 A 级基材上的无机装饰涂料，可作为 A 级装修材料；施涂于 A 级基材上，湿涂覆比每平方米小于 1.5 kg，且涂层干膜厚度不大于 1.0 mm 的有机装饰涂料，可作为 B_1 级装修材料。

（2）当采用不同装修材料进行分层装修时，各层装修材料的燃烧性能等级均要符合相关规定。对于复合型装修材料，可通过提交专业检测机构进行整体测试后确定其燃烧性能等级。

（3）对现场阻燃处理的木质材料、纺织织物、复合材料等检查时，结合材料的燃烧性能型式检验报告、现场进行阻燃处理的材料和所使用阻燃剂的见证取样检验报告、现场对材料进行阻燃处理的施工记录及隐蔽工程验收记录等相关资料，对照报告及记录内容开展现场核查，重点核查上述报告或记录内容与实际使用材料的一致性。

（4）对公共场所内使用的阻燃制品，还要检查阻燃制品标识使用证书、现场检验标识加贴的情况。

【考点二】建筑外墙的装饰检查内容【★★★★】

（一）装饰材料的燃烧性能

室外大型广告牌和条幅的材质要便于火灾时破拆；建筑外墙的装饰层采用燃烧性能等级为 A 级的材料，但建筑高度不大于 50 m 时，可采用 B_1 级材料。

（二）广告牌的设置位置

户外广告牌不应设置在灭火救援窗或自然排烟窗的外侧。在消防车登高面一侧的外墙上，不得设置凸出的广告牌，以免影响消防车登高操作。

（三）设置发光广告牌墙体的燃烧性能

户外电致发光广告牌不得直接设置在有可燃、难燃材料的墙体上。

【考点三】建筑外保温系统检查内容【6★】

建筑保温系统包括建筑内、外保温系统，主要对建筑的基层墙体或屋面板进行保温。屋面采用外保温系统。建筑外墙保温的方式形式多样，主要有内保温系统，与基层墙体、装饰层之间无空腔的建筑外墙外保温系统，与基层墙体、装饰层之间有空腔的建筑外墙外保温系统，采用保温材料与两侧墙体构成无空腔复合保温结构体的保温系统等。具体检查内容如下。

（一）保温材料的燃烧性能

用于建筑保温系统的保温材料主要包括有机高分子类、有机无机复合类和无机类三大类。根据燃烧性能等级的不同，主要有 A 级、B_1 级、B_2 级三个等级。需要注意的是，屋面、地下室外墙面不得使用岩棉、玻璃棉等吸水率高的保温材料。

（二）防护层的设置

建筑的外墙外保温系统外侧按要求设置不燃材料制作的防护层，并将保温材料完全包覆。除采用保温材料与两侧墙体构成无空腔复合保温结构体外，当采用燃烧性能等级为 B_1 级、B_2 级保温材料时，防护层厚度首层不小于 15 mm，其他层不小于 5 mm。建筑的外墙内保温系统采用不燃材料作为防护层，当采用燃烧性能等级为 B_1 级的保温材料时，防护层厚度不小于 10 mm。当建筑的屋面外保温系统采用燃烧性能等级为 B_1 级、B_2 级的保温材料时，应按要求设置由不燃材料制作且厚度不小于 10 mm 的防护层。

（三）防火隔离带的设置

当建筑的外墙外保温系统采用燃烧性能等级为 B_1 级、B_2 级的保温材料时，在保温系统的每层沿楼板位置设置不燃材料制作的水平防火隔离带，隔离带的设置高度不得小于 300 mm，且与建筑外墙体全面积粘贴密实。当建筑的屋面和外墙外保温系统均采用燃烧性能等级为 B_1 级、B_2 级的保温材料时，还要检查外墙和屋面分隔处是否按要求设置了不燃材料制作的防火隔离带，宽度不得小于 500 mm。

（四）每层楼板处的防火封堵

建筑外墙外保温系统与基层墙体、装饰层之间的空腔，在每层楼板处采用防火封堵材料封堵，防止因烟囱效应而造成火势快速发展。

（五）电气线路和电器配件的安装

电气线路不得穿越或敷设在燃烧性能等级为 B_1 级或 B_2 级的保温材料中；对确需穿越或敷设的，采取穿金属管并在金属管周围采用不燃隔热材料进行防火隔离等防火保护措施。设置开关、插座等电器配件的部位周围采取不燃隔热材料进行防火隔离等防火保护措施。

第三篇
消防设施安装、检测与维护管理

第一章　消防设施质量控制、维护管理与消防控制室管理

【考点一】消防设施施工准备、过程控制及问题处理【★★★】

名称	要点
施工前准备	（1）经批准的消防设计文件以及其他技术资料齐全 （2）设计单位向建设、施工、监理单位进行技术交底，明确相应技术要求 （3）各类消防设施的设备、组件以及材料齐全，规格型号符合设计要求，能够保证正常施工 （4）与专业施工相关的基础、预埋件和预留孔洞等符合设计要求 （5）施工现场及施工中使用的水、电、气能够满足连续施工的要求 消防设计文件包括消防设施设计施工图（平面图、系统图、施工详图、设备表、材料表等）图样以及设计说明等；其他技术资料主要包括消防设施产品明细表、主要组件安装使用说明书及施工技术要求，各类消防设施的设备、组件以及材料等符合市场准入制度的有效证明文件和产品出厂合格证书，工程质量管理、检验制度等
施工过程质量控制	（1）对到场的各类消防设施的设备、组件以及材料进行现场检查，经检查合格后方可用于施工 （2）各工序按照施工技术标准进行质量控制，每道工序完成后进行检查，经检查合格后方可进入下一道工序 （3）相关各专业工种之间交接时，进行检验认可，经监理工程师签证后，方可进行下一道工序 （4）消防设施安装完毕，施工单位按照相关专业调试规定进行调试 （5）调试结束后，施工单位向建设单位提供质量控制资料和各类消防设施施工过程质量检查记录 （6）监理工程师组织施工单位人员对消防设施施工过程进行质量检查；施工过程质量检查记录按照各消防设施施工及验收规范的要求填写 （7）施工过程质量控制资料按照相关消防设施施工及验收规范的要求填写、整理
施工安装质量问题处理	（1）更换相关消防设施的设备、组件以及材料，进行施工返工处理，重新组织产品现场检查、技术检测或者竣工验收 （2）返修处理，能够满足相关标准规定和使用要求的，按照经批准的处理技术方案和协议文件，重新组织现场检查、技术检测或者竣工验收 （3）返修或者更换相关消防设施的设备、组件以及材料的，经重新组织现场检查、技术检测、竣工验收仍然不符合要求的，判定为现场检查、技术检测、竣工验收不合格 （4）未经现场检查合格的消防设施的设备、组件以及材料，不得用于施工安装；消防设施未经竣工验收合格的，其建设工程不得投入使用

【考点二】消防设施现场检查【★★★★】

各类消防设施的设备、组件以及材料等到达施工现场后，施工单位组织实施现场检查。消防设施现场检查包括产品合法性检查、一致性检查以及产品质量检查。

检查名称	要点	具体内容
合法性检查	重点查验其符合国家市场准入规定的相关合法性文件，以及出厂检验合格证明文件	1．市场准入文件到场检查的重点内容 （1）纳入强制性产品认证的消防产品，查验其依法获得的强制认证证书 （2）新研制的尚未制定国家或者行业标准的消防产品，查验其依法获得的技术鉴定证书 （3）目前尚未纳入强制性产品认证的非新产品类的消防产品，查验其经国家法定消防产品检验机构检验合格的型式检验报告 （4）非消防产品类的管材管件以及其他设备，查验其法定质量保证文件 2．产品质量检验文件到场检查的重点内容 （1）查验所有消防产品的型式检验报告、其他相关产品的法定检验报告 （2）查验所有消防产品、管材管件以及其他设备的出厂检验报告或者出厂合格证
一致性检查	查验到场消防产品的铭牌标志、产品关键件和材料、产品特性等一致性程度	消防产品一致性检查按照下列步骤及要求实施 （1）逐一登记到场的各类消防设施的设备及组件名称、批次、型号、规格、数量和生产厂名、地址和产地，与其设备清单、使用说明书等核对无误 （2）查验各类消防设施的设备及其组件的型号、规格、组件配置及数量、性能参数、生产厂名及其地址与产地，以及标志、外观、材料、产品实物等，与经国家消防产品法定检验机构检验合格的型式检验报告一致 （3）查验各类消防设施的设备及其组件型号、规格，符合经法定机构批准或者备案的消防设计文件要求
产品质量检查	查验消防设施的设备及其组件、材料等产品质量检查，主要包括外观检查、组件装配及其结构检查、基本功能试验以及灭火剂质量检测等内容	（1）火灾自动报警系统、火灾应急照明以及疏散指示系统的现场产品质量检查，重点对其设备及其组件进行外观检查 （2）水系灭火系统（如消防给水及消火栓系统、自动喷水灭火系统、水喷雾灭火系统、细水雾灭火系统、泡沫灭火系统等）的现场产品质量检查，重点对其设备、组件以及管材管件的外观（尺寸）、组件结构及其操作性能进行检查，并对规定组件、管件、阀门等进行强度和严密性试验；泡沫灭火系统还需按照规定对灭火剂进行抽样检测 （3）气体灭火系统、干粉灭火系统除参照水系灭火系统的检查要求进行现场产品质量检查外，还要对灭火剂储存容器的充装量、充装压力等进行检查 （4）防烟排烟设施的现场产品质量检查，重点检查风机、风管及其部件的外观（尺寸）、材料燃烧性能和操作性能，检查活动挡烟垂壁、自动排烟窗及其驱动装置、控制装置的外观、操控性能等

【考点三】消防设施施工安装调试【★★】

名称	要点
施工安装依据	消防设施施工安装以经法定机构批准或者备案的消防设计文件、国家工程建设消防技术标准为依据；经批准或者备案的消防设计文件不得擅自变更，确需变更的，由原设计单位修改，报经原批准机构批准后，方可用于施工安装 消防供电以及火灾自动报警系统设计文件，除需要具备前述消防设施设计文件外，还需具备系统布线图和消防设备联动逻辑说明等技术文件
施工安装要求	施工单位做好施工（包括隐蔽工程验收）、检验（包括绝缘电阻、接地电阻）、调试、设计变更等相关记录；施工结束后，施工单位对消防设施施工安装质量进行全面检查，在施工现场质量管理检查、施工过程检查、隐蔽工程验收、资料核查等检查全部合格后，完成竣工图以及竣工报告
调试要求	调试工作包括各类消防设施的单机设备、组件调试和系统联动调试等内容。消防设施调试需要具备下列条件 （1）系统供电正常，电气设备（主要是火灾自动报警系统）具备与系统联动调试的条件 （2）水源、动力源和灭火剂储存等满足设计要求和系统调试要求，各类管网、管道、阀门等密封严密，无泄漏 （3）调试使用的测试仪器、仪表等性能稳定可靠，其精度等级及其最小分度值能够满足调试测定的要求，符合国家有关计量法规以及检定规程的规定 （4）对火灾自动报警系统及其组件、其他电气设备分别进行通电试验，确保其工作正常 消防设施调试负责人由专业技术人员担任。调试前，调试单位按照各消防设施的调试需求，编制相应的调试方案，确定调试程序，并按照程序开展调试工作；调试结束后，调试单位提供完整的调试资料和调试报告 消防设施调试合格后，填写施工过程调试记录，并将各消防设施恢复至正常工作状态

【考点四】消防设施技术检测【★★】

检查项目	检查要点
检查各类消防设施的设备及其组件的相关技术文件	各类消防设施的设备及其组件符合设计选型，具有出厂合格证明文件，消防产品具有符合法定市场准入规定的证明文件；各类灭火剂在产品质量证明文件的有效期内
检查各类消防设施的设备及其组件的外观标志	各类消防设施的设备及其组件的永久性铭牌和按照规定设置的标识，其文字和数据齐全，符号清晰，色标正确
检查各类消防设施的设备及其组件、材料（管道、管件、支吊架、线槽、电线、电缆等）的外观，以及导线、电缆的绝缘电阻值和系统接地电阻值等测试记录	各类消防设施的设备及其组件、材料的外观完好无损、无锈蚀，设备、管道无泄漏，导线和电缆的连接、绝缘性能、接地电阻等符合设计要求
检查检测用仪器、仪表、量具等的计量检定合格证书及其有效期限	检测用仪器、仪表、量具等按照国家现行有关规定计量检定合格，并在检定合格有效期限内

【考点五】维护管理各环节工作要求【★★★】

工作	要求
值班	建筑使用管理单位根据工作、生产、经营特点建立值班制度。单位制定灭火和应急疏散预案、组织预案演练时，要将消防设施操作内容纳入其中，并对操作过程中发现的问题及时给予纠正、处理
巡查	建筑使用管理单位按照下列频次组织巡查 （1）公共娱乐场所营业期间，每 2 h 组织 1 次综合巡查。其间，将部分或者全部消防设施巡查纳入综合巡查内容，并保证每日至少对全部建筑消防设施巡查一遍 （2）消防安全重点单位每日至少对消防设施巡查 1 次 （3）其他社会单位每周至少对消防设施巡查 1 次 （4）举办具有火灾危险性的大型群众性活动的，承办单位根据活动现场实际需要确定巡查频次
检测	消防设施每年至少检测 1 次 重大节日或者重大活动，根据要求安排消防设施检测 设有自动消防设施的宾馆饭店、商场市场、公共娱乐场所等人员密集场所、易燃易爆单位以及其他一类高层公共建筑等消防安全重点单位，自消防设施投入运行后的每年年底，将年度检测记录报当地消防主管部门备案
档案建立内容	建筑消防设施档案至少包含下列内容 （1）消防设施基本情况。主要包括消防设施的验收文件和产品、系统使用说明书、系统调试记录、消防设施平面布置图、系统图等原始技术资料。 （2）消防设施动态管理情况。主要包括消防设施的值班记录、巡查记录、检测记录、故障维修记录以及维护保养计划表、维护保养记录、自动消防控制室值班人员基本情况档案及培训记录等
档案保存期限	消防设施施工安装、竣工验收以及验收技术检测等原始技术资料长期保存；消防控制室值班记录表和建筑消防设施巡查记录表的存档时间不少于 1 年；建筑消防设施检测记录表、建筑消防设施故障维修记录表、建筑消防设施维护保养计划表、建筑消防设施维护保养记录表的存档时间不少于 5 年

【考点六】消防控制设备的监控要求【★★】

消防控制室配备的消防设备需要具备下列监控功能：

（1）消防控制室设置的消防设备能够监控并显示消防设施运行状态信息，并能够向城市消防远程监控中心（以下简称监控中心）传输相应信息。

（2）根据建筑（单位）规模及其火灾危险性特点，消防控制室内需要保存必要的文字、电子资料，存储相关的消防安全管理信息，并能够及时向监控中心传输消防安全管理信息。

（3）大型建筑群要根据其不同建筑功能需求、火灾危险性特点和消防安全监控需要，设置 2 个及 2 个以上的消防控制室，并确定主消防控制室、分消防控制室，以实现分散与集中相结合的消防安全监控模式。

（4）主消防控制室的消防设备能够对系统内共用消防设备进行控制，显示其状态信息，并能够显示各个分消防控制室内消防设备的状态信息，具备对分消防控制室内消防设备及其所控制的消防系统、设备的控制功能。

（5）各个分消防控制室的消防设备之间，可以互相传输、显示状态信息，不能互相控制消防设备。

【考点七】消防控制室台账档案建立【★★★】

《消防控制室通用技术要求》（GB 25506—2010）第 4.1 条规定，消防控制室内应保存下列纸质和电子档案资料：

（1）建（构）筑物竣工后的总平面布局图、建筑消防设施平面布置图、建筑消防设施系统图及安全出口布置图、重点部位位置图等。

（2）消防安全管理规章制度、应急灭火预案、应急疏散预案等。

（3）消防安全组织结构图，包括消防安全责任人、管理人、专职、志愿消防人员等内容。

（4）消防安全培训记录、灭火和应急疏散预案的演练记录。

（5）值班情况、消防安全检查情况及巡查情况的记录。

（6）消防设施一览表，包括消防设施的类型、数量、状态等内容。

（7）消防系统控制逻辑关系说明、设备使用说明书、系统操作规程、系统和设备维护保养制度等。

（8）设备运行状况、接报警记录、火灾处理情况、设备检修检测报告等资料，这些资料应能定期保存和归档。

【考点八】消防控制室值班要求【★★★★】

《消防控制室通用技术要求》（GB 25506—2010）第 4.2.1 条规定，消防控制室管理应符合下列要求：

（1）应实行每日 24 h 专人值班制度，每班不应少于 2 人，值班人员应持有消防控制室操作职业资格证书。

（2）消防设施日常维护管理应符合《建筑消防设施的维护管理》（GB 25201—2010）第 5.2 条规定的要求，每班工作时间不大于 8 h，每班人员不少于 2 人。值班人员对火灾报警控制器进行检查、接班、交班时，应填写消防控制值班记录表相关内容。值班期间每 2 h 记录一次消防控制室内消防设备的运行情况，及时记录消防控制室内消防设备的火警或故障情况。

（3）应确保火灾自动报警系统、灭火系统和其他联动控制设备处于正常工作状态，不得将应处于自动状态的设在手动状态。

（4）应确保高位消防水箱、消防水池、气压水罐等消防储水设施水量充足，确保消防泵出水管阀门、自动喷水灭火系统管道上的阀门常开；确保消防水泵、防排烟风机、防火卷帘等消防用电设备的配电柜启动开关处于自动位置（通电状态）。

【考点九】消防控制室应急处置程序【★★★】

《消防控制室通用技术要求》（GB 25506—2010）第 4.2.2 条规定，消防控制室的值班应急程序应符合下列要求：

（1）接到火灾警报后，值班人员应立即以最快方式确认。

（2）火灾确认后，值班人员应立即确认火灾报警联动控制开关处于自动状态，同时拨打“119”报警，报警时应说明着火单位地点、起火部位、着火物种类、火势大小、报警人姓名和联系电话。

（3）值班人员应立即启动单位内部应急疏散和灭火预案，并同时报告单位负责人。

【考点十】消防控制室控制、显示要求【★★★】

项目	要点
图形显示装置	采用中文标注和中文界面的消防控制室图形显示装置，其界面对角线长度不得小于430 mm。消防控制室图形显示装置按照下列要求显示相关信息 （1）能够显示前述电子资料内容以及符合规定的消防安全管理信息 （2）能够用同一界面显示建（构）筑物周边消防车道、消防登高车操作场地、消防水源位置，以及相邻建筑的防火间距、建筑面积、建筑高度、使用性质等情况 （3）能够显示消防系统及设备的名称、位置和消防控制器、消防联动控制设备（含消防电话、消防应急广播、消防应急照明和疏散指示系统、消防电源等控制装置）的动态信息 （4）有火灾报警信号、监管报警信号、反馈信号、屏蔽信号、故障信号输入时，具有相应状态的专用总指示，在总平面布局图中应显示输入信号所在的建（构）筑物的位置，在建筑平面图上应显示输入信号所在的位置和名称，并记录时间、信号类别和部位等信息 （5）10 s 内能够显示输入的火灾报警信号和反馈信号的状态信息，100 s 内能够显示其他输入信号的状态信息 （6）能够显示可燃气体探测报警系统、电气火灾监控系统的报警信息、故障信息和相关联动反馈信息
火灾报警控制器	（1）能够显示火灾探测器、火灾显示盘、手动火灾报警按钮的正常工作状态、火灾报警状态、屏蔽状态及故障状态等相关信息 （2）能够控制火灾声光警报器启动和停止
消防联动控制设备	（1）能够将各类消防设施及其设备的状态信息传输到图形显示装置 （2）能够控制和显示各类消防设施的电源工作状态、各类设备及其组件的启、停等运行状态和故障状态，显示具有控制功能、信号反馈功能的阀门、监控装置的正常工作状态和动作状态 （3）能够控制具有自动控制、远程控制功能的消防设备的启、停，并接收其反馈信号

第二章　消 防 给 水

【考点一】消防给水系统的分类【★★★】

分类方式	系统名称	特点
按水压分	高压消防给水系统	能始终保持水灭火系统所需的工作压力和流量，火灾时无须启动消防水泵直接加压的给水系统
	临时高压消防给水系统	平时不能满足水灭火所需的工作压力和流量。火灾时自动启动消防泵，以满足水灭火系统所需的工作压力和流量的给水系统
	低压消防给水系统	能满足车载或手抬移动消防水泵等取水所需的工作压力和流量的给水系统
按给水范围分	独立消防给水系统	在一栋建筑内消防给水系统自成体系、独立工作的系统
	区域（集中）消防给水系统	两栋及两栋以上的建筑共用的消防给水系统
按用途分	专用消防给水系统	仅向水灭火系统供水的独立系统的消防给水系统
	生活、消防共用给水系统	生活给水管网与消防给水管网共用的给水系统
	生产、消防共用给水系统	生产给水管网与消防给水管网共用的给水系统
	生活、生产、消防共用给水系统	大中型城镇、开发区的给水系统均为生活、生产和消防共用的给水系统，比较经济和安全可靠
按位置分	市政消防给水系统	在城镇范围由市政给水系统向水灭火系统供水
	室外消防给水系统	由进水管、室外消防给水管网、室外消火栓等构成，在建筑物外部进行灭火并向室内消防给水系统供水的消防给水系统
	室内消防给水系统	由引入管、室内消防给水管网、室内消火栓、水泵接合器、消防水箱等构成，在建筑物内部进行灭火的消防给水系统
按灭火方式分	消火栓灭火系统	由给水设施、消火栓、配水管网和阀门等构成的水灭火系统
	自动喷水灭火系统	以自动喷水喷头为主的灭火组件构成的水灭火系统
按管网形式分	环状管网消防给水系统	消防给水管网构成闭合环形，双向供水
	枝状管网消防给水系统	消防给水管网似树枝状，单向供水

【考点二】消防水源选择的条件【★★】

水源名称	作为消防水源的条件
市政给水管网	（1）市政给水管网可以连续供水 （2）用作两路消防供水的市政给水系统给水管网应符合下列规定 1）市政给水厂至少有两条输水干管向市政给水管网输水 2）市政给水管网布置成环状管网 3）有不同市政给水干管上不少于两条引入管向消防给水系统供水。当其中一条发生故障时，其余引入管应仍能保证全部消防用水量 若达不到以上描述的市政两路消防供水条件时，则应视为一路消防供水
消防水池	（1）消防水池有足够的有效容积。只有在能可靠补水的情况下（两路进水），才可减去持续灭火时间内的补水容积 （2）供消防车取水的消防水池应设取水口（井） （3）在与生活或其他用水合用时，消防水池应有确保消防用水不被挪作他用的技术措施 （4）严寒、寒冷等结冰地区的消防水池还应采取相应的防冻措施 （5）取水设施有相应保护措施
天然水源	（1）利用江河湖海水库等天然水源作为消防水源时，其设计枯水流量保证率宜为90% ~ 97%。看是否有条件采取防止冰凌、漂浮物、悬浮物等物质堵塞消防设施的技术措施 （2）天然水源应当具备在枯水位也能确保消防车、固定和移动消防水泵取水的技术条件；若要求消防车能够到达取水口，则还需要设置满足消防车到达取水口的消防车道和消防车回车场或回车道 （3）井水可作为消防水源，直接向水灭火系统供水时，水井不应少于两眼，且当每眼井的深井泵均采用一级供电负荷时，才可视为两路消防供水；若不满足，则视为一路消防供水
其他水源	其他水源可以是雨水清水池、中水清水池、水景和游泳池等，一般只宜作为备用消防水源使用。但当以上所列的水源必须作为消防水源时，应有保证在任何情况下都能满足消防给水系统所需的水量和水质的技术措施

【考点三】设备、组件、管材管件及其他设备、材料进场检查【★★★】

《消防给水及消火栓系统技术规范》（GB 50974—2014）第12.2.1条规定，消防给水及消火栓系统施工前应对采用的主要设备、系统组件、管材管件及其他设备、材料进行进场检查，并应符合下列要求：

（1）主要设备、系统组件、管材管件及其他设备、材料，应符合国家现行相关产品标准的规定，并应具有出厂合格证或质量认证书。

（2）消防水泵、消火栓、消防水带、消防水枪、消防软管卷盘或轻便水龙、报警阀组、电动（磁）阀、压力开关、流量开关、消防水泵接合器、沟槽连接件等系统主要设备和组件，应经国家消防产品质量监督检验中心检测合格。

（3）稳压泵、气压水罐、消防水箱、自动排气阀、信号阀、止回阀、安全阀、减压阀、倒流防止器、蝶阀、闸阀、流量计、压力表、水位计等，应经相应国家产品质量监督检验中心检测合格。

（4）气压水罐、组合式消防水池、屋顶消防水箱、地下水取水和地表水取水设施，以及其附件等，应符合国家现行相关产品标准的规定。

【考点四】消防水泵的检查【★★】

检查项目	要求
外观质量要求	（1）所有铸件外表面不应有明显的结疤、气泡、砂眼等缺陷 （2）泵体以及各种外露的罩壳、箱体均应喷涂大红漆。涂层质量应符合相关规定 （3）消防水泵的形状尺寸和安装尺寸与提供的安装图样应相符 （4）铭牌上标注的泵的型号、名称、特性应与设计说明一致
材料要求	（1）水泵外壳宜为球墨铸铁，水泵叶轮宜为青铜或不锈钢 （2）泵体、泵轴、叶轮等的材质合格证应符合要求
结构要求	（1）泵的结构形式分为中开双吸泵、端吸泵、管道泵、卧式多级泵、立式长轴泵等，其选用应保证易于现场维修和更换零件。紧固件及自锁装置不应因振动等原因而产生松动 （2）消防泵体上应铸出表示旋转方向的箭头 （3）泵应设置放水旋塞，放水旋塞应处于泵的最低位置以便排尽泵内余水
机械性能要求	（1）消防水泵的型号与设计型号一致，泵的流量、扬程、功率符合设计要求和国家现行有关标准的规定 （2）轴封处密封良好，无线状泄漏现象
控制柜的要求	（1）消防水泵控制柜的控制功能满足设计要求 （2）控制柜体端正，表面应平整，涂层颜色均匀一致，无眩光，并符合现行国家标准的有关规定，且控制柜外表面没有明显的磕碰伤痕和变形掉漆 （3）控制柜面板设有电源电压、电流、水泵启 / 停状况及故障的声光报警等显示 （4）控制柜导线的规格和颜色符合现行国家标准的有关规定 （5）面板上的按钮、开关、指示灯应易于操作和观察且有功能标示，并符合现行国家标准的有关规定 （6）控制柜内的电气元件及材料应符合现行国家产品标准的有关规定，并安装合理，其工作位置符合产品使用说明书的规定 （7）有可靠的双电源或双回路电源条件 （8）机械应急开关合理 （9）IP 等级符合设计要求

【考点五】稳压泵及水泵接合器的检查【★★】

稳压泵当控制功能不能满足防止频繁启动功能时，应设气压罐。各部件技术要求如下：

名称	检查方法及技术要求
消防稳压罐	（1）罐体外表面没有明显的结疤、气泡、砂眼等缺陷 （2）罐体以及各种外露的罩壳、箱体均喷涂大红漆。涂层质量应符合相关规定 （3）消防稳压罐的型号与设计型号一致，工作压力不低于规定压力，流量应符合规定流量的要求 （4）稳压罐的设计、材料、制造、检验与检验报告描述相符 （5）气压罐有效容积、气压、水位及工作压力符合设计要求；气压水罐应有水位指示器；气压水罐上的安全阀、压力表、泄水管、压力控制仪表等应符合产品使用说明书的要求 （6）气压罐的出水口公称直径按流量计算确定。应急消防气压给水设备的公称直径不宜小于 100 mm，出水口处应设有防止消防用水倒流进罐的措施

续表

名称	检查方法及技术要求
消防稳压罐	（7）囊式橡胶隔膜材料的性能符合国家有关标准的规定，消防与生活（生产）共用的设备，其囊式橡胶隔膜的卫生质量应符合相关的规定
稳压泵	（1）消防稳压泵的泵体、电动机外观无瑕疵，油漆完整，形状尺寸和安装尺寸与提供的安装图样相符 （2）稳压泵的型号、规格、流量和扬程符合设计要求，并应有产品合格证和安装使用说明书 （3）泵体、泵轴、叶轮等的材质应符合要求
水泵接合器	（1）查看消防水泵接合器的外观是否有瑕疵，油漆是否完整，形状尺寸和安装尺寸与提供的安装图样是否相符 （2）对照设计文件查看选择的消防水泵接合器的型号、名称是否准确、一致 （3）查看消防水泵接合器的设置条件是否具备，其设置位置是否是在室外便于消防车接近和使用的地点 （4）检查水泵接合器的外形与室外消火栓是否雷同，以免混淆而延误灭火 （5）检查水泵接合器组件（包括单向阀、安全阀、控制阀等）是否齐全

【考点六】管材、管件、阀门及其附件的现场检查【★★★】

（1）根据《消防给水及消火栓系统技术规范》（GB 50974—2014）第 12.2.5 条规定，管材、管件应进行现场外观检查，并应符合下列要求：

1）镀锌钢管应为内外壁热镀锌钢管，钢管内外表面的镀锌层不应有脱落、锈蚀等现象；球墨铸铁管球墨铸铁内涂水泥层和外涂防腐涂层不应脱落，不应有锈蚀等现象；钢丝网骨架塑料复合管管道壁厚度均匀，内外壁应无划痕，各种管材管件应符合相应标准。

2）表面应无裂纹、缩孔、夹渣、折叠和重皮。

3）管材管件不应有妨碍使用的凹凸不平的缺陷，其尺寸公差应符合《消防给水及消火栓系统技术规范》（GB 50974—2014）规定。

4）螺纹密封面应完整、无损伤、无毛刺。

5）非金属密封垫片应质地柔韧、无老化变质或分层现象，表面应无折损、皱纹等缺陷。

6）法兰密封面应完整光洁，没有毛刺及径向沟槽；螺纹法兰的螺纹应完整、无损伤。

7）不圆度应符合《消防给水及消火栓系统技术规范》（GB 50974—2014）规定。

8）球墨铸铁管承口的内工作面和插口的外工作面应光滑、轮廓清晰，不应有影响接口密封性的缺陷。

9）钢丝网骨架塑料（PE）复合管内外壁应光滑、无划痕，钢丝骨料与塑料应黏结牢固等。

检查数量：全数检查。

（2）根据《消防给水及消火栓系统技术规范》（GB 50974—2014）第 12.2.6 条规定，阀门及其附件的现场检验应符合下列要求：

1）阀门的商标、型号、规格等标志应齐全，阀门的型号、规格应符合设计要求。

2）阀门及其附件应配备齐全，没有加工缺陷和机械性损伤。

3）阀门应有清晰的铭牌、安全操作指示标志、产品说明书和水流方向的永久性标志。

检查数量：全数检查。

【考点七】消防水泵的选择、安装验收及控制操作要求【★★★★★】

根据《消防给水及消火栓系统技术规范》（GB 50974—2014）的相关规定，消防水泵的选择、安装、验收及控制操作要求如下。

项目	要求
消防水泵的选择和应用	（1）消防水泵的选择和应用应符合下列规定 1）消防水泵的性能应满足消防给水系统所需流量和压力的要求 2）消防水泵所配驱动器的功率应满足所选水泵流量扬程性能曲线上任何一点运行所需功率的要求 3）当采用电动机驱动的消防水泵时，应选择电动机干式安装的消防水泵 4）流量扬程性能曲线应为无驼峰、无拐点的光滑曲线，零流量时的压力不应大于设计工作压力的 140%，且宜大于设计工作压力的 120% 5）当出流量为设计流量的 150% 时，其出口压力不应低于设计工作压力的 65% 6）泵轴的密封方式和材料应满足消防水泵在低流量时运转的要求 7）消防给水同一泵组的消防水泵型号宜一致，且工作泵不宜超过 3 台 8）多台消防水泵并联时，应校核流量叠加对消防水泵出口压力的影响 （2）消防水泵的主要材质应符合下列规定 1）水泵外壳宜为球墨铸铁 2）叶轮宜为青铜或不锈钢 （3）消防水泵机组应由水泵、驱动器和专用控制柜等组成；一组消防水泵可由同一消防给水系统的工作泵和备用泵组成
安装前检查	（1）消防水泵安装前应校核产品合格证，以及其型号、规格和性能与设计要求应一致，并应根据安装使用说明书安装 （2）消防水泵安装前应复核水泵基础混凝土强度、隔振装置、坐标、标高、尺寸和螺栓孔位置 （3）消防水泵安装前应复核消防水泵之间，以及消防水泵与墙或其他设备之间的间距，并应满足安装、运行和维护管理的要求
安装要求	（1）消防水泵吸水管上的控制阀应在消防水泵固定于基础上后再进行安装，其直径不应小于消防水泵吸水口直径，且不应采用没有可靠锁定装置的控制阀，控制阀应采用沟槽式或法兰式阀门 （2）当消防水泵和消防水池位于独立的两个基础上且相互为刚性连接时，吸水管上应加设柔性连接管 （3）吸水管水平管段上不应有气囊和漏气现象。变径连接时，应采用偏心异径管件并应采用管顶平接 （4）消防水泵出水管上应安装消声止回阀、控制阀和压力表；系统的总出水管上还应安装压力表和低压压力开关；安装压力表时应加设缓冲装置。压力表和缓冲装置之间应安装旋塞；压力表量程在没有设计要求时，应为系统工作压力的 2 ~ 2.5 倍 （5）消防水泵的隔振装置、进出水管柔性接头的安装应符合设计要求，并应有产品说明和安装使用说明
控制与操作	（1）消防水泵不应设置自动停泵的控制功能，停泵应由具有管理权限的工作人员根据火灾扑救情况确定 （2）消防水泵应由水泵出水干管上设置的低压压力开关、高位消防水箱出水管上的流量开关，或报警阀压力开关等信号直接自动启动消防水泵。消防水泵房内的压力开关宜引入控制柜内

续表

项目	要求
验收要求	（1）消防水泵运转应平稳，应无不良噪声和振动 （2）工作泵、备用泵、吸水管、出水管及出水管上的泄压阀、水锤消除设施、止回阀、信号阀等的型号、规格、数量，应符合设计要求；吸水管、出水管上的控制阀应锁定在常开位置，并应有明显标记 （3）消防水泵应采用自灌式引水或其他可靠的引水措施，并应保证全部有效储水被有效利用 （4）分别开启系统中的每一个末端试水装置、试水阀和试验消火栓，水流指示器、压力开关、低压压力开关、高位消防水箱流量开关等信号的功能，均应符合设计要求 （5）打开消防水泵出水管上试水阀，当采用主电源启动消防水泵时，消防水泵应启动正常；关掉主电源，主、备电源应能正常切换；消防水泵就地和远程启 / 停功能应正常，并向消防控制室反馈状态信号 （6）消防水泵停泵时，水锤消除设施后的压力不应超过水泵出口设计额定压力的 1.4 倍 （7）采用固定和移动式流量计和压力表测试消防水泵的性能，水泵性能应满足设计要求 （8）消防水泵启动控制应置于自动启动挡

【考点八】消防稳压泵的设计安装要求【★★★★★】

根据《消防给水及消火栓系统技术规范》（GB 50974—2014）的相关规定，消防稳压泵的设计安装要求如下。

（1）稳压泵的设计流量应符合下列规定：

1）稳压泵的设计流量不应小于消防给水系统管网的正常泄漏量和系统自动启动流量。

2）消防给水系统管网的正常泄漏量应根据管道材质、接口形式等确定，当没有管网泄漏量数据时，稳压泵的设计流量宜按消防给水设计流量的 1% ~ 3% 计，且不宜小于 1 L/s。

3）消防给水系统所采用报警阀压力开关等自动启动流量应根据产品确定。

（2）稳压泵的设计压力应符合下列要求：

1）稳压泵的设计压力应满足系统自动启动和管网充满水的要求。

2）稳压泵的设计压力应保持系统自动启泵压力设置点处的压力在准工作状态时大于系统设置自动启泵压力值，且增加值宜为 0.07 ~ 0.10 MPa。

3）稳压泵的设计压力应保持系统最不利点处水灭火设施在准工作状态时的静水压力应大于 0.15 MPa。

（3）设置稳压泵的临时高压消防给水系统应设置防止稳压泵频繁启停的技术措施，当采用气压水罐时，其调节容积应根据稳压泵启泵次数不大于 15 次 /h 计算确定，但有效储水容积不宜小于 150 L。

（4）稳压泵吸水管应设置明杆闸阀，稳压泵出水管应设置消声止回阀和明杆闸阀。

（5）稳压泵应设置备用泵。

（6）高位消防水箱的设置位置应高于其所服务的水灭火设施，且最低有效水位应满足水灭火设施最不利点处的静水压力，并应按下列规定确定：

1）一类高层公共建筑，不应低于 0.10 MPa，但当建筑高度超过 100 m 时，不应低于 0.15 MPa。

2）高层住宅、二类高层公共建筑、多层公共建筑，不应低于 0.07 MPa，多层住宅不宜低于 0.07 MPa。

3）工业建筑不应低于 0.10 MPa，当建筑体积小于 20 000 m^3 时，不宜低于 0.07 MPa。

4）自动喷水灭火系统等自动水灭火系统应根据喷头灭火需求压力确定，但最小不应小于 0.10 MPa。

5）当高位消防水箱不能满足本条第（1）款 ~ 第（4）款的静压要求时，应设稳压泵。

【考点九】水泵接合器的安装及验收【★★★★】

项目	要求
水泵接合器的安装规定	（1）消防水泵接合器的安装应符合下列规定 1）组合式水泵接合器的安装，应按接口、本体、连接管、止回阀、安全阀、放空管、控制阀的顺序进行，止回阀的安装方向应使消防用水能从水泵接合器进入系统；整体式消防水泵接合器的安装，应按其使用安装说明书进行 2）水泵接合器接口的位置应符合设计要求 3）消防水泵接合器永久性固定标志应能识别其所对应的消防给水系统或水灭火系统，当有分区时应有分区标识 4）地下消防水泵接合器应采用铸有“消防水泵接合器”标志的铸铁井盖，并在附近设置指示其位置的永久性固定标志 5）墙壁水泵接合器的安装应符合设计要求。设计无要求时，其安装高度距地面宜为 0.7 m；与墙面上的门、窗、孔、洞的净距离不应小于 2.0 m，且不应安装在玻璃幕墙下方 6）地下水泵接合器的安装，应使进水口与井盖底面的距离不大于 0.4 m，且不应小于井盖的半径 7）消火栓水泵接合器与消防通道之间不应设有妨碍消防车加压供水的障碍物 8）地下消防水泵接合器井的砌筑应有防水和排水措施 （2）水泵接合器应设在室外便于消防车使用的地点，且距室外消火栓或消防水池的距离不宜小于 15 m，并不宜大于 40 m
水泵接合器的检测验收	消防水泵接合器数量及进水管位置应符合设计要求，消防水泵接合器应采用消防车车载消防水泵进行充水试验，且供水最不利点压力、流量应符合设计要求；当有分区供水时应确定消防车的最大供水高度和接力泵的设置位置的合理性

【考点十】消防水泵房的设计要求【★★★】

根据《消防给水及消火栓系统技术规范》（GB 50974—2014）第 5.5.9 条，第 5.5.12 条，第 5.5.13 条，第 5.5.14 条的规定，消防水泵房的设计要求如下。

（1）消防水泵房的设计应根据具体情况设计相应的采暖、通风和排水设施，在严寒、寒冷等冬季结冰地区采暖温度不应低于 10℃，当无人值守时不应低于 5℃。

（2）消防水泵房应符合下列规定：

1）独立建造的消防水泵房耐火等级不应低于二级。

2）附设在建筑物内的消防水泵房，不应设置在地下三层及以下，或室内地面与室外出入口地坪高差大于 10 m 的地下楼层。

3）附设在建筑物内的消防水泵房，应采用耐火极限不低于 2.0 h 的隔墙和耐火极限不低于 1.50 h 的楼板与其他部位隔开，其疏散门应直通安全出口，且开向疏散走道的门应采用甲级防火门。

（3）当采用柴油机消防水泵时宜设置独立消防水泵房，并应设置满足柴油机运行的通风、排烟和阻火设施。

（4）消防水泵房应采取防水淹没的技术措施。

【考点十一】给水管网的连接方式及安装要求【★★★】

项目	要求
管网连接方式	架空管道连接宜采用沟槽连接件（卡箍）、螺纹、法兰、卡压等方式，不宜采用焊接连接。当管径小于等于 *DN*50 mm 时，应采用螺纹和卡压连接；当管径大于 *DN*50 mm 时，应采用沟槽连接件连接、法兰连接；当安装空间较小时应采用沟槽连接件连接
架空管道的安装	（1）架空管道的安装不应影响建筑功能的正常使用，不应影响和妨碍通行以及门窗等开启 （2）当设计无要求时，管道的中心线与梁、柱、楼板等的最小距离应符合规定 （3）消防给水管穿过地下室外墙、构筑物墙壁以及屋面等有防水要求处时，应设防水套管 （4）消防给水管穿过建筑物承重墙或基础时，应预留洞口，洞口高度应保证管顶上部净空不小于建筑物的沉降量，不宜小于 0.1 m，并应填充不透水的弹性材料 （5）消防给水管穿过墙体或楼板时应加设套管，套管长度不应小于墙体厚度，或应高出楼面或地面 50 mm；套管与管道的间隙应采用不燃材料填塞，管道的接口不应位于套管内 （6）消防给水管必须穿过伸缩缝及沉降缝时，应采用波纹管和补偿器等技术措施 （7）消防给水管可能发生冰冻时，应采取防冻技术措施 （8）消防给水管通过或敷设在有腐蚀性气体的房间内时，管外壁应刷防腐漆或缠绕防腐材料 （9）架空管道外应刷红色油漆或涂红色环圈标志，并注明管道名称和水流方向标识。红色环圈标志宽度不应小于 20 mm，间隔不宜大于 4 m，在一个独立的单元内环圈不宜少于 2 处
架空管道的支吊架安装	（1）架空管道每段管道设置的防晃支架不应少于 1 个；当管道改变方向时，应增设防晃支架；立管应在其始端和终端设防晃支架或采用管卡固定 （2）架空管道支架、吊架、防晃或固定支架的安装应固定牢固，其型式、材质及施工应符合设计要求 （3）设计的吊架在管道的每一支撑点处应能承受 5 倍于充满水的管重，且管道系统支撑点应支撑整个消防给水系统 （4）当管道穿梁安装时，穿梁处宜作为一个吊架 （5）下列部位应设置固定支架或防晃支架 1）配水管宜在中点设一个防晃支架，但当管径小于 *DN*50 mm 时可不设 2）配水干管及配水管、配水支管的长度超过 15 m，每 15 m 长度内应至少设 1 个防晃支架，但当管径不大于 *DN*40 mm 可不设 3）管径大于 *DN*50 mm 的管道拐弯、三通及四通位置处应设 1 个防晃支架 4）防晃支架的强度应满足管道、配件及管内水的重量再加 50% 的水平方向推力时不损坏或不产生永久变形。当管道穿梁安装时，管道再用紧固件固定于混凝土结构上，可作为 1 个防晃支架处理 检查数量：按数量抽查 30%，不应少于 10 件
消防给水系统阀门的安装	（1）各类阀门型号、规格及公称压力应符合设计要求 （2）阀门的设置应便于安装维修和操作，且安装空间应能满足阀门完全启闭的要求，并应做出标志 （3）阀门应有明显的启闭标志 （4）消防给水系统干管与水灭火系统连接处应设置独立阀门，并应保证各系统独立使用

【考点十二】临时消防给水系统设计要求【★★★】

《建设工程施工现场消防安全技术规范》（GB 50720—2011）规定：

（1）临时用房建筑面积之和大于1 000 m^2或在建工程单体体积大于10 000 m^3时，应设置临时室外消防给水系统。当施工现场处于市政消火栓150 m保护范围内且市政消火栓的数量满足室外消防用水量要求时，可不设置临时室外消防给水系统。

（2）临时用房的临时室外消防用水量不应小于表2—3—2—1的规定。

表2—3—2—1　　临时用房的临时室外消防用水量

临时用房的建筑面积之和（m^2）	火灾延续时间（h）	消火栓用水量（L/s）	每支水枪最小流量（L/s）
1 000＜面积≤5 000	1	10	5
面积＞5 000		15	5

（3）在建工程的临时室外消防用水量不应小于表2—3—2—2的规定。

表2—3—2—2　　在建工程的临时室外消防用水量

在建工程（单体）体积（m^3）	火灾延续时间（h）	消火栓用水量（L/s）	每支水枪最小流量（L/s）
10 000＜体积≤30 000	1	15	5
体积＞30 000	2	20	5

（4）施工现场临时室外消防给水系统的设置应符合下列规定：

1）给水管网宜布置成环状。

2）临时室外消防给水干管的管径，应根据施工现场临时消防用水量和干管内水流计算速度计算确定，且不应小于*DN*100 mm。

3）室外消火栓应沿在建工程、临时用房和可燃材料堆场及加工场均匀布置，与在建工程、临时用房和可燃材料堆场及加工场的外边线的距离不应小于5 m。

4）消火栓的间距不应大于120 m。

5）消火栓的最大保护半径不应大于150 m。

（5）施工现场临时室内消防给水系统的设置应符合下列规定：

1）建筑高度大于24 m或单体体积超过30 000 m^3的在建工程，应设置临时室内消防给水系统。

2）在建工程的临时室内消防用水量不应小于表2—3—2—3的规定。

3）在建工程临时室内消防竖管的设置应符合下列规定：①消防竖管的设置位置应便于消防人员操作，其数量不应少于2根。当结构封顶时，应将消防竖管设置成环状。②消防竖管的管径应根据在建工程临时消防用水量、竖管内水流计算速度计算确定，且不应小于*DN*100 mm。

表 2—3—2—3 在建工程的临时室内消防用水量

建筑高度（m）、在建工程体积（单体）（m^3）	火灾延续时间（h）	消火栓用水量（L/s）	每支水枪最小流量（L/s）
24＜建筑高度≤50 或 30 000＜体积≤50 000	1	10	5
建筑高度＞50 或体积＞50 000	1	15	5

【考点十三】消防给水系统试压和冲洗【★★★】

《消防给水及消火栓系统技术规范》（GB 50974—2014）规定如下：

（1）消防给水及消火栓系统试压和冲洗应符合下列要求：

1）管网安装完毕后，应对其进行强度试验、冲洗和严密性试验。

2）强度试验和严密性试验宜用水进行。干式消火栓系统应做水压试验和气压试验。

3）系统试压完成后，应及时拆除所有临时盲板及试验用的管道，并应与记录核对无误，且应按要求填写记录。

4）管网冲洗应在试压合格后分段进行。冲洗顺序应先室外，后室内；先地下，后地上；室内部分的冲洗应按供水干管、水平管和立管的顺序进行。

5）系统试压前应具备下列条件。

①埋地管道的位置及管道基础、支墩等经复查应符合设计要求；②试压用的压力表不应少于 2 只，精度不应低于 1.5 级，量程应为试验压力值的 1.5 ~ 2 倍；③试压冲洗方案已经批准；④对不能参与试压的设备、仪表、阀门及附件应加以隔离或拆除，加设的临时盲板应具有突出于法兰的边耳，且应做明显标志，并记录临时盲板的数量。

6）系统试压过程中，当出现泄漏时应停止试压，并应放空管网中的试验介质，消除缺陷后，应重新再试。

7）管网冲洗宜用水进行。冲洗前，应对系统的仪表采取保护措施。

8）冲洗前，应对管道防晃支架、支吊架等进行检查，必要时应采取加固措施。

9）对不能经受冲洗的设备和冲洗后可能存留脏物、杂物的管段，应进行清理。

10）冲洗管道直径大于 *DN*100 mm 时，应对其死角和底部进行振动，但不应损伤管道。

11）管网冲洗合格后，应按规范填写记录。

12）水压试验和水冲洗宜采用生活用水，不应使用海水或含有腐蚀性化学物质的水。

（2）水压强度试验的测试点应设在系统管网的最低点。对管网注水时，应将管网内的空气排净，并应缓慢升压，达到试验压力后稳压 30 min，管网应无泄漏、无变形，且压力降不应大于 0.05 MPa。

（3）水压严密性试验应在水压强度试验和管网冲洗合格后进行。试验压力应为系统工作压力，稳压 24 h 应无泄漏。

（4）水压试验时环境温度不宜低于 5℃，当低于 5℃时，水压试验应采取防冻措施。

（5）消防给水系统的水源干管、进户管和室内埋地管道应在回填前单独或与系统同时进行水压强度试验和水压严密性试验。

（6）气压严密性试验的介质宜采用空气或氮气，试验压力应为 0.28 MPa，且稳压 24 h 压力降不应大于 0.01 MPa。

（7）管网冲洗的水流流速、流量不应小于系统设计的水流流速、流量；管网冲洗宜分区、分段进行；水平管网冲洗时，其排水管位置应低于冲洗管网。

（8）管网冲洗的水流方向应与灭火时管网的水流方向一致。

（9）管网冲洗应连续进行。当出口处水的颜色、透明度与入口处水的颜色、透明度基本一致时，冲洗可结束。

（10）管网冲洗宜设临时专用排水管道，其排放应畅通和安全。排水管道的截面面积不应小于被冲洗管道截面面积的 60%。

（11）管网的地上管道与地下管道连接前，应在管道连接处加设堵头后，对地下管道进行冲洗。

（12）管网冲洗结束后，应将管网内的水排除干净。

（13）干式消火栓系统管网冲洗结束，管网内水排除干净后，宜采用压缩空气吹干。

【考点十四】消防给水系统维护管理人员要求【★★★】

（1）消防给水及消火栓系统应有管理、检查检测、维护保养的操作规程，并应保证系统处于准工作状态。

（2）维护管理人员应掌握和熟悉消防给水系统的原理、性能和操作规程。

【考点十五】消防水源的维护管理【★★★】

《消防给水及消火栓系统技术规范》（GB 50974—2014）第 14.0.3 条规定，水源的维护管理应符合下列规定：

（1）每季度应监测市政给水管网的压力和供水能力。

（2）每年应对天然河湖等地表水消防水源的常水位、枯水位、洪水位，以及枯水位流量或蓄水量等进行一次检测。

（3）每年应对水井等地下水消防水源的常水位、最低水位、最高水位和出水量等进行一次测定。

（4）每月应对消防水池、高位消防水池、高位消防水箱等消防水源设施的水位等进行一次检测，消防水池（箱）玻璃水位计两端的角阀在不进行水位观察时应关闭。

（5）在冬季每天应对消防储水设施进行室内温度和水温检测，当结冰或室内温度低于 5℃时，应采取确保不结冰和室温不低于 5℃的措施。

《消防给水及消火栓系统技术规范》（GB 50974—2014）第 14.0.10 条规定，每年应检查消防水池、消防水箱等蓄水设施的结构材料是否完好，发现问题时应及时处理。

【考点十六】消防给水供水设施设备的维护管理【6★】

维护项目	维护内容
消防水泵和稳压泵等供水设施	消防水泵和稳压泵等供水设施的维护管理应符合下列规定 （1）每月应手动启动消防水泵运转一次，并应检查供电电源的情况 （2）每周应模拟消防水泵自动控制的条件自动启动消防水泵运转一次，且应自动记录自动巡检情况，每月应检测记录

续表

维护项目	维护内容
消防水泵和稳压泵等供水设施	（3）每日应对稳压泵的停泵启泵压力和启泵次数等进行检查和记录运行情况 （4）每日应对柴油机消防水泵的启动电池的电量进行检测，每周应检查储油箱的储油量，每月应手动启动柴油机消防水泵运行一次 （5）每季度应对消防水泵的出流量和压力进行一次试验 （6）每月应对气压水罐的压力和有效容积等进行一次检测
消火栓	每季度应对消火栓进行一次外观和漏水检查，发现有不正常的消火栓应及时更换
消防水泵接合器	每季度应对消防水泵接合器的接口及附件进行一次检查，并应保证接口完好、无渗漏、闷盖齐全

【考点十七】给水管网的维护管理【★★】

依据《消防给水及消火栓系统技术规范》（GB 50974—2014）第 14.0.6 条规定，阀门的维护管理应符合下列规定：

（1）雨林阀的附属电磁阀应每月检查并应作启动试验，动作失常时应及时更换。

（2）每月应对电动阀和电磁阀的供电和启闭性能进行检测。

（3）系统上所有的控制阀门均应采用铅封或锁链固定在开启或规定的状态，每月应对铅封、锁链进行一次检查，当有破坏或损坏时应及时修理更换。

（4）每季度应对室外阀门井中，进水管上的控制阀门进行一次检查，并应核实其处于全开启状态。

（5）每天应对水源控制阀、报警阀组进行外观检查，并应保证系统处于无故障状态。

（6）每季度应对系统所有的末端试水阀和报警阀的放水试验阀进行一次放水试验，并应检查系统启动、报警功能以及出水情况是否正常。

（7）在市政供水阀门处于完全开启状态时，每月应对倒流防止器的压差进行检测，且应符合国家现行标准《减压型倒流防止器》（GB/T 25178）和《双止回阀倒流防止器》（CJ/T 160）等有关规定。

第三章　消火栓系统

【考点一】消火栓的选择【★★★】

《消防给水及消火栓系统技术规范》（GB 50974—2014）相关规定如下：

（1）市政消火栓和建筑室外消火栓应采用湿式消火栓系统。

（2）室内环境温度不低于 4℃，且不高于 70℃的场所，应采用湿式室内消火栓系统。

（3）室内环境温度低于 4℃或高于 70℃的场所，宜采用干式消火栓系统。

（4）建筑高度不大于 27 m 的多层住宅建筑设置室内湿式消火栓系统确有困难时，可设置干式消防竖管。

（5）严寒、寒冷等冬季结冰地区城市隧道及其他构筑物的消火栓系统，应采取防冻措施，并宜采用干式消火栓系统和干式室外消火栓。

（6）干式消火栓系统的充水时间不应大于 5 min，并应符合下列规定：

1）在进水干管上宜设雨淋阀或电磁阀、电动启动阀等快速启闭装置，当采用电动阀时开启时间不应超过 30 s。

2）当采用雨淋阀、电磁阀和电动阀时应在消火栓箱处设置直接开启快速启闭装置的手动按钮。

3）在系统管道的最高处应设置快速排气阀。

【考点二】消火栓的分类与检查【★★】

（一）室外消火栓的分类与检查

1. 室外消火栓的分类

划分依据	分类
按安装场合划分	分为地上式和地下式两种。地上式又分为湿式和干式。地上湿式室外消火栓适用于气温较高的地区，地上干式室外消火栓和地下式室外消火栓适用于气温较寒冷的地区
按进水口连接形式划分	分为承插式和法兰式两种，即消火栓的进水口与城市自来水管网的连接方式
按进水口的公称通径划分	分为 100 mm 和 150 mm 两种。进水口公称通径为 100 mm 的消火栓，其吸水管出水口应选用规格为 100 mm 消防接口，水带出水口应选用规格为 65 mm 的消防接口。进水口公称通径为 150 mm 的消火栓，其吸水管出水口应选用规格为 150 mm 消防接口，水带出水口应选用规格为 80 mm 的消防接口
按公称压力划分	分为 1.0 MPa 和 1.6 MPa 两种。其中承插式的消火栓为 1.0 MPa，法兰式的消火栓为 1.6 MPa

2. 室外消火栓的检查

检查项目	检查内容
产品标识	目测，对照产品的检验报告，合格的室外消火栓应在阀体或阀盖上铸出型号、规格和商标且与检验报告描述一致，如发现不一致的，则一致性检查不合格
消防接口	用小刀轻刮外螺纹固定接口和吸水管接口，目测外螺纹固定接口和吸水管接口的本体材料应由铜质材料制造
排放余水装置	目测，室外消火栓应有自动排放余水装置
材料	打开室外消火栓，目测，栓阀座应用铸造铜合金，阀杆螺母材料不低于黄铜

（二）室内消火栓的分类与检查

1. 室内消火栓的分类

划分依据	分类
按出水口型式划分	单出口室内消火栓和双出口室内消火栓。目前，双出口室内消火栓已基本淘汰，不建议采用
按栓阀数量划分	单栓阀（简称单阀）室内消火栓，双栓阀（简称双阀）室内消火栓
按结构型式划分	直角出口型室内消火栓、45° 出口型室内消火栓、旋转型室内消火栓、减压型室内消火栓、旋转减压型室内消火栓、减压稳压型室内消火栓

2. 室内消火栓的检查

检查项目	检查内容
产品标识	对照产品的检验报告，室内消火栓应在阀体或阀盖上铸出型号、规格和商标，且与检验报告描述一致
手轮	室内消火栓手轮轮缘上应明显地铸出标示开关方向的箭头和字样。手轮直径应符合要求，如常用的 SN65 型手轮直径不小于 120 mm
材料	室内消火栓阀座及阀杆螺母材料性能应不低于黄铜，阀杆本体材料性能应不低于铅黄铜

【考点三】消火栓箱的分类与检查【★★】

1. 消火栓箱的分类

划分依据	分类
按安装方式划分	明装式、暗装式、半暗装式
按箱门型式划分	左开门式、右开门式、双开门式、前后开门式
按箱门材料划分	全钢型、钢框镶玻璃型、铝合金框镶玻璃型、其他材料型
按水带的安置方式划分	卷盘式、挂置式、托架式、卷置式

2. 消火栓箱的检查

检查项目	检查内容
外观质量和标志	消火栓箱箱体应设耐久性铭牌，包括产品名称、产品型号、批准文件的编号、注册商标或厂名、生产日期、执行标准等内容 现场检查时可以用小刀轻刮箱体内外表面图层，查看是否经过防腐处理。此外，目测栓箱箱门正面应以直观、醒目、匀整的字体标注“消火栓”字样，且字体高不得小于100 mm、宽不得小于80 mm
器材的配置和性能	按照室内消火栓箱的产品检验报告，箱内消防器材的配置应该与报告一致，且栓箱内配置的消防器材（水枪、水带等）符合各产品现场检查的要求
箱门	消火栓箱应设置门锁或箱门关紧装置。设置门锁的栓箱，除箱门安装玻璃以及能被击碎的透明材料者外，均应设置箱门紧急开启的手动机构，以保证在没有钥匙的情况下开启灵活、可靠，且箱门开启角度不得小于160°，无卡阻现象
水带安置	盘卷式栓箱的水带盘从挂臂上取出应无卡阻
材料	室内消火栓箱刮开箱体涂层，使用千分尺进行测量，箱体应使用厚度不小于1.2 mm的薄钢板或铝合金材料制造，箱门玻璃厚度不小于4.0 mm

【考点四】消防水带的分类与检查【★★】

1. 消防水带的分类

划分依据	分类
按衬里材料划分	可分为橡胶衬里消防水带、乳胶衬里消防水带、聚氨酯（TPU）衬里消防水带、PVC衬里消防水带、消防软管
按承受工作压力划分	可分为0.8 MPa、1.0 MPa、1.3 MPa、1.6 MPa、2.0 MPa、2.5 MPa工作压力的消防水带
按内口径划分	可分为内口径25 mm、50 mm、65 mm、80 mm、100 mm、125 mm、150 mm、300 mm的消防水带
按使用功能划分	可分为通用消防水带、消防湿水带、抗静电消防水带、A类泡沫专用水带、水幕水带
按结构划分	可分为单层编织消防水带、双层编织消防水带、内外涂层消防水带
按编织层编织方式划分	可分为平纹消防水带、斜纹消防水带

2. 消防水带的检查

检查项目	检查内容
产品标识	对照水带的3C认证型式检验报告，看该产品名称、型号、规格是否一致。每根水带应以有色线作带身中心线，在端部附近中心线两侧须用不易脱落的油墨清晰地印上产品名称、设计工作压力、规格（公称内径及长度）、经线、纬线及衬里的材质、生产厂名、注册商标、生产日期等标识
织物层外观质量	合格水带的织物层应编织均匀，表面整洁，无跳双经、断双经、跳纬及划伤

续表

检查项目	检查内容
水带长度	将整卷水带打开，用卷尺测量其总长度，测量时应不包括水带的接口，将测得的数据与有衬里消防水带的标称长度进行对比，如水带长度小于水带长度规格 1 m 以上的，则可以判为该产品为不合格
压力试验	截取 1.2 m 长的水带，使用手动试压泵或电动试压泵平稳加压至试验压力，保压 5 min，检查是否有渗漏现象，有渗漏则不合格。在试验压力状态下，继续加压，升压至试样爆破，其爆破时压力不应小于水带工作压力的 3 倍。如常用 8 型水带的试验压力为 1.2 MPa，爆破压力不小于 3.6 MPa

【考点五】消防水枪的分类与检查【★★★】

1. 消防水枪的分类

划分依据	分类
按照喷水方式划分	直流水枪、喷雾水枪和多用途水枪
按喷嘴直径划分	消防直流水枪的喷嘴有 13 mm、16 mm、19 mm 三种规格
	消防开关直流水枪的喷嘴有 6 mm、8 mm、10 mm、13 mm、16 mm、19 mm、22 mm 七种规格
	消防撞击式喷雾水枪的喷嘴有 13 mm、16 mm、19 mm 三种规格
	消防离心式喷雾水枪的喷嘴有 16 mm 一种规格
	消防簧片式喷雾水枪的喷嘴有 16 mm、19 mm 两种规格
	球阀转换式消防多用水枪的喷嘴有 16 mm、19 mm 两种规格
	球阀转换式消防两用水枪的喷嘴有 6 mm、8 mm、10 mm、13 mm、16 mm、19 mm 六种规格

2. 消防水枪的检查

检查项目	检查内容
表面质量	合格消防水枪铸件表面应无结疤、裂纹及孔眼。使用小刀轻刮水枪铝制件表面，检查是否做过阳极氧化处理
抗跌落性能	将水枪（旋转开关处于关闭位置）以喷嘴垂直朝上、喷嘴垂直朝下以及水枪轴线处于水平（若有开关时，开关处于水枪轴线之下处并处于关闭位置）三个位置。从离地（2.0 ± 0.02）m 高处（从水枪的最低点算起）自由跌落到混凝土地面上。水枪在每个位置各跌落二次，然后再检查水枪。如消防接口跌落后出现断裂或不能正常操纵使用的，则判该产品不合格
密封性能	封闭水枪的出水端，将水枪的进水端通过接口与手动试压泵或电动试压泵装置相连，排除枪体内的空气，然后缓慢加压至最大工作压力的 1.5 倍，保压 2 min，水枪不应出现裂纹、断裂或影响正常使用的残余变形

【考点六】消防接口的分类与检查【★★】

1. 消防接口的分类

消防接口的型式有水带接口、管牙接口、内螺纹固定接口、外螺纹固定接口和异径接口，以及闷盖等品种。

2. 消防接口的检查

检查项目	检查内容
外观	使用小刀轻刮接口表面，目测表面应进行过阳极氧化处理或静电喷塑防腐处理
抗跌落性能	内扣式接口以扣爪垂直朝下的位置，将接口的最低点离地面（1.5±0.05）m 高度，然后自由跌落到混凝土地面上。反复进行 5 次后，检查接口是否断裂，是否能与相同口径的消防接口正常连接。如消防接口跌落后出现断裂或不能正常操纵使用的，则判该产品为不合格
	卡式接口和螺纹式接口以接口的轴线呈水平状态，将接口的最低点离地面（1.5±0.05）m 高度，然后自由跌落到混凝土地面上。反复进行 5 次后，检查接口是否断裂，并进行操作。如消防接口跌落后出现断裂或不能正常操纵使用的，则判该产品为不合格
密封性能	封闭消防水枪的出水端，将消防水枪的进水端通过接口与手动试压泵或电动试压泵装置相连，排除枪体内的空气，然后缓慢加压至最大工作压力的 1.5 倍，保压 2 min，消防水枪不应出现裂纹、断裂或影响正常使用的残余变形

【考点七】室外消火栓的安装调试及检测验收【★★★】

项目	内容
安装准备	（1）熟悉图样，结合现场情况复核管道的坐标、标高是否位置得当，如有问题，及时与设计人员研究解决 （2）检查预留及预埋是否正确，临时剔凿应与设计、土建协调好 （3）检查设备材料是否符合设计要求和质量标准 （4）安排合理的施工顺序，避免工种交叉作业干扰，影响施工
管道安装	（1）管道安装应根据设计要求使用管材，按压力要求选用管材 （2）管道在焊接前应清除接口处的浮锈、污垢及油脂 （3）室外消火栓安装前，管件内外壁均涂沥青冷底子油两遍，外壁须另加热沥青两遍、面漆一遍，埋入土中的法兰盘接口涂沥青冷底子油两遍，外壁须另加热沥青两遍、面漆一遍，并用沥青麻布包严，消火栓井内铁件也应涂热沥青防腐
栓体安装	（1）消火栓安装位于人行道沿上 1.0 m 处，采用钢制双盘短管调整高度，做内外防腐 （2）室外地上式消火栓安装时，消火栓顶距地面高为 0.64 m，立管应垂直、稳固，控制阀门井距消火栓不应超过 2.5 m，消火栓弯管底部应设支墩或支座 （3）室外地下式消火栓应安装在消火栓井内，消火栓井一般用 MU7.5 红砖、M7.5 水泥沙浆砌筑。消火栓井内径不应小于 1.5 m。井内应设爬梯以方便阀门的维修 （4）消火栓与主管连接的三通或弯头下部位应带底座，底座应加垫混凝土支墩，支墩与三通、弯头底部用 M7.5 水泥沙浆抹成八字托座 （5）消火栓井内供水主管底部距井底不应小于 0.2 m，消火栓顶部至井盖底距离最小不应小于 0.2 m。冬季室外温度低于 -20℃的地区，地下消火栓井口须作保温处理。安装室外地上式消火栓时，其放水口应用粒径为 20 ~ 30 mm 的卵石做渗水层，铺设半径为 500 mm，铺设厚度自地面下 100 mm 至槽底。铺设渗水层时，应保护好放水弯头，以免损坏

续表

项目	内容
市政消火栓安装	市政消火栓宜采用地上式室外消火栓；在严寒、寒冷等冬季结冰地区宜采用干式地上式室外消火栓，严寒地区宜增置消防水鹤。当采用地下式室外消火栓时，地下消火栓井的直径不宜小于 1.5 m，且当地下式室外消火栓的取水口在冰冻线以上时，应采取保温措施
市政和室外消火栓的安装	（1）市政和室外消火栓的选型、规格应符合设计要求 （2）管道和阀门的施工和安装，应符合《给水排水管道工程施工及验收规范》（GB 50268）、《建筑给水排水及采暖工程施工质量验收规范》（GB 50242）的有关规定 （3）地下式消火栓顶部进水口或顶部出水口应正对井口。顶部进水口或顶部出水口与消防井盖底面的距离不应大于 0.4 m，井内应有足够的操作空间，并应做好防水措施 （4）地下式室外消火栓应设置永久性固定标志 （5）当室外消火栓安装部位上方火灾时存在可能落物危险时，应采取防坠落物撞击的措施 （6）市政和室外消火栓安装位置应符合设计要求，且不应妨碍交通，在易碰撞的地点应设置防撞设施
检测验收	（1）室外消火栓的选型、规格、数量、安装位置应符合设计要求 （2）同一建筑物内设置的室外消火栓应采用统一规格的栓口及配件 （3）室外消火栓应设置明显的永久性固定标志 （4）室外消火栓水量及压力应满足要求

【考点八】室内消火栓的安装调试与检测验收【★★】

项目	内容
安装准备	（1）消火栓系统管材应根据设计要求选用，一般采用碳素钢管或无缝钢管，管材不得有弯曲、锈蚀、重皮及凹凸不平等现象 （2）消火栓箱体的规格类型应符合设计要求，箱体表面平整、光洁。金属箱体无锈蚀、划伤，箱门开启灵活。箱体方正，箱内配件齐全。栓阀外形规矩，无裂纹，启闭灵活，关闭严密，密封填料完好，有产品出厂合格证
管道安装	（1）管道在焊接前应清除接口处的浮锈、污垢及油脂 （2）当管子公称直径≤100 mm 时，应采用螺纹连接；当管子公称直径＞100 mm 时，可采用焊接或法兰连接。连接后均不得减少管道的通水横断面面积 （3）管道安装必须按图样设计要求的轴线位置和标高进行定位放线。安装顺序一般是主干管、干管、分支管、横管、垂直管 （4）室内与走廊必须按图样设计要求的天花高度，首先让主干管紧贴梁底走管，干管、分支管紧贴梁底或楼板底走管，横管、垂直管根据图样及结合现场实际情况按规范布置，尽量做到美观合理 （5）管井的消防立管安装采用从下至上的安装方法，即管道从管井底部逐层驳接安装，直至立管全部安装完，并且固定至各层支架上 （6）管道穿梁及地下室剪力墙、水池等，应装设预埋套管 （7）当管道壁厚≤4 mm、直径≤50 mm 时应采用气焊；当壁厚≥4.5 mm、直径＞70 mm 时采用电焊 （8）不同管径的管道焊接，连接时如两管径相差不超过小管径的 15%，可将大管端部缩口与小管对焊。如果两管相差超过小管径 15%，应采用变径管件焊接

续表

项目	内容
管道安装	（9）管道对口焊缝上不得开口焊接支管，焊口不得安装在支吊架位置上。管道穿墙处不得有接口；管道穿过伸缩缝处应有抗变形措施。碳素钢管开口焊接时要错开焊缝，并使焊缝朝向易观察和维修的方向。管道焊接时先点焊三点以上，然后检查预留口位置、方向、变径等无误后，找直、找正再焊接，紧固卡件，拆掉临时固定件。管网安装完毕后，应对其进行强度试验、冲洗和严密性试验。水压强度试验的测试点应设在系统管网的最低点。对管网注水时，应将管网内的空气排净，并应缓慢升压，达到试验压力后稳压 30 min，管网应无泄漏、无变形，且压力降不应大于 0.05 MPa （10）管网冲洗应在试压合格后分段进行。冲洗顺序应先室外，后室内；先地下，后地上。室内部分的冲洗应按配水干管、配水管、配水支管的顺序进行；管网冲洗结束后，应将管网内的水排除干净 （11）水压严密性试验应在水压强度试验和管网冲洗合格后进行。试验压力应为设计工作压力，稳压 24 h 应无泄漏
栓体及配件安装	（1）消火栓箱体要符合设计要求（其材质有铁和铝合金等）。产品均应有质量合格证明文件方可使用 （2）消火栓支管要以栓阀的坐标、标高来定位，然后稳固消火栓箱，箱体找正稳固后再把栓阀安装好。当栓阀侧装在箱内时应在箱门开启的一侧，箱门开启应灵活 （3）消火栓箱体安装在轻体隔墙上应有加固措施。箱体配件安装应在交工前进行。消防水带应折好放在挂架上或卷实、盘紧放在箱内；消防水枪要竖放在箱体内侧，自救式水枪和软管应放在挂卡上或放在箱底部。消防水带与水枪、快速接头的连接，一般用 14# 铅丝绑扎两道，每道不少于两圈；使用卡箍时，在里侧加一道铅丝。设有电控按钮时，应注意与电气专业配合施工 （4）管道支架、吊架的材料选择和安装间距，必须严格按照规定要求和施工图样的规定，接口缝距支、吊连接缘不应小于 50 mm，焊缝不得放在墙内 （5）阀门的安装应紧固、严密，与管道中心垂直，操作机构灵活准确
室内消火栓及消防软管卷盘的安装	（1）室内消火栓及消防软管卷盘的选型、规格应符合设计要求 （2）同一建筑物内设置的消火栓、消防软管卷盘应采用统一规格的栓口、消防水枪和水带及配件 （3）试验用消火栓栓口处应设置压力表 （4）当消火栓设置减压装置时，减压装置须符合设计要求，且安装时应有防止沙石等杂物进入栓口的措施 （5）室内消火栓及消防软管卷盘应设置明显的永久性固定标志。当室内消火栓因美观要求需要隐蔽安装时，应有明显的标志，并应便于开启使用 （6）消火栓栓口出水方向宜向下或与设置消火栓的墙面成 90° 角，栓口不应安装在门轴侧 （7）消火栓栓口中心距地面应为 1.1 m，特殊地点的高度可特殊对待，允许偏差 ±20 mm

【考点九】消火栓箱检测验收【★★】

（1）栓口出水方向宜向下或与设置消火栓的墙面成 90° 角，栓口不应安装在门轴侧。

（2）如设计未要求，栓口中心距地面应为 1.1 m，但每栋建筑物应一致，允许偏差 ±20 mm。

（3）阀门的设置位置应便于操作使用，阀门的中心距箱侧面为 140 mm，距箱后内表面为 100 mm，允许偏差 ±5 mm。

（4）室内消火栓箱的安装应平正、牢固，暗装的消火栓箱不能破坏隔墙的耐火等级。

（5）消火栓箱体安装的垂直度允许偏差为 ±3 mm。

（6）消火栓箱门的开启角度不应小于 160°。

（7）不论消火栓箱的安装形式如何（明装、暗装、半暗装），不能影响疏散宽度。

【考点十】消火栓的调试和测试【★★★】

《消防给水及消火栓系统设计规范》（GB 50974—2014）第 13.1.8 条规定，消火栓的调试和测试应符合下列规定：

（1）试验消火栓动作时，应检测消防水泵是否在本规范规定的时间内自动启动。

（2）试验消火栓动作时，应测试其出流量、压力和充实水柱的长度，并应根据消防水泵的性能曲线核实消防水泵供水能力。

（3）应检查旋转型消火栓的性能能否满足其性能要求。

（4）应采用专用检测工具，测试减压稳压型消火栓的阀后动静压是否满足设计要求。

【考点十一】消火栓系统减压阀调试【★★★】

（1）减压阀的水头损失计算应符合下列规定：

1）应根据产品技术参数确定，当无资料时，减压阀阀前阀后静压与动压差应按不小于 0.10 MPa 计算。

2）减压阀串联减压时，应计算第一级减压阀的水头损失对第二级减压阀出水动压的影响。

（2）减压阀调试应符合下列要求：

1）减压阀的阀前阀后动静压力应满足设计要求。

2）减压阀的出流量应满足设计要求，当出流量为设计流量的 150% 时，阀后动压不应小于额定设计工作压力的 65%。

3）减压阀在小流量、设计流量和设计流量的 150% 时不应出现噪声明显增加。

4）测试减压阀的阀后动静压差应符合设计要求。

【考点十二】消火栓的检测验收【★★★★】

消火栓的现场检验应符合下列要求：

（1）消火栓、消防水带、消防水枪的商标、制造厂等标志应齐全。

（2）消火栓、消防水带、消防水枪的型号、规格等技术参数应符合设计要求。

（3）消火栓外观应无加工缺陷和机械损伤；铸件表面应无结疤、毛刺、裂纹和缩孔等缺陷；铸铁阀体外部应涂红色油漆，内表面应涂防锈漆，手轮应涂黑色油漆；外部漆膜应光滑、平整、色泽一致，应无气泡、流痕、皱纹等缺陷，并应无明显碰、划等现象。

（4）消火栓螺纹密封面应无伤痕、毛刺、缺丝或断丝现象。

（5）消火栓的螺纹出水口和快速连接卡扣应无缺陷和机械损伤，并应能满足使用功能的要求。

（6）消火栓阀杆升降或开启应平稳、灵活，不应有卡涩和松动现象。

（7）旋转型消火栓的内部构造应合理，转动部件应为铜或不锈钢，并应保证旋转可靠、无卡涩和漏水现象。

（8）减压稳压消火栓应保证可靠、无堵塞现象。

（9）活动部件应转动灵活，材料应耐腐蚀，不应卡涩或脱扣。

（10）消火栓固定接口应进行密封性能试验，应以无渗漏、无损伤为合格。试验数量宜从每批中抽查1%，但不应少于5个，应缓慢而均匀地升压1.6 MPa，保压2 min。当两个及两个以上不合格时，不应使用该批消火栓。当仅有1个不合格时，应再抽查2%，但不应少于10个，并重新进行密封性能试验；当仍有不合格时，不应使用该批消火栓。

（11）消防水带的织物层应编织均匀，表面整洁；无跳双经、断双经、跳纬及划伤，衬里（或覆盖层）的厚度应均匀，表面应光滑平整、无折皱或其他缺陷。

【考点十三】室外消火栓系统的维护管理【★★】

项目	频次	维护内容
地下式消火栓	应每季度进行一次检查保养	（1）用专用扳手转动消火栓启动杆，观察其灵活性。必要时加注润滑油 （2）检查橡胶垫圈等密封件有无损坏、老化或丢失等情况 （3）检查栓体外表油漆有无脱落、锈蚀，如有应及时修补 （4）入冬前检查消火栓的防冻设施是否完好 （5）重点部位消火栓，每年应逐一进行一次出水试验，出水压力应满足压力要求。在检查中可使用压力表测试管网压力，或者连接水带进行射水试验，检查管网压力是否正常 （6）随时消除消火栓井周围及井内可能积存的杂物 （7）地下式消火栓应有明显标志，要保持室外消火栓配套器材和标志的完整、有效
地上式消火栓		（1）用专用扳手转动消火栓启动杆，检查其灵活性，必要时加注润滑油 （2）检查出水口闷盖是否密封，有无缺损 （3）检查栓体外表油漆有无剥落、锈蚀，如有应及时修补 （4）每年开春后、入冬前对地上式消火栓逐一进行出水试验，出水压力应满足压力要求。在检查中可使用压力表测试管网压力，或者连接水带进行射水试验，检查管网压力是否正常 （5）定期检查消火栓前端阀门井 （6）保持配套器材的完备、有效，无遮挡。 室外消火栓系统的检查除上述内容外，还应包括与有关单位联合进行的消防水泵、消防水池的一般性检查，如经常检查消防水泵各种闸阀是否处于正常状态，消防水池水位是否符合要求

【考点十四】室内消火栓系统的维护管理【★★】

项目	频次	维护内容
室内消火栓	每半年至少进行一次全面的检查维修	（1）检查消火栓和消防卷盘供水闸阀是否渗漏水，若渗漏水应及时更换密封圈 （2）对消防水枪、水带、消防卷盘等进行检查，全部附件应齐全完好，卷盘转动灵活 （3）检查报警按钮、指示灯及控制线路，应功能正常、无故障

续表

项目	频次	维护内容
室内消火栓	每半年至少进行一次全面的检查维修	（4）消火栓箱及箱内装配的部件外观无破损、涂层无脱落，箱门玻璃完好无缺 （5）对消火栓、供水阀门及消防卷盘等所有转动部位应定期加注润滑油
供水管路	室外阀门井中，进水管上的控制阀门应每个季度检查一次，核实其处于全开启状态 系统上所有的控制阀门均应采用铅封或锁链固定在开启或规定的状态。每月应对铅封、锁链进行一次检查，当有破坏或损坏时应及时修理更换	（1）对管路进行外观检查，若有腐蚀、机械损伤等，应及时修复 （2）检查阀门是否漏水，若有漏水，应及时修复 （3）室内消火栓设备管路上的阀门为常开阀，平时不得关闭，应检查其开启状态 （4）检查管路的固定是否牢固，若有松动，应及时加固

【考点十五】消火栓外观和漏水维护管理【★★★】

《消防给水及消火栓系统技术规范》（GB 50974—2014）第 14.0.7 条规定，每季度应对消火栓进行一次外观和漏水检查，发现有不正常的消火栓应及时更换。

第四章　自动喷水灭火系统

【考点一】自动喷水灭火系统的构成及分类【★★★】

自动喷水灭火系统按照其洒水喷头的形式，分为闭式系统和开式系统。

（1）闭式自动喷水灭火系统按照系统的用途和组件配置，通常分为湿式系统、干式系统和预作用系统。

1）湿式系统：准工作状态时配水管道内充满用于启动系统的有压水的闭式系统。

2）干式系统：准工作状态时配水管道内充满用于启动系统的有压气体的闭式系统。

3）预作用系统：准工作状态时配水管道内不充水，发生火灾时由火灾自动报警系统、充气管道上的压力开关联锁控制预作用装置和启动消防水泵，向配水管道供水的闭式系统。

（2）开式自动喷水灭火系统按照系统用途和组件配置，通常分为雨淋系统和水幕系统。

1）雨淋系统：由开式洒水喷头、雨淋报警阀组等组成，发生火灾时由火灾自动报警系统或传动管控制，自动开启雨淋报警阀组和启动消防水泵，用于灭火的开式系统。

2）水幕系统：由开式洒水喷头或水幕喷头、雨淋报警阀组或感温雨淋报警阀等组成，用于防火分隔或防护冷却的开式系统。

【考点二】自动喷水灭火系统喷头的现场检验要求【7★】

（1）《自动喷水灭火系统施工及验收规范》（GB 50261—2017）第 3.2.7 条规定，喷头的现场检验必须符合下列要求：

1）喷头的商标、型号、公称动作温度、响应时间指数（RTI）、制造厂及生产日期等标志应齐全。

2）喷头的型号、规格等应符合设计要求。

3）喷头外观应无加工缺陷和机械损伤。

4）喷头螺纹密封面应无伤痕、毛刺、缺丝或断丝现象。

5）闭式喷头应进行密封性能试验，以无渗漏、无损伤为合格。

试验数量应从每批中抽查 1%，并不得少于 5 只，试验压力应为 3.0 MPa，保压时间不得少于 3 min。当两只及两只以上不合格时，不得使用该批喷头。当仅有一只不合格时，应再抽查 2%，并不得少于 10 只，并重新进行密封性能试验；当仍有不合格时，亦不得使用该批喷头。

（2）《自动喷水灭火系统第 1 部分：洒水喷头》（GB 5135.1—2003）第 5.2 条规定了公称动作温度和颜色标志。闭式洒水喷头的公称动作温度和颜色标志见表 2—3—4—1。玻璃球洒水喷头的公称动作温度分为 13 档，应在玻璃球工作液中作出相应的颜色标志。易熔元件洒水喷头的公称动作温度分为 7 档，应在喷头轭臂或相应的位置作出颜色标志。

表 2—3—4—1 公称动作温度和颜色标志

玻璃球喷头		易熔元件喷头	
公称动作温度（℃）	液体色标	公称动作温度（℃）	轭臂色标
57	橙	57 ~ 77	无色
68	红	80 ~ 107	白
79	黄	121 ~ 149	蓝
93	绿	163 ~ 191	红
107	绿	204 ~ 246	绿
121	蓝	260 ~ 302	橙
141	蓝	320 ~ 343	橙
163	紫		
182	紫		
204	黑		
227	黑		
260	黑		
343	黑		

【考点三】自动喷水灭火系统报警阀组现场检查内容及要求【★★★★】

为了保证报警阀组及其附件的安装质量和基本性能要求，报警阀组到场后，重点检查（验）其附件配置、外观标识、外观质量、渗漏试验和报警阀结构等内容。

检查项目	检查要求
报警阀组外观检查	（1）报警阀的商标、型号、规格等标志齐全，阀体上有水流指示方向的永久性标识 （2）报警阀的型号、规格符合经消防设计审核合格或者备案的消防设计文件要求 （3）报警阀组及其附件配备齐全，表面无裂纹，无加工缺陷和机械损伤
报警阀结构检查	（1）阀体上设有放水口，放水口的公称直径不小于 20 mm （2）阀体的阀瓣组件的供水侧，设有在不开启阀门的情况下测试报警装置的测试管路 （3）干式报警阀组、雨淋报警阀组设有自动排水阀 （4）阀体内清洁、无异物堵塞，报警阀阀瓣开启后能够复位
报警阀组操作性能检验	（1）报警阀阀瓣以及操作机构动作灵活，无卡涩现象 （2）水力警铃的铃锤转动灵活，无阻滞现象 （3）水力警铃传动轴密封性能良好，无渗漏水现象 （4）排水流量不大于 15.0 L/min 时，不报警；流量在 15.0 ~ 60.0 L/min 时，可报可不报；流量大于 60 L/min 时，必须报警
报警阀渗漏试验	测试报警阀密封性，试验压力为额定工作压力 2 倍的静水压力，保压时间不小于 5 min 后，阀瓣处无渗漏

【考点四】自动喷水灭火系统其他组件的现场检查【★★】

检查项目	检查内容
外观检查	（1）压力开关、水流指示器、末端试水装置等有清晰的铭牌、安全操作指示标识和产品说明书 （2）水流指示器上有水流方向的永久性标识，末端试水装置的试水阀上有明显的启闭状态标识 （3）各组件不得有结构松动、明显的加工缺陷，表面不得有明显锈蚀、涂层剥落、起泡、毛刺等缺陷；水流指示器桨片完好无损
功能检查	（1）水流指示器检查要求 1）检查水流指示器灵敏度，试验压力为 0.14 ~ 1.2 MPa，流量不大于 15.0 L/min 时，水流指示器不报警；流量在 15.0 ~ 37.5 L/min 任一数值时可报警可不报警；但到达 37.5 L/min 时一定要报警 2）具有延迟功能的水流指示器，检查桨片动作后报警延迟时间在 2 ~ 90 s，且不可调节 （2）压力开关检查要求：测试压力开关动作情况，检查其常开或者常闭触点通断情况，动作可靠、准确 （3）末端试水装置检查要求 1）测试末端试水装置密封性能，试验压力为额定工作压力的 1.1 倍，保压时间为 5 min，末端试水装置试水阀关闭，测试结束时末端试水装置各组件无渗漏 2）末端试水装置手动（电动）操作方式灵活，便于开启，信号反馈装置能够在末端试水装置开启后输出信号。试水阀关闭后，末端试水装置无渗漏

【考点五】自动喷水灭火系统喷头安装及质量检测要求【★★★】

依据《自动喷水灭火系统施工及验收规范》（GB 50261—2017）的相关规定，自动喷水灭火系统喷头安装及质量检测要求如下：

（1）喷头安装必须在系统试压、冲洗合格后进行。

（2）喷头安装时，不应对喷头进行拆装、改动，并严禁给旋头、隐蔽式喷头的装饰盖板附加任何装饰件涂层。

（3）喷头安装应使用专用扳手，严禁利用喷头的框架施拧；喷头的框架、溅水盘产生变形或释放元件损伤时，应采用型号、规格相同的喷头更换。

（4）安装在易受机械损伤处的喷头，应加设喷头防护罩。

（5）喷头安装时，溅水盘与吊顶、门、窗、洞口或障碍物的距离应符合设计要求。检查数量：抽查 20%，且不得少于 5 处。

（6）安装前检查喷头的型号、规格、使用场所应符合设计要求。系统采用隐蔽式喷头时，配水支管的标高和吊顶的开口尺寸应准确控制。

（7）当喷头的公称直径小于 10 mm 时，应在系统配水干管或配水管上安装过滤器。

（8）当喷头溅水盘高于附近梁底或高于宽度小于 1.2 m 的通风管道、排管、桥架腹面时，喷头溅水盘高于梁底、通风管道、排管、桥架腹面的最大垂直距离应符合《自动喷水灭火系统施工及验收规范》表 5—2—8—1 至表 5—2—8—9 的规定。

（9）当梁、通风管道、排管、桥架宽度大于 1.2 m 时，增设的喷头应安装在其腹面以下部位。

（10）当喷头安装在不到顶的隔断附近时，喷头与隔断的水平距离和最小垂直距离应符合规定。

【考点六】自动喷水灭火系统报警阀组安装与检测要求【★★】

（1）报警阀组的安装应在供水管网试压、冲洗合格后进行。安装时应先安装水源控制阀、报警阀，然后进行报警阀辅助管道的连接。水源控制阀、报警阀与配水干管的连接，应使水流方向一致。报警阀组安装的位置应符合设计要求；当设计无要求时，报警阀组应安装在便于操作的明显位置，距室内地面高度宜为 1.2 m，两侧与墙的距离不应小于 0.5 m，正面与墙的距离不应小于 1.2 m，报警阀组凸出部位之间的距离不应小于 0.5 m。安装报警阀组的室内地面应有排水设施，排水能力应满足报警阀调试、验收和利用试水阀门泄空系统管道的要求。

（2）报警阀组附件的安装应符合下列要求：

1）压力表应安装在报警阀上便于观测的位置。

2）排水管和试验阀应安装在便于操作的位置。

3）水源控制阀安装应便于操作，且应有明显开、关标志和可靠的锁定设施。

（3）水力警铃应安装在公共通道或值班室附近的外墙上，且应安装检修、测试用的阀门。水力警铃和报警阀的连接应采用热镀锌钢管，当镀锌钢管的公称直径为 20 mm 时，其长度不宜大于 20 m；安装后的水力警铃启动时，警铃声强度应不小于 70 dB。

（4）排气阀的安装应在系统管网试压和冲洗合格后进行；排气阀应安装在配水干管顶部、配水管的末端，且应确保无渗漏。

【考点七】自动喷水灭火系统报警阀组安装与技术检测【★★】

报警阀组除按照报警阀组安装的共性要求进行安装、技术检测外，还需符合下列要求：

报警阀组	要求
湿式报警阀组	湿式报警阀组的安装应符合下列要求 （1）应使报警阀前后的管道中能快速充满水；压力波动时，水力警铃不应发生误报警 （2）报警水流通路上的过滤器应安装在延迟器前，且便于排渣操作的位置
干式报警阀组	干式报警阀组的安装应符合下列要求 （1）应安装在不发生冰冻的场所 （2）安装完成后，应向报警阀气室注入高度为 50 ～ 100 mm 的清水 （3）充气连接管接口应在报警阀气室充注水位以上部位，且充气连接管的直径不应小于 15 mm；止回阀、截止阀应安装在充气连接管上 （4）气源设备的安装应符合设计要求和国家现行有关标准规定 （5）安全排气阀应安装在气源与报警阀之间，且应靠近报警阀组一侧 （6）加速器应安装在靠近报警阀的位置，且应有防止水进入加速器的措施 （7）低气压预报警装置应安装在配水干管一侧 （8）下列部位应安装压力表 1）报警阀充水一侧和充气一侧 2）空气压缩机的气泵和储气罐上 3）加速器上 （9）管网充气压力应符合设计要求

续表

报警阀组	要求
雨淋报警阀组	雨淋阀组的安装应符合下列要求 （1）雨淋阀组可采用电动开启、传动管开启或手动开启，开启控制装置的安装应安全可靠。水传动管的安装应符合湿式系统有关要求 （2）预作用系统雨淋阀组后的管道若需充气，其安装应按干式报警阀组有关要求进行 （3）雨淋阀组的观测仪表和操作阀门的安装位置应符合设计要求，并应便于观测和操作 （4）雨淋阀组手动开启装置的安装位置应符合设计要求，且在发生火灾时应能安全开启和便于操作 （5）压力表应安装在雨淋阀的水源一侧

【考点八】自动喷水灭火系统水流报警装置安装与技术检测【★★★】

项目	要求
水流指示器	（1）水流指示器的安装应符合下列要求 1）水流指示器的安装应在管道试压和冲洗合格后进行，水流指示器的型号、规格应符合设计要求 2）水流指示器应使电气元件部位竖直安装在水平管道上侧，其动作方向应与水流方向一致；安装后的水流指示器桨片、膜片应动作灵活，不应与管壁发生碰擦 （2）信号阀应安装在水流指示器前的管道上，与水流指示器之间的距离不宜小于 300 mm
压力开关	压力开关应竖直安装在通往水力警铃的管道上，且不应在安装中拆装改动。管网上压力控制装置的安装应符合设计要求

【考点九】自动喷水灭火系统冲洗、试压【★★★】

（一）系统试压、冲洗基本要求

（1）管网安装完毕后，必须对其进行强度试验、严密性试验和冲洗。

（2）强度试验和严密性试验宜用水进行。干式喷水灭火系统、顶作用喷水灭火系统应进行水压试验和气压试验。

（3）系统试压前应具备下列条件：

1）埋地管道的位置及管道基础、支墩等经复查应符合设计文件要求。

2）试压用的压力表不应少于 2 只，精度不应低于 1.5 级，量程应为试验压力值的 1.5 ~ 2.0 倍。

3）试压冲洗方案已经批准。

4）对不能参与试压的设备、仪表、阀门及附件应加以隔离或拆除；加设的临时盲板应具有凸出于法兰的边耳，且应做明显标志，并记录临时盲板的数量、位置。

（二）水压试验

自动喷水灭火系统的水源干管、进户管和室内埋地管道，应在回填前单独或与系统一起进行水压强度试验和水压严密性试验。

1. 水压试验条件

（1）当系统设计工作压力不大于 1.0 MPa 时，水压强度试验压力应为设计工作压力的

1.5 倍，且不应低于 1.4 MPa；当系统设计工作压力＞1.0 MPa 时，水压强度试验压力应为该工作压力加 0.4 MPa。

（2）水压试验时环境温度不宜低于 5℃；当低于 5℃时，水压试验应采取防冻措施。

2. 水压强度试验要求

（1）水压强度试验的测试点应设在系统管网的最低点。管网注水时，应将管网内的空气排净，并应缓慢升压。达到试验压力后稳压 30 min 后，管网应无泄漏、无变形，且压力降不应大于 0.05 MPa。

（2）系统试压过程中出现泄漏时应停止试压，并放空管网中的试验介质，消除缺陷后重新再试。

3. 水压严密性试验

水压严密性试验应在水压强度试验和管网冲洗合格后进行。试验压力应为设计工作压力，稳压 24 h，管网应无泄漏。

（三）气压试验

气压严密性试验压力应为 0.28 MPa，且稳压 24 h，压力降不应大于 0.01 MPa。气压试验的介质宜采用空气或氮气。

（四）管网冲洗

（1）管网冲洗应在试压合格后分段进行。冲洗顺序应先室外，后室内；先地下，后地上；室内部分的冲洗应按配水干管、配水管、配水支管的顺序进行。

（2）水压试验和水冲洗宜采取用生活用水进行，不得使用海水或含有腐蚀性化学物质的水。

（3）管网冲洗结束后，应将管网内的冲洗用水排净，必要时可采用压缩空气吹干。

【考点十】自动喷水灭火系统调试与联动试验【6★】

系统调试应包括水源测试、消防水泵调试、稳压泵调试、报警阀调试、排水设施调试、联动试验等内容。

调试过程中，系统排出的水应通过排水设施全部排走。

（一）系统调试准备

《自动喷水灭火系统施工及验收规范》（GB 50261—2017）第 7.1.2 条规定，系统调试应具备下列条件：

（1）消防水池、消防水箱已储存设计要求的水量。

（2）系统供电正常。

（3）消防气压给水设备的水位、气压符合消防设计要求。

（4）湿式喷水灭火系统管网内已充满水；干式、预作用喷水灭火系统管网内的气压符合设计要求；阀门均无泄漏。

（5）与系统配套的火灾自动报警系统调试完毕，处于工作状态。

（二）系统调试要求及功能性检测

1. 报警阀组调试要求

（1）湿式报警阀调试时，从试水装置处放水，当湿式报警阀进口水压大于 0.14 MPa、放水流量大于 1 L/s 时，报警阀应及时启动；带延迟器的水力警铃应在 5 ~ 90 s 内发出报警铃声，不带延迟器的水力警铃应在 15 s 内发出报警铃声；压力开关应及时动作，启动消防泵并反馈信号。

（2）干式报警阀调试时，开启系统试验阀，报警阀的启动时间、启动点压力、水流到试验装置出口所需时间，均应符合设计要求。

（3）雨淋报警阀调试宜利用检测、试验管道进行供水。自动和手动方式启动的雨淋报警阀，应在联动信号发出或者手动控制操作后 15 s 内启动；当公称直径大于 200 mm 的雨淋阀调试时，应在 60 s 之内启动。雨淋报警阀调试时，当报警水压为 0.05 MPa 时，水力警铃应发出报警铃声。

2. 报警阀组联动试验要求

（1）湿式系统的联动试验，启动 1 只喷头或以 0.94 ～ 1.5 L/s 的流量从末端试水装置处放水时，水流指示器、报警阀、压力开关、水力警铃和消防水泵等应及时动作，并发出相应的信号。

（2）预作用系统、雨淋系统、水幕系统的联动试验，可采用专用测试仪表或其他方式对火灾自动报警系统的各种探测器输入模拟火灾信号，火灾自动报警控制器应发出声光报警信号，并启动自动喷水灭火系统；采用传动管启动的雨淋系统、水幕系统联动试验时，启动 1 只喷头，雨淋报警阀打开，压力开关动作，水泵启动。

（3）干式系统的联动试验，启动 1 只喷头或模拟 1 只喷头的排气量排气，报警阀应及时启动，压力开关、水力警铃动作并发出相应信号。

【考点十一】自动喷水灭火系统竣工验收【★★★★】

项目	要求
管网验收检查	（1）管网验收应符合下列要求 1）管道的材质、管径、接头、连接方式及采取的防腐、防冻措施，应符合设计规范及设计要求 2）管网排水坡度及辅助排水设施，应符合《消防给水及消火栓系统技术规范》（GB 50974—2014）第 5.1.17 条的规定 3）系统中的末端试水装置、试水阀、排气阀应符合设计要求 4）管网不同部位安装的报警阀组、闸阀、止回阀、电磁阀、信号阀、水流指示器、减压孔板、节流管、减压阀、柔性接头、排水管、排气阀、泄压阀等，均应符合设计要求 检查数量：报警阀组、压力开关、止回阀、减压阀、泄压阀、电磁阀全数检查，合格率应为 100%；闸阀、信号阀、水流指示器、减压孔板、节流管、柔性接头、排气阀等抽查设计数量的 30%，数量均不少于 5 个，合格率应为 100% 5）干式系统、由火灾自动报警系统和充气管道上设置的压力开关开启预作用装置的预作用系统，其配水管道充水时间不宜大于 1 min；雨淋系统和仅由水灾自动报警系统联动开启预作用装置的预作用系统，其配水管道充水时间不宜大于 2 min （2）管道横向安装宜设 2‰ ~ 5‰的坡度，且应坡向排水管；当局部区域难以利用排水管将水排净时，应采取相应的排水措施。当喷头数量小于或等于 5 只时，可在管道低凹处加设堵头；当喷头数量大于 5 只时，宜装设带阀门的排水管
喷头验收检查	（1）喷头设置场所、型号、规格、公称动作温度、响应时间指数（RT1）应符合设计要求 检查数量：抽查设计喷头数量 10%，总数不少于 40 个，合格率应为 100% （2）喷头安装间距，喷头与楼板或吊顶、墙、梁等障碍物的距离应符合设计要求

续表

项目	要求
喷头验收检查	检查数量：抽查设计喷头数量 5%，总数不少于 20 个，距离偏差 ±15 mm，合格率不小于 95% 时为合格 （3）有腐蚀性气体的环境和有冰冻危险场所安装的喷头，应采取防护措施 （4）有碰撞危险场所安装的喷头应加设防护罩 （5）各种不同规格的喷头均应有一定数量的备用品，其数量不应小于安装总数的 1%，且每种备用喷头不应少于 10 个
报警阀组验收检查	（1）报警阀组的各组件应符合产品标准要求 （2）打开系统流量压力检测装置放水阀，测试的流量、压力应符合设计要求 （3）水力警铃的设置位置应正确。测试时，水力警铃喷嘴处压力不应小于 0.05 MPa，且距水力警铃 3 m 远处警铃声声强不应小于 70 dB （4）打开手动试水阀或电磁阀时，雨淋报警阀组动作应可靠 （5）控制阀均应锁定在常开位置

【考点十二】末端试水装置设置要求【★★★】

（1）每个报警阀组控制的最不利点洒水喷头处应设末端试水装置，其他防火分区、楼层均应设直径为 25 mm 的试水阀。

（2）末端试水装置应由试水阀、压力表以及试水接头组成。试水接头出水口的流量系数，应等同于同楼层或防火分区内的最小流量系数洒水喷头。末端试水装置的出水，应采取孔口出流的方式排入排水管道，排水立管宜设伸顶通气管，且管径不应小于 75 mm。

（3）末端试水装置和试水阀应有标识，距地面的高度宜为 1.5 m，并应采取不被他用的措施。

【考点十三】自动喷水灭火系统巡查内容及周期【★★★】

（一）自动喷水灭火系统巡查记录内容

（1）喷头外观及其周边障碍物、喷头溅水盘与顶棚距离等。

（2）报警阀组外观、排水设施状况、水源控制阀的启闭状态等。

（3）充气设备、排气装置及其控制装置、火灾探测传动、液（气）动传动及其控制装置、现场手动控制装置等外观、运行状况。

（4）系统末端试水装置、楼层试水阀及其现场环境状态、压力监测情况等。

（5）系统用电设备的电源及其供电情况。

（二）巡查周期

建筑管理使用单位至少每日组织一次系统全面巡查。

【考点十四】自动喷水灭火系统维护频次及要求【7★】

维护频次	维护项目	维护依据
每年	水源的供水能力	每年应对水源的供水能力进行一次测定，每日应对电源进行检查
	消防储水设备	每年应对消防储水设备进行检查，修补缺损和重新油漆

续表

维护频次	维护项目	维护依据
每季度	末端试水阀和报警阀旁的放水试验阀	每个季度应对系统所有的末端试水阀和报警阀旁的放水试验阀进行一次放水试验，检查系统启动、报警功能以及出水情况是否正常
	室外阀门井中，进水管上的控制阀门	室外阀门井中，进水管上的控制阀门应每个季度检查一次，核实其处于全开启状态
每月	消防水泵或内燃机驱动的消防水泵	消防水泵或内燃机驱动的消防水泵应每月启动运转一次。当消防水泵为自动控制启动时，应每月模拟自动控制的条件启动运转一次
	电磁阀的启动试验	电磁阀应每月检查并做启动试验，动作失常时应及时更换
	控制阀门上的铅封、锁链	系统上所有的控制阀门均应采用铅封或锁链固定在开启或规定的状态。每月应对铅封、锁链进行一次检查，当有破坏或损坏时应及时修理更换
	消防水池、消防水箱及消防气压给水设备	消防水池、消防水箱及消防气压给水设备应每月检查一次，并应检查其消防储备水位及消防气压给水设备的气体压力。同时，应采取措施保证消防用水不作他用，并每月对该措施进行检查，发现故障及时进行处理
	消防水泵接合器的接口及附件	消防水泵接合器的接口及附件应每月检查一次，并保证接口完好、无渗漏、闷盖齐全
	水流指示器	每月应利用末端试水装置对水流指示器进行试验
	喷头的外观及备用数量	每月应对喷头进行一次外观及备用数量检查，发现有不正常的喷头应及时更换；当喷头上有异物时应及时清除。更换或安装喷头均应使用专用扳手
每天	电源	每年应对水源的供水能力进行一次测定，每日应对电源进行检查
	水源控制阀、报警阀组的外观检查	维护管理人员每天应对水源控制阀、报警阀组进行外观检查，并保证系统处于无故障状态
	设置储水设备的房间（寒冷季节）	寒冷季节，消防储水设备的任何部位均不得结冰。每天应检查设置储水设备的房间，保持室温不低于5℃

【考点十五】湿式报警阀组常见故障分析、处理【★★★★★】

常见故障	故障原因分析	故障处理
报警阀组漏水	（1）排水阀门未完全关闭 （2）阀瓣密封垫老化或者损坏 （3）系统侧管道接口渗漏 （4）报警管路测试控制阀渗漏 （5）阀瓣组件与阀座之间因变形或者污垢、杂物阻挡出现不密封状态	（1）关紧排水阀门 （2）更换阀瓣密封垫 （3）检查系统侧管道接口渗漏点，密封垫老化、损坏的，更换密封垫；密封垫错位的，重新调整密封垫位置；管道接口锈蚀、磨损严重的，更换管道接口相关部件 （4）更换报警管路测试控制阀 （5）先放水冲洗阀体、阀座，存有污垢、杂物时，经冲洗后渗漏减少或者停止；否则，关闭进水口侧和系统侧控制阀，卸下阀板，仔细清洁阀板上的杂质；拆卸报警阀阀体，检查阀瓣组件、阀座，存在明显变形、损伤、凹痕的，更换相关部件

续表

常见故障	故障原因分析	故障处理
报警阀启动后报警管路不排水	（1）报警管路控制阀关闭 （2）报警管路过滤器被堵塞	（1）开启报警管路控制阀 （2）报警管路过滤器被堵塞的，卸下过滤器，冲洗干净后重新安装回原位
报警阀报警管路误报警	（1）未按照安装图样安装或者未按照调试要求进行调试 （2）报警阀组渗漏，水通过报警管路流出 （3）延迟器下部孔板溢出水孔堵塞，发生报警或者缩短延迟时间	（1）按照安装图样核对报警阀组组件安装情况，重新对报警阀组伺应状态进行调试 （2）按照故障“（1）”查找渗漏原因，进行相应处理 （3）延迟器下部孔板溢出水孔堵塞，卸下筒体，拆下孔板进行清洗
水力警铃工作不正常（不响、响度不够、不能持续报警）	（1）产品质量问题或者安装调试不符合要求 （2）报警阀至水力警铃的管路阻塞或者铃锤机构被卡住	（1）属于产品质量问题的，更换水力警铃；安装缺少组件或者未按照图样安装的，重新进行安装调试 （2）拆下喷嘴、叶轮及铃锤组件，进行冲洗，重新装合使叶轮转动灵活 （3）清理管路堵塞处
开启测试阀，消防水泵不能正常自动启动	（1）流量开关或压力开关设定值不正确 （2）控制柜控制回路或电气元件损坏 （3）水泵控制柜未设定在“自动”状态	（1）将流量开关或者压力开关内的调压螺母调整到规定值 （2）检修控制柜回路或更换电气元件 （3）将控制模式设定为“自动”状态

【考点十六】预作用装置常见故障分析、处理【★★】

常见故障	故障原因分析	故障处理
报警阀漏水	（1）排水控制阀门未关紧 （2）阀瓣密封垫老化或者损坏 （3）复位杆未复位或者损坏	（1）关紧排水控制阀门 （2）更换阀瓣密封垫 （3）重新复位复位杆，或者更换复位装置
压力表读数不在正常范围	（1）预作用装置前的供水控制阀未打开 （2）压力表管路堵塞 （3）预作用装置的报警阀体漏水 （4）压力表管路控制阀未打开或者开启不完全	（1）完全开启报警阀前的供水控制阀 （2）拆卸压力表及其管路，疏通压力表管路 （3）按照湿式报警阀组渗漏的原因进行检查、分析，查找预作用装置的报警阀体的漏水部位，进行修复或者组件更换 （4）完全开启压力表管路控制阀
系统管道内有积水	复位或者试验后，未将管道内的积水排完	开启排水控制阀，完全排除系统内积水

【考点十七】雨淋报警阀组常见故障分析、处理【★★】

常见故障	故障原因分析	故障处理
自动滴水阀漏水	（1）安装调试或者平时定期试验、实施灭火后，没有将系统侧管内的余水排净 （2）雨淋报警阀隔膜球面中线密封处因施工遗留的杂物、不干净消防用水中的杂质等导致球状密封面不能完全密封	（1）开启放水控制阀，排除系统侧管道内的余水 （2）启动雨淋报警阀，采用洁净水流冲洗遗留在密封面处的杂质
复位装置不能复位	水质过脏，有细小杂质进入复位装置密封面	拆下复位装置，用清水冲洗干净后重新安装，调试到位
长期无故报警	误将试验管路控制阀常开	关闭试验管路控制阀
系统测试不报警	（1）消防用水中的杂质堵塞了报警管道上过滤器的滤网 （2）水力警铃进水口处喷嘴被堵塞、未配置铃锤或者铃锤卡死	（1）拆下过滤器，用清水将滤网冲洗干净后，重新安装到位 （2）检查水力警铃的配件，配齐组件；有杂物卡阻、堵塞的部件进行冲洗后重新装配到位
雨淋报警阀不能进入伺应状态	（1）复位装置存在问题 （2）未按照安装调试说明书将报警阀组调试到伺应状态（隔膜室控制阀、复位球阀未关闭） （3）消防用水水质存在问题，杂质堵塞了隔膜室管道上的过滤器	（1）修复或者更换复位装置 （2）按照安装调试说明书将报警阀组调试到伺应状态（开启隔膜室控制阀、复位球阀） （3）将供水控制阀关闭，拆下过滤器的滤网，用清水冲洗干净后，重新安装到位
传动管喷头被堵塞	（1）消防用水水质存在问题，如有杂物等 （2）管道过滤器不能正常工作	（1）对水质进行检测，清理不干净、影响系统正常使用的消防用水 （2）检查管道过滤器，清除滤网上的杂质；更换过滤器

【考点十八】水流指示器常见故障分析、处理【★★】

常见故障	故障原因分析	故障处理
水流指示器常见故障表现为打开末端试水装置，达到规定流量时水流指示器不动作，或者关闭末端试水装置后，水流指示器反馈信号仍然显示为动作信号	（1）桨片被管腔内杂物卡阻 （2）调整螺母与触头未调试到位 （3）电路接线脱落	（1）清除水流指示器管腔内的杂物 （2）将调整螺母与触头调试到位 （3）检查并重新将脱落电路接线接通

第五章　水喷雾灭火系统

【考点一】水喷雾灭火系统喷头工作压力及选型【★★★★】

（1）水雾喷头的工作压力，当用于灭火时不应小于 0.35 MPa；当用于防护冷却时不应小于 0.2 MPa，但对于甲、乙、丙类液体储罐不应小于 0.15 MPa。

（2）水雾喷头的选型应符合下列要求：

1）扑救电气火灾，应选用离心雾化型水雾喷头。

2）室内粉尘场所设置的水雾喷头应带防尘帽，室外设置的水雾喷头宜带防尘帽。

3）离心雾化型水雾喷头应带柱状过滤网。

【考点二】水喷雾灭火系统雨淋报警阀组安装【★★】

（1）报警阀组安装前应对供水管网试压、冲洗合格。安装顺序应先安装水源控制阀、报警阀，然后进行报警阀辅助管道的连接。水源控制阀、报警阀与配水干管的连接，应使水流方向一致。报警阀组安装的位置应符合设计要求；当设计无要求时，宜靠近保护对象附近并便于操作的地点。距室内地面高度宜为 1.2 m，两侧与墙的距离不应小于 0.5 m，正面与墙的距离不应小于 1.2 m；报警阀组凸出部位之间的距离不应小于 0.5 m。安装报警阀组的室内地面应有排水设施。

（2）报警阀组安装应注意以下几点：

1）报警阀组可采用电动开启、传动管开启或手动开启，开启控制装置的安装应安全可靠。

2）报警阀组的观测仪表和操作阀门的安装位置应便于观测和操作。

3）报警阀组手动开启装置的安装位置应在发生火灾时能安全开启和便于操作。

4）压力表应安装在报警阀的水源一侧。

【考点三】水喷雾灭火系统的冲洗【★★】

（1）管网冲洗的水流速度、流量不应小于系统设计的水流速度、流量；管网冲洗宜分区、分段进行；水平管网冲洗时，其排水管位置应低于配水支管。

（2）管网冲洗的水流方向应与灭火时管网的水流方向一致。

（3）管网冲洗应连续进行，当出口处水的颜色、透明度与入口处水的颜色、透明度基本一致时冲洗方可结束。

（4）管网冲洗宜设临时专用排水管道，其排水应畅通和安全。排水管道的截面面积不得小于被冲洗管道截面面积的 60%。

（5）管网冲洗结束后，应将管网内的水排除干净，必要时可采用压缩空气吹干。

【考点四】水喷雾灭火系统调试【★★★★】

（1）雨淋报警阀调试宜利用检测、试验管道进行。自动和手动方式启动的雨淋报警阀应在

15 s之内启动；公称直径大于200 mm的雨淋报警阀调试时，应在60 s之内启动；雨淋报警阀调试时，当报警水压为0.05 MPa时，水力警铃应发出报警铃声。

（2）联动试验应符合下列规定：

1）采用模拟火灾信号启动系统，相应的分区雨淋报警阀（或电动控制阀、气动控制阀）、压力开关和消防水泵及其他联动设备均应能及时动作并发出相应的信号。

2）采用传动管启动的系统，启动一只喷头，相应的分区雨淋报警阀、压力开关和消防水泵及其他联动设备均应能及时动作并发出相应的信号。

3）系统的响应时间、工作压力和流量应符合设计要求。

（3）检查数量：全数检查。

（4）检查方法：当为手动控制时，以手动方式进行1 ~ 2次试验；当为自动控制时，以自动和手动方式各进行1 ~ 2次试验，并用压力表、流量计、秒表计量。

【考点五】水喷雾灭火系统验收【★★】

项目	内容
雨淋报警阀组	（1）雨淋报警阀组的验收应符合下列要求 1）雨淋报警阀组的各组件应符合国家现行相关产品标准的要求 2）打开手动试水阀或电磁阀时，相应雨淋报警阀动作应可靠 3）打开系统流量压力检测装置放水阀，测试的流量、压力应符合设计要求 4）水力警铃的安装位置正确。测试时，水力警铃喷嘴处压力不应小于0.05 MPa，且距水力警铃3 m远处警铃声声强不应小于70 dB 5）控制阀均应锁定在常开位置 6）与火灾自动报警系统和手动启动装置的联动控制应符合设计要求 （2）雨淋报警阀组宜设置在温度不低于4℃并有排水设施的室内。设置在室内的雨淋报警阀宜距地面1.2 m，两侧与墙的距离不应小于0.5 m，正面与墙的距离不应小于1.2 m，雨淋报警阀凸出部位之间的距离不应小于0.5 m
管网	管网验收应符合下列规定 （1）管道的材质、管径、接头、连接方式、安装位置及采取的防腐、防冻措施应符合设计要求和《水喷雾灭火系统技术规范》（GB 50219—2014）第8.3.14条的规定 （2）管网排水坡度及辅助排水设施应符合设计要求 （3）管网上的控制阀、压力信号反馈装置、止回阀、试水阀、泄压阀等的规格和安装位置均应符合设计要求 （4）管墩，管道支、吊架的固定方式和间距应符合设计要求
喷头	喷头的验收应符合下列规定 （1）喷头设置场所、型号、规格等应符合设计要求 （2）喷头的安装位置、安装高度、间距及与梁等障碍物的距离偏差均应符合设计要求和《水喷雾灭火系统技术规范》（GB 50219—2014）第8.3.18条的规定 （3）不同型号、规格的喷头的备用量不应小于其实际安装总数的1%，且每种备用喷头不应少于10个
水泵接合器数量及进水管位置	水泵接合器数量及进水管位置应符合设计要求，消防水泵接合器应进行充水试验，且系统最不利点的压力、流量应符合设计要求

【考点六】水喷雾灭火系统维护管理【★★】

维护频次	维护内容
每日	（1）应对水源控制阀、雨淋报警阀进行外观检查，阀门外观应完好，启闭状态应符合设计要求 （2）寒冷季节应检查消防储水设施是否有结冰现象，储水设施的任何部位均不得结冰
每周	每周应对消防水泵和备用动力进行一次启动试验。当消防水泵为自动控制启动时，应每周模拟自动控制的条件启动运转一次
每月	（1）检查电磁阀并进行启动试验，动作失常时应及时更换 （2）检查手动控制阀门的铅封、锁链，当有破坏或损坏时应及时修理更换。系统上所有手动控制阀门均应采用铅封或锁链固定在开启或规定的状态 （3）检查消防水池（罐）、消防水箱及消防气压给水设备，确保消防储备水位及消防气压给水设备的气体压力符合设计要求 （4）检查保证消防用水不作他用的技术措施，发现故障及时进行处理 （5）检查消防水泵接合器的接口及附件，保证接口完好、无渗漏、闷盖齐全 （6）检查喷头，当喷头上有异物时应及时清除
每季度	（1）对系统进行一次放水试验，检查系统启动、报警功能以及出水情况是否正常 （2）检查室外阀门井中进水管上的控制阀门，核实其处于全开启状态
每年	（1）对消防储水设备进行检查，修补缺损和重新油漆 （2）对水源的供水能力进行一次测定
其他	（1）消防水池（罐）、消防水箱、消防气压给水设备内的水，应根据当地环境、气候条件及时更换 （2）钢板消防水箱和消防气压给水设备的玻璃水位计两端的角阀在不进行水位观察时应关闭

第六章　细水雾灭火系统

【考点一】细水雾灭火系统分类【★★】

（1）按系统供水方式分类：①瓶组式细水雾灭火装置；②泵组式细水雾灭火装置；③其他供水方式细水雾灭火装置。

（2）按流动介质类型分类：①单流体细水雾灭火装置；②双流体细水雾灭火装置。

（3）按装置工作压力分类：①高压细水雾灭火装置（$p \geqslant 3.50$ MPa）；②中压细水雾灭火装置（1.20 MPa $\leqslant p < 3.50$ MPa）；③低压细水雾灭火装置（$p < 1.20$ MPa）。注：p 为分配管网中流动介质压力。

（4）按所使用的细水雾喷头型式分类：①闭式细水雾灭火装置；②开式细水雾灭火装置。

【考点二】细水雾灭火系统喷头及阀组的现场检查【★★】

（一）喷头的现场检查要求

（1）喷头的商标、型号、制造厂及生产时间等标志应齐全、清晰。

（2）喷头的数量等应满足设计要求。

（3）喷头外观应无加工缺陷和机械损伤。

（4）喷头螺纹密封面应无伤痕、毛刺、缺丝或断丝现象。

（5）检查数量：分别按不同型号规格抽查 1%，且不得少于 5 只；少于 5 只时，全数检查。

（二）阀组的进场检查要求

（1）各阀门的商标、型号、规格等标志应齐全。

（2）各阀门及其附件应配备齐全，没有加工缺陷和机械损伤。

（3）控制阀的明显部位应有标明水流方向的永久性标志。

（4）控制阀的阀瓣及操作机构应动作灵活、无卡涩现象，阀体内应清洁、无异物堵塞，阀组进出口应密封完好。

【考点三】细水雾灭火系统泵组及泵组控制柜的安装要求【★★】

（1）泵组的安装除应符合《机械设备安装工程施工及验收通用规范》（GB 50231）和《风机、压缩机、泵安装工程施工及验收规范》（GB 50275）的有关规定外，尚应符合下列规定：

1）系统采用柱塞泵时，泵组安装后应充装润滑油并检查曲轴箱内油位。

2）泵组吸水管上的变径处应采用偏心大小头连接。

（2）泵组控制柜的安装应符合下列规定：

1）控制柜基座的水平度偏差不应大于 ±2 mm/m，并应采取防腐及防水措施。

2）控制柜与基座应采用直径不小于 12 mm 的螺栓固定，每个控制柜不应少于 4 只螺栓。

3）做控制柜的上下进出线口时，不应破坏控制柜的防护等级。

【考点四】细水雾灭火系统管道的安装要求【★★】

（1）管道安装前应分段进行清洗。施工过程中，应保证管道内部清洁，不得留有焊渣、焊瘤、氧化皮、杂质或其他异物，施工过程中的开口应及时封闭。

（2）同排管道法兰应方便拆装，间距不宜小于 100 mm。

（3）管道之间或管道与管接头之间的焊接应采用对口焊接。系统管道焊接时，应使用氩弧焊工艺，并应使用性能相容的焊条。

（4）管道穿越墙体、楼板处应使用套管，穿过墙体的套管长度不应小于该墙体的厚度，穿过楼板的套管长度应高出楼地面 50 mm。管道与套管间的空隙应采用防火封堵材料填塞密实。设置在有爆炸危险场所的管道应采取导除静电的措施。

（5）管道的固定应符合《细水雾灭火系统技术规范》（GB 50898—2013）第 3.3.9 条的规定。

（6）系统管道应采用防晃金属支架、吊架固定在建筑构件上。支架、吊架应能承受管道充满水时的重量及冲击，其间距不应大于《细水雾灭火系统技术规范》（GB 50898—2013）表 3.3.9 的规定。

（7）支架、吊架应进行防腐蚀处理，并采取防止与管道发生电化学腐蚀的措施。

【考点五】细水雾灭火系统喷头的安装要求【★★★】

《细水雾灭火系统技术规范》（GB 50898—2013）第 4.3.11 条规定，喷头的安装应在管道试压、吹扫合格后进行，并应符合下列规定：

（1）应根据设计文件逐个核对其生产厂标志、型号、规格和喷孔方向，不得对喷头进行拆装、改动。

（2）应采用专用扳手安装。

（3）喷头安装高度、间距，与吊顶、门、窗、洞口、墙或障碍物的距离应符合设计要求。

（4）不带装饰罩的喷头，其连接管管端螺纹不应露出吊顶，带装饰罩的喷头应紧贴吊顶，带有外置式过滤网的喷头，其过滤网不应伸入支干管内。

（5）喷头与管道的连接宜采用端面密封或 O 型圈密封，不应采用聚四氟乙烯、麻丝、黏结剂等作密封材料。

【考点六】细水雾灭火系统控制阀组的安装要求【★★】

《细水雾灭火系统技术规范》（GB 50898—2013）第 4.3.6 条规定：

（1）应按设计要求确定阀组的观测仪表和操作阀门的安装位置，并应便于观测和操作。阀组上的启闭标志应便于识别，控制阀上应设置标明所控制防护区的永久性标志牌。

（2）分区控制阀的安装高度宜为 1.2 ~ 1.6 m，操作面与墙或其他设备的距离不应小于 0.8 m，并应满足安全操作要求。

（3）分区控制阀应有明显启闭标志和可靠的锁定设施，并应具有启闭状态的信号反馈功能。

（4）闭式系统试水阀的安装位置应便于安全的检查、试验。

【考点七】细水雾灭火系统管网的冲洗、试压【★★】

（一）管网冲洗

《细水雾灭火系统技术规范》（GB 50898—2013）第 4.3.8 条规定，管道安装固定后，应进行冲洗，并应符合下列规定：

（1）冲洗前，应对系统的仪表采取保护措施，并应对管道支架、吊架进行检查，必要时应采取加固措施。

（2）冲洗用水的水质宜满足系统的要求。

（3）冲洗流速不应低于设计流速。

检查方法：宜采用最大设计流量，沿灭火时管网内的水流方向分区、分段进行，用白布检查无杂质为合格。

（二）管网试压

《细水雾灭火系统技术规范》（GB 50898—2013）第 4.3.9 条规定，管道冲洗合格后，管道应进行压力试验，并应符合下列规定：

（1）试验用水的水质应与管道的冲洗水一致。

（2）试验压力应为系统工作压力的 1.5 倍。

（3）试验的测试点宜设在系统管网的最低点，对不能参与试压的设备、仪表、阀门及附件应加以隔离或在试验后安装。

检查方法：管道充满水、排净空气，用试压装置缓慢升压，当压力升至试验压力后，稳压 5 min，管道无损坏、变形，再将试验压力降至设计压力，稳压 120 min，以压力不降、无渗漏、目测管道无变形为合格。

（三）管网吹扫

《细水雾灭火系统技术规范》（GB 50898—2013）第 4.3.10 条规定，压力试验合格后，系统管道宜采用压缩空气或氮气进行吹扫，吹扫压力不应大于管道的设计压力，流速不宜小于 20 m/s。

检查方法：在管道末端设置贴有白布或涂白漆的靶板，以 5 min 内靶板上无锈渣、灰尘、水渍及其他杂物为合格。

【考点八】细水雾灭火系统调试与现场功能测试【★★★】

（1）系统调试前，应具备下列条件：

1）系统及与系统联动的火灾报警系统或其他装置、电源等均应处于准工作状态，现场安全条件应符合调试要求。

2）系统调试时所需的检查设备应齐全，调试所需仪器、仪表应经校验合格并与系统连接和固定。

3）应具备经监理单位批准的调试方案。

（2）泵组调试应符合下列规定：

1）以自动或手动方式启动泵组时，泵组应立即投入运行。

2）以备用电源切换方式或备用泵切换启动泵组时，泵组应立即投入运行。

3）采用柴油泵作为备用泵时，柴油泵的启动时间不应大于 5 s。

4）控制柜应进行空载和加载控制调试，控制柜应能按其设计功能正常动作和显示。

（3）分区控制阀调试应符合下列规定：

1）对于开式系统，分区控制阀应能在接到动作指令后立即启动，并发出相应的阀门动作信号。

2）对于闭式系统，当分区控制阀采用信号阀时，应能反馈阀门的启闭状态和故障信号。

（4）系统应进行联动试验，对于允许喷雾的防护区或保护对象，应至少在一个区进行实际细水雾喷放试验；对于不允许喷雾的防护区或保护对象，应进行模拟细水雾喷放试验。

（5）开式系统的联动试验应符合下列规定：

1）进行实际细水雾喷放试验时，可采用模拟火灾信号启动系统，分区控制阀、泵组或瓶组应能及时动作并发出相应的动作信号，系统的动作信号反馈装置应能及时发出系统启动的反馈信号，相应防护区或保护对象保护面积内的喷头应喷出细水雾，相应场所入口处的警示灯应动作。

2）进行模拟细水雾喷放试验时，应手动开启泄放试验阀；采用模拟火灾信号启动系统时，泵组或瓶组应能及时动作并发出相应的动作信号，系统的动作信号反馈装置应能及时发出系统启动的反馈信号。

3）相应场所入口处的警示灯应动作。

（6）闭式系统的联动试验可利用试水阀放水进行模拟。打开试水阀后，泵组应能及时启动并发出相应的动作信号；系统的动作信号反馈装置应能及时发出系统启动的反馈信号。

（7）当系统需与火灾自动报警系统联动时，可利用模拟火灾信号进行试验。在模拟火灾信号下，火灾报警装置应能自动发出报警信号，系统应动作，相关联动控制装置应能发出自动关断指令，火灾时需要关闭的相关可燃气体或液体供给源关闭等设施应能联动关断。

【考点九】细水雾灭火系统验收【★★】

（一）主要组件的验收

1. 储气瓶组和储水瓶组验收要求

（1）瓶组的数量、型号、规格、安装位置、固定方式和标志，应符合设计要求和《细水雾灭火系统技术规范》（GB 50898—2013）第 4.3.3 条的规定。

（2）储水容器内水的充装量和储气容器内氮气或压缩空气的储存压力应符合设计要求。

检查数量：称重检查按储水容器全数（不足 5 个按 5 个计）的 20% 检查；储存压力检查按储气容器全数检查。

（3）瓶组机械应急操作处的标志应符合设计要求。应急操作装置应有铅封的安全销或保护罩。

2. 控制阀组验收要求

（1）控制阀的型号、规格、安装位置、固定方式和启闭标志等，并应符合设计要求和规定。

（2）开式系统分区控制阀组应能采用手动和自动方式可靠动作。

（3）闭式系统分区控制阀组应能采用手动方式可靠动作。

（4）分区控制阀前后的阀门均应处于常开位置。

（二）现场抽样检查及功能性测试

每个系统应进行模拟联动功能试验，并符合下列规定：

（1）动作信号反馈装置应能正常动作，并应能在动作后启动泵组或开启瓶组及与其联动的相关设备，可正确发出反馈信号。

（2）开式系统的分区控制阀应能正常开启，并可正确发出反馈信号。

（3）系统的流量、压力均应符合设计要求。

（4）泵组或瓶组及其他消防联动控制设备应能正常启动，并应有反馈信号显示。

（5）主、备电源应能在规定时间内正常切换。

【考点十】细水雾灭火系统维护检查【★★】

维护频次	维护内容
每日	每日应对系统的下列项目进行一次检查 （1）检查控制阀等各种阀门的外观及启闭状态是否符合设计要求 （2）检查系统主备电源的接通情况 （3）寒冷和严寒地区，应检查设置储水设备的房间温度，房间温度不应低于 5℃ （4）检查报警控制器、水泵控制柜（盘）的控制面板及显示信号状态 （5）检查系统的标志和使用说明等标识是否正确、清晰、完整，并处于正确位置
每月	每月应对系统的下列项目进行一次检查 （1）检查系统组件的外观，应无碰撞变形及其他机械性损伤 （2）检查分区控制阀动作是否正常 （3）检查阀门上的铅封或锁链是否完好，阀门是否处于正确位置 （4）检查储水箱和储水容器的水位及储气容器内的气体压力是否符合设计要求 （5）对于闭式系统，应利用试水阀对动作信号反馈情况进行试验，观察其是否正常动作和显示 （6）检查喷头的外观及备用数量是否符合要求 （7）检查手动操作装置的保护罩、铅封等是否完整无损
每季度	每季度应对系统的下列项目进行一次检查 （1）通过试验阀对泵组式系统进行一次放水试验，并应检查泵组启动、主备泵切换及报警联动功能是否正常 （2）检查瓶组式系统的控制阀动作是否正常 （3）检查管道和支、吊架是否松动，管道连接件是否变形、老化或裂纹等现象
每年	每年应对系统的下列项目进行一次检查 （1）定期测定一次系统水源的供水能力 （2）对系统组件、管道及管件进行一次全面检查，清洗储水箱、过滤器，并对控制阀后的管道进行吹扫 （3）储水箱应每半年换水一次，储水容器内的水应按产品制造商的要求定期更换 （4）进行系统模拟联动功能试验，并应符合规定

第七章　气体灭火系统

【考点一】气体灭火系统的分类【★★】

分类形式	分类类别
按防护对象的保护形式分类	可以分为全淹没系统和局部应用系统两种
按安装结构形式分类	可以分为管网灭火系统和无管网灭火装置（亦称预制灭火系统）。其中，管网灭火系统可以分为组合分配型和单元独立型灭火系统，无管网灭火装置可分为柜式和悬挂式气体灭火装置
按使用的灭火剂分类	可分为二氧化碳灭火系统、卤代烷烃灭火系统和惰性气体灭火系统等

【考点二】气体灭火系统管材、管道连接件的检查要求【★★】

（1）管材、管道连接件的品种、规格、性能等应符合相应产品标准和设计要求。

（2）管材、管道连接件的外观质量除应符合设计规定外，尚应符合下列规定：

1）镀锌层不得有脱落、破损等缺陷。

2）螺纹连接管道连接件不得有缺纹、断纹等现象。

3）法兰盘密封面不得有缺损、裂痕。

4）密封垫片应完好无划痕。

（3）管材、管道连接件的规格尺寸、厚度及允许偏差应符合其产品标准和设计要求。

（4）对属于下列情况之一的灭火剂、管材及管道连接件，应抽样复验，其复验结果应符合国家现行产品标准和设计要求。

1）设计有复验要求的。

2）对质量有疑义的。

【考点三】气体灭火系统组件安装前的检查内容及要求【★★★】

检查项目	检查要求
外观检查	灭火剂储存容器及容器阀、单向阀、连接管、集流管、安全泄放装置、选择阀、阀驱动装置、喷嘴、信号反馈装置、检漏装置、减压装置等系统组件的外观质量应符合下列规定 （1）系统组件无碰撞变形及其他机械性损伤 （2）组件外露非机械加工表面保护涂层完好 （3）组件所有外露接口均设有防护堵、盖，且封闭良好，接口螺纹和法兰密封面无损伤 （4）铭牌清晰、牢固、方向正确

续表

检查项目	检查要求
外观检查	（5）同一规格灭火剂储存容器的高度差不宜超过 20 mm （6）同一规格驱动气体储存容器的高度差不宜超过 10 mm
组件检查	灭火剂储存容器及容器阀、单向阀、连接管、集流管、安全泄放装置、选择阀、阀驱动装置、喷嘴、信号反馈装置、检漏装置、减压装置等系统组件应符合下列规定 （1）品种、规格、性能等应符合国家现行产品标准和设计要求 （2）设计有复验要求或对质量有疑义时，应抽样复验，复验结果应符合国家现行产品标准和设计要求
灭火剂储存容器内的充装量、充装压力及充装系数、装量系数检查	灭火剂储存容器内的充装量、充装压力及充装系数、装量系数应符合下列规定 （1）灭火剂储存容器的充装量、充装压力应符合设计要求，充装系数或装量系数应符合设计规范规定 （2）不同温度下灭火剂的储存压力应按相应标准确定
阀驱动装置检查	阀驱动装置应符合下列规定 （1）电磁驱动器的电源电压应符合系统设计要求。通电检查电磁铁芯，其行程应能满足系统启动要求，且动作灵活，无卡阻现象 （2）气动驱动装置储存容器内气体压力不应低于设计压力，且不得超过设计压力的 5%；气体驱动管道上的单向阀应启闭灵活，无卡阻现象 （3）机械驱动装置应传动灵活，无卡阻现象

【考点四】气体灭火系统灭火剂储存装置安装要求【★★】

（1）储存装置的安装位置应符合设计文件的要求。

（2）灭火剂储存装置安装后，泄压装置的泄压方向不应朝向操作面。低压二氧化碳灭火系统的安全阀应通过专用的泄压管连接到室外。

（3）储存装置上压力计、液位计、称重显示装置的安装位置应便于人员观察和操作。

（4）储存容器和集流管应采用支（框）架固定，固定应牢靠，并应做防腐处理。

（5）储存容器宜涂红色油漆，正面应标明设计规定的灭火剂名称和储存容器的编号。

（6）安装集流管前应检查内腔，确保清洁。

（7）集流管上的泄压装置的泄压方向不应朝向操作面。

（8）连接储存容器与集流管间的单向阀的流向指示箭头应指向介质流动方向。

【考点五】气体灭火系统选择阀及信号反馈装置安装要求【★★】

（1）选择阀操作手柄应安装在操作面一侧，当安装高度超过 1.7 m 时应采取便于操作的措施。

（2）采用螺纹连接的选择阀，其与管网连接处宜采用活接。

（3）选择阀的流向指示箭头应指向介质流动方向。

（4）选择阀上应设置标明防护区或保护对象名称或编号的永久性标志牌，并应便于观察。

（5）信号反馈装置的安装应符合设计要求。

【考点六】气体灭火系统阀驱动装置的安装要求【★★★】

（1）拉索式机械驱动装置的安装应符合下列规定：

1）拉索除必要外露部分外，应采用经内外防腐处理的钢管防护。

2）拉索转弯处应采用专用导向滑轮。

3）拉索末端拉手应设在专用的保护盒内。

4）拉索套管和保护盒应固定牢靠。

（2）安装重力式机械驱动装置时，应保证重物在下落行程中无阻挡，其下落行程应保证驱动所需距离，且不得小于 25 mm。

（3）电磁驱动装置驱动器的电气连接线应沿固定灭火剂储存容器的支、框架或墙面固定。

（4）气动驱动装置的安装应符合下列规定：

1）驱动气瓶的支、框架或箱体应固定牢靠，并做防腐处理。

2）驱动气瓶上应有标明驱动介质名称、对应防护区或保护对象名称或编号的永久性标志牌，并应便于观察。

（5）气动驱动装置的管道安装应符合下列规定：

1）管道布置应符合设计要求。

2）竖直管道应在其始端和终端设防晃支架或采用管卡固定。

3）水平管道应采用管卡固定，管卡的间距不宜大于 0.6 m，转弯处应增设 1 个管卡。

（6）气动驱动装置的管道安装后，应做气压严密性试验并合格。

【考点七】气体灭火系统灭火剂输送管道的安装要求【★★】

（1）灭火剂输送管道连接应符合下列规定：

1）采用螺纹连接时，管材宜采用机械切割；螺纹不得有缺纹、断纹等现象；螺纹连接的密封材料应均匀附着在管道的螺纹部分，拧紧螺纹时，不得将填料挤入管道内；安装后的螺纹根部应有 2 ~ 3 条外露螺纹；连接后，应将连接处外部清理干净并做防腐处理。

2）采用法兰连接时，衬垫不得凸入管内，其外边缘宜接近螺栓，不得放双垫或偏垫。连接法兰的螺栓，直径和长度应符合标准；拧紧后，凸出螺母的长度不应大于螺杆直径的 1/2 且保证有不少于 2 条外露螺纹。

3）已做防腐处理的无缝钢管不宜采用焊接连接，与选择阀等个别连接部位需采用法兰焊接时，应对被焊接损坏的防腐层进行二次防腐处理。

（2）管道穿过墙壁、楼板处应安装套管。套管公称直径比管道公称直径至少应大 2 级，穿墙套管长度应与墙厚相等，穿楼板套管长度应高出地板 50 mm。管道与套管间的空隙应采用防火封堵材料填塞密实。当管道穿越建筑物的变形缝时，应设置柔性管段。

（3）管道支、吊架的安装应符合下列规定：

1）管道应固定牢靠，管道支、吊架的最大间距应符合表 2—3—7—1 的规定。

2）管道末端应采用防晃支架固定，支架与末端喷嘴间的距离不应大于 500 mm。

3）公称直径大于或等于 50 mm 的主干管道，垂直方向和水平方向至少应各安装 1 个防晃支架，当穿过建筑物楼层时，每层应设 1 个防晃支架。当水平管道改变方向时，应增设防晃支架。

表 2—3—7—1　　管道支、吊架之间的最大间距

管道公称直径（mm）	15	20	25	32	40	50	65	80	100	150
最大间距（m）	1.5	1.8	2.1	2.4	2.7	3.0	3.4	3.7	4.3	5.2

4）灭火剂输送管道安装完毕后，应进行强度试验和气压严密性试验，并合格。

进行管道强度试验时，应将压力升至试验压力后保压 5 min，检查管道各连接处应无明显滴漏，目测管道应无变化。

管道气压严密性试验的加压介质可采用空气或氮气，试验压力为水压强度试验压力的 2/3。试验时应将压力升至试验压力，关断试验气源后，3 min 内压力降不应超过试验压力的 10%，且用涂刷肥皂水等方法检查防护区外的管道连接处，应无气泡产生。

（4）灭火剂输送管道在水压强度试验合格后，或气压严密性试验前，应进行吹扫。吹扫时，管道末端的气体流速不应小于 20 m/s。采用白布检查，直至无铁锈、尘土、水渍及其他污物出现。

（5）灭火剂输送管道的外表面宜涂红色油漆。

在吊顶内、活动地板下等隐蔽场所内的管道，可涂红色油漆色环，色环宽度不应小于 50 mm。每个防护区或保护对象的色环宽度应一致，间距应均匀。

【考点八】气体灭火系统及控制组件的安装要求【★★】

（1）安装喷嘴时，应按设计要求逐个核对其型号、规格及喷孔方向。

（2）安装在吊顶下的不带装饰罩的喷嘴，其连接管管端螺纹不应露出吊顶；安装在吊顶下的带装饰罩的喷嘴，其装饰罩应紧贴吊顶。

（3）柜式气体灭火装置、热气溶胶灭火装置等预制灭火系统及其控制器、声光报警器的安装位置应符合设计要求，并固定牢靠。

（4）柜式气体灭火装置、热气溶胶灭火装置等预制灭火系统装置的周围空间环境应符合设计要求。

（5）灭火控制装置的安装应符合设计要求，防护区内火灾探测器的安装应符合《火灾自动报警系统施工及验收规范》（CB 50166 —2007）的规定。

（6）设置在防护区处的手动、自动转换开关应安装在防护区入口便于操作的部位，安装高度为中心点距地（楼）面 1.5 m。

（7）手动启动、停止按钮应安装在防护区入口便于操作的部位，安装高度为中心点距地（楼）面 1.5 m；防护区的声光报警装置安装应符合设计要求，并应安装牢固，不得倾斜。

（8）气体喷放指示灯宜安装在防护区入口的正上方。

【考点九】气体灭火系统模拟启动试验【★★★】

调试时，应对所有防护区或保护对象按《气体灭火系统施工及验收规范》（GB 50263—2007）附录 E.2 的规定进行系统手动、自动模拟启动试验，并应合格。

（1）手动模拟启动试验可按下述方法进行：

按下手动启动按钮，观察相关动作信号及联动设备动作是否正常（如发出声、光报警，启动输出端的负载响应，关闭通风空调、防火阀等）。

人工使压力信号反馈装置动作，观察相关防护区门外的气体喷放指示灯是否正常。

（2）自动模拟启动试验可按下述方法进行：

1）将灭火控制器的启动输出端与灭火系统相应防护区驱动装置连接，驱动装置应与阀门的动作机构脱离。也可以用一个启动电压、电流与驱动装置的启动电压、电流相同的负载代替。

2）人工模拟火警使防护区内任意一个火灾探测器动作，观察单一火警信号输出后，相关报警设备动作是否正常（如警铃、蜂鸣器发出报警声等）。

3）人工模拟火警使该防护区内另一个火灾探测器动作，观察复合火警信号输出后，相关动作信号及联动设备动作是否正常（如发出声、光报警，启动输出端的负载，关闭通风空调、防火阀等）。

（3）模拟启动试验结果应符合下列规定：

1）延迟时间与设定时间相符，响应时间满足要求。

2）有关声、光报警信号正确。

3）联动设备动作正确。

4）驱动装置动作可靠。

【考点十】气体灭火系统喷气试验与切换操作试验【★★★★】

（一）气体灭火系统调试要求

调试时，应对所有防护区或保护对象按《气体灭火系统施工及验收规范》（GB 50263—2007）附录 E.3 的规定进行模拟喷气试验，并应合格。

柜式气体灭火装置、热气溶胶灭火装置等预制灭火系统的模拟喷气试验，宜各取一套分别按产品标准中有关联动试验的规定进行试验。

（1）模拟喷气试验的条件应符合下列规定：

1）IG541 混合气体灭火系统及高压二氧化碳灭火系统，应采用其充装的灭火剂进行模拟喷气试验。试验采用的储存容器数应为选定试验的防护区或保护对象设计用量所需容器总数的 5%，且不得少于 1 个。

2）低压二氧化碳灭火系统应采用二氧化碳灭火剂进行模拟喷气试验。

试验应选定输送管道最长的防护区或保护对象进行，喷放量不应小于设计用量的 10%。

3）卤代烷灭火系统模拟喷气试验不应采用卤代烷灭火剂，宜采用氮气，也可采用压缩空气。氮气或压缩空气储存容器与被试验的防护区或保护对象用的灭火剂储存容器的结构、型号、规格应相同，连接与控制方式应一致，氮气或压缩空气的充装压力按设计要求执行。氮气或压缩空气储存容器数不应少于灭火剂储存容器数的 20%，且不得少于 1 个。

（2）模拟喷气试验结果应符合下列规定：

1）延迟时间与设定时间相符，响应时间满足要求。

2）有关声、光报警信号正确。

3）有关控制阀门工作正常。

4）信号反馈装置动作后，气体防护区门外的气体喷放指示灯工作正常。

5）储存容器间内的设备和对应防护区或保护对象的灭火剂输送管道无明显晃动和机械性损坏。

6）试验气体能喷入被试防护区内或保护对象上，且应能从每个喷嘴喷出。

（二）气体灭火系统模拟切换操作试验要求

设有灭火剂备用量且储存容器连接在同一集流管上的系统应按《气体灭火系统施工及验收规范》（GB 50263—2007）附录E.4的规定进行模拟切换操作试验，并应合格。

（1）按使用说明书的操作方法，将系统使用状态从主用量灭火剂储存容器切换为备用量灭火剂储存容器。

（2）按《气体灭火系统施工及验收规范》（GB 50263—2007）附录E.3.1的方法进行模拟喷气试验。

（3）试验结果应符合《气体灭火系统施工及验收规范》（GB 50263—2007）附录E.3.2的规定。

【考点十一】气体灭火系统管道强度和气密性试验【★★★★】

灭火剂输送管道安装完毕后，应进行强度试验和气压严密性试验，并合格。

（一）水压强度试验

（1）水压强度试验压力应按下列规定取值：

1）对高压二氧化碳灭火系统，应取15.0 MPa；对低压二氧化碳灭火系统，应取4.0 MPa。

2）对IG541混合气体灭火系统，应取13.0 MPa。

3）对卤代烷1301灭火系统和七氟丙烷灭火系统，应取1.5倍系统最大工作压力，系统最大工作压力可按气体灭火系统施工及验收规范（GB 50263—2007）附录E.1表E取值。

（2）进行水压强度试验时，以不大于0.5 MPa/s的升压速率缓慢升压至试验压力，保压5 min，检查管道各处无渗漏，无变形为合格。

（二）气压强度试验

（1）当水压强度试验条件不具备时，可采用气压强度试验代替。气压强度试验压力取值：二氧化碳灭火系统取80%水压强度试验压力，IG541混合气体灭火系统取10.5 MPa，卤代烷1301灭火系统和七氟丙烷灭火系统取1.15倍最大工作压力。

（2）气压强度试验应遵守下列规定：

1）试验前，必须用加压介质进行预试验，预试验压力宜为0.2 MPa。

2）试验时，应逐步缓慢增加压力，当压力升至试验压力的50%时，如未发现异状或泄漏，继续按试验压力的10%逐级升压，每级稳压3 min，直至试验压力。保压检查管道各处无变形、无泄漏为合格。

（三）气密性试验

（1）灭火剂输送管道经水压强度试验合格后还应进行气密性试验；经气压强度试验合格且在试验后未拆卸过的管道可不进行气密性试验。

（2）灭火剂输送管道在水压强度试验合格后或气密性试验前，应进行吹扫。吹扫管道可采用压缩空气或氮气，吹扫时管道末端的气体流速不应小于20 m/s。采用白布检查，直至无铁锈、尘土、水渍及其他异物出现。

（3）气密性试验压力应按下列规定取值：

1）对灭火剂输送管道，应取水压强度试验压力的2/3。

2）对气动管道，应取驱动气体储存压力。

（4）进行气密性试验时，应以不大于 0.5 MPa/s 的升压速率缓慢升压至试验压力，关断试验气源 3 min 内压力降不超过试验压力的 10% 为合格。

（5）气压强度试验和气密性试验必须采取有效的安全措施。加压介质可采用空气或氮气。气动管道试验时应采取防止误喷射的措施。

【考点十二】气体灭火系统检测要求【★★★★】

《气体灭火系统设计规范》（GB 50370—2005）规定如下：

（1）两个或两个以上的防护区采用组合分配系统时，一个组合分配系统所保护的防护区不应超过 8 个。

（2）组合分配系统的灭火剂储存量，应按储存量最大的防护区确定。

（3）灭火系统的灭火剂储存量，应为防护区的灭火设计用量、储存容器内的灭火剂剩余量和管网内的灭火剂剩余量之和。

（4）灭火系统的储存装置 72 h 内不能重新充装恢复工作的，应按系统原储存量的 100% 设置备用量。

（5）灭火系统的设计温度，应采用 20℃。

（6）同一集流管上的储存容器，其规格、充压压力和充装量应相同。

（7）同一防护区，当设计两套或三套管网时，集流管可分别设置，系统启动装置必须共用。各管网上喷头流量均应按同一灭火设计浓度、同一喷放时间进行设计。

（8）管网上不应采用四通管件进行分流。

（9）喷头的保护高度和保护半径，应符合下列规定：

1）最大保护高度不宜大于 6.5 m。

2）最小保护高度不应小于 0.3 m。

3）喷头安装高度小于 1.5 m 时，保护半径不宜大于 4.5 m。

4）喷头安装高度不小于 1.5 m 时，保护半径不应大于 7.5 m。

（10）喷头宜贴近防护区顶面安装，距顶面的最大距离不宜大于 0.5 m。

（11）一个防护区设置的预制灭火系统，其装置数量不宜超过 10 台。

（12）同一防护区内的预制灭火系统装置多于 1 台时，必须能同时启动，其动作响应时差不得大于 2 s。

（13）单台热气溶胶预制灭火系统装置的保护容积不应大于 160 m^3；设置多台装置时，其相互间的距离不得大于 10 m。

（14）采用热气溶胶预制灭火系统的防护区，其高度不宜大于 6.0 m。

（15）热气溶胶预制灭火系统装置的喷口宜高于防护区地面 2.0 m。

【考点十三】气体灭火系统的操作与控制【★★★★】

（1）管网灭火系统应设自动控制、手动控制和机械应急操作三种启动方式，预制灭火系统应设自动控制和手动控制两种启动方式。

（2）采用自动控制启动方式时，根据人员安全撤离防护区的需要，应有不大于 30 s 的可控延迟喷射；对于平时无人工作的防护区，可设置为无延迟的喷射。

（3）灭火设计浓度或实际使用浓度大于无毒性反应浓度（NOAEL 浓度）的防护区和采用

热气溶胶预制灭火系统的防护区，应设手动与自动控制的转换装置。当人员进入防护区时，应能将灭火系统转换为手动控制方式；当人员离开时，应能恢复为自动控制方式。防护区内外应设手动、自动控制状态的显示装置。

（4）自动控制装置应在接到两个独立的火灾信号后才能启动。手动控制装置和手动与自动转换装置应设在防护区疏散出口的门外便于操作的地方，安装高度为中心点距地面 1.5 m。机械应急操作装置应设在储瓶间内或防护区疏散出口门外便于操作的地方。

（5）气体灭火系统的操作与控制，应包括对开口封闭装置、通风机械和防火阀等设备的联动操作与控制。

（6）组合分配系统启动时，选择阀应在容器阀开启前或同时打开。

【考点十四】气体灭火系统验收要求【★★★】

气体灭火系统功能验收应遵守下列要求：

（1）应进行模拟启动试验，并合格。

（2）应进行模拟喷气试验，并合格。

（3）应对设有灭火剂备用量的系统进行模拟切换操作试验，并合格。

（4）应对主用、备用电源进行切换试验，并合格。

【考点十五】气体灭火系统的维护频次及维护内容【★★★★★】

《气体灭火系统施工及验收规范》（GB 50263—2007）规定如下：

维护频次	维护内容
每日	每日应对低压二氧化碳储存装置的运行情况、储存装置间的设备状态进行检查并记录
每月	每月检查应符合下列要求 （1）低压二氧化碳灭火系统储存装置的液位计检查，灭火剂损失 10% 时应及时补充 （2）高压二氧化碳灭火系统、七氟丙烷管网灭火系统及 IG541 灭火系统等的检查内容及要求应符合下列规定 1）灭火剂储存容器及容器阀、单向阀、连接管、集流管、安全泄放装置、选择阀、阀驱动装置、喷嘴、信号反馈装置、检漏装置、减压装置等全部系统组件应无碰撞变形及其他机械性损伤，表面应无锈蚀，保护涂层应完好，铭牌和保护对象标志牌应清晰，手动操作装置的防护罩、铅封和安全标志应完整 2）灭火剂和驱动气体储存容器内的压力，不得小于设计储存压力的 90% （3）预制灭火系统的设备状态和运行状况应正常
每季度	每季度应对气体灭火系统进行一次全面检查，并应符合下列规定 （1）可燃物的种类、分布情况，防护区的开口情况，应符合设计规定 （2）储存装置间的设备、灭火剂输送管道和支、吊架的固定，应无松动 （3）连接管应无变形、裂纹及老化。必要时，送法定质量检验机构进行检测或更换 （4）各喷嘴孔口应无堵塞 （5）对高压二氧化碳储存容器逐个进行称重检查，灭火剂净重不得小于设计储存量的 90% （6）灭火剂输送管道有损伤与堵塞现象时，应按《气体灭火系统施工及验收规范》（GB 50263—2007）附录 E.1 的规定进行严密性试验和吹扫

续表

维护频次	维护内容
每年	每年应按《气体灭火系统施工及验收规范》(GB 50263—2007)附录E.2的规定，对每个防护区进行1次模拟启动试验，并应按《气体灭火系统施工及验收规范》(GB 50263—2007)第7.4.2条规定进行1次模拟喷气试验
其他	低压二氧化碳灭火剂储存容器的维护管理应按《压力容器安全技术监察规程》执行，钢瓶的维护管理应按《气瓶安全监察规程》执行，灭火剂输送管道耐压试验周期应按《压力管道安全管理与监察规定》执行

第八章　泡沫灭火系统

【考点一】泡沫液的现场检验【★★】

对属于下列情况之一的泡沫液，应由监理工程师组织现场取样，送至具备相应资质的检测单位进行检测，其结果应符合国家现行有关产品标准和设计要求。

（1）6% 型低倍数泡沫液设计用量大于或等于 7.0 t。

（2）3% 型低倍数泡沫液设计用量大于或等于 3.5 t。

（3）6% 蛋白型中倍数泡沫液最小储备量大于或等于 2.5 t。

（4）6% 合成型中倍数泡沫液最小储备量大于或等于 2.0 t。

（5）高倍数泡沫液最小储备量大于或等于 1.0 t。

（6）合同文件规定现场取样送检的泡沫液。

【考点二】系统组件外观、性能、强度及严密性检查【★★★★】

（一）系统组件的外观质量

（1）泡沫产生装置、泡沫比例混合器（装置）、泡沫液储罐、泡沫消防泵、泡沫消火栓、阀门、压力表、管道过滤器、金属软管等系统组件的外观质量，应符合下列规定：

1）无变形及其他机械性损伤。

2）外露非机械加工表面保护涂层完好。

3）无保护涂层的机械加工面无锈蚀。

4）所有外露接口无损伤，堵、盖等保护物包封良好。

5）铭牌标记清晰、牢固。

（2）消防泵盘车应运转灵活，无阻滞，无异常声响；高倍数泡沫产生器用手转动叶轮应灵活；固定式泡沫炮的手动机构应无卡阻现象。

（二）系统组件的性能检查

泡沫产生装置、泡沫比例混合器（装置）、泡沫液压力储罐、泡沫消防泵、泡沫消火栓、阀门、压力表、管道过滤器、金属软管等系统组件应符合下列规定：

（1）型号、规格、性能应符合国家现行产品标准和设计要求。

（2）设计上有复验要求或对质量有疑义时，应由监理工程师抽样，并由具有相应资质的检测单位进行检测复验。复验结果应符合国家现行产品标准和设计要求。

（三）系统组件的强度和严密性检查

阀门的强度和严密性试验应符合下列规定：

（1）强度和严密性试验应采用清水进行，强度试验压力为公称压力的 1.5 倍，严密性试验压力为公称压力的 1.1 倍。

（2）试验压力在试验持续时间内应保持不变，且壳体填料和阀瓣密封面无渗漏。

（3）阀门试压的试验持续时间不应少于表 2—3—8—1 的规定。

表 2—3—8—1 阀门试验持续时间

公称直径 DN（mm）	最短试验持续时间（s）		
	严密性试验		强度试验
	金属密封	非金属密封	
≤ 50	15	15	15
65 ~ 200	30	15	60
200 ~ 450	60	30	180

（4）试验合格的阀门，应排尽内部积水，并吹干。密封面涂防锈油，关闭阀门，封闭出入口，做出明显的标记，并按要求记录。

（四）检查数量与方法

（1）检查数量。每批（同牌号、同型号、同规格）按数量抽查 10%，且不得少于 1 个；主管道上的隔断阀门应全部试验。

（2）检查方法。将阀门安装在试验管道上，对于有液流方向要求的阀门，试验管道应安装在阀门的进口，然后管道充满水，排净空气，用试压装置缓慢升压，待达到严密性试验压力后，在最短试验持续时间内，以阀瓣密封面不渗漏为合格；最后将压力升至强度试验压力，在最短试验持续时间内，以壳体填料无渗漏为合格。

【考点三】泡沫液储罐的安装要求【★★★】

项目	要求
一般要求	泡沫液储罐的安装位置和高度应符合设计要求，当设计无要求时，泡沫液储罐周围应留有满足检修需要的通道，其宽度不宜小于 0.7 m，且操作面不宜小于 1.5 m；当泡沫液储罐上的控制阀距地面高度大于 1.8 m 时，应在操作面处设置操作平台或操作凳
常压泡沫液储罐的安装	常压泡沫液储罐的现场制作、安装和防腐应符合下列规定 （1）现场制作的常压钢质泡沫液储罐，泡沫液管道出液口不应高于泡沫液储罐最低液面 1 m，泡沫液管道吸液口距泡沫液储罐底面不应小于 0.15 m，且最好做成喇叭口形 （2）现场制作的常压钢质泡沫液储罐应该进行严密性试验，试验压力应为储罐装满水后的静压力，试验时间不应小于 30 min，目测应无渗漏 （3）现场制作的常压钢质泡沫液储罐内、外表面应按设计要求进行防腐处理，并应在严密性试验合格后进行 （4）常压泡沫液储罐的安装方式应符合设计要求。当设计无要求时，应根据其形状按立式或卧式安装在支架或支座上，支架应与基础固定，安装时不得损坏其储罐上的配管和附件 （5）常压钢质泡沫液储罐罐体与支座接触部位的防腐应符合设计要求。当设计无规定时，应按加强防腐层的做法施工
泡沫液压力储罐的安装	（1）安装泡沫液压力储罐时，支架应与基础牢固固定，且不应拆卸和损坏配管、附件；储罐的安全阀出口不应朝向操作面 （2）设在泡沫泵站外的泡沫液压力储罐的安装应符合设计要求，并应根据环境条件采取防晒、防冻和防腐等措施

【考点四】泡沫比例混合器（装置）的安装要求【★★】

项目	安装要求
一般要求	泡沫比例混合器（装置）的安装应符合下列规定 （1）泡沫比例混合器（装置）的标注方向应与液流方向一致 （2）泡沫比例混合器（装置）与管道连接处的安装应严密
环泵式比例混合器的安装	环泵式比例混合器的安装应符合下列规定 （1）环泵式比例混合器安装标高的允许偏差为 ±10 mm （2）备用的环泵式比例混合器应并联安装在系统上，并有明显的标志
压力式比例混合装置的安装	压力式比例混合装置应整体安装，并与基础牢固固定
平衡式比例混合装置的安装	平衡式比例混合装置的安装应符合下列规定 （1）整体平衡式比例混合装置应竖直安装在压力水的水平管道上，并在水和泡沫液进口的水平管道上分别安装压力表，且与平衡式比例混合装置进口处的距离不宜大于 0.3 m （2）分体平衡式比例混合装置的平衡压力流量控制阀应竖直安装 （3）水力驱动式平衡式比例混合装置的泡沫液泵应水平安装，安装尺寸和管道的连接方式应符合设计要求
管线式比例混合器的安装	管线式比例混合器应安装在压力水的水平管道上或串接在消防水带上，并靠近储罐或防护区，其吸液口与泡沫液储罐或泡沫液桶最低液面的高度差不得大于 1.0 m

【考点五】泡沫灭火系统阀门的安装要求【★★】

《泡沫灭火系统施工及验收规范》（GB 50281—2006）第 5.5.6 条规定，阀门的安装应符合下列规定：

（1）泡沫混合液管道采用的阀门应按相关标准进行安装，并应有明显的启闭标志。

（2）具有遥控、自动控制功能的阀门安装，应符合设计要求；当设置在有爆炸和火灾危险的环境时，应按相关标准安装。

（3）液下喷射和半液下喷射泡沫灭火系统泡沫管道进储罐处设置的钢质明杆闸阀和止回阀应水平安装，其止回阀上标注的方向应与泡沫的流动方向一致。

（4）高倍数泡沫产生器进口端泡沫混合液管道上设置的压力表、管道过滤器、控制阀宜安装在水平支管上。

（5）泡沫混合液管道上设置的自动排气阀应在系统试压、冲洗合格后进行立式安装。

（6）连接泡沫产生装置的泡沫混合液管道上控制阀的安装应符合下列规定：

1）控制阀应安装在防火堤外压力表接口的外侧，并应有明显的启闭标志。

2）泡沫混合液管道设置在地上时，控制阀的安装高度宜为 1.1 ~ 1.5 m。

3）当环境温度为 0℃及以下的地区采用铸铁控制阀时，若管道设置在地上，铸铁控制阀应安装在立管上；若管道埋地或地沟内设置，铸铁控制阀应安装在阀门井内或地沟内，并应采取防冻措施。

（7）当储罐区固定式泡沫灭火系统同时又具备半固定系统功能时，应在防火堤外泡沫混合液管道上安装带控制阀和带闷盖的管牙接口，并应符合上述第（6）款的有关规定。

（8）泡沫混合液立管上设置的控制阀，其安装高度宜为 1.1 ~ 1.5 m，并应有明显的启闭标志；当控制阀的安装高度大于 1.8 m 时，应设置操作平台或操作凳。

（9）消防泵的出液管上设置的带控制阀的回流管，应符合设计要求，控制阀的安装高度距地面宜为 0.6 ~ 1.2 m。

（10）管道上的放空阀应安装在最低处。

【考点六】泡沫消火栓的安装要求【★★】

泡沫消火栓的安装应符合下列规定：

（1）泡沫混合液管道上设置泡沫消火栓的型号、规格、数量、位置、安装方式、间距应符合设计要求。

（2）地上式泡沫消火栓应垂直安装，地下式泡沫消火栓应安装在消火栓井内泡沫混合液管道上。

（3）地上式泡沫消火栓的大口径出液口应朝向消防车道。

（4）地下式泡沫消火栓时应有明显永久性标志，其顶部与井盖底面的距离不得大于 0.4 m，且不小于井盖半径。

（5）室内泡沫消火栓的栓口方向宜向下或与设置泡沫消火栓的墙面成 90°，栓口离地面或操作基面的高度一般为 1.1 m，允许偏差为 ±20 mm，坐标的允许偏差为 20 mm。

（6）泡沫泵站内或站外附近泡沫混合液管道上设置的泡沫消火栓，应符合设计要求，其安装按本条相关规定执行。

【考点七】泡沫产生装置的安装要求【★★】

项目	要求
低倍数泡沫产生器的安装	低倍数泡沫产生器的安装应符合下列规定 （1）液上喷射的泡沫产生器应根据产生器类型安装，并应符合设计要求 （2）水溶性液体储罐内泡沫溜槽的安装应沿罐壁内侧螺旋下降到距罐底 1.0 ~ 1.5 m 处，溜槽与罐底平面夹角一般为 30° ~ 45°；泡沫降落槽应垂直安装，其垂直度允许偏差为降落槽高度的 5‰，且不得超过 30 mm，坐标允许偏差为 25 mm，标高允许偏差为 ±20 mm （3）液下及半液下喷射的高背压泡沫产生器应水平安装在防火堤外的泡沫混合液管道上 （4）在高背压泡沫产生器进口侧设置的压力表接口应竖直安装；其出口侧设置的压力表、背压调节阀和泡沫取样口的安装尺寸应符合设计要求；环境温度为 0℃及以下的地区，背压调节阀和泡沫取样口上的控制阀应选用钢质阀门 （5）液下喷射泡沫产生器或泡沫导流罩沿罐周均匀布置时，其间距偏差一般不大于 100 mm （6）外浮顶储罐泡沫喷射口设置在浮顶上时，泡沫混合液支管应固定在支架上，泡沫喷射口 T 型管应水平安装，伸入泡沫堰板后向下倾斜 30° ~ 60° （7）外浮顶储罐泡沫喷射口设置在罐壁顶部、密封、挡雨板上方或金属挡雨板的下部时，泡沫堰板的高度及与罐壁的间距应符合设计要求 （8）泡沫堰板的最低部位设置排水孔的数量和尺寸应符合设计要求，并应沿泡沫堰板周长均布，其间距偏差不宜大于 20 mm

续表

项目	要求
低倍数泡沫产生器的安装	（9）单、双盘式内浮顶储罐泡沫堰板的高度及与罐壁的间距应符合设计要求 （10）当一个储罐所需的高背压泡沫产生器并联安装时，应将其并列固定在支架上，且应符合本条第 3 款和第 4 款的有关规定 （11）半液下泡沫喷射装置应整体安装在泡沫管道进入储罐处设置的钢质明杆闸阀与止回阀之间的水平管道上，并采用扩张器（伸缩器）或金属软管与止回阀连接，安装时不应拆卸和损坏密封膜及其附件
中倍数泡沫产生器的安装	中倍数泡沫产生器的安装应符合设计要求，安装时不得损坏或随意拆卸附件
高倍数泡沫产生器的安装	高倍数泡沫产生器的安装应符合下列规定 （1）高倍数泡沫产生器的安装应符合设计要求 （2）距高倍数泡沫产生器的进气端小于或等于 0.3 m 处不应有遮挡物 （3）在高倍数泡沫产生器的发泡网前小于或等于 1.0 m 处，不应有影响泡沫喷放的障碍物 （4）高倍数泡沫产生器应整体安装，不得拆卸，并应牢固固定
泡沫喷头的安装	泡沫喷头的安装应符合下列规定 （1）泡沫喷头的型号、规格应符合设计要求，并应在系统试压、冲洗合格后安装 （2）泡沫喷头的安装应牢固、规整，安装时不得拆卸或损坏喷头上的附件 （3）顶部安装的泡沫喷头应安装在被保护物的上部，其坐标的允许偏差，室外安装为 15 mm，室内安装为 10 mm；标高的允许偏差，室外安装为 ±15 mm，室内安装为 ±10 mm （4）侧向安装的泡沫喷头应安装在被保护物的侧面并对准被保护物体，其距离允许偏差为 20 mm （5）地下安装的泡沫喷头应安装在被保护物的下方，并应在地面以下；在未喷射泡沫时，其顶部应低于地面 10 ~ 15 mm
固定式泡沫炮的安装	固定式泡沫炮的安装应符合下列规定 （1）固定式泡沫炮的立管应垂直安装，炮口应朝向防护区，并不应有影响泡沫喷射的障碍物 （2）安装在炮塔或支架上的泡沫炮应牢固固定 （3）电动泡沫炮的控制设备、电源线、控制线的型号、规格及设置位置、敷设方式、接线等应符合设计要求

【考点八】泡沫灭火系统管网、管道安装要求【★★】

项目	安装要求
一般要求	管道的安装应符合下列规定 （1）水平管道安装时，其坡度、坡向应符合设计要求，且坡度不应小于设计值，当出现 U 型管时应有放空措施 检查数量：干管抽查 1 根；支管抽查 2 根；分支管抽查 10%，但不得少于 1 条；泡沫喷淋分支管抽查 5%，但不得少于 1 条 （2）立管应用管卡固定在支架上，管卡间距不应大于设计值

续表

项目	安装要求
一般要求	（3）埋地管道安装应符合下列规定 1）埋地管道的基础应符合设计要求 2）埋地管道安装前应做好防腐，安装时不应损坏防腐层 3）埋地管道采用焊接时，焊缝部位应在试压合格后进行防腐处理 4）埋地管道在回填前应进行隐蔽工程验收，合格后及时回填，分层夯实，并应按规范记录 （4）管道安装的允许偏差应符合要求 （5）管道支、吊架安装应平整牢固，管墩的砌筑应规整，其间距应符合设计要求。检查数量：按安装总数的 5% 抽查，且不得少于 5 个 （6）当管道穿过防火堤、防火墙、楼板时，应安装套管。穿防火堤和防火墙套管的长度不应小于防火堤和防火墙的厚度；穿楼板套管长度应高出楼板 50 mm，底部应与楼板底面相平；管道与套管间的空隙应采用防火材料封堵；管道穿过建筑物的变形缝时，应采取保护措施
泡沫混合液管道的安装	泡沫混合液管道的安装除应符合《泡沫灭火系统施工及验收规范》（GB 50281—2006）第 5.5.1 条的规定外，尚应符合下列规定 （1）当储罐上的泡沫混合液立管与防火堤内地上水平管道或埋地管道用金属软管连接时，不得损坏其编织网，并应在金属软管与地上水平管道的连接处设置管道支架或管墩 （2）储罐上泡沫混合液立管下端设置的锈渣清扫口与储罐基础或地面的距离一般为 0.3 ~ 0.5 m；锈渣清扫口需要采用闸阀或盲板封堵；当采用闸阀时，应竖直安装 （3）当外浮顶储罐的泡沫喷射口设置在浮顶上，且泡沫混合液管道采用的耐压软管从储罐内通过时，耐压软管安装后的运动轨迹不得与浮顶的支撑结构相碰，且与储罐底部伴热管的距离应大于 0.5 m （4）外浮顶储罐梯子平台上设置的带闷盖的管牙接口，应靠近平台栏杆安装，并高出平台 1.0 m，其接口应朝向储罐；引至防火堤外设置的相应管牙接口，应面向道路或朝下 （5）连接泡沫产生装置的泡沫混合液管道上设置的压力表接口宜靠近防火堤外侧，并竖直安装 （6）泡沫产生装置入口处的管道应用管卡固定在支架上，其出口管道在储罐上的开口位置和尺寸应符合设计及产品要求 检查数量：按安装总数的 10% 检查，且不得少于 1 处 （7）泡沫混合液主管道上留出的流量检测仪器安装位置应符合设计要求 （8）泡沫混合液管道上试验检测口的设置位置和数量应符合设计要求
泡沫管道的安装	液下喷射和半液下喷射泡沫管道的安装除应符合《泡沫灭火系统施工及验收规范》（GB 50281—2006）第 5.5.1 条的规定外，尚应符合下列规定 （1）液下喷射泡沫喷射管的长度和泡沫喷射口的安装高度，应符合设计要求。当液下喷射有 1 个喷射口设在储罐中心时，其泡沫喷射管应固定在支架上；当液下喷射和半液下喷射设有 2 个及以上喷射口，并沿罐周均匀设置时，其间距偏差不宜大于 100 mm 检查数量：按安装总数的 10% 检查，但不得少于 1 个储罐的安装数量 （2）半固定式系统的泡沫管道，在防火堤外设置的高背压泡沫产生器快装接口应该水平安装 （3）液下喷射泡沫管道上的防油品渗漏设施宜安装在止回阀出口或泡沫喷射口处；半液下喷射泡沫管道上防油品渗漏的密封膜应安装在泡沫喷射装置的出口；安装应按设计要求进行，且不应损坏密封膜

续表

项目	安装要求
泡沫液管道的安装	泡沫液管道的安装除应符合《泡沫灭火系统施工及验收规范》（GB 50281—2006）第 5.5.1 条的规定外，其冲洗及放空管道设置尚应符合设计要求，当设计无要求时，应设置在泡沫液管道的最低处
泡沫喷淋管道的安装	泡沫喷淋管道的安装除应符合《泡沫灭火系统施工及验收规范》（GB 50281—2006）第 5.5.1 条的规定外，尚应符合下列规定 （1）泡沫喷淋管道支、吊架与泡沫喷头之间的距离不宜小于 0.3 m，与末端泡沫喷头之间的距离不宜大于 0.5 m （2）泡沫喷淋分支管上每一直管段，相邻两泡沫喷头之间的管段设置的支、吊架均不宜少于 1 个，且支、吊架的间距不宜大于 3.6 m；当泡沫喷头的设置高度大于 10 m 时，支、吊架的间距不宜大于 3.2 m

【考点九】泡沫灭火系统的试压、冲洗要求【★★】

项目	试压、冲洗要求
管道的水压试验	管道安装完毕后应进行水压试验，并应符合下列规定 （1）试验应采用清水进行。试验时，环境温度不应低于 5℃；当环境温度低于 5℃时，应采取防冻措施 （2）试验压力应为设计压力的 1.5 倍 （3）试验前应将泡沫产生装置、泡沫比例混合器（装置）隔离 （4）试验合格后，应按要求做好记录 检查方法：管道充满水，排净空气，用试压装置缓慢升压，当压力升至试验压力后，稳压 10 min，管道无损坏、变形；再将试验压力降至设计压力，稳压 30 min，以压力下降、无渗漏为合格
管道的冲洗	管道的安装应符合下列规定 （1）管道试压合格后，需要用清水进行冲洗，冲洗合格后，不得再进行影响管内清洁的其他施工，并应按《泡沫灭火系统施工及验收规范》（GB 50281—2006）附录表 B.0.2-5 进行记录 检查方法：采用最大设计流量进行清洗，流速不低于 1.5 m/s，以排出水的颜色和透明度与入口水目测一致为合格 （2）地上管道应在试压、冲洗合格后进行涂漆防腐

【考点十】泡沫灭火系统组件调试要求【★★★】

项目	调试要求
泡沫比例混合器（装置）的调试	泡沫比例混合器（装置）调试时，应与系统喷泡沫试验同时进行，其混合比应符合设计要求 检查方法：用流量计测量；蛋白、氟蛋白等折射指数高的泡沫液可用手持折射仪测量，水成膜、抗溶水成膜等折射指数低的泡沫液可用手持导电度测量仪测量
泡沫产生装置的调试	泡沫产生装置的调试应符合下列规定 （1）低倍数（含高背压）泡沫产生器、中倍数泡沫产生器应进行喷水试验，其进口压力应符合设计要求

续表

项目	调试要求
泡沫产生装置的调试	（2）泡沫喷头应进行喷水试验，其防护区内任意4个相邻喷头组成的四边形保护面积内的平均供给强度不应小于设计值 （3）固定式泡沫炮应进行喷水试验，其进口压力、射程、射高、仰俯角度、水平回转角度等指标应符合设计要求 （4）泡沫枪应进行喷水试验，其进口压力和射程应符合设计要求 （5）高倍数泡沫产生器应进行喷水试验，其进口压力的平均值不应小于设计值，每台高倍数泡沫产生器发泡网的喷水状态应正常
泡沫消火栓的调试	泡沫消火栓应进行喷水试验，其出口压力应符合设计要求

【考点十一】泡沫灭火系统功能试验要求【★★★】

泡沫灭火系统的调试应符合下列规定：

（1）当为手动灭火系统时，应以手动控制的方式进行一次喷水试验；当为自动灭火系统时，应以手动和自动控制的方式各进行一次喷水试验。其各项性能指标均应达到设计要求。

检查数量：当为手动灭火系统时，选择最远的防护区或储罐；当为自动灭火系统时，选择最大和最远两个防护区或储罐分别以手动和自动的方式进行试验。

（2）低、中倍数泡沫灭火系统按本条第（1）款的规定喷水试验完毕，将水放空后，进行喷泡沫试验；当为自动火火系统时，应以自动控制的方式进行；喷射泡沫的时间不应小于1 min；实测泡沫混合液的混合比、泡沫混合液的发泡倍数及到达最不利点防护区或储罐的时间和湿式联用系统自喷水至喷泡沫的转换时间应符合设计要求。

检查数量：选择最不利点的防护区或储罐，进行一次试验。

（3）高倍数泡沫灭火系统按本条第（1）款的规定喷水试验完毕，将水放空后，应以手动或自动控制的方式对防护区进行喷泡沫试验，喷射泡沫的时间不应小于30 s，实测泡沫混合液的混合比、泡沫供给速率及自接到火灾模拟信号至开始喷泡沫的时间应符合设计要求。

【考点十二】泡沫灭火系统验收要求【★★】

（1）泡沫灭火系统应对施工质量进行验收，并应包括下列内容：

1）泡沫液储罐、泡沫比例混合器（装置）、泡沫产生装置、消防泵、泡沫消火栓、阀门、压力表、管道过滤器、金属软管等系统组件的型号、规格、数量、安装位置及安装质量。

2）管道及附件的型号、规格、位置、坡向、坡度、连接方式及安装质量。

3）固定管道的支、吊架，管墩的位置、间距及牢固程度。

4）管道穿防火堤、楼板、防火墙及变形缝的处理。

5）管道和系统组件的防腐。

6）消防泵房、水源及水位指示装置。

7）动力源、备用动力及电气设备。

（2）泡沫灭火系统应对系统功能进行验收，并应符合下列规定：

1）低、中倍数泡沫灭火系统喷泡沫试验应合格。

检查数量：任选一个防护区或储罐，进行一次试验。

2）高倍数泡沫灭火系统喷泡沫试验应合格。

检查数量：任选一个防护区，进行一次试验。

【考点十三】低倍数泡沫灭火系统设计要求【★★★★】

（一）泡沫灭火系统分类

（1）低倍数泡沫：发泡倍数低于20的灭火泡沫。

（2）中倍数泡沫：发泡倍数为20～200的灭火泡沫。

（3）高倍数泡沫：发泡倍数高于200的灭火泡沫。

（二）固定顶储罐设计要求

（1）储罐区低倍数泡沫灭火系统的选择，应符合下列规定：

1）非水溶性甲、乙、丙类液体固定顶储罐，应选用液上喷射、液下喷射或半液下喷射系统。

2）水溶性甲、乙、丙类液体和其他对普通泡沫有破坏作用的甲、乙、丙类液体固定顶储罐，应选用液上喷射系统或半液下喷射系统。

3）外浮顶和内浮顶储罐应选用液上喷射系统。

4）非水溶性液体外浮顶储罐、内浮顶储罐、直径大于18 m的固定顶储罐及水溶性甲、乙、丙类液体立式储罐，不得选用泡沫炮作为主要灭火设施。

5）高度大于7 m或直径大于9 m的固定顶储罐，不得选用泡沫枪作为主要灭火设施。

（2）储罐区泡沫灭火系统扑救一次火灾的泡沫混合液设计用量，应按罐内用量、该罐辅助泡沫枪用量、管道剩余量三者之和最大的储罐确定。

（3）固定式泡沫灭火系统的设计应满足在泡沫消防水泵或泡沫混合液泵启动后，将泡沫混合液或泡沫输送到保护对象的时间不大于5 min。

（4）泡沫混合液供给强度及连续供给时间应符合下列规定：

1）非水溶性液体储罐液上喷射系统，其泡沫混合液供给强度和连续供给时间不应小于表2—3—8—2的规定。

表2—3—8—2　　泡沫混合液供给强度和连续供给时间

系统形式	泡沫液种类	供给强度[L/(min·m^2)]	连续供给时间（min）	
			甲、乙类液体	丙类液体
固定式、半固定式系统	蛋白	6.0	40	30
	氟蛋白、水成膜、成膜氟蛋白	5.0	45	30
移动式系统	蛋白、氟蛋白	8.0	60	45
	水成膜、成膜氟蛋白	6.5	60	45

2）非水溶性液体储罐液下或半液下喷射系统，其泡沫混合液供给强度不应小于5.0 L/(min·m^2)、连续供给时间不应小于40 min。

【考点十四】泡沫灭火系统维护频次及内容【★★★★】

维护频次	维护内容
每周	每周应对消防泵和备用动力以手动或自动控制的方式进行一次启动试验
每月	每月应对系统进行检查，并应按《泡沫灭火系统施工及验收规范》（GB 50281—2006）附录表 D.0.2 记录，检查内容及要求应符合下列规定 （1）对低、中、高倍数泡沫产生器，泡沫喷头，固定式泡沫炮，泡沫比例混合器（装置），泡沫液储罐进行外观检查，应完好无损 （2）对固定式泡沫炮的回转机构、仰俯机构或电动操作机构进行检查，性能应达到标准要求 （3）泡沫消火栓和阀门的开启与关闭应自如，不应有锈蚀 （4）压力表、管道过滤器、金属软管、管道及附件不应有损伤。 （5）对遥控功能或自动控制设施及操纵机构进行检查，性能应符合设计要求 （6）对储罐上的低、中倍数泡沫混合液立管应清除锈渣 （7）动力源和电气设备工作状况应良好 （8）水源及水位指示装置应正常
每半年	每半年除储罐上泡沫混合液立管和液下喷射防火堤内泡沫管道以及高倍数泡沫产生器进口端控制阀后的管道外，其余管道应全部冲洗，清除锈渣
每两年	每两年应对系统进行检查和试验，检查和试验的内容及要求应符合下列规定 （1）对于低倍数泡沫灭火系统中的液上、液下及半液下喷射、泡沫喷淋、固定式泡沫炮和中倍数泡沫灭火系统进行喷泡沫试验，并对系统所有的组件、设施、管道及管件进行全面检查 （2）对于高倍数泡沫灭火系统，可在防护区内进行喷泡沫试验，并对系统所有组件、设施、管道及管件进行全面检查 （3）系统检查和试验完毕，应对泡沫液泵或泡沫混合液泵、泡沫液管道、泡沫混合液管道、泡沫管道、泡沫比例混合器（装置）、泡沫消火栓、管道过滤器或喷过泡沫的泡沫产生装置等用清水冲洗后放空，复原系统

【考点十五】泡沫灭火系统常见故障分析及处理【★★】

常见故障	故障分析	故障处理
泡沫产生器无法发泡或发泡不正常	（1）泡沫产生器吸气口被异物堵塞 （2）泡沫混合液不满足要求，如泡沫液失效、混合比不满足要求	（1）加强对泡沫产生器的巡检，发现异物及时清理 （2）加强对泡沫比例混合器（装置）和泡沫液的维护和检测
比例混合器锈死	使用后未及时用清水冲洗，泡沫液长期腐蚀混合器致使锈死	加强检查，定期拆下保养，系统平时试验完毕后，一定要用清水冲洗干净
无囊式压力比例混合装置的泡沫液储罐进水	储罐进水的控制阀门选型不当或不合格，导致平时出现渗漏	严格阀门选型，采用合格产品，加强巡检，发现问题及时处理

续表

常见故障	故障分析	故障处理
囊式压力比例混合装置中因囊破裂而使系统瘫痪	（1）比例混合装置中的囊因老化，承压降低，导致系统运行时发生破裂 （2）因胶囊受力设计不合理，灌装泡沫液方法不当而导致囊破裂	（1）对胶囊加强维护管理，定期更换 （2）采用合格产品，按正确的方法进行灌装
平衡式比例混合装置的平衡阀无法工作	平衡阀的橡胶膜片由于承压过大被损坏	（1）选用采用耐压强度高的膜片 （2）平时加强维护管理

第九章　干粉灭火系统

【考点一】干粉储存容器、组件及阀驱动的现场检查【★★】

（一）干粉储存容器的现场检查

检查项目	检查内容
外观质量检查	铭牌清晰、牢固、方向正确；干粉储存容器外表颜色为红色；无碰撞变形及其他机械性损伤；外露非机械加工表面保护涂层完好；品种、规格、性能等符合国家现行产品标准和设计要求。可采用目测观察，通过核查产品出厂合格证和法定机构出具的有效证明文件等方法进行检查
密封面检查	要求所有外露接口均设有防护堵、盖，且封闭良好，接口螺纹和法兰密封面无损伤，可采用目测观察检查
充装量检查	要求实际充装量不得小于设计充装量，也不得超过设计充装量的3%。可通过核查产品出厂合格证、灭火剂充装时称重测量等方法检查

（二）干粉灭火系统组件的现场检查

检查项目	检查内容
外观检查	（1）铭牌清晰、牢固、方向正确 （2）无碰撞变形及其他机械性损伤 （3）外露非机械加工表面保护涂层完好 （4）品种、规格、性能等符合国家现行产品标准和设计标准要求 （5）对同一规格的干粉储存容器和驱动气体储瓶，其高度差不超过20 mm （6）对同一规格的启动气体储瓶，其高度差不超过10 mm （7）驱动气体储瓶容器阀具有手动操作机构 （8）选择阀在明显部位永久性标有介质的流动方向
密封面检查	（1）外露接口均设有防护堵、盖，且封闭良好 （2）接口螺纹和法兰密封面无损伤

（三）干粉灭火系统阀驱动装置的现场检查

检查项目	检查内容
外观质量检查	（1）铭牌清晰、牢固、方向正确 （2）无碰撞变形及其他机械性损伤 （3）外露非机械加工表面保护涂层完好 （4）所有外露接口均设有防护堵、盖，且封闭良好，接口螺纹和法兰密封面无损伤
功能检查	（1）电磁驱动器的电源电压符合设计要求。电磁铁芯通电检查后行程能满足系统启动要求，且动作灵活，无卡阻现象 （2）启动气体储瓶内压力不低于设计压力，且不超过设计压力的5%，设置在启动气体管道的单向阀启闭灵活，无卡阻现象 （3）机械驱动装置传动灵活，无卡阻现象

【考点二】干粉灭火系统组件的安装与技术检测【★★】

检测项目	检测要求
干粉储存容器	干粉储存容器在安装前须核对其安装位置是否符合设计图样要求，周边是否留有操作空间及维修间距；安装时干粉储存容器的支座应与地面固定牢固，并做防腐处理；安装地点避免潮湿或高温环境，不受阳光直接照射 在安装时，要注意安全防护装置的泄压方向不能朝向操作面；压力显示装置方便人员观察和操作；阀门便于手动操作
驱动气体储瓶	驱动气体储瓶在安装前要检查瓶架是否固定牢固并做防腐处理；检查集流管和驱动气体管道内腔，确保清洁无异物并紧固在瓶架上 安装驱动气体储瓶时，注意安全防护装置的泄压方向不能朝向操作面；启动气体储瓶和驱动气体储瓶上压力显示装置、检漏装置的安装位置便于人员观察和操作；驱动介质流动方向与减压阀、止回阀标记的方向一致
干粉输送管道	干粉输送管道在安装前须清洁管道内部，避免油、水、泥沙或异物存留管道内。安装时应注意以下几点 （1）采用螺纹连接时，管材采用机械切割；螺纹不得有缺纹和断纹等现象；螺纹连接的密封材料均匀附着在管道的螺纹部分，拧紧螺纹时，避免将填料挤入管道内；安装后的螺纹根部有 2 ~ 3 扣外露螺纹，连接处外部清理干净并做防腐处理 （2）采用法兰连接时，衬垫不能凸入管内，其外边缘宜接近螺栓孔，不能放双垫或偏垫。拧紧后，凸出螺母的长度不能大于螺杆直径的 1/2，确保有不少于 2 扣外露螺纹 （3）经过防腐处理的无缝钢管不采用焊接连接。当与选择阀等个别连接部位需采用法兰焊接连接时，要对被焊接损坏的防腐层进行二次防腐处理 （4）管道穿过墙壁、楼板处须安装套管。套管公称直径比管道公称直径至少大 2 级，穿墙套管长度与墙厚相等，穿楼板套管长度需高出地板 50 mm。管道与套管间的空隙采用防火封堵材料填塞密实。当管道穿越建筑物的变形缝时，需设置柔性管段 （5）管道末端采用防晃支架固定，支架与末端喷头间的距离不大于 500 mm
喷头	（1）喷头在安装时应设有防护装置，以防灰尘或异物堵塞 （2）对于储压型系统，当采用全淹没灭火系统时，喷头的最大安装高度不大于 7 m；当采用局部应用系统时，喷头的最大安装高度不大于 6 m；对于储气瓶型系统，当采用全淹没灭火系统时，喷头的最大安装高度不大于 8 m；当采用局部应用系统时，喷头的最大安装高度不大于 7 m
减压阀	（1）减压阀的流向指示箭头与介质流动方向一致 （2）压力显示装置安装在便于人员观察的位置
选择阀	（1）在操作面一侧安装选择阀操作手柄，当安装高度超过 1.7 m 时，要采取便于操作的措施 （2）选择阀的流向指示箭头与介质流动方向指向一致 （3）选择阀采用螺纹连接时，其与管网连接处采用活接或法兰连接 （4）选择阀上须设置标明防护区或保护对象名称或编号的永久性标志牌
阀驱动装置	（1）对于拉索式机械阀驱动装置，除必要外露部分外，拉索须采用经内外防腐处理的钢管防护，拉索转弯处采用专用导向滑轮，拉索末端拉手须设在专用的保护盒内，且拉索套管和保护盒固定牢固 （2）对于重力式机械阀驱动装置，需保证重物在下落行程中无阻挡，其下落行程需保证驱动所需距离，且不小于 25 mm （3）对于气动阀驱动装置，启动气体储瓶上需永久性标明对应防护区或保护对象的名称或编号

【考点三】干粉灭火系统试压和吹扫【★★】

（一）系统试压、吹扫的基本要求

试压试验和管网吹扫在管网安装完毕后进行，在具备下列规定条件的情况下，方可开展试压和吹扫工作：

（1）埋地管道的位置及管道基础、支墩等符合设计文件要求。

（2）准备不少于2只的试验用压力表，精度不低于1.5级，量程为试验压力值的1.5 ~ 2倍。

（3）隔离或者拆除不能参与试压的设备、仪表、阀门及附件；加设的临时盲板具有凸出于法兰的边耳，且有明显标志，并对临时盲板数量、位置进行记录。

（4）采用生活用水进行水压试验和管网冲洗，不得使用海水或者含有腐蚀性化学物质的水进行试压试验和管网冲洗。

（二）水压强度试验

（1）水压强度试验前，用温度计测试环境温度，确保环境温度不低于5℃，如果低于5℃，须采取必要的防冻措施，以确保水压试验正常进行。另外，还应在试验前对照设计文件核算试压试验压力，确保水压强度试验压力不低于1.5倍系统最大工作压力。

（2）水压强度试验时，其测试点选择在系统管网的最低点；管网注水时，将管网内的空气排净，以不大于0.5 MPa/s的速率缓慢升压至试验压力，达到试验压力后稳压5 min，管网无渗漏、无变形。可采用试压装置进行试验，目测观察管网外观和测压用压力表。系统试压过程中出现渗漏时，停止试压，放空管网中的试验用水；消除缺陷后，重新试验。

（三）气压强度试验

当水压强度试验条件不具备时，可采用气压强度试验代替。气压强度试验压力取1.15倍系统最大工作压力。在试验前，用加压介质进行预试验，预试验压力为0.2 MPa；试验时，逐步缓慢增加压力，当压力升至试验压力的50%时，如未发现异状或泄漏，继续按试验压力的10%逐级升压，每级稳压3 min，直至达到试验压力；保压检查管道各处无变形、无泄漏为合格。气压试验可采用试压装置进行试验，目测观察管网外观和测压用压力表。

（四）管网吹扫

干粉输送管道在水压强度试验合格后，或在气密性试验前须进行吹扫。管网吹扫可采用压缩空气或氮气；吹扫时，管道末端的气体流速不小于20 m/s。可采用白布检查，直至无铁锈、尘土、水渍及其他异物出现。

（五）气密性试验

干粉输送管道进行气密性试验时，对干粉输送管道，试验压力为水压强度试验压力的2/3；对气体输送管道，试验压力为气体最高工作储存压力。

进行气密性试验时，应以不大于0.5 MPa/s的升压速率缓慢升压至试验压力。关断试验气源3 min内压力降不超过试验压力的10%为合格。

【考点四】干粉灭火系统调试与现场功能测试【★★★】

（一）模拟自动启动试验

（1）将灭火控制器的启动信号输出端与相应的启动驱动装置连接，启动驱动装置与启动阀门的动作机构脱离。对于燃气型预制灭火装置，可以用一个启动电压、电流与燃气发火装置相同的负载代替启动驱动装置。

（2）人工模拟火警使防护区内任意一个火灾探测器动作。

（3）观察火灾探测器报警信号输出后，防护区的声光报警信号及联动设备动作是否正常。

（4）人工模拟火警使防护区内两个独立的火灾探测器动作。观察灭火控制器火警信号输出后，防护区的声光报警信号及联动设备动作是否正常。

（二）模拟手动启动试验

（1）将灭火控制器的启动信号输出端与相应的启动驱动装置连接，启动驱动装置与启动阀门的动作机构脱离。

（2）分别按下灭火控制器的启动按钮和防护区外的手动启动按钮。观察防护区的声光报警信号及联动设备动作是否正常。

（3）按下手动启动按钮后，在延时时间内再按下紧急停止按钮，观察灭火控制器启动信号是否终止。

（三）模拟喷放试验

1. 试验要求

模拟喷放试验采用干粉灭火剂和自动启动方式，干粉用量不少于设计用量的30%；当现场条件不允许喷放干粉灭火剂时，可采用惰性气体；采用的试验气瓶需与干粉灭火系统驱动气体储瓶的型号、规格、阀门结构、充装压力、连接与控制方式一致。试验时应保证出口压力不低于设计压力。

2. 试验方法

（1）启动驱动气体释放至干粉储存容器。

（2）容器内达到设计喷放压力并满足设定延时后，开启释放装置。

3. 判定标准

延时启动时符合设定时间，设有火灾自动报警系统时，灭火系统的自动控制应在收到两个独立火灾探测信号后才能启动，并应延迟喷放，延迟时间不应大于30 s；有关声光报警信号正确；信号反馈装置动作正常；干粉输送管无明显晃动和机械性损坏；干粉或气体能喷入被试防护区内或保护对象上，且能从每个喷头喷出。

（四）干粉炮调试

1. 试验准备

调试干粉炮灭火系统时，先分别对动力源、电动阀门和干粉炮等逐个进行单机动作运行检查，正常后再对系统进行调试。

2. 试验要求

（1）采用液（气）压源作动力的干粉炮，其液（气）压源的实测工作压力须符合产品使用说明书的要求。

（2）电动阀门全部调试。

（3）无线遥控装置全部调试。

（4）系统调试以氮气代替干粉进行联动试验。

（5）装有现场手动按钮的干粉炮灭火系统，现场手动按钮所控制的相应联动单元全部调试。

【考点五】干粉灭火系统验收要求【★★】

（一）系统组件验收

验收项目	验收要求
干粉储存容器	（1）干粉储存容器的数量、型号、规格、位置与固定方式，以及油漆和标志等符合设计要求 （2）干粉灭火剂的类型、干粉充装量和干粉储存容器的安装质量等符合设计要求
驱动气体储瓶	驱动气体储瓶的型号、规格和数量，以及充装量、充装压力和气体种类符合设计要求
集流管、驱动气体管道和减压阀	（1）集流管、驱动气体管道和减压阀的规格、连接方式、布置符合设计要求 （2）减压阀的压力显示装置位置便于人员观察 （3）集流管内腔清洁 （4）集流管和驱动气体管道固定牢固并做防腐处理 （5）减压阀的流向指示箭头与介质流动方向一致，压力显示装置安装位置便于人员观察
阀驱动装置	（1）阀驱动装置的数量、型号、规格和标志、安装位置符合设计要求 （2）气动阀驱动装置的启动气体储瓶上须永久性标明对应防护区或保护对象的名称或编号 （3）拉索式机械阀驱动装置的拉索除必要外露部分外，其他部分采用了经内外防腐处理的钢管防护；拉索转弯处设置有专用导向滑轮；拉索末端拉手设在专用的保护盒内；拉索套管和保护盒已固定牢靠
管道	（1）管道的布置与连接方式 （2）支架和吊架的位置及间距 （3）穿过建筑构件及其变形缝的处理、各管段和附件的型号、规格以及防腐处理和油漆颜色符合消防技术标准和设计要求 （4）管道固定牢靠，管道末端采用了防晃支架固定，支架与末端喷头间的距离不大于500 mm （5）管道的外表面涂覆红色油漆
喷头	（1）喷头的数量、型号、规格、安装位置和方向符合相关设计标准和设计要求 （2）设有防止灰尘或异物堵塞的防护装置
启动气体储瓶和选择阀	（1）启动气体储瓶和选择阀的机械应急手动操作处设有标明对应防护区或保护对象名称的永久性标志 （2）启动气体储瓶和选择阀加设了铅封的安全销，现场手动启动按钮设有防护罩

（二）防护区或保护对象及储存装置间验收

（1）防护区或保护对象的设置条件符合设计要求。

（2）防护区的疏散通道、疏散指示标志和应急照明装置，防护区内和入口处的声光报警装置，入口处的安全标志及干粉灭火剂喷放指示门灯，无窗或固定窗扇的地上防护区和地下防护区的排气装置，门窗设有密封条的防护区的泄压装置符合设计要求。

（3）储存装置间的位置、通道、耐火等级、应急照明装置及地下储存装置间机械排风装置符合设计要求。

（4）火灾报警控制系统及联动设备符合设计要求。

（三）系统功能验收

系统功能验收包括进行模拟启动试验验收、模拟喷放试验验收和模拟主用、备用电源切换试验，其试验方法和判定标准与系统功能测试相同。

【考点六】干粉灭火系统设计要求【★★★★】

（一）一般规定

（1）干粉灭火系统按应用方式可分为全淹没灭火系统和局部应用灭火系统。扑救封闭空间内的火灾应采用全淹没灭火系统，扑救具体保护对象的火灾应采用局部应用灭火系统。

（2）采用全淹没灭火系统的防护区，应符合下列规定：

1）喷放干粉时不能自动关闭的防护区开口，其总面积不应大于该防护区总内表面积的15%，且开口不应设在底面。

2）防护区的围护结构及门、窗的耐火极限不应小于 0.50 h，吊顶的耐火极限不应小于0.25 h；围护结构及门、窗的允许压力不宜小于 1 200 Pa。

（3）采用局部应用灭火系统的保护对象应符合下列规定：

1）保护对象周围的空气流动速度不应大于 2 m/s。必要时应采取挡风措施。

2）在喷头和保护对象之间，喷头喷射角范围内不应有遮挡物。

3）当保护对象为可燃液体时，液面至容器缘口的距离不得小于 150 mm。

（4）当防护区或保护对象有可燃气体，易燃、可燃液体供应源时，启动干粉灭火系统之前或同时，必须切断气体、液体的供应源。

（5）组合分配系统的灭火剂储存量不应小于所需储存量最多的一个防护区或保护对象的储存量。

（6）组合分配系统保护的防护区与保护对象之和不得超过 8 个。当防护区与保护对象之和超过 5 个时，或者在喷放后 48 h 内不能恢复到正常工作状态时，灭火剂应有备用量。备用量不应小于系统设计的储存量。

备用干粉储存容器应与系统管网相连，并能与主用干粉储存容器切换使用。

（二）全淹没灭火系统

全淹没灭火系统的干粉喷射时间不应大于 30 s。

（三）局部应用灭火系统

（1）室内局部应用灭火系统的干粉喷射时间不应小于 30 s，室外或有复燃危险的室内局部应用灭火系统的干粉喷射时间不应小于 60 s。

（2）当采用面积法设计时，应符合下列规定：

1）保护对象计算面积应取被保护表面的垂直投影面积。

2）架空型喷头应以喷头的出口至保护对象表面的距离，确定其干粉输送速率和相应保护面积；槽边型喷头保护面积应由设计选定的干粉输送速率确定。

（3）当采用体积法设计时，应符合下列规定：

保护对象的计算体积应采用假定的封闭罩的体积。封闭罩的底应是实际底面；封闭罩的侧面及顶部当无实际围护结构时，其至保护对象外缘的距离不应小于 1.5 m。

（四）预制灭火装置

（1）预制灭火装置应符合下列规定：

1）灭火剂储存量不得大于 150 kg。

2）管道长度不得大于 20 m。

3）工作压力不得大于 2.5 MPa。

（2）一个防护区或保护对象宜用一套预制灭火装置保护。

（3）一个防护区或保护对象所用预制灭火装置最多不得超过 4 套，并应同时启动，其动作响应时间差不得大于 2 s。

【考点七】干粉灭火系统组件【★★★★】

（一）储存装置

（1）储存装置宜由干粉储存容器、容器阀、安全泄压装置、驱动气体储瓶、瓶头阀、集流管、减压阀、压力报警及控制装置等组成，并应符合下列规定：

1）干粉储存容器应符合《压力容器安全技术监察规程》的规定，驱动气体储瓶及其充装系数应符合《气瓶安全监察规程》的规定。

2）干粉储存容器设计压力可取 1.6 MPa 或 2.5 MPa 压力级，其干粉灭火剂的装量系数不应大于 0.85，增压时间不应大于 30 s。

（2）驱动气体应选用惰性气体，宜选用氮气；二氧化碳含水率不应大于 0.015%（m/m），其他气体含水率不得大于 0.006%（m/m）；驱动压力不得大于干粉储存容器的最高工作压力。

（3）储存装置的布置应方便检查和维护，并宜避免阳光直射。其环境温度应为 20 ~ 50℃。

（二）选择阀和喷头

（1）在组合分配系统中，每个防护区或保护对象应设一个选择阀。选择阀的位置宜靠近干粉储存容器，并便于手动操作，方便检查和维护。选择阀上应设有标明防护区的永久性铭牌。

（2）选择阀应采用快开型阀门，其公称直径应与连接管道的公称直径相等。

（3）选择阀可采用电动、气动或液动驱动方式，并应有机械应急操作方式。阀的公称压力不应小于干粉储存容器的设计压力。

（4）系统启动时，选择阀应在输出容器阀动作之前打开。

（5）喷头应有防止灰尘或异物堵塞喷孔的防护装置，防护装置在灭火剂喷放时应能被自动吹掉或打开。

（6）喷头的单孔直径不得小于 6 mm。

（三）管道及附件

（1）管道及附件应能承受最高环境温度下工作压力，并应符合下列规定：

1）管道应采用无缝钢管，其质量应符合《输送流体用无缝钢管》（GB/T 8163）的规定；管道规格宜按要求取值。管道及附件应进行内外表面防腐处理，并宜采用符合环保要求的防腐方式。

2）对防腐层有腐蚀的环境，管道及附件可采用不锈钢、铜管或其他耐腐蚀的不燃材料。

3）输送启动气体的管道，宜采用铜管，其质量应符合《铜及铜合金拉制管》（GB 1527）的规定。

4）管网应留有吹扫口。

5）管道变径时应使用异径管。

6）干管转弯处不应紧接支管；管道转弯处应符合《干粉灭火系统设计规范》（GB 50347—2004）的规定。

7）管道分支不应使用四通管件。

8）管道转弯时宜选用弯管。

9）管道附件应通过国家法定检测机构的检验认可。

（2）管道可采用螺纹连接、沟槽（卡箍）连接、法兰连接或焊接。公称直径等于或小于 80 mm 的管道，宜采用螺纹连接；公称直径大于 80 mm 的管道，宜采用沟槽（卡箍）或法兰连接。

（3）管网中阀门之间的封闭管段应设置泄压装置，其泄压动作压力取工作压力的（115 ± 5）%。

（4）在通向防护区或保护对象的灭火系统主管道上，应设置压力信号器或流量信号器。

（5）管道应设置固定支、吊架，其间距可按《干粉灭火系统设计规范》（GB 50347—2004）附录 A 表 A–3 取值。可能产生爆炸的场所，管网宜吊挂安装并采取防晃措施。

【考点八】干粉灭火系统控制与操作及安全要求【★★★】

（一）控制与操作

（1）干粉灭火系统应设有自动控制、手动控制和机械应急操作三种启动方式。当局部应用灭火系统用于经常有人的保护场所时可不设自动控制启动方式。

（2）设有火灾自动报警系统时，灭火系统的自动控制应在收到两个独立火灾探测信号后才能启动，并应延迟喷放，延迟时间不应大于 30 s，且不得小于干粉储存容器的增压时间。

（3）预制灭火装置可不设机械应急操作启动方式。

（二）安全要求

（1）防护区内及入口处应设火灾声光警报器，防护区入口处应设置干粉灭火剂喷放指示门灯及干粉灭火系统永久性标志牌。

（2）防护区的走道和出口，必须保证人员能在 30 s 内安全疏散。

（3）防护区的门应向疏散方向开启，并应能自动关闭，在任何情况下均应能在防护区内打开。

（4）防护区入口处应装设自动、手动转换开关。转换开关安装高度宜使中心位置距地面 1.5 m。

（5）地下防护区和无窗或设固定窗扇的地上防护区，应设置独立的机械排风装置，排风口应通向室外。

（6）局部应用灭火系统，应设置火灾声光警报器。

（7）当系统管道设置在有爆炸危险的场所时，管网等金属件应设防静电接地。防静电接地设计应符合国家现行有关标准规定。

【考点九】干粉灭火系统巡查的内容、方法及要求【★★】

巡查项目	巡查内容
喷头	（1）喷头外观无机械损伤，内外表面无污物 （2）喷头的安装位置和喷孔方向与设计要求一致
干粉储存容器	无碰撞变形及其他机械性损伤，表面保护涂层完好。环境温度应为 –20 ~ 50℃

续表

巡查项目	巡查内容
管道	管道及管道附件的外观平整光滑，不能有碰撞、腐蚀
阀驱动装置	（1）电磁驱动装置的电气连接线沿干粉储存容器的支架、框架或墙面固定 （2）电磁铁芯动作灵活，无卡阻现象
选择阀	（1）选择阀操作手柄安装在操作面一侧且便于操作，高度不超过 1.7 m （2）选择阀上设置标明防护区名称或编号的永久性标志牌，并将标志牌固定在操作手柄附近
集流管	（1）是否固定在支架、框架上，支架、框架是否固定牢靠 （2）装有泄压装置的集流管，泄压装置的泄压方向是否朝向操作面

【考点十】干粉灭火系统周期性检查内容【★★★】

频次	检查项目	检查内容
日检查内容	（1）干粉储存装置外观 （2）灭火控制器运行情况 （3）启动气体储瓶和驱动气体储瓶压力	（1）干粉储存装置是否固定牢固，标志牌是否清晰等 （2）启动气体储瓶和驱动气体储瓶压力是否符合设计要求
月检查内容	（1）干粉储存装置部件 （2）驱动气体储瓶充装量	（1）检查干粉储存装置部件是否有碰撞或机械性损伤，防护涂层是否完好；铭牌、标志、铅封应完好 （2）对驱动气体储瓶逐个进行称重检查
年检查内容	（1）防护区及干粉储存装置间 （2）管网、支架及喷放组件 （3）模拟启动检查	（1）防护区的疏散通道、疏散指示标志和应急照明装置，防护区内和入口处的声光报警装置，入口处的安全标志及干粉灭火剂喷放指示门灯，无窗或固定窗扇的地上防护区和地下防护区的排气装置，门窗设有密封条的防护区的泄压装置。储存装置间的位置、通道、耐火等级、应急照明装置及地下储存装置间机械排风装置 （2）管网、支架及喷放组件 1）干粉储存容器的数量、型号、规格、位置与固定方式、油漆和标志、干粉充装量，以及干粉储存容器的安装质量 2）集流管、驱动气体管道和减压阀的规格、连接方式、布置及其安全防护装置的泄压方向 3）选择阀及信号反馈装置的数量、型号、规格、位置、标志及其安装质量 4）阀驱动装置的数量、型号、规格、标志、安装位置，气动阀驱动装置中启动气体储瓶的介质名称和充装压力，以及启动气体管道的规格、布置和连接方式 5）管道的布置与连接方式、支架和吊架的位置及间距、穿过建筑构件及其变形缝的处理，各管段和附件的型号、规格以及防腐处理和油漆颜色 6）喷头的数量、型号、规格、安装位置和方向 7）灭火控制器及手动、自动转换开关，手动启动、停止按钮，喷放指示灯，声光报警装置等联动设备的设置

【考点十一】干粉灭火系统年度检测【★★★】

检测项目	检测内容
喷头	喷头数量、型号、规格、安装位置和方向符合设计文件要求，无碰撞变形或其他机械性损伤，并有型号、规格的永久性标志
储存装置	（1）干粉储存容器的数量、型号、规格、位置与固定方式，油漆和标志符合设计要求 （2）驱动气瓶压力和干粉充装量符合设计要求
功能检测	（1）模拟干粉喷放功能检测 （2）模拟自动启动功能检测 （3）模拟手动启动 / 紧急停止功能检测 （4）备用瓶组切换功能检测

第十章　建筑灭火器

【考点一】灭火器及灭火器箱现场质量检查【★★★】

（1）灭火器的进场检查应符合下列要求：

1）灭火器应符合市场准入的规定，并应有出厂合格证和相关证书。

2）灭火器的铭牌、生产日期和维修日期等标志应齐全。

3）灭火器的类型、规格、灭火级别和数量应符合配置设计要求。

4）灭火器筒体应无明显缺陷和机械损伤。

5）灭火器的保险装置应完好。

6）灭火器压力指示器的指针应在绿区范围内。

7）推车式灭火器的行驶机构应完好。

（2）灭火器箱的进场检查应符合下列要求：

1）灭火器箱应有出厂合格证和型式检验报告。

2）灭火器箱外观应无明显缺陷和机械损伤。

3）灭火器箱应开启灵活。

（3）设置灭火器的挂钩、托架应符合配置设计要求，无明显缺陷和机械损伤，并应有出厂合格证。

（4）发光指示标志应无明显缺陷和损伤，并应有出厂合格证和型式检验报告。

【考点二】手提式及推车式灭火器的安装设置要求【★★★★】

（一）手提式灭火器

（1）手提式灭火器宜设置在灭火器箱内或挂钩、托架上。对于环境干燥、洁净的场所，手提式灭火器可直接放置在地面上。

（2）灭火器箱不得被遮挡、上锁或拴系。

（3）灭火器箱的箱门开启应方便灵活，开启后不得阻挡人员安全疏散。除不影响灭火器取用和人员疏散的场合外，开门型灭火器箱的箱门开启角度不应小于 175°，翻盖型灭火器箱的翻盖开启角度不应小于 100°。

（4）挂钩、托架安装后应能承受一定的静载荷，不应出现松动、脱落、断裂和明显变形。

（5）挂钩、托架安装应符合下列要求：

1）应保证可用徒手的方式便捷地取用设置在挂钩、托架上的手提式灭火器。

2）当两具及两具以上的手提式灭火器相邻设置在挂钩、托架上时，应可任意地取用其中一具。

（6）设有夹持带的挂钩、托架，夹持带的打开方式应从正面可以看到。当夹持带打开时，灭火器不应坠落。

（7）嵌墙式灭火器箱及挂钩、托架的安装高度应满足手提式灭火器顶部离地面距离不大于 1.50 m，底部离地面距离不小于 0.08 m 的规定。

（二）推车式灭火器

（1）推车式灭火器通常设置在平坦场地上，不得设置在台阶上。在没有外力作用下，推车式灭火器不得自行滑动。

（2）推车式灭火器的设置和防止自行滑动的固定措施等均不得影响其操作使用和正常行驶移动。

【考点三】灭火器的类型选择【★★★】

（1）A 类火灾场所应选择水型灭火器、磷酸铵盐干粉灭火器、泡沫灭火器或卤代烷灭火器。

（2）B 类火灾场所应选择泡沫灭火器、碳酸氢钠干粉灭火器、磷酸铵盐干粉灭火器、二氧化碳灭火器、灭 B 类火灾的水型灭火器或卤代烷灭火器。

极性溶剂的 B 类火灾场所应选择灭 B 类火灾的抗溶性灭火器。

（3）C 类火灾场所应选择磷酸铵盐干粉灭火器、碳酸氢钠干粉灭火器、二氧化碳灭火器或卤代烷灭火器。

（4）D 类火灾场所应选择扑灭金属火灾的专用灭火器。

（5）E 类火灾场所应选择磷酸铵盐干粉灭火器、碳酸氢钠干粉灭火器、卤代烷灭火器或二氧化碳灭火器，不得选用装有金属喇叭喷筒的二氧化碳灭火器。

【考点四】灭火器的设置要求【★★★】

《建筑灭火器配置设计规范》（GB 50140—2005）的规定如下：

（1）灭火器应设置在位置明显和便于取用的地点，且不得影响安全疏散。

（2）对有视线障碍的灭火器设置点，应设置指示其位置的发光标志。

（3）灭火器的摆放应稳固，其铭牌应朝外。手提式灭火器宜设置在灭火器箱内或挂钩、托架上，其顶部离地面高度不应大于 1.50 m，底部离地面高度不宜小于 0.08 m。灭火器箱不得上锁。

（4）灭火器不宜设置在潮湿或强腐蚀性的地点。当必须设置时，应有相应的保护措施。灭火器设置在室外时，应有相应的保护措施。

（5）灭火器不得设置在超出其使用温度范围的地点。

（6）设置在 A 类火灾场所的灭火器，其最大保护距离应符合表 2—3—10—1 的规定。

表 2—3—10—1　　A 类火灾场所的灭火器最大保护距离　　（单位：m）

灭火器型式危险等级	手提式灭火器	推车式灭火器
严重危险级	15	30
中危险级	20	40
轻危险级	25	50

（7）设置在 B、C 类火灾场所的灭火器，其最大保护距离应符合表 2—3—10—2 的规定。

表 2—3—10—2　　B、C 类火灾场所的灭火器最大保护距离　　（单位：m）

灭火器型式危险等级	手提式灭火器	推车式灭火器
严重危险级	9	18
中危险级	12	24
轻危险级	15	30

【考点五】灭火器的配置及验收要求【★★★】

（1）灭火器的类型、规格、灭火级别和配置数量应符合建筑灭火器配置设计要求。

（2）在同一灭火器配置单元内，采用不同类型灭火器时，其灭火剂应能相容。

（3）每个计算单元内配置的灭火器数量不得少于 2 具。

（4）每个设置点的灭火器数量不宜多于 5 具。

（5）住宅楼每层公共部位建筑面积超过 100 m^2 的，应配置 1 具 1A 的手提式灭火器；每增加 100 m^2 时，增配 1 具 1A 的手提式灭火器。

（6）A 类火灾场所灭火器的最低配置基准应符合表 2—3—10—3 的规定。

表 2—3—10—3　　A 类火灾场所灭火器的最低配置基准

危险等级	严重危险级	中危险级	轻危险级
单具灭火器最小配置灭火级别	3A	2A	1A
单位灭火级别最大保护面积（m^2/A）	50	75	100

（7）B、C 类火灾场所灭火器的最低配置基准应符合表 2—3—10—4 的规定。

表 2—3—10—4　　B、C 类火灾场所灭火器的最低配置基准

危险等级	严重危险级	中危险级	轻危险级
单具灭火器最小配置灭火级别	89B	55B	21B
单位灭火级别最大保护面积（m^2/B）	0.5	1.0	1.5

【考点六】灭火器设置点及其间距设置要求【★★】

（1）计算单元的最小需配灭火级别应按下式计算：

计算单元的最小需配灭火级别

$$Q=K\frac{S}{U} \tag{2—3—10—1}$$

式中　Q——计算单元的最小需配灭火级别（A 或 B）；

K——修正系数；

S——计算单元的保护面积（m^2）；

U——A 类或 B 类火灾场所单位灭火级别最大保护面积（m^2/A 或 m^2/B）。

（2）修正系数应按表 2—3—10—5 的规定取值。

（3）歌舞娱乐放映游艺场所、网吧、商场、寺庙以及地下场所等的计算单元的最小需配灭火级别应按下式计算：

表 2—3—10—5　　修正系数

计算单元	K
未设室内消火栓系统和灭火系统	1.0
设有室内消火栓系统	0.9
设有灭火系统	0.7
设有室内消火栓系统和灭火系统	0.5
可燃物露天堆场 甲、乙、丙类液体储罐区 可燃气体储罐区	0.3

$$Q=1.3K\frac{S}{U} \quad (2—3—10—2)$$

（4）计算单元中每个灭火器设置点的最小需配灭火级别应按下式计算：

$$Q_e=\frac{Q}{N} \quad (2—3—10—3)$$

式中　Q_e——计算单元中每个灭火器设置点的最小需配灭火级别（A 或 B）；

N——计算单元中的灭火器设置点数（个）。

【考点七】建筑灭火器竣工验收判定标准【★★★】

（1）灭火器配置验收应按单栋建筑独立验收，局部验收按照规定要求申报。

（2）灭火器配置验收的判定规则应符合下列要求：

1）缺陷项目应按表 2—3—10—6 建筑灭火器配置工程竣工验收报告的规定划分为严重缺陷项（A）、重缺陷项（B）和轻缺陷项（C）。

2）合格判定条件应为 A=0，且 B ≤1，且 B+C ≤4，否则为不合格。

（3）建筑灭火器配置工程竣工验收报告见表 2—3—10—6。

表 2—3—10—6　　建筑灭火器配置工程竣工验收报告

序号	验收检查项目及要求	缺陷项级别	检查记录	检查结论
1	灭火器的类型、规格、灭火级别和配置数量符合建筑灭火器配置要求	严重（A）		
2	灭火器的产品质量符合国家有关产品标准的要求	严重（A）		
3	同一灭火器配置单元内的不同类型灭火器，其灭火剂能相容	严重（A）		
4	灭火器的保护距离符合规定，保证配置场所的任一点都在灭火器设置点的保护范围内	严重（A）		
5	灭火器设置点附近无障碍物，取用灭火器方便，且不影响人员安全疏散	重（B）		
6	手提式灭火器设置在灭火器箱内或者挂钩、托架上，或直接摆放在干燥、洁净的地面上	重（B）		
7	灭火器（箱）不得被遮挡、拴系或者上锁	重（B）		

续表

序号	验收检查项目及要求	缺陷项级别	检查记录	检查结论
8	灭火器箱箱门开启方便灵活，开启不阻挡人员安全疏散；开门型灭火器箱箱门开启角度不小于 175°，翻盖型灭火器箱的翻盖开启角度不小于 100°（不影响取用和疏散的场合除外）	轻（C）		
9	挂钩、托架安装后能承受一定的静载荷，无松动、脱落、断裂和明显变形。以 5 倍的手提式灭火器质量的载荷（不小于 45 kg）悬挂于挂钩、托架上，作用 5 min	重（B）		
10	挂钩、托架安装后，保证可用徒手方式便捷地取用手提式灭火器。2 具及 2 具以上的手提式灭火器相邻设置在挂钩、托架上时，保证可任意地取用其中 1 具	重（B）		
11	设有夹持带的挂钩、托架，夹持带的开启方式从正面可以看到。夹持带打开时，手提式灭火器不掉落	轻（C）		
12	嵌墙式灭火器箱及灭火器挂钩、托架安装高度，满足手提式灭火器顶部距离地面不大于 1.50 m，底部距离地面不小于 0.08 m 的要求，其设置点与设计点的垂直偏差不大于 0.01 m	轻（C）		
13	推车式灭火器设置在平坦场地，不得设置在台阶上。在没有外力作用下，推车式灭火器不得自行滑动	轻（C）		
14	推车式灭火器的设置和防止自行滑动的固定措施等不得影响其操作使用和正常行驶移动	轻（C）		
15	有视线障碍的灭火器配置点，在其醒目部位设置指示灭火器位置的发光标志	重（B）		
16	在灭火器箱的箱体正面和灭火器设置点附近的墙面上，设置指示灭火器位置的标志，这些标志宜选用发光标志	轻（C）		
17	灭火器摆放稳固。灭火器的铭牌朝外，灭火器的器头向上	重（B）		
18	灭火器配置点设置在通风、干燥、洁净的地方，环境温度不得超出灭火器使用温度范围。设置在室外和特殊场所的灭火器采取相应的保护措施	重（B）		

【考点八】灭火器日常管理及检查【★★★】

（1）每次送修的灭火器数量不得超过计算单元配置灭火器总数量的 1/4。超出时，应选择相同类型和操作方法的灭火器替代，替代灭火器的灭火级别不应小于原配置灭火器的灭火级别。

（2）检查或维修后的灭火器均应按原设置点位置摆放。

（3）灭火器的维修、报废应由灭火器生产企业或专业维修单位实施。

（4）灭火器的配置、外观等应按要求每月进行一次检查。

（5）下列场所配置的灭火器，应按要求每半月进行一次检查。

1）候车（机、船）室、歌舞娱乐放映游艺等人员密集的公共场所。

2）堆场、罐区、石油化工装置区、加油站、锅炉房、地下室等场所。

（6）日常巡检发现灭火器被挪动、缺少零部件，或灭火器配置场所的使用性质发生变化等情况时，应及时处置。

（7）灭火器的检查记录应予保留。

【考点九】灭火器维修【★★★★】

（1）存在机械损伤、明显锈蚀、灭火剂泄漏、被开启使用过或符合其他维修条件的灭火器应及时进行维修。

（2）灭火器的维修期限应符合表 2—3—10—7 的规定。

表 2—3—10—7　灭火器的维修期限

灭火器类型		维修期限
水基型灭火器	手提式水基型灭火器	出厂期满 3 年 首次维修以后每满 1 年
	推车式水基型灭火器	
干粉灭火器	手提式（贮压式）干粉灭火器	出厂期满 5 年 首次维修以后每满 2 年
	手提式（储气瓶式）干粉灭火器	
	推车式（贮压式）干粉灭火器	
	推车式（储气瓶式）干粉灭火器	
洁净气体灭火器	手提式洁净气体灭火器	
	推车式洁净气体灭火器	
二氧化碳灭火器	手提式二氧化碳灭火器	
	推车式二氧化碳灭火器	

（3）每次维修时，下列零部件应予以更换：

1）密封片、圈、垫等密封零件。

2）水基型灭火剂。

3）二氧化碳灭火器的超压安全膜片。

【考点十】灭火器报废【★★★★】

（1）下列类型的灭火器应报废：

1）酸碱型灭火器。

2）化学泡沫型灭火器。

3）倒置使用型灭火器。

4）氯溴甲烷、四氯化碳灭火器。

5）国家政策明令淘汰的其他类型灭火器。

（2）有下列情况之一的灭火器应报废：

1）筒体严重锈蚀，锈蚀面积大于或等于筒体总面积的 1/3，表面有凹坑。

2）筒体明显变形，机械损伤严重。

3）器头存在裂纹、无泄压机构。

4）筒体为平底等不合理结构。

5）没有间歇喷射机构的手提式灭火器；

6）没有生产厂名称和出厂年月，包括铭牌脱落，或虽有铭牌，但已看不清生产厂名称，或出厂年月钢印无法识别。

7）筒体有锡焊、铜焊或补缀等修补痕迹。

8）被火烧过。

（3）灭火器出厂时间达到或超过表 2—3—10—8 规定的报废期限时应报废。

表 2—3—10—8 灭火器的报废期限

灭火器类型		报废期限（年）
水基型灭火器	手提式水基型灭火器	6
	推车式水基型灭火器	
干粉灭火器	手提式（贮压式）干粉灭火器	10
	手提式（储气瓶式）干粉灭火器	
	推车式（贮压式）干粉灭火器	
	推车式（储气瓶式）干粉灭火器	
洁净气体灭火器	手提式洁净气体灭火器	
	推车式洁净气体灭火器	
二氧化碳灭火器	手提式二氧化碳灭火器	12
	推车式二氧化碳灭火器	

（4）灭火器报废后，应按照等效替代的原则进行更换。

第十一章　防烟排烟系统

【考点一】防烟排烟系统分类及组成【★★★】

分类	主要组成	
防烟设施分为机械加压送风的防烟设施和可开启外窗的自然防烟设施		
机械加压送风的防烟设施	加压送风机	一般采用中、低压离心风机、混流风机或轴流风机。加压送风管道采用不燃材料制作
	加压送风口	分为常开式、常闭式和自垂百叶式。常开式即普通的固定叶片式百叶风口；常闭式采用手动或电动开启，常用于前室或合用前室；自垂百叶式平时靠百叶重力自行关闭，加压时自行开启，常用于防烟楼梯间
可开启外窗的自然防烟设施	位于防烟楼梯间及其前室、消防电梯前室或合用前室外墙上的洞口或便于人工开启的普通外窗	
排烟设施分为机械排烟设施和可开启外窗的自然排烟设施		
机械排烟设施	排烟风机	一般可采用离心风机、排烟专用的混流风机或轴流风机，也有采用风机箱或屋顶式风机。排烟风机与加压送风机的不同在于排烟风机应保证在280℃的环境条件下能连续工作不少于30 min
	排烟管道	采用不燃材料制作，常用的排烟管道采用镀锌钢板加工制作，厚度按高压系统要求，并应采取隔热防火措施或与可燃物保持不小于150 mm的距离
	排烟防火阀	安装在机械排烟系统的管道上，平时呈开启状态，火灾时当排烟管道内温度达到280℃时关闭，并在一定时间内能满足漏烟量和耐火完整性要求，起隔烟阻火作用的阀门。一般由阀体、叶片、执行机构和温感器等部分组成
	排烟口	安装在机械排烟设施的风管（风道）管壁上作为烟气吸入口，平时呈关闭状态并满足允许漏风量要求，火灾或需要排烟时手动或电动打开，起排烟作用的阀门，外加带有装饰口或进行过装饰处理的阀门称为排烟口
	挡烟垂壁	挡烟垂壁是用于分隔防烟分区的装置或设施，可分为固定式或活动式。固定式可采用隔墙、楼板下不小于500 mm的梁或吊顶下凸出不小于500 mm的不燃烧体；活动式挡烟垂壁本体采用不燃烧体制作，平时隐藏于吊顶内或卷缩在装置内，当其所在部位温度升高，或消防控制中心发出火警信号或直接接收烟感信号后，置于吊顶上方的挡烟垂壁迅速垂落至设定高度，限制烟气流动以形成“储烟仓”，便于排烟系统将高温烟气迅速排出室外
可开启外窗的自然排烟设施	可开启外窗的自然排烟设施包括常见的便于人工开启的普通外窗，以及专门为高大空间自然排烟而设置的自动排烟窗。自动排烟窗同时具有自动和手动开启功能	

【考点二】防烟排烟系统质量控制文件及现场检查要求【★★★】

检查项目	检查要求
质量控制文件	（1）系统组件、设备、材料的铭牌、标志、出厂产品合格证、消防产品符合法定市场准入规则文件的证明文件 （2）风机、正压送风口、防火阀、排烟阀等系统主要组件、设备经国家消防产品质量监督检验中心检测合格的法定检测报告
风管	（1）风管的材料品种、规格、厚度等应符合设计要求和国家现行标准的规定。当采用金属风管且设计无要求时，钢板或镀锌钢板的厚度应符合标准规定 （2）有耐火极限要求的风管的本体、框架与固定材料、密封垫料等必须为不燃材料，材料品种、规格、厚度及耐火极限等应符合设计要求和国家现行标准的规定
风管部件	（1）排烟防火阀、送风口、防烟阀、排烟阀或排烟口等符合有关消防产品标准的规定，其型号、规格应符合设计要求，手动开启灵活、关闭可靠严密 （2）电动防火阀、送风口和排烟阀或排烟口等的驱动装置，动作应可靠，在最大工作压力下工作正常 （3）防烟、排烟系统柔性短管的制作材料必须为不燃材料
风机	符合有关消防产品标准的规定，型号、规格、数量应符合设计要求，出口方向应正确
活动挡烟垂壁及其电动驱动装置和控制装置	符合有关消防产品标准的规定，型号、规格、数量应符合设计要求，动作可靠
自动排烟窗的驱动装置和控制装置	符合设计要求，动作可靠

【考点三】防烟排烟系统风管的制作与连接要求【★★】

（一）金属风管的制作和连接要求

（1）风管采用法兰连接时，风管法兰材料规格按表 2—3—11—1 选用，其螺栓孔的间距不得大于 150 mm；矩形风管法兰四角处应设有螺孔。

表 2—3—11—1　　钢板风管板材厚度

风管直径 D 或风管长边尺寸 b（mm）	法兰材料规格（mm）	螺栓规格
$D(b) \leqslant 630$	25×3	M6
$630 < D(b) \leqslant 1\,500$	30×3	M8
$1\,500 < D(b) \leqslant 2\,500$	40×4	M8
$2\,500 < D(b) \leqslant 4\,000$	50×5	M10

（2）板材应采用咬口连接或铆接，除镀锌钢板及含有复合保护层的钢板外，板厚大于 1.5 mm 的可采用焊接。

（3）风管应以板材连接的密封为主，可辅以密封胶嵌缝或其他方法密封，密封面宜设在风管的正压侧。

（4）排烟风管的隔热层应采用厚度不小于 40 mm 的不燃绝热材料，绝热材料的施工及风管加固、导流片的设置应按有关规定执行。

（二）非金属风管的制作和连接要求

（1）非金属风管的材料品种、规格、性能与厚度等应符合设计和现行国家产品标准的规定。

（2）法兰的规格符合表 2—3—11—2 的规定，其螺栓孔的间距不得大于 120 mm；矩形风管法兰的四角处应设有螺孔。

表 2—3—11—2　　非金属风管法兰规格

风管边长 b（mm）	材料规格（宽 × 厚）（mm×mm）	连接螺栓
$b \leqslant 400$	30×4	M8
$400 < b \leqslant 1\,000$	40×6	M8
$1\,000 < b \leqslant 2\,000$	50×8	M10

（3）采用套管连接时，套管厚度不小于风管板材的厚度。

（4）无机玻璃钢风管的玻璃布必须无碱或中碱，层数应符合有关规定，风管的表面不得出现泛卤或严重泛霜。

【考点四】防烟排烟系统风管及风道的安装与检测【★★】

（一）风管的强度和严密性检验

风管应按系统类别进行强度和严密性检验，其强度和严密性应符合设计要求或下列规定：

（1）风管强度应符合现行行业标准《通风管道技术规程》（JGJ/T 141—2017）的规定。

（2）金属矩形风管的允许漏风量应满足下列要求：

$$\text{低压系统风管 } Q_L \leqslant 0.105\,6\,P_{风管}^{0.65} \quad (2—3—11—1)$$

$$\text{中压系统风管 } Q_M \leqslant 0.035\,2\,P_{风管}^{0.65} \quad (2—3—11—2)$$

$$\text{高压系统风管 } Q_H \leqslant 0.011\,7\,P_{风管}^{0.65} \quad (2—3—11—3)$$

式中　Q_L，Q_M，Q_H——系统风管在相应工作压力下，单位面积风管单位时间内的允许漏风量［$m^3/(h \cdot m^2)$］；

$P_{风管}$——风管系统的工作压力（Pa）。

（3）风管系统类别应按表 2—3—11—3 划分。

表 2—3—11—3　　风管系统类别划分

系统类别	系统工作压力 $p_{风管}$（Pa）
低压系统	$p_{风管} \leqslant 500$
中压系统	$500 < p_{风管} \leqslant 1\,500$
高压系统	$p_{风管} > 1\,500$

（4）金属圆形风管、非金属风管允许的气体漏风量应为金属矩形风管规定值的 50%。

（5）排烟风管应按中压系统风管的规定。

检查数量：按风管系统类别和材质分别抽查，不应少于 3 件及 15 m^2。

（二）风管的安装

（1）风管的规格、安装位置、标高、走向应符合设计要求，现场风管的安装不得缩小接口的有效截面。

（2）风管接口的连接应严密、牢固，垫片厚度不应小于 3 mm，不应凸入管内和法兰外；排烟风管法兰垫片应为不燃材料，薄钢板法兰风管应采用螺栓连接。

（3）风管与风机宜采用法兰连接，或采用不燃材料的柔性短管连接。当风机仅用于防烟排烟时，不宜采用柔性连接。

（4）风管与风机连接若有转弯处，宜加装导流叶片，保证气流顺畅。

（5）当风管穿越隔墙或楼板时，风管与隔墙之间的空隙，应采用水泥沙浆等不燃材料严密填塞。

（6）吊顶内的排烟管道应采用不燃材料隔热，并应与可燃物保持不小于 150 mm 的距离。

（三）风管（道）系统安装要求

风管（道）系统安装完毕后，应按系统类别进行严密性检验。检验应以主、干管道为主，漏风量应符合相关规范的规定。

【考点五】排烟口、排烟阀和排烟防火阀的设置要求【★★★】

（1）排烟口或排烟阀应按防烟分区设置。排烟口或排烟阀应与排烟风机连锁，当任一排烟口或排烟阀开启时，排烟风机应能自行启动。

（2）排烟口或排烟阀平时为关闭时，应设置手动和自动开启装置。

（3）排烟口应设置在顶棚或靠近顶棚的墙面上，且与附近安全出口沿走道方向相邻边缘之间的最小水平距离不应小于 1.50 m。设在顶棚上的排烟口，距可燃构件或可燃物的距离不应小于 1.00 m。

（4）设置机械排烟系统的地下、半地下场所，除歌舞、娱乐、放映、游艺场所和建筑面积大于 50 m^2 的房间外，排烟口可设置在疏散走道。

（5）防烟分区内的排烟口距最远点的水平距离不应超过 30.0 m，排烟支管上应设置当烟气温度超过 280℃时能自行关闭的排烟防火阀。

（6）排烟口的风速不宜大于 10.0 m/s。

【考点六】防火阀、排烟防火阀的安装与检测【★★】

（一）排烟防火阀

（1）型号、规格及安装的方向、位置应符合设计要求。

（2）阀门应顺气流方向关闭，防火分区隔墙两侧的排烟防火阀，距墙端面不应大于 200 mm。

（3）手动和电动装置应灵活、可靠，阀门关闭严密。

（4）应设独立的支、吊架；当风管采用不燃材料防火隔热时，阀门安装处应有明显标识。

（二）送风口、排烟阀（口）

（1）安装位置应符合设计要求，并应固定牢靠，表面平整、不变形，调节灵活。

（2）排烟口距可燃物或可燃构件的距离不应小于 1.5 m。

（三）常闭送风口、排烟阀（口）

手动驱动装置应固定安装在明显可见、距楼地面 1.3 ~ 1.5 m 的便于操作的位置，预埋套管不得有死弯及瘪陷，手动驱动装置操作应灵活。

（四）挡烟垂壁

（1）型号、规格、下垂的长度和安装位置应符合设计要求。

（2）活动挡烟垂壁与建筑结构（柱或墙）面的缝隙不应大于 60 mm，由两块或两块以上的挡烟垂帘组成的连续性挡烟垂壁，各块之间不应有缝隙，搭接宽度不应小于 100 mm。

（3）活动挡烟垂壁的手动操作按钮应固定安装在距楼地面 1.3 ~ 1.5 m 的便于操作、明显可见处。

（五）排烟窗

（1）型号、规格和安装位置应符合设计要求。

（2）安装应牢固、可靠，符合有关门窗施工验收的规范要求，并应开启、关闭灵活。

（3）手动开启机构或按钮应固定安装在距楼地面 1.3 ~ 1.5 m 处，并便于操作、明显可见。

（4）自动排烟窗驱动装置的安装应符合设计和产品技术文件要求，并应灵活、可靠。

【考点七】防烟排烟系统风机的安装与检测【★★★】

（1）型号、规格应符合设计规定，其出口方向正确。机械加压送风系统的设计风量不应小于计算风量的 1.2 倍。

（2）送风机的进风口不应与排烟风机的出风口设在同一面上。当确有困难时，送风机的进风口与排烟风机的出风口应分开布置。竖向布置时，送风机的进风口应设置在排烟出口的下方，其两者边缘最小垂直距离不应小于 6.0 m；水平布置时，两者边缘最小水平距离不应小于 20.0 m。

（3）风机外壳与墙壁或其他设备的距离不应小于 600 mm。

（4）风机应设在混凝土或钢架基础上，且不应设置减振装置；若排烟系统与通风空调系统共用需要设置减振装置时，不应使用橡胶减振装置。

（5）吊装风机的支、吊架应焊接牢固、安装可靠，其结构形式和外形尺寸应符合设计或设备技术文件要求。

（6）风机驱动装置的外露部位必须装设防护罩；直通大气的进、出风口必须装设防护网或采取其他安全设施，并应设防雨措施。

【考点八】防烟排烟系统的单机调试【★★】

（一）排烟防火阀的调试

（1）进行手动关闭、复位试验，阀门动作应灵敏、可靠，关闭应严密。

（2）模拟火灾，相应区域火灾报警后，同一防火分区内排烟管道上的其他阀门应联动关闭。

（3）阀门关闭后的状态信号应能反馈到消防控制室。

（4）阀门关闭后应能联动相应的风机停止。

（二）常闭送风口、排烟阀（口）的调试

（1）进行手动开启、复位试验，阀门动作应灵敏、可靠，远距离控制机构的脱扣钢丝连接应不松弛、不脱落。

（2）模拟火灾，相应区域火灾报警后，同一防火区域内阀门应联动开启。

（3）阀门开启后的状态信号应能反馈到消防控制室。

（4）阀门开启后应能联动相应的风机启动。

检查方法：动作检查、观察、记录。

（三）活动挡烟垂壁的调试

（1）手动操作挡烟垂壁按钮进行开启、复位试验，挡烟垂壁应灵敏、可靠地启动与到位后停止，下降高度符合设计要求。

（2）模拟火灾，相应区域火灾报警后，同一防烟分区内挡烟垂壁应在 60 s 以内联动下降到设计高度。

（3）挡烟垂壁下降到设计高度后应能将状态信号反馈到消防控制室。

（四）自动排烟窗的调试

（1）手动操作排烟窗按钮进行开启、关闭试验，排烟窗动作应灵敏、可靠，完全开启时间应符合设计。

（2）模拟火灾，相应区域火灾报警后，同一防烟分区内排烟窗应能联动开启；完全开启时间应符合规范要求。

（3）与消防控制室联动的排烟窗完全开启后，状态信号应反馈到消防控制室。

（五）送风机、排烟风机的调试

（1）手动开启风机，风机应正常运转 2.0 h，叶轮旋转方向应正确、运转平稳，无异常振动与声响。

（2）核对风机的铭牌值，并测定风机的风量、风压、电流和电压，其结果应与设计相符。

（3）能在消防控制室手动控制风机的启动、停止；风机的启动、停止状态信号应能反馈到消防控制室。

（六）机械加压送风系统风速及余压的调试

（1）选取送风系统末端所对应的送风最不利的三个连续楼层模拟起火层及其上下层，封闭避难层（间）仅需选取本层，调试送风系统使上述楼层的楼梯间、前室及封闭避难层（间）的风压值及疏散门的门洞断面风速值与设计值的偏差不大于 10%。

（2）对楼梯间和前室的调试应单独分别进行，且互不影响。

（3）调试楼梯间和前室疏散门的门洞断面风速时，应同时开启三个楼层的疏散门。

（七）机械排烟系统风速和风量的调试

（1）根据设计模式，开启排烟风机和相应的排烟阀或排烟口，调试排烟系统使排烟阀或排烟口处的风速值及排烟量值达到设计要求。

（2）开启排烟系统的同时，还应开启补风机和相应的补风口，调试补风系统使补风口处的风速值及补风量值达到设计要求。

（3）测试每个风口风速，核算每个风口的风量及其排烟分区总风量。

【考点九】防烟排烟系统的联动调试【★★★★】

（一）机械加压送风系统的联动调试

（1）当任何一个常闭送风口开启时，相应的送风机均能同时启动。

（2）与火灾自动报警系统联动调试。当火灾自动报警探测器发出火警信号后，应在 15 s 内启动有关部位的送风口、送风机。启动的送风口、送风机应与设计要求一致，联动启动方式应符合《火灾自动报警系统设计规范》（GB 50116—2013）的规定，其状态信号应反馈到消防控制室。

（二）机械排烟系统的联动调试

（1）当任何一个常闭排烟阀（口）开启时，排烟风机均能联动启动。

（2）与火灾自动报警系统联动调试。当火灾自动报警探测器发出火警信号后，机械排烟系统应启动有关部位的排烟阀或排烟口、排烟风机；启动的排烟阀或排烟口、排烟风机应与设计和规范要求一致，其状态信号应反馈到消防控制室。

（3）有补风要求机械排烟场所，当火灾确认后，补风系统应启动。

（4）排烟系统与通风、空调系统合用，当火灾自动报警探测器发出火警信号后，由通风、空调系统转换为排烟系统的时间应符合规范要求。

（三）自动排烟窗的联动调试

在火灾自动报警探测器发出火警信号后，联动开启到符合要求的位置，其状态信号应反馈到消防控制室。

（四）活动挡烟垂壁的联动调试

活动挡烟垂壁的调试在火灾报警后联动下降到设计高度，其动作状态信号应反馈到消防控制室。

【考点十】防烟排烟系统验收资料查验【★★★】

（1）竣工验收申请报告。

（2）施工图、设计说明书、设计变更通知书和设计审核意见书、竣工图。

（3）工程质量事故处理报告。

（4）防烟排烟系统施工过程质量检查记录。

（5）防烟排烟系统工程质量控制资料检查记录。

【考点十一】观感质量、现场抽样及功能性测试验收【★★】

（一）防烟排烟系统观感质量的综合验收

（1）风管表面应平整、无损坏；接管应合理，风管的连接以及风管与风机的连接应无明显缺陷。

（2）风口表面应平整，颜色一致，安装位置正确，风口可调节部件应能正常动作。

（3）各类调节装置安装应正确牢固，调节灵活，操作方便。

（4）风管、部件及管道的支、吊架型式、位置及间距应符合要求。

（5）风机的安装应正确牢固。

检查数量：各系统按 30% 抽查。

（二）防排烟系统手动功能验收

（1）送风机、排烟风机应能正常手动启动和停止，状态信号应在消防控制室显示。

（2）送风口、排烟阀或排烟口应能正常手动开启和复位，阀门关闭严密，动作信号应在消防控制室显示。

（3）活动挡烟垂壁、自动排烟窗应能正常手动开启和复位，动作信号应在消防控制室显示。

（三）防烟排烟设备联动及功能验收

火灾报警后，根据设计模式，相应系统及部位的送风机启动、送风口开启，排烟风机启动、排烟阀（口）开启，自动排烟窗开启到符合要求的位置，活动挡烟垂壁下降到设计高度，有补风要求的补风机、补风口开启；各部件、设备动作状态信号在消防控制室显示。

【考点十二】机械防烟排烟系统的主要性能参数验收【★★】

（一）机械防烟系统的主要性能参数验收

（1）选取送风系统末端所对应的送风最不利的三个连续楼层模拟起火层及上下层，封闭避难层（间）仅需选取本层，测试前室及封闭避难层（间）的风压值及疏散门的门洞断面风速值，应分别符合相关规范规定且偏差不大于设计值的10%。

（2）对楼梯间和前室的测试应单独分别进行，且互不影响。

（3）测试楼梯间和前室疏散门的门洞断面风速时，应同时开启三个楼层的疏散门。

（二）机械排烟系统的主要性能参数验收

（1）开启任一防烟分区的全部排烟口，风机启动后排烟口处的风速应符合设计要求且偏差不大于设计值的10%。

（2）设有补风系统的场所，补风口风速应符合设计要求且偏差不大于设计值的10%。

【考点十三】防烟排烟系统日常巡查【★★★】

（一）系统组（部）件状态要求

（1）防烟排烟系统能否正常使用与系统各组件、配件的日常监控时的现场状态密切相关，机械防烟排烟系统应始终保持正常运行，不得随意断电或中断。

（2）正常工作状态下，正压送风机、排烟风机、通风空调风机电控柜等受控设备应处于自动控制状态，严禁将受控的正压送风机、排烟风机、通风空调风机等电控柜设置在手动位置。

（3）消防控制室应能显示系统的手动、自动工作状态及系统内的防烟排烟风机、防火阀、排烟防火阀的动作状态；应能控制系统的启、停及系统内的防烟排烟风机、防火阀、排烟防火阀、常闭送风口、排烟口、电控挡烟垂壁的开、关，并显示其反馈信号；应能停止相关部位正常通风的空调，并接收和显示通风系统内防火阀的反馈信号。

（二）系统每日检查内容

（1）查看机械加压送风系统、机械排烟系统控制柜的标志、仪表、指示灯、开关和控制按钮；用按钮启停每台风机，查看仪表及指示灯显示。

（2）查看机械加压送风系统、机械排烟系统风机的外观和标志牌；在控制室远程手动启、停风机，查看运行及信号反馈情况。

（3）查看送风阀、排烟阀、排烟防火阀、电动排烟窗的外观，以及手动 / 电动开启、手动复位、动作和信号反馈情况。

【考点十四】防烟排烟系统周期性检查维护【★★★★】

（1）每季度应对防烟排烟风机、活动挡烟垂壁、自动排烟窗进行一次功能检测启动试验及供电线路检查。

（2）每半年应对全部排烟防火阀、送风阀或送风口、排烟阀或排烟口进行自动和手动启动试验一次。

（3）每年应对全部防烟、排烟系统进行一次联动试验和性能检测，其联动功能和性能参数应符合原设计要求。

（4）当防烟排烟系统采用无机玻璃钢风管时，应每年对该风管进行质量检查，检查面积应不小于风管面积的 30%；风管表面应光洁，无明显泛霜、结露和分层现象。

（5）排烟窗的温控释放装置、排烟防火阀的易熔片应有 10% 的备用件，且不少于 10 只。

第十二章　消防用电设备的供配电与电气防火防爆

【考点一】消防用电设备供配电系统的设置【★★★】

（1）配电装置检查。消防用电设备的应急电源配电装置要与主电源配电装置分开设置。如果受地域限制，无法分开设置而需要并列布置时，其分界处要设置防火隔断。

（2）启动装置检查。当消防用电负荷为一级时，应设置自动启动装置，并在主电源断电后 30 s 内供电；当消防用电负荷为二级且采用自动启动方式有困难时，可采用手动启动装置。

（3）自动切换功能检查。消防用电设备及供电设备，应在其配电线路的最末一级配电箱处设置自动切换装置。水泵控制柜、风机控制柜等消防电气控制装置不应采用变频启动方式。除消防水泵、消防电梯、防烟排烟风机等消防用电设备外，各防火分区的其他消防用电设备应由双电源或双回线路电源供电，末端配电箱要设置双电源自动切换装置。对于作用相同、性质相同且容量较小的消防设备，可视为一组设备，并采用一个分支回路进行供电。每个分支回路所供的设备不要超过 5 台，总设计容量不要超过 10 kW。

【考点二】消防设备供电线路敷设及防火封堵【★★★】

（一）消防用电设备供电线路的敷设

（1）当采用矿物绝缘电缆时，可直接采用明敷设或在吊顶内敷设。

（2）当采用难燃性电缆或有机绝缘耐火电缆时，在电气竖井内或电缆沟内敷设可不穿导管保护，但应采取与非消防用电缆隔离的措施。

（3）采用明敷设、吊顶内敷设或架空地板内敷设时，要穿金属导管或封闭式金属线槽保护，所穿金属导管或封闭式金属线槽要采用涂防火涂料等防火保护措施。

（4）当线路暗敷设时，要穿金属导管或难燃性刚性塑料导管保护，并敷设在不燃烧结构内，保护层厚度不小于 30 mm。

（二）防火封堵部位

消防用电设备供电线路在电缆隧道、电缆桥架、电缆竖井、封闭式母线、线槽安装等处时，在下列情况下应采取防火封堵措施：

（1）穿越不同的防火分区。

（2）沿竖井垂直敷设穿越楼板处。

（3）管线进出竖井处。

（4）电缆隧道、电缆沟、电缆间的隔墙处。

（5）穿越建筑物的外墙处。

（6）至建筑物的入口处，至配电间、控制室的沟道入口处。

（7）电缆引至配电箱、柜或控制屏、台的开孔部位。

（三）防火封堵的检查内容

（1）电缆隧道。有人通过的电缆隧道，应在预留孔洞的上部采用膨胀型防火堵料进行加固；预留的孔洞过大时，应采用槽钢或角钢进行加固，将孔洞缩小后方可加装防火封堵系统；防火密封胶直接接触电缆时，封堵材料不得含有腐蚀电缆表皮的化学元素；无机堵料封堵表面光洁，无粉化、硬化、开裂等缺陷；防火涂料表面应光洁，厚度应均匀。

（2）电缆竖井。电缆竖井应采用矿棉板加膨胀型防火堵料组合成的膨胀型防火封堵系统，防火封堵系统的耐火极限不应低于楼板的耐火极限；封堵处应采用角钢或槽钢托架进行加固，应能承载检修人员的荷载，角钢或槽钢托架应采用防火涂料处理；封堵垂直段竖井时，在封堵处上方应使用密度为 160 kg/m^3 以上的矿棉板，并在矿棉板上开好电缆孔，防火封堵系统与竖井之间应采用膨胀型防火密封胶封边，系统与电缆的其他空间之间应采用膨胀型防火密封胶封堵，密封胶厚度凸出防火封堵系统面不应小于 13 mm，贯穿电缆横截面应小于贯穿孔洞的 40%。

（3）电气柜。电气柜孔应采用矿棉板加膨胀型防火堵料组合成的防火封堵，先根据需封堵孔洞的大小估算出密度为 160 kg/m^3 以上的矿棉板使用量，并根据电缆数量裁出适当大小的孔；孔洞底部应铺设厚度为 50 mm 的矿棉板，孔隙口及电缆周围应填塞矿棉，并应采用膨胀型防火密封胶进行密实封堵。固定矿棉板、矿棉板与楼板之间应采用弹性防火密封胶封边，防火封堵系统与电缆之间应采用膨胀型防火密封胶封堵，密封胶厚度凸出防火封堵系统面不应小于 13 mm。封堵完成后，在封堵层两侧电缆上涂刷防火涂料，长度 300 mm，干涂层厚度 1 mm。盘柜底部空隙处应填塞矿棉，并用防火密封胶严密封实，密封胶厚度凸出防火封堵系统面不应小于 13 mm，面层应平整。

（4）无机堵料。电缆沟、电缆隧道由室外进入室内处，长距离电缆沟每隔 50 m 处，电缆穿阻火墙应使用防火灰泥加膨胀型防火堵料组合成的阻火墙。

采用无机堵料（防火灰泥或耐火砖）堆砌，其厚度不应小于 200 mm（根据产品的性能而定）；阻火墙内部的电缆周围必须采用不小于 13 mm 的防火密封胶进行包裹，阻火墙底部必须留有两个排水孔洞，排水孔洞处可利用砖块砌筑；阻火墙两侧的电缆周围应采用防火密封胶进行密实分隔包裹，具两侧厚度应大于阻火墙表层 13 mm，阻火墙外侧电缆用防火涂料涂刷，涂刷长度为 1 m。

（5）电缆涂料。防火封堵系统两侧电缆应采用电缆涂料，电缆涂料的涂覆位置应在阻火墙两端和电力电缆接头两侧的 1 ～ 2 m 长区段；使用燃烧性能等级为非 A 级电缆的隧道（沟），在封堵完成后，孔洞两侧电缆涂刷防火涂料长度不应小于 1 m，干涂层厚度不应小于 1 mm。使用燃烧性能等级为非 A 级电缆的竖井，每层均应封堵。竖井穿楼板时应先在穿楼板处进行封堵，并应无缝隙。在常温条件下或火灾温度达到 200℃时，烟雾渗透应小于 28.318 5 L/min。

【考点三】防火防爆平面布置、环境及保护检查【★★】

（一）平面布置

（1）室外变、配电装置距堆场、可燃液体储罐和甲、乙类厂房库房不应小于 25 m，距其他建筑物不应小于 10 m，距液化石油气罐不应小于 35 m；石油化工装置的变、配电室还应布置在装置的一侧，并位于爆炸危险区范围以外。变压器油量越大，建筑物耐火等级越低及危险物品储量越大者，所要求的间距也越大，必要时可加防火墙。

（2）户内电压为 10 kV 以上、总油量为 60 kg 以下的充油设备，可安装在两侧有隔板的间隔内；总油量为 60 ~ 600 kg 者，应安装在有防爆隔墙的间隔内；总油量为 600 kg 以上者，应安装在单独的防爆间隔内。10 kV 及以下的变、配电室不应设在爆炸危险环境的正上方或正下方。变电室与各级爆炸危险环境毗连，最多只能有两面相连的墙与危险环境共用。

（3）为了防止电火花或危险温度引起火灾，开关、插销、熔断器、电热器具、照明器具、电焊设备和电动机等均应根据需要适当避开易燃物或易燃建筑构件。

（二）环境

（1）消除或减少爆炸性混合物。保持良好通风，使现场易燃易爆气体、粉尘和纤维浓度降低到无法引起火灾和爆炸的程度。加强密封，减少和防止易燃易爆物质的泄漏。有易燃易爆物质的生产设备、储存容器、管道接头和阀门应严格密封，并经常巡视检测。

（2）消除引燃物。运行中能够产生火花、电弧和高温危险的电气设备和装置，不应放置在易燃易爆的危险场所。在易燃易爆场所安装的电气设备和装置应该采用密封的防爆电器，并应尽量避免使用便携式电气设备。

（三）保护

爆炸和火灾危险场所内的电气设备的金属外壳应可靠地接地（或接零）。

【考点四】变、配电装置防火措施的检查【★★★】

（一）变压器保护

变压器应设置短路保护装置，当发生事故时，能及时切断电源。此外，变压器高压侧还可通过采用过电流继电器来进行短路保护和过载保护。根据变压器运行情况、容量大小、电压等级，还应设置气体保护、差动保护、温度保护、低电压保护、过电压保护等设施。

（二）防止雷击措施

为防止雷击，在变压器的架空线引入电源侧，应安装避雷器，并设有一定的保护间隙。

（三）接地措施

在中性点有良好接地的低压配电系统中，应该采用保护接零方式。但城市公用电网应采用统一的保护方式；所有农村配电网络，为避免接零与接地两种保护方式混用而引起事故，一律不得实行保护接零，而应采用保护接地方式。

在中性点不接地的低压配电网络中，采用保护接地。高压电气设备一般实行保护接地。

（四）过电流保护措施

回路内应装设断路器、熔断器之类的过电流防护电器来防范电气过载引起的灾害。防护电器的设置参数应满足下列要求：

（1）防护电器的额定电流或整定电流不应小于回路的计算负载电流。

（2）防护电器的额定电流或整定电流不应大于回路的允许持续载流量。

（3）保证防护电器有效动作的电流不应大于回路载流量的 1.45 倍。

（五）短路防护措施

短路防护应在短路电流对回路导体和其连接点产生危险的热效应及机械效应前切断回路的短路电流。回路内应设置短路防护电器以防范电气短路引起的灾害。

（1）短路防护电器的遮断容量不应小于其安装位置处的预期短路电流。

（2）被保护回路内任一点发生短路时，防护电器都应在被保护回路的导体温度上升到允许限值前切断电源。

（六）漏电保护电器

（1）在安装带有短路保护的漏电保护器时，必须保证在电弧喷出方向有足够的飞弧距离。

（2）注意漏电保护器的工作条件，在高温、低温、高湿、多尘以及有腐蚀性气体的环境中使用时，应采取必要的辅助保护措施，以防漏电保护器不能正常工作或损坏。

（3）漏电保护器的漏电、过载和短路保护特性均由制造厂调整好，不允许用户自行调节。

【考点五】低压配电和控制电器防火检查【★★★】

低压配电与控制电器的导线绝缘应无老化、腐蚀和损伤现象；同一端子上导线连接不应多于两根，且两根导线线径相同，防松垫圈等部件齐全；进出线接线正确，接线应采用铜质或有电镀金属层防锈的螺栓和螺钉连接，连接应牢固，要有防松装置，电连接点应无过热、锈蚀、烧伤、熔焊等痕迹；金属外壳、框架的接零（PEN）或接地（PE），连接可靠；套管、瓷件外部无破损、裂纹痕迹。

低压配电与控制电器安装区域应无渗漏水现象。低压配电与控制电器的灭弧装置应完好无损。连接到发热元件（如管形电阻）上的绝缘导线，应采取隔热措施。熔断器应按规定采用标准的熔体。电器靠近高温物体或安装在可燃结构上时，应采取隔热、散热措施。电器相间绝缘电阻不应小于 5 MΩ。

（一）刀开关

降低接触电阻以防止发热过度。采用电阻率和抗压强度低的材料制造触头。利用弹簧或弹簧垫等，增加触头接触面间的压力。对易氧化的铜、黄铜、青铜触头表面，镀一层锡、铅锡合金或银等保护层，防止因触头氧化使接触电阻增加。在铝触头表面，涂上防止氧化的中性凡士林油层加以覆盖。可断触头在结构上，动、静触头间有一定的相对滑动，分合时可以擦去氧化层（称自洁作用），以减少接触电阻。

（二）组合开关

组合开关应加装能切断三相电源的控制开关及熔断器。

（三）断路器

在断路器投入使用前应将各磁铁工作面的防锈油脂擦净，以免影响磁系统的动作；长期未使用的灭弧室，在使用前应先烘一次，以保证良好的绝缘；监听断路器在运行中有无不正常声响。使用过程中，应定期检查传动机构、灭弧室、触头和相间绝缘主轴等构件，如发现活动不灵、破损、变形、锈蚀、过热、异响等现象，应及时处理。检查灭弧罩的工作位置有无移动、是否完整、有无受潮等情况。对电动合闸的断路器，应检查合闸电磁铁机构是否处于正常状态。

（四）接触器

安装、接线时要防止螺钉、垫片等零件落入接触器内部造成卡住或短路现象；各接点须保证牢固无松动。检查无误后，应进行试验，确认动作可靠后再投入使用。使用前应先在不接通主触头的情况下使吸引线圈通电，分合数次，以检查接触器动作是否确实可靠。使用可逆转接触器时，为保证连锁可靠，除安装电气连锁外，还应考虑加装机械连锁机构。

针对接触器频繁分、合的工作特点，应每月检查维修一次接触器各部件，紧固各接点，及时更换损坏的零件，铁芯极面上的防锈油必须擦净，以免油垢粘住而造成接触器在断电后仍不释放。

（五）启动器

定期检查触头表面状况，若发现触头表面粗糙，应以细锉修整，切忌以砂纸打磨。对于充油式产品的触头，应在油箱外修整，以免油被污染，使其绝缘强度降低。对于手动式减压启动器，当电动机运行过程中因失电压而停转时，应及时将手柄扳回停止位置，以防电压恢复后电动机自行全压起动，必要时另装一个失电压脱扣器。手动式启动器的操作机械应保持灵活，并定期添加润滑剂。

（六）继电器

继电器要安装在少震、少尘、干燥的场所，现场严禁有易燃易爆物品存在。安装完毕后必须检查各部分接点是否牢固、触点接触是否良好、有无绝缘损坏等，确认安装无误后方可投入运行。

由于控制继电器的动作十分频繁，因此必须做到每月至少检修两次。另外还应注意保持控制继电器清洁无积尘，以确保其正常工作。应经常监视继电器工作情况，除例行检查外，重点应检查各触点的接触是否良好、有无绝缘老化，必要时应测其绝缘电阻值。定期检查其触头接触情况，各部件有无松动、损坏及锈蚀现象，发现问题及时修复或更换。经常保持清洁，避免尘垢积聚致使绝缘水平降低，发生相间闪络事故。应经常注意环境条件的变化，当不符合继电器使用条件时，宜采取可靠措施，保证其工作的可靠性。

【考点六】电气线路防火措施的检查要求【★★★★】

（一）预防电气线路短路的措施

必须严格执行电气装置安装规程和技术管理规程，坚决禁止非电工人员安装、修理；要根据导线使用的具体环境选用不同类型的导线，正确选择配电方式；安装线路时，电线之间、电线与建筑构件或树木之间要保持一定距离；距地面 2 m 高以内的电线，应用钢管或硬质塑料保护，以防绝缘遭受损坏；在线路上应按规定安装断路器或熔断器，以便在线路发生短路时能及时、可靠地切断电源。

（二）预防电气线路过负荷的措施

根据负载情况，选择合适的电线；严禁滥用铜丝、铁丝代替熔断器的熔丝；不准乱拉电线和接入过多或功率过大的电气设备；严禁随意增加用电设备尤其是大功率用电设备；应根据线路负荷的变化及时更换适宜容量的导线；可根据生产程序和需要，采取排列先后控制使用的方法，把用电时间调开，以使线路不超过负荷。

（三）预防电气线路接触电阻过大的措施

导线与导线、导线与电气设备的连接必须牢固可靠；铜、铝线相接，宜采用铜铝过渡接头，也可采用在铜线接头处搪锡；通过较大电流的接头，应采用油质或氧焊接头，在连接时加弹力片后拧紧；要定期检查和检测接头，防止接触电阻增大，对重要的连接接头要加强监视。

（四）屋内布线的设置要求

设计安装屋内线路时，要根据使用电气设备的环境特点，正确选择导线类型；明敷绝缘导线要防止绝缘受损引起危险，在使用过程中要经常检查、维修；布线时，导线与导线之间、导线的固定点之间，要保持合适的距离；为防止机械损伤，绝缘导线穿过墙壁或可燃建筑构件时，应穿过砌在墙内的绝缘管，每根管宜只穿一根导线，绝缘管（瓷管）两端的出线口伸出墙面的距离宜不小于 10 mm，这样可以防止导线与墙壁接触，以免墙壁潮湿而产生漏电等现象；沿烟囱、烟道等发热构件表面敷设导线时，应采用石棉、玻璃丝、瓷珠、瓷管等材料作为绝缘的耐热线。

【考点七】插座与照明开关防火措施的检查【★★】

在潮湿场所中，插座应采用密封型并带保护地线触头的保护型插座，安装高度不低于 1.5 m。

在使用 I 类电器的场所，必须设置带有保护线触头的电源插座，并将该触头与保护地线（PE 线）连成电气通路。车间及试（实）验室的电源插座安装高度距地面不小于 0.3 m，特殊场所暗装的电源插座安装高度距地面不小于 0.15 m，同一室内插座安装高度一致。

非临时用电不宜使用移动式电源插座。当使用移动式电源插座时，电源线要采用铜芯电缆或护套软线，具有保护接地线（PE 线），禁止放置在可燃物上，禁止串接使用，严禁超容量使用。

【考点八】照明器具防火措施的检查【★★★】

（1）卤素灯、60 W 以上的白炽灯等高温照明灯具不应设置在火灾危险性场所。产生腐蚀性气体的蓄电池室等场所应采用密闭型灯具。重要场所的大型灯具，应安装防玻璃罩破裂后向下飞溅的设施。

（2）库房照明宜采用投光灯采光。储存可燃物的仓库及类似场所照明光源应采用冷光源，其垂直下方与堆放可燃物品的水平间距不应小于 0.5 m，不应设置移动式照明灯具；应采用有防护罩的灯具和墙壁开关，不得使用无防护罩的灯具和拉线开关。

（3）超过 60 W 的白炽灯、卤素灯、荧光高压汞灯等照明灯具（包括镇流器）不应安装在可燃材料和可燃构件上，聚光灯的聚光点不应落在可燃物上。当灯具的高温部位靠近除不燃性以外的装修材料时，应采取隔热、散热等防火保护措施。灯饰所用材料的燃烧性能等级不应低于 B_1 级。

（4）嵌入顶棚内的灯具，灯头引线应采用柔性金属管保护，其保护长度不宜超过 1 m。嵌入式灯具、贴顶灯具以及光檐（槽灯）照明，当采用卤钨灯以及单灯功率超过 100 W 的白炽灯时，灯具引入线应选用耐 105 ~ 250℃高温的绝缘电线，或采用瓷管、石棉等非燃材料做隔热保护。

（5）用于舞台效果的高温灯具，其灯头引线应采用耐高温导线或穿瓷管保护，再经接线柱与灯具连接，导线不得靠近灯具表面或敷设在高温灯具附近。霓虹灯与建筑物、构筑物表面距离不小于 20 mm。

（6）照明灯具与可燃物之间的安全距离具体要求如下：①普通灯具安全距离不小于 0.3 m；②高温灯具（聚光灯、碘钨灯等）、影剧院礼堂用的面光灯和耳光灯、功率为 100 ～ 500 W 的灯具安全距离不小于 0.5 m；③功率为 500 ～ 2 000 W 的灯具安全距离不小于 0.7 m；④功率为 2 000 W 以上的灯具安全距离不小于 1.2 m。

（7）照明灯具上所装的灯泡，不应超过灯具的额定功率。灯具及配件齐全，无机械损伤、变形、涂层剥落和灯罩破裂等缺陷；软线吊灯的软线两端做保护扣，两端芯线搪锡；当装升降器时，套塑料软管，采用安全灯头；除敞开式灯具，其他各类灯具灯泡功率在 100 W 及以上者采用瓷质灯头；连接灯具的软线盘扣、搪锡压线，当采用螺口灯头时，相线接于螺口灯头中间的端子上；灯头的绝缘外壳不破损和不漏电；带有开关的灯头，开关手柄无裸露的金属部分。

（8）每个灯控开关所控灯具的总额定电流值不应大于该灯控开关的额定电流。建筑物内景观照明灯具的导电部分对地电阻应大于 2 MΩ。

（9）节日彩灯的检查要求如下：

1）建筑物顶部彩灯采用有防雨性能的专用灯具，灯罩要拧紧。

2）彩灯连接线路应采用绝缘铜导线，导线截面积应满足载流量要求，且不应小于 2.5 mm^2，灯头线不应小于 1.0 mm^2。

3）悬挂式彩灯应采用防水吊线灯头，灯头线与干线的连接应牢固、绝缘包扎紧密。

4）彩灯供电线路应采用橡胶多股铜芯软导线，截面积不应小于 4.0 mm^2，垂直敷设时，对地面的距离不小于 3.0 m。

5）彩灯的电源除统一控制外，每个支路应有单独控制开关和熔断器保护，导线的支持物应安装牢固。

【考点九】电热器具防火措施的检查【★★】

超过 3 kW 的固定式电热器具应采用单独回路供电，电源线应装设短路、过载及接地故障保护电器；导线和热元件的接线处应紧固，引入线处应采用耐高温的绝缘材料予以保护；电热器具周围 0.5 m 以内不应放置可燃物；低于 3 kW 的可移动式电热器应放在不燃材料制作的工作台上，与周围可燃物应保持 0.3 m 以上的距离；电热器应采用专用电源插座，引出线应采用石棉、瓷管等耐高温绝缘套管保护。

【考点十】电气装置和设备的维护方法【★★】

综合运用红外测温技术、超声波探测技术和电工测量技术等多种现代科技手段，选定必要的范围进行抽样检查。

（一）温度

电气装置和设备在异常情况下必然会出现异常的温度，因此温度的检测是安全维护的一个非常重要的方面。

（二）绝缘电阻

绝缘电阻值反映电气装置和设备的绝缘能力，绝缘电阻值下降，说明绝缘老化，可能会出现过热、短路等故障，容易引起火灾事故。

（三）接地电阻

电气装置和设备接地分为保护性接地和功能性接地，为了保证电气装置和设备的正常工作，必须有一个良好的接地系统。接地电阻是反映接地系统好坏的一个重要指标，对于防雷、防爆、防静电场所尤为重要。

（四）谐波分量及中性线过载电流

中性线电流是由三相不平衡负载电流和非线性负载电流的三次甚至更高倍的奇次谐波电流两部分组成的，因此检测中性线电流可以判定三相不平衡负载电流和奇次谐波电流的大小，同时利用仪表检测相线电流直接判定导线的负荷状态也十分必要。

（五）火花放电

火花放电可以导致火灾的发生，准确掌握火花放电部位是预防电气火灾的前提，用超声波检测仪可以检测出电气设备内部火花放电现象。

【考点十一】爆炸性环境电缆和导线【★★★】

《爆炸危险环境电力装置设计规范》（GB 50058—2014）规定如下：

（1）爆炸性环境电缆和导线的选择应符合下列规定：

1）在爆炸性环境内，低压电力、照明线路采用的绝缘导线和电缆的额定电压应高于或等于工作电压，且 U_0/U 不应低于工作电压。中性线的额定电压应与相线电压相等，并应在同一护套或保护管内敷设。

2）在爆炸危险区内，除在配电盘、接线箱或采用金属导管配线系统内，无护套的电线不应作为供配电线路。

3）在1区内应采用铜芯电缆；除本质安全电路外，在2区内宜采用铜芯电缆，当采用铝芯电缆时，其截面面积不得小于16 mm^2，且与电气设备的连接应采用铜—铝过渡接头。敷设在爆炸性粉尘环境20区、21区以及在22区内有剧烈振动区域的回路，均应采用铜芯绝缘导线或电缆。

（2）爆炸性环境电气线路的安装应符合下列规定：

1）电气线路宜在爆炸危险性较小的环境或远离释放源的地方敷设，并应符合下列规定：①当可燃物质比空气重时，电气线路宜在较高处敷设或直接埋地；架空敷设时宜采用电缆桥架；电缆沟敷设时沟内应充沙并设置排水措施。②电气线路宜在有爆炸危险的建筑物、构筑物的墙外敷设。③在爆炸粉尘环境，电缆应沿粉尘不易堆积并且易于粉尘清除的位置敷设。

2）敷设电气线路的沟道、电缆桥架或导管，所穿过的不同区域之间墙或楼板处的孔洞应采用非燃性材料严密堵塞。

3）敷设电气线路时宜避开可能受到机械损伤、振动、腐蚀、紫外线照射以及可能受热的地方，不能避开时，应采取预防措施。

4）钢管配线可采用无护套的绝缘单芯或多芯导线。当钢管中含有三根或多根导线时，导线包括绝缘层的总截面面积不宜超过钢管截面面积的40%。钢管应采用低压流体输送用镀锌焊接钢管。钢管连接的螺纹部分应涂以厚漆（铅油）或磷化膏。在可能凝结冷凝水的地方，管线上应装设排除冷凝水的密封接头。

5）在爆炸性气体环境内钢管配线的电气线路应做好隔离密封，且应符合下列规定：①在正常运行时，所有点燃源外壳的450 mm范围内应做隔离密封。②直径50 mm以上钢管距引入的接线箱450 mm以内处应做隔离密封。③相邻的爆炸性环境之间以及爆炸性环境与相邻的其他危险环境或非危险环境之间应进行隔离密封。进行密封时，密封内部应用纤维作填充层的底层或隔层，填充层的有效厚度不应小于钢管的内径，且不得小于16 mm。④供隔离密封用的连接部件，不应作为导线的连接或分线用。

6）在1区内电缆线路严禁有中间接头，在2区、20区、21区内不应有中间接头。

7）当电缆或导线的终端连接时，电缆内部的导线如果为绞线，其终端应采用定型端子或接线鼻子进行连接。

铝芯绝缘导线或电缆的连接与封端应采用压接、熔焊或钎焊，当与设备（照明灯具除外）连接时，应采用铜—铝过渡接头。

8）架空电力线路不得跨越爆炸性气体环境，架空线路与爆炸性气体环境的水平距离不应小于杆塔高度的1.5倍。在特殊情况下，采取有效措施后，可适当减少距离。

第十三章　消防应急照明和疏散指示系统

【考点一】消防应急灯具的安装要求【★★★★】

（一）消防应急标志灯具的安装

（1）在顶部安装时，尽量不要吸顶安装，灯具上边与顶棚距离宜大于 200 mm；吊装时，应采用金属吊杆或吊链，吊杆或吊链上端应固定在建筑结构件上。

（2）低位安装在疏散走道及其转角处时，应安装在距地面（楼面）1 m 以下的墙上，标志表面应与墙面平行，凸出墙面的部分不应有尖锐角及伸出的固定件；灯光疏散指示标志的间距不应大于 20 m；对于袋形走道不应大于 10 m；在走道转向区不应大于 1.0 m。

（3）安装在地面上时，灯具的所有金属构件应采用耐腐蚀构件或做防腐处理，电源连接和控制线连接应采用密封胶密封，标志灯具表面应与地面平行，与地面高度差不宜大于 3 mm，与地面接触边缘不宜大于 1 mm。

（4）在人员密集的大型室内公共场所的疏散走道和主要疏散线路上，安装保持视觉连续的消防应急标志灯具时，箭头指示方向或导向光流流动方向应与疏散方向一致。

（二）消防应急照明灯具的安装

（1）消防应急照明灯具应均匀布置，最好安装在棚顶或距楼地面 2 m 以上的侧面墙上。

（2）在侧面墙上顶部安装时，其底部距地面距离不得低于 2 m；在距地面 1 m 以下侧面墙上安装时，应采用嵌入式安装，其凸出墙面最大水平距离不应超过 20 mm，且应保证光线照射在安装灯具的水平线以下；不得安装在地面或 1 ~ 2 m 之间侧面墙上。

（3）吊装时，要采用金属吊杆或吊链，吊杆或吊链上端应固定在建筑结构件上。

【考点二】消防应急电源的组件安装【★★】

（一）应急照明配电箱和分配电装置的安装

（1）应急照明配电箱和分配电装置落地安装时宜高出地面 50 mm 以上，屏前和屏后的通道最小宽度应符合《低压配电设计规范》（GB 50054—2011）的规定。

（2）应急照明配电箱和分配电装置安装在墙上时，其底边距地面高度宜为 1.3 ~ 1.5 m，靠近门轴的侧面距墙不应小于 0.5 m，正面操作距离不应小于 1.0 m。

（二）应急照明集中电源的安装

（1）安装场所应无腐蚀性气体、蒸气、易燃物及尘土；电池应安装于通风良好的场所，严禁安放在密封环境、有可燃气管道、仓库等场所。

（2）落地安装时，宜高出地面 150 mm 以上，屏前和屏后的通道应能够满足更换电池的需求。

【考点三】应急照明控制器的安装【★★】

（1）在墙上安装时，应急照明控制器的底边距地（楼）面高度为 1.3 ~ 1.5 m，靠近门或侧墙安装时应保证应急照明控制器门的正常开关，正面操作距离不应小于 1.2 m；落地安装时，其底边宜高出地坪 0.1 ～ 0.2 m。

（2）应急照明控制器应安装牢固，不得倾斜。安装在轻质墙上时，应采取加固措施。

（3）应急照明控制器的主电源要有明显标志，并应直接与消防电源连接，严禁使用电源插头。应急照明控制器与其外接备用电源之间应直接连接。接地应牢固，并应有明显标志。

（4）应急照明控制器的控制线路要单独穿管。引入应急照明控制器的电缆或导线，配线应整齐，避免交叉，并应固定牢靠；电缆芯线和所配导线的端部，均应标明编号，并与图样一致，字迹应清晰且不易褪色；端子板的每个接线端，接线不得超过两根；电缆芯和导线应留有不小于 200 mm 的余量；导线应绑扎成束；导线穿管后，应将管口封堵。

【考点四】电线电缆选择与线路敷设【★★】

（1）应急照明集中电源的输出支路和集中控制型系统的控制线路在竖井内敷设。与竖井内的燃烧性能为 B_1 级以下电线电缆之间没有防火分隔时，应选择燃烧性能为 A 级的电线电缆；有防火分隔时，可选择燃烧性能为 B_1 级的电线电缆。

（2）应急照明分配电装置的输出线路和集中控制型系统的控制线路选择燃烧性能为 B_1 级电线电缆时，应穿金属管保护，也可敷设在燃烧性能为同级别的电缆桥架或线槽中；选择燃烧性能为 A 级电线电缆时，可明敷。

（3）地面安装或潮湿场所安装时，灯具的供电线路和控制线路均应选择耐腐蚀的橡胶电缆，接线处应做防腐蚀和防潮处理。

（4）不同电压等级的线缆不应穿入同一根保护管内，当合用同一线槽时，线槽内应有金属隔板分隔。

（5）系统的配电支线应采用铜芯导线，控制线路应采用多股铜芯导线。

【考点五】消防应急标志灯具的调试【★★★】

（1）采用目测的方法检查消防应急标志灯具安装位置和标志信息上的箭头指示方向是否与实际疏散方向相符。

（2）在黑暗条件下，使照明灯具转入应急状态，用照度计测量地面的最低水平照度，该照度值应符合设计要求。

（3）操作试验按钮或其他试验装置，消防应急灯具应转入应急工作状态。

（4）断开连续充电 24 h 的消防应急灯具电源，使消防应急灯具转入应急工作状态，同时用秒表开始计时；消防应急灯具主电指示灯应熄灭，应急工作时间不应小于本身标称的应急工作时间。

（5）使顺序闪亮形成导向光流的标志灯具转入应急工作状态，目测其光流导向应与设计的疏散方向相同。

（6）使有语音指示的标志灯具转入应急工作状态，其语音应与设计相符。

（7）逐个切断各区域应急照明配电箱或启动应急照明集中电源的分配电装置，该配电箱或分配电装置供电的消防应急灯具应在 5 s 内转入应急工作状态。

（8）受火灾自动报警系统控制的消防应急照明和疏散指示系统，输入联动控制信号，系统内的消防应急灯具应在 5 s 内转入与联动控制信号相对应的工作状态，并发出联动反馈信号；对于设计有手动控制功能的系统，操作手动控制机构，使系统转入应急工作状态，相应的消防应急灯具应在 5 s 内转入应急工作状态。

【考点六】应急照明集中电源的调试【★★】

（1）分别操作集中电源使其处于主电工作和应急工作状态下，观察应急照明集中电源的主电电压、电池电压、输出电压和输出电流，主电显示和充电显示灯状态应与生产企业的说明书相符。

（2）操作手动应急转换控制机构，观察应急照明集中电源和该电源供电的所有消防应急灯具转入应急工作状态的情况。

（3）断开主电电源，应急照明集中电源和该电源供电的所有消防应急灯具均应转入应急工作状态，应急工作时间应不小于本身标称的应急工作时间。

【考点七】应急照明控制器的调试【★★】

（1）操作控制功能，应急照明控制器应能控制任何消防应急灯具从主电工作状态转入应急工作状态，并应有相应的状态指示和消防应急灯具转入应急状态的时间。

（2）检查应急照明控制器的防止非专业人员操作的功能。

（3）断开任一消防应急灯具与应急照明控制器间连线，应急照明控制器应发出声、光故障信号，并显示故障部位，故障存在期间，操作应急照明控制器，应能控制与此故障无关的消防应急灯具转入应急工作状态。

（4）断开应急照明控制器的主电源，使应急照明控制器由备电工作，应急照明控制器在备电工作时各种控制功能应不受影响，备电工作时间不应小于应急照明持续时间的 3 倍，且不小于 3 h。

（5）关闭应急照明控制器的主程序，系统内的消防应急灯具应能按设计的联动逻辑转入应急工作状态。

【考点八】应急照明与疏散指示系统功能调试【★★】

（一）非集中控制型系统功能调试

（1）自带电源型系统，手动操作应急照明配电箱的手动转换装置，模拟消防联动控制信号，系统应转入应急工作状态。

（2）集中电源型系统，手动操作应急照明集中电源的手动转换装置，模拟消防联动控制信号，系统应转入应急工作状态。

（二）集中控制型系统功能调试

（1）模拟消防联动控制信号，应急照明控制器应控制相关消防应急灯具转入应急工作状态。

（2）应急照明控制器应能控制并显示系统内所有的消防应急灯具、消防应急电源、应急照明分配电装置及其他附件的工作状态。

（3）手动控制消防应急照明控制器，使消防应急灯具转入应急工作状态，相关消防应急灯具应转入应急工作状态。

【考点九】消防应急灯具检测【★★】

（一）消防应急标志灯具检测项目

（1）标志灯具的颜色、标志信息应符合《消防应急照明和疏散指示系统》（GB 17945—2010）的要求，指示方向应与设计方向一致。

（2）使用的电池应与有效证明文件相符。

（3）状态指示灯指示应正常。

（4）连续 3 次操作试验机构，灯具应能完成应急转换。

（5）应急工作时间应不小于其本身标称的应急工作时间。

（二）消防应急照明灯具检测项目

（1）照明灯具的光源及隔热情况应符合要求。

（2）使用的电池应与有效证明文件相符。

（3）状态指示灯应正常。

（4）连续 3 次按试验按钮，灯具应能完成自动转换。

（5）应急工作时间应不小于其本身标称的应急工作时间。

（6）安装区域的最低照度值应符合设计要求。

（7）光源与电源分开设置的照明灯具安装时，灯具安装位置应有清晰可见的消防应急灯具标示，电源的试验按钮和状态指示灯应方便操作和观察。

【考点十】应急照明集中电源检测项目【★★】

（1）安装场所应符合要求。

（2）供电应符合设计要求。

（3）应急工作时间应不小于其本身标称的应急工作时间。

（4）输出线路、分配电装置、输出电源负载应与设计相符，且不应连接与应急照明和疏散指示无关的负载或插座。

（5）应急照明集中电源应设模拟主电源供电故障的自复式试验按钮（或开关），不应设影响应急功能的开关。

（6）应急照明集中电源应显示主电电压、电池电压、输出电压和输出电流，并应设主电、充电、故障和应急状态指示灯，主电状态用绿色，故障状态用黄色，充电状态和应急状态用红色。

（7）应急照明集中电源应能以手动、自动两种方式转入应急状态，且应设只有专业人员可操作的强制应急启动按钮。

（8）应急照明集中电源每个输出支路均应单独保护，且任一支路故障不应影响其他支路的正常工作。

【考点十一】应急照明控制器检测项目【★★】

（1）应急照明控制器应安装在消防控制室或值班室内。

（2）应急照明控制器应能控制并显示与其相连的所有消防应急灯具的工作状态，并显示应急启动时间。

（3）应急照明控制器应能防止非专业人员操作。

（4）应急照明控制器在与其相连的消防应急灯具之间的连接线开路、短路（短路时消防应急灯具转入应急状态除外）时，应发出声、光故障信号，并指示故障部位。声故障信号应能手动消除，当有新的故障信号时，声故障信号应能再启动。光故障信号在故障排除前应保持。

（5）应急照明控制器应有主、备用电源的工作状态指示，并能实现主、备用电源的自动转换。备用电源应能保证应急照明控制器正常工作3 h。

（6）当应急照明控制器控制应急照明集中电源时，应急照明控制器应能控制并显示应急照明集中电源的工作状态（主电、充电、故障状态，电池电压、输出电压和输出电流），且在与应急照明集中电源之间连接线开路或短路时，发出声、光故障信号。

（7）应急照明控制器应能对本机及面板上的所有指示灯、显示器、音响器件进行功能检查。

（8）应急照明控制器应能以手动、自动两种方式使与其相连的所有消防应急灯具转入应急状态，且应设强制使所有消防应急灯具转入应急状态的按钮。

（9）当某一支路的消防应急灯具与应急照明控制器连接线开路、短路或接地时，不应影响其他支路的消防应急灯具和应急电源的工作。

【考点十二】系统功能检测项目【★★★★】

（一）非集中控制型系统的应急控制

（1）未设置火灾自动报警系统的场所，系统应在正常照明中断后转入应急工作状态。

（2）设置火灾自动报警系统的场所，自带电源非集中控制型系统应由火灾自动报警系统联动各应急照明配电箱实现工作状态的转换；集中电源非集中控制型系统应由火灾自动报警系统联动各应急照明集中电源和应急照明分配电装置实现工作状态的转换。

（二）集中控制型系统的应急控制

（1）应急照明控制器应能接收火灾自动报警系统的火灾报警信号或联动控制信号，并控制相应的消防应急灯具转入应急工作状态。

（2）自带电源集中控制型系统，应由应急照明控制器控制系统内的应急照明配电箱和相应的消防应急灯具及其他附件实现工作状态转换。

（3）集中电源集中控制型系统，由应急照明控制器控制系统内应急照明集中电源、应急照明分配电装置和相应的消防应急灯具及其他附件实现工作状态转换。

（4）当系统需要根据火灾报警信号联动熄灭安全出口指示标志灯具时，应仅在接收到安全出口处设置的感温火灾探测器的火灾报警信号时，系统才能联动熄灭指示该出口和指向该出口的消防应急标志灯具。

（5）应急照明控制器的主电源应由消防电源供电，应急照明控制器的备用电源应至少使控制器在主电源中断后工作3 h。

【考点十三】系统供配电检查【★★】

（一）平面疏散区域供电

（1）平面疏散区域供电应由应急照明总配电柜的主电以树干式或放射式方式供电，并按防火分区设置应急照明配电箱、应急照明集中电源或应急照明分配电装置；非人员密集场所可在多个防火分区设置一个共用应急照明配电箱，但每个防火分区宜采用单独的应急照明供电回路。

（2）应急照明配电箱的主电源宜取自于本防火分区的备用照明配电箱，多个防火分区共用一个应急照明配电箱的主电源应取自应急电源干线或备用照明配电箱的供电侧。

（3）大于 2 000 m^2 的防火分区应单独设置应急照明配电箱或应急照明分配电装置，小于 2 000 m^2 的防火分区可采用专用应急照明回路。

（4）应急照明回路沿电缆管井垂直敷设时，公共建筑应急照明配电箱供电范围不宜超过 8 层，住宅建筑不宜超过 16 层。

（5）一个应急照明配电箱或应急照明分配电装置所带灯具覆盖的防火分区总面积不宜超过 4 000 m^2，地铁隧道内不应超过一个区段的 1/2，道路交通隧道内不宜超过 500 m。

（6）检查应急照明集中电源、应急照明分配电装置的设置是否符合下列要求：

1）二者在同一平面层时，应急照明电源应采用放射式供电方式。

2）二者不在同一平面层，且配电分支干线沿同一电缆管井敷设时，应急照明集中电源可采用放射式或树干式供电方式。

（7）商住楼的商业部分与居住部分应分开，并单独设置应急照明配电箱或应急照明集中电源。

（二）垂直疏散区域及其扩展区域的供电

（1）每个垂直疏散通道及其扩展区可按一个独立的防火分区考虑，并应采用垂直配灯方式。

（2）建筑高度超过 50 m 的每个垂直疏散通道及扩展区宜单独设置应急照明配电箱或应急照明分配电装置。

（三）避难层及航空疏散场所的供电

避难层及航空疏散场所的消防应急照明应由变配电所放射式供电。

（四）消防工作区域及其疏散走道的供电

（1）消防控制室、高低压配电房、发电机房及蓄电池类自备电源室、消防水泵房、防烟及排烟机房、消防电梯机房、BAS 控制中心机房、电话机房、通信机房、大型计算机房、安全防范控制中心机房等在发生火灾时有人值班的场所，应同时设置备用照明和疏散照明；楼层配电间（室）及其他火灾时无人值班的场所可不设备用照明和疏散照明。

（2）备用照明可采用普通灯具，并由双电源供电。

（五）灯具配电回路

（1）交流电压 220 V 或直流电压 216 V 灯具的供电回路工作电流不宜大于 10 A，安全电压灯具的供电回路工作电流不宜大于 5 A。

（2）每个应急供电回路所配接的灯具数量不宜超过 64 个。

（3）应急照明集中电源应经应急照明分配电装置配接消防应急灯具。

（4）应急照明集中电源、应急照明分配电装置及应急照明配电箱的输入和输出配电回路中不应装设剩余电流动作脱扣保护装置。

（六）应急照明配电箱及应急照明分配电装置的输出

（1）输出回路不应超过 8 路。

（2）采用安全电压时的每个回路输出电流不应大于 5 A。

（3）采用非安全电压时的每个回路输出电流不应大于 10 A。

【考点十四】建筑内疏散照明地面最低水平照度【★★★】

《建筑设计防火规范》（GB 50016—2014）第 10.3.2 条规定，建筑内疏散照明的地面最低水平照度应符合下列规定：

（1）对于疏散走道，不应低于 1.0 lx。

（2）对于人员密集场所、避难层（间），不应低于 3.0 lx；对于病房楼或手术部的避难间，不应低于 10.0 lx。

（3）对于楼梯间、前室或合用前室、避难走道，不应低于 5.0 lx。

【考点十五】系统维护管理【★★】

系统在日常管理过程中应保持连续正常运行，不得随意中断；定期使系统进行自放电，更换应急放电时间不满足相应要求的产品或更换其电池；系统内的产品寿命应符合国家有关标准要求，达到寿命极限的产品应及时更换；当消防应急标志灯具的表面亮度小于 15 cd/m^2 时，应马上进行更换。

每月检查消防应急灯具。如果发出故障信号或不能转入应急工作状态，应及时检查电池电压，如果电池电压过低，应及时更换电池；如果光源无法点亮或有其他故障，应及时通知产品制造商的维护人员进行维修或者更换。

每月检查应急照明集中电源和应急照明控制器的状态。如果发现故障声光信号，应及时通知产品制造商的维护人员进行维修或者更换。

（1）每季度检查和试验系统的功能情况如下：

1）检查消防应急灯具、应急照明集中电源和应急照明控制器的指示状态。

2）检查应急工作时间。

3）检查转入应急工作状态的控制功能。值班人员一旦发现故障，应及时进行维护、更换。除常见的灯具故障外，设备的维修应由专业维修人员负责。

（2）常见故障及检查方法如下：

1）主电源故障：检查输入电源是否完好，熔丝有无烧断，接触是否不良等。

2）备用电源故障：检查充电装置、电池有否损坏，连线有无断线。

3）灯具故障：检测灯具控制器、光源、电池是否完好，如有损坏，应对此灯具故障部分及时更换。

4）回路通信故障：检查该回路从主机至灯具的接线是否完好，灯具控制器有无损坏。

5）其他故障：对于一时排除不了的故障，应立即通知有关专业维修单位，以尽快修复，恢复正常工作。

（3）每年检查和试验系统的功能如下：

1）除季度检查内容外，还应对电池做容量检测试验。

2）试验应急功能。

3）试验自动和手动应急功能，进行与火灾自动报警系统的联动试验。

第十四章　火灾自动报警系统

【考点一】自动喷水灭火系统的联动控制设计【★★★★】

（一）湿式系统和干式系统的联动控制设计

《火灾自动报警系统设计规范》（GB 50116—2013）第 4.2.1 条规定，湿式系统和干式系统的联动控制设计，应符合下列规定：

（1）联动控制方式，应由湿式报警阀压力开关的动作信号作为触发信号，直接控制启动喷淋消防泵，联动控制不应受消防联动控制器处于自动或手动状态影响。

（2）手动控制方式，应将喷淋消防泵控制箱（柜）的启动、停止按钮用专用线路直接连接至设置在消防控制室内的消防联动控制器的手动控制盘，直接手动控制喷淋消防泵的启动、停止。

（3）水流指示器、信号阀、压力开关、喷淋消防泵的启动和停止的动作信号应反馈至消防联动控制器。

（二）预作用系统的联动控制设计

《火灾自动报警系统设计规范》（GB 50116—2013）第 4.2.2 条规定，预作用系统的联动控制设计，应符合下列规定：

（1）联动控制方式，应由同一报警区域内两只及以上独立的感烟火灾探测器或一只感烟火灾探测器与一只手动火灾报警按钮的报警信号，作为预作用阀组开启的联动触发信号。由消防联动控制器控制预作用阀组的开启，使系统转变为湿式系统；当系统设有快速排气装置时，应联动控制排气阀前的电动阀的开启。湿式系统的联动控制设计应符合本规范第 4.2.1 条的规定。

（2）手动控制方式，应将喷淋消防泵控制箱（柜）的启动和停止按钮、预作用阀组和快速排气阀入口前的电动阀的启动和停止按钮，用专用线路直接连接至设置在消防控制室内的消防联动控制器的手动控制盘，直接手动控制喷淋消防泵的启动、停止及预作用阀组和电动阀的开启。

（3）水流指示器、信号阀、压力开关、喷淋消防泵的启动和停止的动作信号，有压气体管道气压状态信号和快速排气阀入口前电动阀的动作信号应反馈至消防联动控制器。

（三）雨淋系统的联动控制设计

《火灾自动报警系统设计规范》（GB 50116—2013）第 4.2.3 条规定，雨淋系统的联动控制设计，应符合下列规定：

（1）联动控制方式，应由同一报警区域内两只及以上独立的感温火灾探测器或一只感温火灾探测器与一只手动火灾报警按钮的报警信号，作为雨淋阀组开启的联动触发信号。应由消防联动控制器控制雨淋阀组的开启。

（2）手动控制方式，应将雨淋消防泵控制箱（柜）的启动和停止按钮、雨淋阀组的启动和停止按钮，用专用线路直接连接至设置在消防控制室内的消防联动控制器的手动控制盘，直接手动控制雨淋消防泵的启动、停止及雨淋阀组的开启。

（3）水流指示器，压力开关，雨淋阀组、雨淋消防泵的启动和停止的动作信号应反馈至消防联动控制器。

（四）自动控制的水幕系统的联动控制设计

《火灾自动报警系统设计规范》（GB 50116—2013）第 4.2.4 条规定，自动控制的水幕系统的联动控制设计，应符合下列规定：

（1）联动控制方式，当自动控制的水幕系统用于防火卷帘的保护时，应由防火卷帘下落到楼板面的动作信号与本报警区域内任一火灾探测器或手动火灾报警按钮的报警信号作为水幕阀组启动的联动触发信号，并应由消防联动控制器联动控制水幕系统相关控制阀组的启动；仅用水幕系统作为防火分隔时，应由该报警区域内两只独立的感温火灾探测器的火灾报警信号作为水幕阀组启动的联动触发信号，并应由消防联动控制器联动控制水幕系统相关控制阀组的启动。

（2）手动控制方式，应将水幕系统相关控制阀组和消防泵控制箱（柜）的启动、停止按钮用专用线路直接连接至设置在消防控制室内的消防联动控制器的手动控制盘，并应直接手动控制消防泵的启动、停止及水幕系统相关控制阀组的开启。

（3）压力开关、水幕系统相关控制阀组和消防泵的启动、停止的动作信号，应反馈至消防联动控制器。

【考点二】火灾自动报警系统的一般规定【★★★】

（1）火灾自动报警系统的调试，应在系统施工结束后进行。

（2）调试单位在调试前应编制调试程序，并应按照调试程序工作。

（3）调试负责人必须由专业技术人员担任。

【考点三】火灾自动报警系统的布线要求【★★★】

（1）火灾自动报警系统的布线，应符合《建筑电气装置工程施工质量验收规范》（GB 50303—2015）的规定。火灾自动报警系统应单独布线，系统内不同电压等级、不同电流类别的线路，不应布在同一管内或线槽的同一槽孔内。在管内或线槽内的布线，应在建筑抹灰及地面工程结束后进行，管内或线槽内不应有积水及杂物。

（2）导线在管内或线槽内，不应有接头或扭结。导线的接头应在接线盒内焊接或用端子连接。从接线盒、线槽等处引到探测器底座、控制设备、扬声器的线路，当采用可挠金属管保护时，其长度不应大于 2 m。敷设在多尘或潮湿场所管路的管口和管子连接处，均应做密封处理。

（3）管路超过下列长度时，应在便于接线处装设接线盒：

1）管子长度每超过 30 m，无弯曲时。

2）管子长度每超过 20 m，有 1 个弯曲时。

3）管子长度每超过 10 m，有 2 个弯曲时。

4）管子长度每超过 8 m，有 3 个弯曲时。

（4）金属管子入盒，盒外侧应套锁母，内侧应装护口；在吊顶内敷设时，盒的内外侧均应套锁母。塑料管入盒应采取相应固定措施。明敷设各类管路和线槽时，应采用单独的卡具吊装或支撑物固定。吊装线槽或管路的吊杆直径不应小于 6 mm。

（5）线槽敷设时，应在下列部位设置吊点或支点：

1）线槽始端、终端及接头处。

2）距接线盒 0.2 m 处。

3）线槽转角或分支处。

4）直线段不大于 3 m 处。

（6）线槽接口应平直、严密，槽盖应齐全、平整、无翘角。并列安装时，槽盖应便于开启。管线经过建筑物的变形缝（包括沉降缝、伸缩缝、抗震缝等）处，应采取补偿措施，导线跨越变形缝的两侧应固定，并留有适当余量。

（7）火灾自动报警系统导线敷设后，应用 500 V 绝缘电阻表测量每个回路导线对地的绝缘电阻，该绝缘电阻值不应小于 20 MΩ；同一工程中的导线，应根据不同用途选不同颜色加以区分，相同用途的导线颜色应一致。电源线正极应为红色，负极应为蓝色或黑色。

【考点四】自动报警系统控制器类设备安装要求【★★★】

（一）控制器类设备的安装要求

控制器类设备主要包括火灾报警控制器、区域显示器、消防联动控制器、可燃气体报警控制器、电气火灾监控器、气体（泡沫）灭火控制器、消防控制室图形显示装置、火灾报警传输设备或用户信息传输装置、防火门监控器等设备。

（1）控制器类设备在消防控制室内的布置要求：

1）设备面盘前的操作距离，单列布置时不应小于 1.5 m，双列布置时不应小于 2 m。

2）在值班人员经常工作的一面，设备面盘至墙的距离不应小于 3 m。

3）设备面盘后的维修距离不宜小于 1 m。

4）设备面盘的排列长度大于 4 m 时，其两端应设置宽度不小于 1 m 的通道。

5）与建筑其他弱电系统合用的消防控制室，消防设备应集中设置，并应与其他设备间有明显间隔。

（2）控制器类设备采用壁挂方式安装时，其主显示屏高度宜为 1.5 ~ 1.8 m，其靠近门轴的侧面距墙不应小于 0.5 m，正面操作距离不应小于 1.2 m；落地安装时，其底边宜高出地（楼）面 0.1 ~ 0.2 m。

（3）控制器应安装牢固，不应倾斜；安装在轻质墙上时，应采取加固措施。

（4）引入控制器的电缆或导线，应符合下列要求：

1）配线应整齐，不宜交叉，并应固定牢靠。

2）电缆芯线和所配导线的端部均应标明编号，并与图样一致，字迹应清晰且不易褪色。

3）端子板的每个接线端，接线不得超过 2 根。

4）电缆芯线和导线应留有不小于 200 mm 的余量。

5）导线应绑扎成束。

6）导线穿管或穿线槽后，应将管口或槽口封堵。

（5）控制器的主电源应有明显的永久性标志，并应直接与消防电源连接，严禁使用电源插头。控制器与其外接备用电源之间应直接连接。

（6）控制器的接地应牢固，并有明显的永久性标志。

（二）火灾自动报警系统接地要求

依据《火灾自动报警系统设计规范》（GB 50116—2013）第 10.2 条规定，火灾自动报警系统接地装置的接地电阻值应符合下列规定：

（1）采用共用接地装置时，接地电阻值不应大于 1 Ω。

（2）采用专用接地装置时，接地电阻值不应大于 4 Ω。

消防控制室内的电气和电子设备的金属外壳、机柜、机架和金属管、槽等，应采用等电位连接；由消防控制室接地板引至各消防电子设备的专用接地线应选用铜芯绝缘导线，其线芯截面面积不应小于 4 mm^2；消防控制室接地板与建筑接地体之间，应采用线芯截面面积不小于 25 mm^2 的铜芯绝缘导线连接。

【考点五】火灾探测器的安装要求【★★★★★】

（一）点型感烟、感温火灾探测器

点型感烟、感温火灾探测器的安装，应符合下列要求：

（1）探测器至墙壁、梁边的水平距离，不应小于 0.5 m。

（2）探测器周围水平距离 0.5 m 内，不应有遮挡物。

（3）探测器至空调送风口最近边的水平距离，不应小于 1.5 m；至多孔送风顶棚孔口的水平距离，不应小于 0.5 m。

（4）在宽度小于 3 m 的内走道顶棚上安装探测器时，宜居中安装。点型感温火灾探测器的安装间距不应超过 10 m，点型感烟火灾探测器的安装间距不应超过 15 m，探测器至端墙的距离不应大于安装间距的一半。

（5）探测器宜水平安装，当确需倾斜安装时，倾斜角不应大于 45°。

（二）线型光束感烟火灾探测器

（1）根据设计文件的要求确定探测器的安装位置，探测器应安装牢固，并不应产生位移。在钢结构建筑中，发射器和接收器（反射式探测器的探测器和反射板）可设置在钢架上，但应考虑位移影响。

（2）发射器和接收器（反射式探测器的探测器和反射板）之间的光路上应无遮挡物，并应保证接收器（反射式探测器的探测器）避开日光和人工光源直接照射。

（三）缆式线型感温火灾探测器

（1）根据设计文件的要求确定探测器的安装位置及敷设方式。探测器应采用专用固定装置固定在保护对象上。

（2）探测器应采用连续无接头方式安装，如确需中间接线，必须用专用接线盒连接；探测器安装敷设时不应硬性折弯、扭转，避免重力挤压冲击，探测器的弯曲半径宜大于 0.2 m。

（四）敷设在顶棚下方的线型感温火灾探测器

依据《火灾自动报警系统施工及验收规范》（GB 50116—2013）第 3.4.4 条规定，敷设在顶棚下方的线型感温火灾探测器，至顶棚距离宜为 0.1 m，相邻探测器之间水平距离不宜大于 5 m；探测器至墙壁距离宜为 1 ~ 1.5 m。

（五）分布式线型光纤感温火灾探测器

（1）根据设计文件的要求确定探测器的安装位置及敷设方式。感温光纤应采用专用固定装置固定。

（2）感温光纤严禁打结。光纤弯曲时，弯曲半径应大于 0.5 m；分布式感温光纤穿越相邻的报警区域时应设置光缆余量段，隔断两侧应各留不小于 8 m 的余量段；每个光通道始端及末端光纤应各留不小于 8 m 的余量段。

（六）光栅光纤感温火灾探测器

（1）根据设计文件的要求确定探测器的安装位置及敷设方式。信号处理器及感温光纤（缆）的安装位置不应受强光直射。

（2）光栅光纤感温火灾探测器每个光栅的保护面积和保护半径应符合点型感温火灾探测器的保护面积和保护半径要求，光纤光栅感温段的弯曲半径应大于 0.3 m。

（七）管路采样式吸气感烟火灾探测器

（1）根据设计文件和产品使用说明书的要求确定探测器的管路安装位置、敷设方式及采样孔的设置。

（2）采样管应固定牢固，在有过梁、空间支架的建筑中，采样管路应固定在过梁、空间支架上。

（八）点型火焰探测器和图像型火灾探测器

点型火焰探测器和图像型火灾探测器的安装应符合下列要求：

（1）安装位置应保证其视场角覆盖探测区域。

（2）与保护目标之间不应有遮挡物。

（3）安装在室外时应有防尘、防水措施。

（九）探测器底座的安装

探测器的底座应安装牢固，与导线连接必须可靠压接或焊接。当采用焊接时，不应使用带腐蚀性的助焊剂；探测器底座的连接导线应留有不小于 150 mm 的余量，且在其端部应有明显的永久性标志；探测器底座的穿线孔宜封堵，安装完毕的探测器底座应采取保护措施。

【考点六】手动火灾报警按钮的安装要求【★★★】

手动火灾报警按钮应安装在明显和便于操作的部位。当安装在墙上时，其底边距地（楼）面高度宜为 1.3 ~ 1.5 m；手动火灾报警按钮应安装牢固，不应倾斜；手动火灾报警按钮的连接导线应留有不小于 150 mm 的余量，且在其端部应有明显标志。

【考点七】消防电气控制装置的安装要求【★★】

消防电气控制装置在安装前应进行功能检查，检查结果不合格的装置严禁安装；消防电气控制装置外接导线的端部应有明显的永久性标志；消防电气控制装置箱体内不同电压等级、不同电流类别的端子应分开布置，并应有明显的永久性标志；消防电气控制装置应安装牢固，不应倾斜；安装在轻质墙上时，应采取加固措施。消防电气控制装置在消防控制室内墙上安装时，其主显示屏高度宜为 1.5 ~ 1.8 m，其靠近门轴的侧面距墙不应小于 0.5 m，正面操作距离不应小于 1.2 m；落地安装时，其底边宜高出地（楼）面 0.1 ~ 0.2 m。

【考点八】火灾自动报警系统其他安装要求【★★★★】

（一）模块的安装要求

同一报警区域内的模块宜集中安装在金属箱内；模块（或金属箱）应独立支撑或固定，安装牢固，并应采取防潮、防腐蚀等措施；模块的连接导线应留有不小于 150 mm 的余量，其端部应有明显标志；隐蔽安装时，在安装处应有明显的部位显示和检修孔。

（二）消防应急广播扬声器和火灾警报器的安装要求

消防应急广播扬声器和火灾警报装置安装应牢固可靠，表面不应有破损；火灾光警报装置应安装在安全出口附近明显处，底边距地（楼）面高度在 2.2 m 以上。光警报器与消防应急疏散指示标志不宜在同一面墙上，安装在同一面墙上时，距离应大于 1 m。

（三）消防专用电话的安装要求

消防专用电话、电话插孔、带电话插孔的手动报警按钮宜安装在明显、便于操作的位置；当在墙面上安装时，其底边距地（楼）面高度宜为 1.3 ~ 1.5 m；消防专用电话和电话插孔应有明显的永久性标志。

（四）消防设备应急电源的安装要求

消防设备应急电源的电池应安装在通风良好地方，当安装在密封环境中时应有通风措施；酸性电池不得安装在带有碱性介质的场所，碱性电池不得安装在带酸性介质的场所；消防设备应急电源不应安装在靠近带有可燃气体的管道、仓库、操作间等场所。

（五）可燃气体探测器的安装要求

根据设计文件的要求确定可燃气体探测器的安装位置；在探测器周围应适当留出更换和标定的空间；在有防爆要求的场所，应按防爆要求施工。线型可燃气体探测器的发射器和接收器的窗口应避免日光直射，发射器与接收器之间不应有遮挡物。

（六）电气火灾监控探测器的安装要求

（1）根据设计文件的要求确定电气火灾监控探测器的安装位置。有防爆要求的场所，应按防爆要求施工。

（2）剩余电流式探测器负载侧的 N 线（即穿过探测器的工作零线）不应与其他回路共用，且不能重复接地（即与 PE 线相连）；探测器周围应适当留出更换和标定的空间。

（3）测温式电气火灾监控探测器应采用专用固定装置固定在保护对象上。

【考点九】火灾报警控制器调试要求【★★★】

按《火灾报警控制器》（GB 4717—2005）的有关要求，对控制器进行下列功能检查并记录：

（1）检查自检功能和操作级别。

（2）使控制器与探测器之间的连线断路和短路，控制器应在 100 s 内发出故障信号（短路时发出火灾报警信号除外）；在故障状态下，使任一非故障部位的探测器发出火灾报警信号，控制器应在 1 min 内发出火灾报警信号，并应记录火灾报警时间；再使其他探测器发出火灾报警信号，检查控制器的再次报警功能。

（3）检查消音和复位功能。

（4）使控制器与备用电源之间的连线断路和短路，控制器应在 100 s 内发出故障信号。

（5）检查屏蔽功能。

（6）使总线隔离器保护范围内的任一点短路，检查总线隔离器的隔离保护功能。

（7）使任一总线回路上不少于 10 只的火灾探测器同时处于火灾报警状态，检查控制器的负载功能。

（8）检查主、备电源的自动转换功能，并在备电工作状态下重复第（7）项检查。

（9）检查控制器特有的其他功能。

【考点十】火灾探测器调试要求【★★★】

（一）点型感烟、感温火灾探测器

（1）采用专用的检测仪器或模拟火灾的方法，逐个检查每只火灾探测器的报警功能，探测器应能发出火灾报警信号。对于不可恢复的火灾探测器应采取模拟报警方法逐个检查其报警功能，探测器应能发出火灾报警信号。当有备品时，可抽样检查其报警功能。

（2）采用专用的检测仪器或模拟火灾或按下探测器报警测试按键的方法，逐个检查每只家用火灾探测器的报警功能，探测器应能发出声光报警信号，与其连接的互联型探测器应发出声报警信号。

（二）线型感温火灾探测器

在不可恢复的探测器上模拟火警和故障，逐个检查每只火灾探测器的火灾报警和故障报警功能，探测器应能分别发出火灾报警和故障信号。可恢复的探测器可采用专用检测仪器或模拟火灾的办法使其发出火灾报警信号，并模拟故障，逐个检查每只火灾探测器的火灾报警和故障报警功能，探测器应能分别发出火灾报警和故障信号。

（三）线型光束感烟火灾探测器

逐一调整探测器的光路调节装置，使探测器处于正常监视状态，用减光率为 0.9 dB 的减光片遮挡光路，探测器不应发出火灾报警信号；用产品生产企业设定减光率（1.0 ～ 10.0 dB）的减光片遮挡光路，探测器应发出火灾报警信号；用减光率为 11.5 dB 的减光片遮挡光路，探测器应发出故障信号或火灾报警信号。选择反射式探测器时，在探测器正前方 0.5 m 处按上述要求进行检查，探测器应正确响应。

（四）管路采样式吸气感烟火灾探测器

在采样管最末端（最不利处）采样孔加入试验烟，采用秒表测量探测器的报警响应时间，探测器或其控制装置应在 120 s 内发出火灾报警信号。根据产品说明书，改变探测器的采样管路气流，使探测器处于故障状态，采用秒表测量探测器的报警响应时间，探测器或其控制装置应在 100 s 内发出故障信号。

（五）点型火焰探测器和图像型火灾探测器

采用专用检测仪器和模拟火灾的方法逐一在探测器监视区域内最不利处检查探测器的报警功能，探测器应能正确响应。

【考点十一】消防联动控制器调试要求【★★】

（1）使消防联动控制器分别处于自动工作和手动工作状态，检查其状态显示，并按《消防联动控制系统》（GB 16806—2006）的有关要求，采用观察、仪表测量等方法逐个对控制器进行下列功能检查并记录：

1）自检功能和操作级别。

2）当消防联动控制器与各模块之间的连线断路和短路时，消防联动控制器能在 100 s 内发出故障信号。

3）当消防联动控制器与备用电源之间的连线断路和短路时，消防联动控制器应能在 100 s 内发出故障信号。

4）消音、复位功能。

5）屏蔽功能。

6）使总线隔离器保护范围内的任一点短路，检查总线隔离器的隔离保护功能。

7）使至少 50 个输入 / 输出模块同时处于动作状态（模块总数少于 50 个时，使所有模块动作），检查消防联动控制器的最大负载功能。

8）主、备用电源的自动转换功能，并在备电工作状态下重复第 7）项检查。

（2）接通所有启动后可以恢复的受控现场设备。

（3）使消防联动控制器处于自动状态，按《火灾自动报警系统设计规范》（GB 50116—2013）要求设计的联动逻辑关系进行下列功能检查：

1）按设计的联动逻辑关系，使相应的火灾探测器发出火灾报警信号，检查消防联动控制器接收火灾报警信号的情况、发出联动控制信号的情况、模块动作的情况、消防电气控制装置动作的情况、受控现场设备动作的情况、接收联动反馈信号（对于启动后不能恢复的受控现场设备，可模拟现场设备联动反馈信号）及各种显示情况。

2）检查手动插入优先功能。

（4）使消防联动控制器处于手动状态，按《火灾自动报警系统设计规范》（GB 50116—2013）要求设计的联动逻辑关系依次手动启动相应的消防电气控制装置，检查消防联动控制器发出联动控制信号的情况、模块动作的情况、消防电气控制装置动作的情况、受控现场设备动作的情况、接收联动反馈信号（对于启动后不能恢复的受控现场设备，可模拟现场设备启动反馈信号）及各种显示情况。

（5）对于直接用火灾探测器作为触发器件的自动灭火系统除符合上述有关规定，还应按《火灾自动报警系统设计规范》（GB 50116—2013）的规定进行功能检查。

（6）依次将其他备调回路的输入 / 输出模块及该备调回路模块控制的消防电气控制装置相连接，切断所有受控现场设备的控制连线，接通电源，重复（1）~（5）项检查。

【考点十二】消防专用电话调试要求【★★】

（1）消防电话主机的自检功能。

（2）使消防电话总机与消防电话分机或消防电话插孔间连接线断线、短路，消防电话主机应在 100 s 内发出故障信号，并显示出故障部位（短路时显示通话状态除外）；故障期间，非故障消防电话分机应能与消防电话总机正常通话。

（3）消防电话主机的消音和复位功能。

（4）在消防控制室与所有消防电话、电话插孔之间互相呼叫与通话，总机应能显示每部分机或电话插孔的位置，呼叫音和通话语音应清晰。

（5）消防控制室的外线电话与另外一部外线电话模拟报警电话通话，语音应清晰。

（6）消防电话主机的群呼、录音、记录和显示等，各项功能均应符合要求。

【考点十三】火灾声光警报器调试要求【★★】

逐一将火灾声光警报器与火灾报警控制器相连，接通电源。操作火灾报警控制器使火灾声光警报器启动，采用仪表测量其声压级，非住宅内使用室内型和室外型火灾声警报器的声信号至少在一个方向上 3 m 处的声压级（A 计权）应不小于 75 dB，且在任意方向上

3 m 处的声压级（A 计权）应不大于 120 dB。具有两种及以上不同音调的火灾声警报器，其每种音调应有明显区别。火灾光警报器的光信号在 100 ~ 500 lx 环境光线下，25 m 处应清晰可见。

【考点十四】消防控制室图形显示装置调试要求【★★】

（1）操作显示装置使其显示建筑总平面布局图、各层平面图和系统图，图中应明确标示出报警区域、疏散路线、主要部位，显示各消防设备（设施）的名称、物理位置和状态信息。

（2）使消防控制室图形显示装置与控制器及其他消防设备（设施）之间的通信线路断路、短路，消防控制室图形显示装置应在 100 s 内发出故障信号。

（3）消音和复位功能。

（4）使火灾报警控制器和消防联动控制器分别发出火灾报警信号和联动控制信号，显示装置应在 3 s 内接收，并准确显示相应信号的物理位置，且能优先显示火灾报警信号相对应的界面。

（5）使具有多个报警平面图的显示装置处于多报警平面显示状态，各报警平面应能自动和手动查询，并应有总数显示，且应能手动控制其直接切换到首火警平面图。

（6）使火灾报警控制器和消防联动控制器分别发出故障信号，消防控制室图形显示装置应能在 100 s 内显示故障状态信息，然后输入火灾报警信号，显示装置应能立即转入火灾报警平面的显示。

（7）消防控制室图形显示装置的信息记录功能。

（8）消防控制室图形显示装置的信息传输功能。

【考点十五】气体（泡沫）灭火控制器【★★】

气体（泡沫）灭火控制器应满足以下要求：

（1）自检功能。

（2）使气体（泡沫）灭火控制器与声光报警器、驱动部件、现场启动和停止按键（按钮）之间的连接线断路、短路，气体灭火控制器应在 100 s 内发出故障信号。

（3）使气体（泡沫）灭火控制器与备用电源之间的连线断路、短路，气体（泡沫）灭火控制器应能在 100 s 内发出故障信号。

（4）消音和复位功能。

（5）给气体（泡沫）灭火控制器输入设定的启动控制信号，控制器应有启动输出，并发出声、光启动信号。

（6）输入启动模拟反馈信号，控制器应在 10 s 内接收并显示。

（7）控制器的延时功能。设定的延时时间应符合设计要求。

（8）使控制器处于自动控制状态，再手动插入操作，手动插入操作应优先。

（9）按设计的联动逻辑关系，使消防联动控制器发出相应的联动控制信号，检查气体（泡沫）灭火控制器的控制输出是否满足设计的逻辑功能要求。

（10）气体（泡沫）灭火控制器向消防联动控制器输出的启动控制信号、延时信号、启动喷洒控制信号、气体喷洒信号、故障信号、选择阀和瓶头阀动作信息。

（11）主、备用电源的自动转换功能。

【考点十六】防火卷帘控制器、防火门监控器调试要求【★★】

（一）防火卷帘控制器

逐个将防火卷帘控制器与消防联动控制器、火灾探测器、卷门机连接并通电，手动操作防火卷帘控制器的按钮，防火卷帘控制器应能向消防联动控制器发出防火卷帘启、闭和停止的反馈信号。

用于疏散通道的防火卷帘控制器应具有两步关闭的功能，并应向消防联动控制器发出反馈信号。防火卷帘控制器接收到首次火灾报警信号后，应能控制防火卷帘自动下降至距楼板面 1.8 m 处；接收到二次报警信号后，应能控制防火卷帘继续下降至楼板面。

用于分隔防火分区的防火卷帘控制器在接收到防火分区内任一火灾报警信号后，应能控制防火卷帘直接下降至楼板面，并应向消防联动控制器发出反馈信号。

（二）防火门监控器

逐个将防火门监控器与火灾报警控制器、闭门器和释放器连接并通电，手动操作防火门监控器，应能直接控制与其连接的每个释放器的工作状态，并点亮其启动总指示灯，显示释放器的反馈信号。

使火灾报警控制器发出火灾报警信号，监控器应能接收来自火灾自动报警系统的火灾报警信号，并在 30 s 内向释放器发出启动信号，点亮启动总指示灯，接收释放器（或门磁开关）的反馈信号。

检查防火门监控器的故障状态总指示灯，使防火门处于半开闭状态时，该指示灯应点亮并发出声光报警信号，采用仪表测量声信号的声压级（正前方 1 m 处），应在 65 ~ 85 dB，故障声信号每分钟至少提示 1 次，每次持续时间应为 1 ~ 3 s。

检查防火门监控器主、备用电源的自动转换功能，主、备用电源的工作状态应有指示，主、备用电源的转换应不使监控器发生误动作。

【考点十七】消防设备应急电源调试要求【★★】

（1）手动启动应急电源输出，应急电源的主电源和备用电源应不能同时输出，且应在 5 s 内完成应急转换。

（2）手动停止应急电源的输出，应急电源应恢复到启动前的工作状态。

（3）断开应急电源的主电源，应急电源应能发出声提示信号，声信号应能手动消除；接通主电源，应急电源应恢复到主电工作状态。

（4）给具有联动自动控制功能的应急电源输入联动启动信号，应急电源应在 5 s 内转入到应急工作状态，且主电源和备用电源应不能同时输出；输入联动停止信号，应急电源应恢复到主电工作状态。

（5）具有手动和自动控制功能的应急电源处于自动控制状态，然后手动插入操作，应急电源应有手动插入优先功能，且应有自动控制状态和手动控制状态指示。

（6）断开应急电源的负载，按下列要求检查应急电源的保护功能，并做好记录：

1）使任一输出回路保护动作，其他回路输出电压应正常。

2）使配接三相交流负载输出的应急电源的三相负载回路中的任一相停止输出，应急电源应能自动停止该回路的其他两相输出，并应发出声、光故障信号。

3）使配接单相交流负载的交流三相输出应急电源输出的任一相停止输出，其他两相应能正常工作，并应发出声、光故障信号。

（7）将应急电源接上等效于满负载的模拟负载，使其处于应急工作状态，应急工作时间应大于设计应急工作时间的 1.5 倍，且不小于产品标称的应急工作时间。

（8）使应急电源充电回路与电池之间、电池与电池之间连线断线，应急电源应在 100 s 内发出声、光故障信号，声故障信号应能手动消除。

【考点十八】可燃气体报警控制器和探测器调试要求【★★】

（一）可燃气体报警控制器

（1）自检功能和操作级别。

（2）控制器与探测器之间的连线断路和短路时，控制器应在 100 s 内发出故障信号。

（3）在故障状态下，使任一非故障探测器发出报警信号，控制器应在 60 s 内发出报警信号，并应记录报警时间；再使其他探测器发出报警信号，检查控制器的再次报警功能。

（4）消音和复位功能。

（5）控制器与备用电源之间的连线断路和短路时，控制器应在 100 s 内发出故障信号。

（6）高限报警或低、高两段报警功能。

（7）报警设定值的显示功能。

（8）控制器最大负载功能，使至少 4 只可燃气体探测器同时处于报警状态（探测器总数少于 4 只时，使所有探测器均处于报警状态）。

（9）主、备用电源的自动转换功能，并在备电工作状态下重复上述第（8）项的检查。

（10）依次将其他回路与可燃气体报警控制器相连接重复上述第（2）~第（8）项的检查。

（二）可燃气体探测器

依次逐个对探测器施加达到响应浓度值的可燃气体标准样气，采用秒表测量、观察方法检查探测器的报警功能，探测器应在 30 s 内响应；撤去可燃气体，探测器应在 60 s 内恢复到正常监视状态。对于线型可燃气体探测器除按要求检查报警功能外，还应将发射器发出的光全部遮挡，采用秒表测量、观察方法检查探测器的故障报警功能，探测器相应的控制装置应在 100 s 内发出故障信号。

【考点十九】电气火灾监控器与调试要求【★★】

（一）电气火灾监控器

（1）自检功能和操作级别。

（2）使监控器与探测器之间的连线断路和短路，监控器应在 100 s 内发出故障信号（短路时发出报警信号除外）；在故障状态下，使任一非故障部位的探测器发出报警信号，控制器应在 60 s 内发出报警信号；再使其他探测器发出报警信号，检查监控器的再次报警功能。

（3）消音和复位功能。

（4）使监控器与备用电源之间的连线断路和短路，监控器应在 100 s 内发出故障信号。

（5）屏蔽功能。

（6）主、备用电源的自动转换功能。

（7）监控器特有的其他功能。

（8）依次将其他备调回路与监控器相连接，重复上述第（2）~第（5）项检查。

（二）电气火灾监控探测器

（1）按《电气火灾监控系统　第2部分：剩余电流式电气火灾监控探测器》（GB 14287.2—2014）的有关要求，采用观察方法逐个对剩余电流式电气火灾监控探测器进行下列功能检查并记录，剩余电流式电气火灾监控探测器应满足标准要求：

1）采用剩余电流发生器对监控探测器施加剩余电流，检查其报警功能。

2）检查监控探测器特有的其他功能。

（2）《电气火灾监控系统　第3部分：测温式电气火灾监控探测器》（GB 14287.3—2014）的有关要求，采用观察方法逐个对测温式电气火灾监控探测器进行下列功能检查并记录，测温式电气火灾监控探测器应满足标准要求：

1）采用发热试验装置给监控探测器加热，检查其报警功能。

2）检查监控探测器特有的其他功能。

【考点二十】火灾自动报警系统检测的内容【★★★】

系统检测内容包括系统中下列装置的安装位置，施工质量和功能。

（1）火灾报警系统装置，包括各种火灾探测器、手动火灾报警按钮、火灾报警控制器和区域显示器等。

（2）消防联动控制系统，包括消防联动控制器、气体（泡沫）灭火控制器、防火卷帘控制器、防火门监控器、消防电气控制装置、消防设备应急电源、消防应急广播控制设备、消防专用电话、传输设备（火灾报警传输设备或用户信息传输装置）、消防控制室图形显示装置、模块、消防电动装置、消火栓按钮等设备。

（3）自动灭火系统控制装置，包括自动喷水、气体、干粉、泡沫等固定灭火系统的控制装置。

（4）消火栓系统的控制装置。

（5）通风空调、防烟排烟及电动防火阀等控制装置。

（6）防火门监控器、防火卷帘控制器。

（7）消防电梯和非消防电梯的回降控制装置。

（8）火灾警报装置。

（9）消防应急照明和疏散指示控制装置。

（10）切断非消防电源的控制装置。

（11）电动阀控制装置。

（12）消防联网通信。

（13）系统内的其他消防控制装置。

（14）可燃气体报警探测系统装置，包括可燃气体探测器和可燃气体报警控制器等。

（15）电气火灾监控系统装置，包括电气火灾监控探测器和电气火灾监控设备等。

【考点二十一】火灾自动报警系统设备检测数量要求【★★★】

（1）各类消防用电设备主、备用电源的自动转换装置，应进行3次转换试验，每次试验均应正常。

（2）火灾报警控制器（含可燃气体报警控制器和电气火灾监控设备）和消防联动控制器应按实际安装数量全部进行功能检验。消防联动控制系统中其他各种用电设备、区域显示器应按下列要求进行功能检验：

1）实际安装数量在 5 台以下者，全部检验。

2）实际安装数量在 6 ~ 10 台者，抽验 5 台。

3）实际安装数量超过 10 台者，按实际安装数量的 30% ~ 50% 的比例抽验，但抽验总数不应少于 5 台。

4）各装置的安装位置、型号、数量、类别及安装质量应符合设计要求。

（3）火灾探测器（含可燃气体探测器和电气火灾监控探测器）和手动火灾报警按钮，应按下列要求进行模拟火灾响应（可燃气体报警、电气故障报警）和故障信号检验：

1）实际安装数量在 100 只以下者，抽验 20 只（每个回路都应抽验）。

2）实际安装数量超过 100 只时，每个回路按实际安装数量的 10% ~ 20% 的比例抽验，但抽验总数不应少于 20 只。

3）被检查的火灾探测器的类别、型号、适用场所、安装高度、保护半径、保护面积和探测器的间距等均应符合设计要求。

（4）室内消火栓的功能检测应在出水压力符合《消防给水及消火栓系统技术规范》（GB50974—2014）的条件下，抽验下列控制功能：

1）在消防控制室内操作启、停泵 1 ~ 3 次。

2）在消火栓处操作消火栓启动按钮，按实际安装数量的 5% ~ 10% 的比例抽验。

（5）自动喷水灭火系统，应在符合《自动喷水灭火系统设计规范》（GB 50084—2017）的条件下，抽验下列控制功能：

1）在消防控制室内操作启、停泵 1 ~ 3 次。

2）水流指示器、信号阀等按实际安装数量 30% ~ 50% 的比例抽验。

3）压力开关、电动阀、电磁阀等按实际安装数量全部进行检验。

（6）气体、泡沫、干粉等灭火系统，应在符合国家现行有关系统设计规范的条件下按实际安装数量 20% ~ 30% 的比例抽验下列控制功能：

1）自动、手动启动和紧急切断试验 1 ~ 3 次。

2）与固定灭火设备联动控制的其他设备动作（包括关闭防火门窗、停止空调风机、关闭防火阀等）试验 1 ~ 3 次。

（7）电动防火门、防火卷帘，5 樘以下的应全部检验，超过 5 樘的应按实际安装数量的 20% 的比例抽验，但抽验总数不应小于 5 樘，并抽验联动控制功能。

（8）防烟排烟风机应全部检验，通风空调和防烟排烟设备的阀门应按实际安装数量的 10% ~ 20% 的比例抽验，并抽验联动功能，且应符合下列要求：

1）报警联动启动、消防控制室直接启停、现场手动启动联动防烟排烟风机 1 ~ 3 次。

2）报警联动停止、消防控制室远程停止通风空调送风 1 ~ 3 次。

3）报警联动开启、消防控制室开启、现场手动开启防烟排烟阀门 1 ~ 3 次。

（9）电梯应进行 1 ~ 2 次联动返回首层功能检验，其控制功能、信号均应正常。

（10）消防应急广播设备应按实际安装数量 10% ~ 20% 的比例进行下列功能检验：

1）对所有广播分区进行选区广播，对共用扬声器进行强行切换。

2）对扩音机进行全负荷试验。

（11）消防专用电话的检验，应符合下列要求：

1）消防控制室与所设的消防专用电话分机进行 1 ~ 3 次通话试验。

2）电话插孔按实际安装数量的 10% ~ 20% 的比例进行通话试验。

3）消防控制室的外线电话与另一部外线电话模拟报警电话进行 1 ~ 3 次通话试验。

（12）消防应急照明和疏散指示系统控制装置应进行 1 ~ 3 次使系统转入应急状态检验，系统中各消防应急照明灯具均应能转入应急状态。

【考点二十二】火灾自动报警系统工程质量检测标准【★★★】

系统内的设备及配件型号、规格与设计不符、无国家相关证书和检验报告；系统内的任一控制器和火灾探测器无法发出报警信号，无法实现要求的联动功能的，定为 A 类不合格。检测前提供资料不符合相关要求的，定为 B 类不合格。其余不合格项均为 C 类不合格。系统检测合格判定应为：A=0 且 B ≤ 2，且 B+C ≤检查项的 5% 为合格，否则为不合格。

【考点二十三】火灾自动报警系统季度检查要求【★★★★】

每季度应检查和试验火灾自动报警系统的下列功能，并按要求填写相应的记录：

（1）采用专用检测仪器分期分批试验探测器的动作及确认灯显示。

（2）试验火灾警报器的声光显示。

（3）试验水流指示器、压力开关等报警功能、信号显示。

（4）对主电源和备用电源进行 1 ~ 3 次自动切换试验。

（5）用自动或手动检查下列消防控制设备的控制显示功能。

1）室内消火栓、自动喷水、泡沫、气体、干粉等灭火系统的控制设备。

2）抽验电动防火门、防火卷帘门，数量不小于总数的 25%。

3）选层试验消防应急广播设备，并试验公共广播强制转入火灾应急广播的功能，抽检数量不小于总数的 25%。

4）消防应急照明与疏散指示标志的控制装置。

5）送风机、排烟机和自动挡烟垂壁的控制设备。

6）消防电梯迫降功能。

7）应抽取不小于总数 25% 的消防电话和电话插孔在消防控制室进行对讲通话试验。

【考点二十四】火灾自动报警系统年度检查与维修【★★★】

（一）系统年度检查要求

《火灾自动报警系统施工及验收规范》（GB 50166—2007）第 6.2.4 条规定，每年应检查和试验火灾自动报警系统下列功能，并按本规范附录 F 的要求填写相应的记录。

（1）应用专用检测仪器对所安装的全部探测器和手动报警装置试验至少 1 次。

（2）自动和手动打开排烟阀，关闭电动防火阀和空调系统。

（3）对全部电动防火门、防火卷帘试验至少 1 次。

（4）强制切断非消防电源功能试验。

（5）对其他有关的消防控制装置进行功能试验。

（二）年度检测与维修

具有报脏功能的探测器，在报脏时应及时清洗保养。没有报脏功能的探测器，应按产品使用说明书的要求进行清洗保养；产品使用说明书没有明确要求的，应每两年清洗或标定一次。

可燃气体探测器的气敏元件达到生产企业规定的寿命年限后应及时更换。

不同类型的探测器应有 10% 且不少于 50 只的备品。火灾自动报警系统内的产品寿命应符合国家有关标准要求，达到寿命极限的产品应及时更换。

【考点二十五】自动报警系统常见故障及处理方法【★★】

（一）火灾探测器常见故障

（1）故障现象：火灾报警控制器发出故障报警，故障指示灯亮，打印机打印探测器故障类型、时间、部位等。

（2）故障原因：探测器与底座脱落、接触不良；报警总线与底座接触不良；报警总线开路或接地性能不良造成短路；探测器本身损坏；探测器接口板故障。

（3）排除方法：重新拧紧探测器或增大底座与探测器卡簧的接触面积；重新压接总线，使之与底座有良好接触；查出有故障的总线位置，予以更换；更换探测器；维修或更换接口板。

（二）主电源常见故障

（1）故障现象：火灾报警控制器发出故障报警，主电源故障灯亮，打印机打印主电故障、时间。

（2）故障原因：市电停电；电源线接触不良；主电源熔断丝熔断等。

（3）排除方法：连续停电 8 h 时应关机，主电源正常后再开机；重新接主电源线，或使用烙铁焊接牢固；更换熔断丝或保险管。

（三）备用电源常见故障

（1）故障现象：火灾报警控制器发出故障报警，备用电源故障灯亮，打印机打印备用电源故障、时间。

（2）故障原因：备用电源损坏或电压不足；备用电池接线接触不良；熔断丝熔断等。

（3）排除方法：开机充电 24 h 后，备用电源仍报故障，更换备用蓄电池；用烙铁焊接备用电源的连接线，使备用电源与主机良好接触；更换熔断丝或保险管。

（四）通信常见故障

（1）故障现象：火灾报警控制器发出故障报警，通信故障灯亮，打印机打印通信故障、时间。

（2）故障原因：区域报警控制器或火灾显示盘损坏或未通电、开机；通信接口板损坏；通信线路短路、开路或接地性能不良造成短路。

（3）排除方法：更换设备，使设备供电正常，开启报警控制器；检查区域报警控制器与集中报警控制器的通信线路，若存在开路、短路、接地接触不良等故障，更换线路；检查区域报警控制器与集中报警控制器的通信板，若存在故障，维修或更换通信板；若因为探测器或模块等设备造成通信故障，更换或维修相应设备。

【考点二十六】火灾自动报警系统重大故障【★★】

（一）强电串入火灾自动报警及联动控制系统

（1）产生原因：主要是弱电控制模块与被控设备的启动控制柜的接口处，如防火卷帘、消防水泵、防排烟风机、防火阀等处发生强电的串入。

（2）排除办法：在控制模块与受控设备间增设电气隔离模块。

（二）短路或接地故障而引起控制器损坏

（1）产生原因：传输总线与大地、水管、空调管等发生电气连接，从而造成控制器接口板的损坏。

（2）解决办法：按要求做好线路连接和绝缘处理，使设备尽量与水管、空调管隔开，保证设备和线路的绝缘电阻满足设计要求。

【考点二十七】火灾自动报警系统误报的原因【★★】

（一）产品质量

产品技术指标达不到要求，稳定性比较差，对使用环境中的非火灾因素，如温度、湿度、灰尘、风速等引起的灵敏度漂移得不到补偿或补偿能力低，对各种干扰及线路分析参数的影响无法自动处理而误报。

（二）设备选择和布置不当

（1）探测器选型不合理。灵敏度高的火灾探测器能在很低的烟雾浓度下报警；相反，灵敏度低的探测器只能在高浓度烟雾环境中报警。如在会议室、地下车库等易集烟的环境选用高灵敏度的感烟探测器，在锅炉房高温度环境中选用定温探测器。

（2）使用场所性质变化后未及时更换相适应的探测器，如将办公室、商场等改作厨房、洗浴房、会议室时，原有的感烟火灾探测器会受新场所产生油烟、香烟烟雾、水蒸气、灰尘、杀虫剂以及醇类、酮类、醚类等腐蚀性气体等非火灾报警因素影响而误报警。

（三）环境因素

（1）电磁环境干扰，主要表现为空中电磁波干扰、电源及其他输入输出线上的窄脉冲群、人体静电干扰。

（2）气流可影响烟气的流动线路，对离子感烟探测影响比较大，对光电感烟探测器也有一定影响。

（3）感温探测器布置距高温光源过近，感烟探测器距空调送风口过近，感烟探测器安装在易产生水蒸气的场所。

（4）光电感烟探测器安装在可能产生大量粉尘或油雾等的场所。

（四）其他原因

（1）系统接地被忽略或达不到标准要求，线路绝缘达不到要求，线路接头压接不良或布线不合理，系统开通前对防尘、防潮、防腐措施处理不当。

（2）元件老化。一般火灾探测器使用寿命约为 12 年，每两年要求全面清洗一次。

（3）灰尘和昆虫。据有关统计，60% 的误报是因灰尘影响而造成的。

（4）探测器损坏。

第十五章 城市消防远程监控系统

【考点一】城市消防远程监控系统的构成【★★★】

城市消防远程监控系统由用户信息传输装置、报警传输网络、监控中心以及火警信息终端等几部分组成。

【考点二】城市消防远程监控系统布线检查内容【★★】

根据《建筑电气工程施工质量验收规范》(GB 50303—2015)的要求，利用目测和实际测量的方法，开展施工布线检查工作。

(1)在建筑抹灰及地面工程结束后，进行管内或线槽内的系统布线，管内或线槽内积水及杂物要清理干净。用户信息传输装置相连接的不同电压等级、不同电流类别的线路，不应布在同一管内或线槽的同一槽孔内。

(2)导线在管内或线槽内不应有接头或扭结。导线的接头应在接线盒内焊接或用端子连接。从接线盒、线槽等处引到用户信息传输装置的线路，当采用可挠性金属管保护时，其长度不应大于 2 m。敷设在多尘或潮湿场所管路的管口和管子连接处，均应做密封处理。

(3)依据《火灾自动报警系统施工及验收规范》(GB 50166—2007)第 3.2.11 条规定，线槽敷设时，应在下列部位设置吊点或支点：

1)线槽始端、终端及接头处。

2)距接线盒 0.2 m 处。

3)线槽转角或分支处。

4)直线段不大于 3 m 处。

(4)金属管子入盒，盒外侧应套锁母，内侧应装护口；在吊顶内敷设时，盒的内外侧均应套锁母。塑料管入盒应采取相应固定措施。明敷设各类管路和线槽时，应采用单独的卡具吊装或支撑物固定。吊装线槽或管路的吊杆直径不应小于 6 mm。

(5)线槽接口应平直、严密，槽盖应齐全、平整、无翘角。并列安装时，槽盖应便于开启。管线经过建筑物的变形缝(包括沉降缝、伸缩缝、抗震缝等)处，应采取补偿措施，导线跨越变形缝的两侧应固定，并留有适当余量。

(6)同一工程中的导线，应根据不同用途选择不同颜色加以区分，相同用途的导线颜色最好保持一致。电源线正极应为红色，负极应为蓝色或黑色。

【考点三】用户信息传输装置安装要求【★★】

用户信息传输装置在墙上安装时，其底边距地(楼)面高度宜为 1.3 ~ 1.5 m，其靠近门轴的侧面距墙不应小于 0.5 m，正面操作距离不应小于 1.2 m；落地安装时，其底边宜高出地(楼)面 0.1 ~ 0.2 m。用户信息传输装置应安装牢固，不应倾斜；安装在轻质墙上时，应采取加固措施。

引入用户信息传输装置的电缆或导线，应符合下列要求：

（1）配线应整齐，不宜交叉，并应固定牢靠。

（2）电缆芯线和所配导线的端部，均应标明编号，并与图样一致，字迹应清晰且不易褪色。

（3）端子板的每个接线端，接线不得超过2根。

（4）电缆芯线和导线，应留有不小于200 mm的余量。

（5）导线应绑扎成束。

（6）导线穿管或穿线槽后，应将管口、槽口封堵。

用户信息传输装置的主电源应有明显标志，并直接与消防电源连接，严禁使用电源插头进行连接。传输装置与备用电源之间应直接连接。用户信息传输装置使用的有线通信设备应根据国家有关电信技术要求安装，网间配合接口、信令等应符合国家有关技术标准。

【考点四】系统调试【★★】

系统调试按安装地点不同分为联网用户端、监控中心端、消防通信指挥中心端三部分，联网用户端的系统调试主要指用户信息传输装置调试，监控中心端的系统调试主要指通信服务器、报警受理系统、信息查询系统、用户管理服务系统等组件的调试，消防通信指挥中心端进行火警信息终端调试。

（一）用户信息传输装置调试

将用户信息传输装置与建筑消防设施（如火灾自动报警系统、报警按钮、自动触发装置）以及报警传输网络相连，并接通电源。按《城市消防远程监控系统　第1部分：用户信息传输装置》（GB 26875.1—2011）的有关要求对用户信息传输装置进行下列功能检查并记录：

（1）自检功能和操作级别。

（2）手动报警功能，用户信息传输装置应能在10 s内将手动报警信息传送至监控中心。传输期间，应发出手动报警状态光信号，该光信号应在信息传输成功后至少保持5 min。检查监控中心接收火灾报警信息的完整性。

（3）模拟火灾报警，检查用户信息传输装置接收火灾报警信息的完整性，用户信息传输装置应在10 s内将信息传输至监控中心。在传输火灾报警信息期间，应发出指示火灾报警信息传输的光信号或信息提示。该光信号应在火灾报警信息传输成功或火灾自动报警系统复位后至少保持5 min。

（4）模拟建筑消防设施的各种状态，检查用户信息传输装置接收信息的完整性，用户信息传输装置在10 s内将信息传输至监控中心。在传输建筑消防设施运行状态信息期间，应发出指示信息传输的光信号或信息提示，该光信号应在信息传输成功后至少保持5 min。

（5）模拟火灾报警和建筑消防设施运行状态，检查监控中心接收信息的顺序是否体现火警优先原则。

（6）检查巡检和查岗功能。

（7）模拟与监控中心间的报警传输网络故障，传输装置应在100 s内发出故障信号。

（8）使传输装置与备用电源之间的连线断路和短路，传输装置应在100 s内发出故障信号。

（9）检查消音功能。

（10）检查主、备用电源的自动转换功能。

（二）通信服务器调试

（1）模拟火灾报警，检查通信服务器是否能接收用户信息传输装置发送的火灾报警信息，同时检查火灾报警信息编码规则是否符合《城市消防远程监控系统 第5部分：受理软件功能要求》（GB 26875.5—2011）的要求。

（2）模拟火灾报警，检查通信服务器是否将接收的用户信息传输装置发送的火灾报警信息转发至报警受理座席。

（3）检查通信服务器是否具有用户信息传输装置寻址功能。

（4）模拟通信链路故障，检查通信服务器与用户信息传输装置、受理座席和其他连接终端设备的通信连接状态的正确性。

（5）检查通信服务器软件是否具有配置、退出等操作权限的功能。

（6）检查通信服务器软件是否具有自动记录启动时间和退出时间的功能。

（三）报警受理系统调试

（1）模拟火灾报警，检查报警受理系统接收用户信息传输装置发送的火灾报警信息的正确性。

（2）检查报警受理系统接收并显示火灾报警信息的完整性。火灾报警信息应包含信息接收时间、用户名称、地址、联系人姓名、电话、单位信息、相关系统或部件的类型、状态、用户的地理信息、建筑消防设施的位置信息以及部件在建筑物中的位置信息等。

（3）检查报警受理系统与发出模拟火灾报警信息的联网用户进行警情核实和确认的功能，并检查城市消防通信指挥中心接收经确认的火灾报警信息的内容完整性。确认的火灾报警信息应包含报警联网用户名称、地址、联系人姓名、电话、建筑物名称、报警点所在建筑物详细位置、监控中心受理员编号或姓名等；并能接收、显示和记录火警信息终端返回的确认时间、指挥中心受理员编号或姓名等信息。

（4）模拟各种建筑消防设施的运行状态变化，检查报警受理系统接收并存储建筑消防设施运行状态信息的完整性，检查对建筑消防设施故障的信息跟踪、记录和查询功能，检查故障报警信息是否能够发送到联网用户的相关人员处。

（5）模拟向用户信息传输装置发送巡检测试指令，检查用户信息传输装置接收巡检测试指令的完整性。

（6）检查报警信息的历史记录查询功能。

（7）检查报警受理系统与联网用户进行语音、数据或图像通信功能。

（8）检查报警受理系统报警受理的语音和相应时间记录功能。

（9）模拟报警受理系统故障，检查声、光提示功能。

（10）检查报警受理系统启、停时间记录和查询功能。

（11）检查消防地理信息是否包括城市行政区域、道路、建筑、水源、联网用户、消防站及责任区等地理信息及其属性信息，是否对信息提供编辑、修改、放大、缩小、移动、导航、全屏显示、图层管理等功能。

（四）信息查询系统调试

（1）选择联网用户，查询该用户的火灾报警信息。

（2）选择联网用户，查询该用户的建筑消防设施运行状态信息。

（3）选择联网用户，查询该用户的消防安全管理信息。

（4）选择联网用户，查询该用户的日常值班、在岗等信息。

（5）按照日期、单位名称、单位类型、建筑物类型、建筑消防设施类型、信息类型等检索项查询、统计上述第（1）~第（4）项的信息。

（五）用户管理服务系统调试

（1）选择联网用户，检查该用户登录系统使用权限的正确性。

（2）模拟火灾报警，查询该用户火灾报警、建筑消防设施运行状态等信息是否与报警受理系统的报警信息相同。

（3）检查建筑消防设施日常管理功能，检查对消防设施日常维护保养情况执行录入、修改、删除、查看等操作是否正常。

（4）检查联网用户的消防安全重点单位信息系统数据录入、编辑功能。

（5）检查随机查岗功能，检查联网用户值班人员是否在岗，并检查是否收到在岗应答。

（六）火警信息终端调试

（1）模拟火灾报警，由报警受理系统向火警信息终端发送联网用户火灾报警信息，检查火警信息终端的声、光提示情况。

（2）检查火警信息终端显示的火灾报警信息完整性。火灾报警信息包含报警联网用户名称、地址、联系人姓名、电话、建筑物名称、报警点所在建筑物详细位置、监控中心受理员编号或姓名等；并能接收、显示和记录火警信息终端返回的确认时间、指挥中心受理员编号或姓名等信息。

（3）进行自检操作，检查自检情况。

（4）模拟火警信息终端故障，检查声、光报警情况。

【考点五】城市消防远程监控系统检测项目【★★】

（一）系统主要功能测试

（1）接收联网用户的火灾报警信息，向城市消防通信指挥中心或其他接处警中心传送经确认的火灾报警信息。

（2）接收联网用户发送的建筑消防设施运行状态信息。

（3）具有消防监管部门提供查询联网用户的火灾报警信息、建筑消防设施运行状态信息及消防安全管理信息的功能。

（4）具有为联网用户提供自身的火灾报警信息、建筑消防设施运行状态信息查询和消防安全管理信息服务等功能。

（5）能根据联网用户发送的建筑消防设施运行状态和消防安全管理信息进行数据实时更新。

（二）系统主要性能指标测试

（1）连接 3 个联网用户，测试监控中心同时接收火灾报警信息的情况。

（2）从用户信息传输装置获取火灾报警信息到监控中心接收显示的响应时间不应大于 10 s。

（3）监控中心向城市消防通信指挥中心或其他接处警中心转发经确认的火灾报警信息的时间不应大于 3 s。

（4）监控中心与用户信息传输装置之间能够动态设置巡检方式和时间，要求通信巡检周期不应大于 2 h。

（5）测试系统各设备的统一时钟管理情况，要求时钟累计误差不应超过 5 s。

【考点六】用户信息传输装置使用与检查【★★】

联网用户人为停止火灾自动报警系统等建筑消防设施运行时，要提前通知监控中心；联网用户的建筑消防设施故障造成误报警超过 5 次 / 日，且不能及时修复时，应与监控中心协商处理办法。消防控制室值班人员接到报警信号后，应以最快方式确认是否有火灾发生，火灾确认后，在拨打火灾报警电话 119 的同时，观察用户信息传输装置是否将火灾信息传送至监控中心。监控中心通过用户服务系统向远程监控系统的联网用户提供该单位火灾报警和建筑消防设施故障情况统计月报表。

用户信息传输装置按照以下要求进行定期检测与测试：

（1）每日进行 1 次自检功能检查。

（2）由火灾自动报警系统等建筑消防设施模拟生成火警，进行火灾报警信息发送试验，每个月试验次数不应少于 2 次。

【考点七】通信服务器软件使用与检查【★★】

通信服务器软件按照下列要求进行定期检查与测试：

（1）与监控中心报警受理系统的通信测试为 1 次 / 日。

（2）与设置在城市消防通信指挥中心或其他接处警中心的火警信息终端之间的通信测试为 1 次 / 日。

（3）实时监测与联网单位用户信息传输装置的通信链路状态，如检测到链路故障，应及时告知报警受理系统，报警受理系统值班人员应及时与联网用户单位值班人员联系，尽快解除链路故障。

（4）与报警受理系统、火警信息终端、用户信息传输装置等其他终端之间时钟检查为 1 次 / 日。

（5）每月检查系统数据库使用情况，必要时对硬盘进行扩充。

（6）每月进行通信服务器软件运行日志整理。

【考点八】报警受理系统软件使用与检查【★★】

（一）报警受理系统软件定期检查与测试

（1）与通信服务器软件的通信测试为 1 次 / 日。

（2）与通信服务器软件时钟检查为 1 次 / 日。

（3）每月进行报警受理系统软件运行日志整理。

（二）检查内容与顺序

（1）用户信息传输装置模拟报警，检查报警受理系统能否接收、显示、记录及查询用户信息传输装置发送的火灾报警信息、建筑消防设施运行状态信息。

（2）模拟系统故障信息，检查报警受理系统能否接收、显示、记录及查询通信服务器发送的系统告警信息。

（3）用户信息传输装置模拟报警，检查报警受理系统能否收到该报警信息，收到该信息后能否驱动声器件和显示界面发出声信号和显示提示。火灾报警信息声提示信号和显示提示是否明显区别于其他信息，报警信息的显示和处理是否优先于其他信息的显示及处理。声信号可以手动消除，当收到新的信息时，声信号是否能再启动。信息受理后，相应声信号、显示提示是否自动消除。

（4）用户信息传输装置模拟报警，检查报警受理系统能否收到该报警信息。受理用户信息传输装置发送的火灾报警、故障状态信息时，是否能显示下列内容：

1）信息接收时间、用户名称、地址、联系人姓名、电话、单位信息、相关系统或部件的类型、状态等信息。

2）该用户的地理信息、建筑消防设施的位置信息以及部件在建筑物中的位置信息。

3）该用户信息传输装置发送的不少于 5 条的同类型历史信息记录。

（5）用户信息传输装置模拟报警，检查报警受理系统能否对火灾报警信息进行确认和记录归档。

（6）用户信息传输装置模拟手动报警信息，检查报警受理系统能否将信息上报至火警信息终端，信息内容是否包括报警联网用户名称、地址，联系人姓名、电话，建筑物名称，报警点所在建筑物详细位置，监控中心受理员编号或姓名等；能否接收、显示和记录火警信息终端返回的确认时间、指挥中心受理员编号或姓名等信息；通信失败时是否能够告警。

（7）模拟至少 10 条用户信息传输装置故障信息，检查报警受理系统能否对用户信息传输装置发送的故障状态信息进行核实、记录、查询和统计；能否向联网用户相关人员或相关部门发送经核实的故障信息；能否对故障处理结果进行查询。

【考点九】信息查询系统软件使用与检查【★★】

（一）信息查询系统软件定期检查与测试

（1）与监控中心的通信测试为 1 次 / 日。

（2）与监控中心时钟检查为 1 次 / 日。

（3）每月进行信息查询系统软件运行日志整理。

（二）检查内容与顺序

（1）以消防机构人员身份登录信息查询系统，检查信息查询系统能否查询所属辖区联网用户的火灾报警信息。

（2）以消防机构人员身份登录信息查询系统，检查信息查询系统能否按相关内容查询联网用户的建筑消防设施运行状态信息。

（3）以消防机构人员身份登录信息查询系统，检查信息查询系统能否按相关内容查询联网用户的消防安全管理信息。

（4）以消防机构人员身份登录信息查询系统，检查信息查询系统能否查询所属辖区联网用户的日常值班、在岗等信息。

（5）以消防机构人员身份登录信息查询系统，检查信息查询系统能否对火灾报警信息、建筑消防设施运行状态信息、联网用户的消防安全管理信息、联网用户的日常值班和在岗等信息，按日期、单位名称、单位类型、建筑物类型、建筑消防设施类型、信息类型等检索项进行检索和统计。

【考点十】用户服务系统软件使用与检查【★★】

（一）用户服务系统软件定期检查与测试

（1）与监控中心的通信测试为 1 次 / 日。

（2）与监控中心时钟检查为 1 次 / 日。

（3）每月进行用户服务系统软件运行日志整理。

（二）检查内容与顺序

（1）以联网单位用户身份登录用户服务系统，检查用户服务系统能否查询其自身的火灾报警、建筑消防设施运行状态信息及消防安全管理信息。

（2）以联网单位用户身份登录用户服务系统，检查用户服务系统能否对建筑消防设施日常维护保养情况进行管理。

（3）以联网单位用户身份登录用户服务系统，检查用户服务系统能否提供消防安全管理信息的数据录入、编辑服务。

（4）以联网单位消防安全负责人身份登录用户服务系统，检查用户服务系统能否通过随机查岗，实现对值班人员日常值班工作的远程监督。

（5）以不同权限的联网单位用户身份登录用户服务系统，检查用户服务系统能否提供不同用户不同权限的管理。

（6）以联网单位用户身份登录用户服务系统，检查用户服务系统能否提供消防法律法规、消防常识和火灾情况等信息。

【考点十一】火警信息终端软件使用与检查【★★】

（一）火警信息终端软件定期检查与测试

（1）与通信服务器软件的通信测试为 1 次 / 日。

（2）与通信服务器软件时钟检查为 1 次 / 日。

（3）每月进行火警信息终端软件运行日志整理。

（二）检查内容与顺序

（1）用户信息传输装置模拟手动报警信息，经报警受理系统受理确认以后，检查火警信息终端能否接收、显示、记录及查询监控中心报警受理系统发送的火灾报警信息。

（2）用户信息传输装置模拟手动报警信息，经报警受理系统受理确认以后，检查火警信息终端能否收到火灾报警及系统内部故障告警信息，是否能驱动声器件和显示界面发出声信号和显示提示。火灾报警信息声提示信号和显示提示是否明显区别于故障告警信息，且是否优先于其他信息的显示及处理。声信号是否能手动消除，当收到新的信息时，声信号是否能再启动。信息受理后，相应声信号、显示提示是否能自动消除。

（3）用户信息传输装置模拟手动报警信息，经报警受理系统受理确认以后，检查火警信息终端是否能显示报警联网用户的名称、地址、联系人姓名、电话、建筑物名称、报警点所在建筑物位置、联网用户的地理信息、监控中心受理员编号或姓名、接收时间等信息；经人工确认后，是否能向监控中心反馈确认时间、指挥中心受理员编号或姓名等信息；通信失败时能否告警。

【考点十二】年度检查与维护保养【★★】

（一）用户信息传输装置定期进行检查和测试

（1）对用户信息传输装置的主电源和备用电源进行切换试验，每半年的试验次数不少于 1 次。

（2）每年检测用户信息传输装置的金属外壳与电气保护接地干线（PE）的电气连续性，若发现连接处松动或断路，应及时修复。

（二）城市消防远程监控系统投入运行满 1 年后，每年度检查内容

（1）每半年检查录音文件的保存情况，必要时清理保存周期超过 6 个月的录音文件。

（2）每半年对通信服务器、报警受理系统、信息查询系统、用户服务系统、火警信息终端等组件进行检查、测试。

（3）每年检查系统运行及维护记录等文件是否完备。

（4）每年检查系统网络安全性。

（5）每年检查监控系统日志并进行整理备份。

（6）每年检查数据库使用情况，必要时对硬盘存储记录进行整理。

（7）每年对监控中心的火灾报警信息、建筑消防设施运行状态信息等记录进行备份，必要时清理保存周期超过 1 年的备份信息。

第四篇

消防安全评估方法与技术

第一章　区域消防安全评估方法与技术

【考点一】区域火灾风险评估的目的、原则及内容【★★】

（一）评估目的

对区域进行火灾风险评估，是分析区域消防安全状况、查找当前消防工作薄弱环节的有效手段。根据不同的火灾风险级别，部署相应的消防救援力量，建设消防基础设施，使人们的生命、财产的预期风险水平与消防安全设施以及火灾和其他应急救援力量的种类和部署达到最佳平衡，为今后一段时期政府明确消防工作发展方向、指导消防事业发展规划提供参考依据。

（二）评估原则

（1）系统性原则。

（2）实用性原则。

（3）可操作性原则。

（三）评估内容

（1）分析区域范围内可能存在的火灾危险源，合理划分评估单元，建立全面的评估指标体系。

（2）对评估单元进行定性及定量分级，并结合专家意见建立权重系统。

（3）对区域的火灾风险做出客观公正的评估结论。

（4）提出合理可行的消防安全对策及规划建议。

【考点二】区域火灾风险评估流程【★★★】

（一）信息采集

在明确火灾风险评估的目的和内容的基础上，收集所需的各种资料，重点收集与区域安全相关的信息，可包括评估区域内人口、经济、交通等概况，区域内消防重点单位情况，周边环境情况，市政消防设施相关资料，火灾事故应急救援预案，消防安全规章制度等。

（二）风险识别

1. 客观因素

（1）气象因素引起火灾。火灾的发生与气象条件密切相关，影响火灾的气象因素主要有大风、降水、高温以及雷击等。

（2）电气引起火灾。电气火灾原因主要有以下几种：

1）接头接触不良导致电阻增大，发热起火。

2）可燃油浸变压器油温过高导致起火。

3）高压开关的油断路器由于油量过高或过低引起爆炸起火。

4）熔断器熔体熔断时产生电火花，引燃周围可燃物。

5）使用电加热装置时，不慎放入高温时易爆危险品导致爆炸起火。

6）机械撞击损坏电气线路导致漏电起火。

7）设备过载导致电气线路温度升高，在电气线路散热条件不好时，经过长时间的过热，导致电缆起火或引燃周围可燃物。

8）照明灯具的内部漏电或发热引起燃烧或引燃周围可燃物。

（3）易燃易爆物品引起火灾。

2. 人为因素

（1）用火不慎引起火灾。

（2）吸烟引起火灾。

（3）人为放火。

（三）评估指标体系建立

区域火灾风险评估可选择以下几个层次的指标体系结构：

（1）一级指标。一级指标一般包括火灾危险源、区域基础信息、消防能力和社会面防控能力等。

（2）二级指标。二级指标一般包括客观因素、人为因素、区域公共消防基础设施、灭火救援能力、火灾预警能力、消防管理、消防宣传教育等。

（3）三级指标。三级指标一般包括易燃易爆危险品生产销售储存场所密度、燃气管网密度、加油加气站密度、电气火灾、用火不慎、放火致灾、吸烟不慎、温度、湿度、风力、雷电、建筑密度、人口密度、经济密度、路网密度、轨道交通密度、重点保护单位密度、消防车通行能力、消防站建设水平、消防车道、消防供水能力、消防装备配置水平、万人拥有消防站、消防通信指挥调度能力、多种形式消防力量、消防安全责任制落实情况、应急预案完善情况、重大隐患排查整治情况、社会消防宣传力度、消防培训普及程度、多警种联动能力、临时避难区域设置、医疗机构分布及水平等相关内容。

（四）风险分析与计算

根据不同层次评估指标的特性，选择合理的评估方法，按照不同的风险因素确定风险概率，根据各风险因素对评估目标的影响程度，进行定量或定性的分析和计算，确定各风险因素的风险等级。

（1）火灾风险分级量化和特征描述见表2—4—1—1。

表2—4—1—1　　火灾风险分级量化和特征描述

风险等级	名称	量化范围	风险等级特征描述
Ⅰ级	低风险	（85，100］	几乎不可能发生火灾，火灾风险性低，火灾风险处于可接受的水平，风险控制重在维护和管理
Ⅱ级	中风险	（65，85］	可能发生一般火灾，火灾风险性中等，火灾风险处于可控制的水平，在适当采取措施后可达到接受水平，风险控制重在局部整改和加强管理

续表

风险等级	名称	量化范围	风险等级特征描述
Ⅲ级	高风险	(25，65]	可能发生较大火灾，火灾风险性较高，火灾风险处于较难控制的水平，应采取措施加强消防基础设施建设和完善消防管理水平
Ⅳ级	极高风险	(0，25]	可能发生重大或特大火灾，火灾风险性极高，火灾风险处于很难控制的水平，应采取全面的措施对建筑的设计、主动防火设施进行完善，加强对危险源的管控，增强消防管理和救援力量

（2）火灾风险分级和火灾等级的对应关系为：

1）极高风险 / 特别重大火灾、重大火灾。①特别重大火灾是指造成 30 人以上死亡，或者 100 人以上重伤，或者 1 亿元以上直接财产损失的火灾。②重大火灾是指造成 10 人以上 30 人以下死亡，或者 50 人以上 100 人以下重伤，或者 5 000 万元以上 1 亿元以下直接财产损失的火灾。

2）高风险 / 较大火灾。较大火灾是指造成 3 人以上 10 人以下死亡，或者 10 人以上 50 人以下重伤，或者 1 000 万元以上 5 000 万元以下直接财产损失的火灾。

3）中风险 / 一般火灾。一般火灾是指造成 3 人以下死亡，或者 10 人以下重伤，或者 1 000 万元以下直接财产损失的火灾。

说明："以上"包括本数，"以下"不包括本数。

（五）确定评估结论

根据评估结果，明确指出建筑设计或建筑本身的消防安全状态，提出合理可行的消防安全意见。

（六）风险控制

根据火灾风险分析与计算结果，遵循针对性、技术可行性、经济合理性的原则，按照当前通行的风险规避、风险降低、风险转移以及风险自留四种风险控制措施，根据当前经济、技术、资源等条件下所能采用的控制措施，提出消除或降低火灾风险的技术措施和管理对策。

【考点三】区域火灾风险评估注意事项【★★】

进行区域火灾风险评估时，应注意收集相关消防基础设施建设的情况，如消防站、消防水源等。

（一）消防站

消防站的布局一般应以接到出动指令后 5 min 内消防队可以到达辖区边缘为原则确定。设在城市的消防站，一级站不宜大于 7 km^2，二级站不宜大于 4 km^2，小型站不宜大于 2 km^2，设在近郊区的普通站不应大于 15 km^2。也可针对城市火灾风险，通过评估方法确定消防站辖区面积。为确保城市经济发展和市民生活的功能实现，新建消防站应重点布局在人口稠密区、产业功能区、新城和副中心以及消防设施相对薄弱的城乡接合部和农村地区。随着消防机构职能的拓展，还应加强消防站对于高层救援、交通事故救援、化学灾害抢险、危险品事故处理、地震和建筑物倒塌等紧急事件的处置能力。

（二）消防水源

进行火灾风险评估时，可将消防水源建设作为评价指标之一，解决远郊区县、村庄和住宅小区绝大部分没有规划建设公共消防水源、消防水源匮乏等比较严重的问题，杜绝“扑救小火建筑内部有设施，扑救大火室外无水源”的现象。

【考点四】火灾风险评估指标体系【★★】

城市区域火灾风险评估指标体系分为火灾危险源评估系统、区域基础信息评估系统、消防力量评估系统、火灾预警防控评估系统和社会面防控能力评估系统五部分。

（一）火灾危险源

（1）客观因素。在火灾危险源评估单元中，客观因素主要考虑易燃易爆危险品生产、销售、储存场所密度，燃气管网密度，加油加气站密度等影响因素。

（2）人为因素。人为因素导致的火灾主要包括电气火灾、用火不慎、放火致灾、吸烟不慎等。

（二）区域基础信息

区域基础信息评估单元包括建筑密度、人口密度、经济密度、路网密度、轨道交通密度、重点保护单位密度六个方面。

（三）消防力量

消防力量评估单元分为区域公共消防基础设施和灭火救援能力两类。

1. 区域公共消防基础设施

（1）消防道路。消防道路指供消防车通行的道路。

（2）消防水源。消防水源包括市政消火栓、人工水源及天然水源等。

2. 灭火救援能力

（1）消防装备配置水平。消防装备配置水平包括万人拥有消防车、消防队员空气呼吸器配备率、抢险救援主战器材配备率。

（2）万人拥有消防站。

（3）消防通信指挥调度能力。消防通信指挥调度能力包括消防无线通信一级网可靠通信覆盖率、消防无线通信三级组网通信设备配备率。

（四）火灾预警防控

1. 火灾防控水平

（1）万人火灾发生率。万人火灾发生率指年度内火灾次数与常住人口的比值，反映火灾防控水平与人口数量的关系。

（2）十万人火灾死亡率。十万人火灾死亡率指年度内火灾死亡人数与常住人口的比值，反映火灾防控水平与人口规模的关系。

（3）亿元国内生产总值（GDP）火灾损失率。亿元GDP火灾损失率指年度内火灾直接财产损失与GDP的比值，反映火灾防控水平与经济发展水平的关系。

2. 火灾预警能力

（1）消防远程监测覆盖率。消防远程监测覆盖率指市辖区内能够将火灾报警信息、建筑消防设施运行状态信息和消防安全管理信息传送到城市消防安全远程监测系统的消防控制室数量占消防控制室总数的比例（%）。

（2）建筑自动消防设施运行完好率。建筑自动消防设施运行完好率指运行完好的建筑自动消防设施占建筑自动消防设施总数的比例（%）。

3. 公众消防安全满意度

公众消防安全满意度指公众对所处生活、工作环境的消防安全状况的满意程度。

（五）社会面防控能力

社会面防控能力评估单元分为消防管理、消防宣传教育和保障协作三个方面。

1. 消防管理

消防管理包括消防安全责任制落实情况、应急预案完善情况和重大隐患排查整治情况等。

2. 消防宣传教育

消防宣传教育包括社会消防宣传力度、公众自防自救意识和消防培训普及程度等。

3. 保障协作

保障协作包括多警种联动能力、临时避难区域设置、医疗机构分布及水平等。

第二章　建筑火灾风险评估方法与技术

【考点一】建筑火灾风险评估目的、原则及内容【★★】

（一）评估目的

建筑火灾风险评估的目的是指通过各种手段和方法，消除或减少建筑中存在的不安全因素，防止建筑发生火灾或在意外发生火灾时能够保证人员及时进行安全撤离，尽快扑救火灾，降低火灾损失，提高建筑的安全程度。按照建筑消防安全管理工作方式的不同，评估目的又可以分为一般目的和特定目的。

1. 一般目的的评估

一般目的的评估指建筑的所有者、使用者自身出于提高建筑消防安全程度的需要，采取建筑火灾风险评估方法，更为精细地管理建筑消防安全问题所进行的评估。一般目的的评估主要包括：

（1）查找、分析和预测建筑及其周围环境存在的各种火灾风险源，以及可能发生火灾事故的严重程度，并确定各风险因素的火灾风险等级。

（2）根据不同风险因素的风险等级、自身的经济和运营等承受能力，提出针对性的消防安全对策与措施，为建筑的所有者、使用者提供参考依据，最大限度地消除和降低各项火灾风险。

2. 特定目的的评估

特定目的的评估指建筑的所有者、使用者根据消防法律法规的要求，必须进行的建筑火灾风险评估。进行特定目的的评估时，消防机构通常会提出一系列要求，有时也会制定参照的方法和标准。除了包含一般目的的评估内容外，对所有者、使用者的经济和运营承受能力的判定需要与消防机构进行协商。

（二）评估原则

（1）科学性原则。

（2）系统性原则。

（3）综合性原则。

（4）适用性原则。

（三）评估内容

（1）分析建筑内可能存在的火灾危险源，合理划分评估单元，建立全面的评估指标体系。

（2）对评估单元进行定性及定量分级，并结合专家意见建立权重系统。

（3）对建筑的火灾风险做出客观公正的评估结论。

（4）提出合理可行的消防安全对策及规划建议。

【考点二】建筑火灾风险评估流程【★★★★★】

（一）信息采集

在明确火灾风险评估目的和内容的基础上，收集与建筑安全相关的各种资料，包括建筑的地理位置、使用功能、消防设施、演练与应急救援预案、消防安全规章制度等。

（二）风险识别

开展火灾风险评估，首要任务是要确定评估对象可能面临的火灾风险主要来自哪些方面，此查找风险来源的过程称为火灾风险识别。通常认为，火灾风险是火灾概率与火灾后果的综合度量。因此，衡量火灾风险的高低，不但要考虑起火的概率，而且要考虑火灾所导致的后果严重程度。

1. 影响火灾发生的因素

可燃物、助燃剂（主要是氧气）和火源是物质燃烧的三要素。可燃物、助燃剂、火源、时间和空间是火灾的五个要素。消防工作就是围绕着这五个要素进行控制。

控制可分为两类：对于存在生产生活用火的场所，要将火控制在一定的范围内，控制的对象是时间和空间；对于除此之外的任何场所，控制不发生燃烧，控制的对象是物质燃烧三要素，即控制这三要素同时出现的条件。

2. 影响火灾后果的因素

火灾风险表达式中的后果，在不同阶段会有不同的表现形式。通常可分为以下几种情形：

（1）在物质着火后，不考虑各种消防力量的干预作用，只根据物质的物理性质和周边环境条件等自然状态下的发生发展过程，来确定火灾产生的后果。

（2）在物质着火后，考虑建筑物内部火灾自动报警、自动灭火和防火排烟等建筑消防设施的功能，单位内部人员的消防意识、初起火灾扑救能力、组织疏散能力，以及单位内部可能拥有的消防队伍的灭火救援能力等，根据这些因素共同作用的效率，来确定火灾产生的后果。

（3）在物质着火后，除了上述建筑消防设施功能和单位相关人员能力之外，还考虑在初起火灾扑救失败之后，外部的消防力量进行干预，投入灭火救援工作，根据这些因素共同作用的效率，来确定火灾产生的后果。

3. 措施有效性分析

消防安全措施一般包括防火、灭火和应急救援等。消防安全措施有效性分析一般可以从以下几个方面入手：

（1）防止火灾发生。

（2）防止火灾扩散。

（3）初起火灾扑救。

（4）专业队伍扑救。

（5）紧急疏散逃生。

（6）消防安全管理。

（三）评估指标体系建立

建筑火灾风险评估一般分为二层或三层，每个层次的单元根据需要进一步划分为若干因素，再从火灾发生的可能性和火灾危害等方面分析各因素的火灾危险度，各因素的火灾危险度是进行系统危险分析的基础，在此基础上确定评估对象的火灾风险等级。

（四）风险分析与计算

根据不同层次评估指标的特性，选择合理的评估方法，按照不同的风险因素确定风险概率，并根据各风险因素对评估目标的影响程度，进行定量或定性的分析和计算，确定各风险因素的风险等级。

（五）风险等级判断

在经过火灾风险因素识别、指标体系建立、消防安全措施有效性分析等几个步骤之后，对于评估的建筑是否安全，其安全性处于哪个层次，需要得出一个评估结论。根据选用的评估方法的不同，评估结果有的是局部的，有的是整体的，这需要根据评估的具体要求选取适用的评估方法。

（六）风险控制措施

1. 风险消除

风险消除是指消除能够引起火灾的要素，这是控制风险的最有效的方法。空气无处不在，因此主要可行的措施是消除火源和可燃物。

2. 风险减少

在建筑的使用过程中，经常会出现需要在有可燃物的附近进行用火、电焊等存在引起火灾可能性的情况，这时候既不能消除火源，也不能清除可燃物。为了减少火灾风险，需要采取降低可燃物的存放数量或者安排适当的人员看管等措施。

3. 风险转移

风险转移是指与他人共同分担可能面对的风险。对于建筑物而言，风险转移并不能消除或降低其面临的风险，但是对于建筑所有者或使用者而言，通过风险转移可以降低其面临的风险。风险转移主要通过建筑保险来实现。

【考点三】注意事项【★★】

（一）做好与现行技术规范的衔接

由于建筑的建设时间不同，其适用的设计规范也会有所不同，这使得在评估中经常会遇到一些老旧建筑的指标参数与现行技术规范的不一致。如果按照建设时施行的技术规范，这些指标参数是满足消防安全要求的。但是随着时间的推移以及科学技术的进步，许多技术规范会进行相应的修订，如果参照现行技术规范，则有可能不满足消防安全要求。当遇见这种情况时，应做好与现行技术规范的衔接，涉及的指标参数要参照现行的技术规范进行评估。

（二）确认特殊设计建筑的边界条件

一些建筑由于技术规范未能完全涵盖，或者由于采用新技术、新材料，或者由于使用功能的特殊要求，导致不能完全按照现行技术规范进行建筑消防设计，而是采用消防性能化设计的方法对这些建筑进行特殊设计。按照相关参数进行性能化设计及专家论证后，可以认为这些建筑满足技术规范规定的基本安全要求。但是这种合规的特殊设计必须满足一定的条件，即特殊设计时选用的参数始终保持与设计时的一致。如果建筑在投入使用后其中的参数发生了变化，则会对该建筑的消防安全造成不利影响。对这些建筑进行评估时，要确认特殊设计的边界条件是否发生变化。

第三章　建筑消防性能化设计评估方法与技术

【考点一】消防性能化设计的适用范围【★★】

（1）目前，具有下列情形之一的工程项目，可对其全部或部分进行消防性能化设计：

1）超出现行国家工程建设消防技术标准适用范围的。

2）按照现行国家工程建设消防技术标准进行防火分隔、防烟排烟、安全疏散、建筑构件耐火等级等设计时，难以满足工程项目特殊使用功能的。

（2）下列情况不应采用性能化设计评估方法：

1）国家法律法规和现行国家工程建设消防技术标准有强制性条文规定的。

2）现行国家工程建设消防技术标准已有明确规定，且无特殊使用功能的建筑。

3）居住建筑。

4）医疗建筑、教学建筑、幼儿园、托儿所、老年人建筑、歌舞娱乐游艺场所。

5）室内净高小于 8.0 m 的丙、丁、戊类厂房和丙、丁、戊类仓库。

6）甲、乙类厂房，甲、乙类仓库，可燃液体、气体储存设施及其他易燃易爆工程或场所。

【考点二】消防性能化设计的基本程序【★★★】

（一）建筑物消防性能化设计的基本程序

（1）确定建筑物的使用功能和用途、建筑设计的适用标准。

（2）确定需要采用性能化设计方法进行设计的问题。

（3）确定建筑物的消防安全总体目标。

（4）进行消防性能化试设计和评估验证。

（5）修改、完善设计，并进一步评估验证，确定是否满足所确定的消防安全目标。

（6）编制设计说明与分析报告，提交审查与批准。

（二）建筑物消防性能化试设计的一般程序

（1）确定建筑设计的总目标或消防安全水平及其子目标。

（2）确定需要分析的具体问题及其性能判定标准。

（3）建立火灾场景、设定合理的火灾和确定分析方法。

（4）进行消防性能化设计与计算分析。

（5）选择和确定最终设计（方案）。

（三）建筑物消防性能化设计与计算分析的内容

（1）针对设定的性能化分析目标，确定相应的定量判定标准。

（2）合理设定火灾。

（3）分析和评价建筑物的结构特征、性能和防火分区。

（4）分析和评价人员的特征及建筑物和人员的安全疏散性能。

（5）计算预测火灾的蔓延特性。

（6）计算预测烟气的流动特性。

（7）分析和验证结构的耐火性能。

（8）分析和评价火灾探测与报警系统、自动灭火系统、防烟排烟系统等消防系统的可行性与可靠性。

（9）评估建筑物的火灾风险，综合分析性能化设计过程中的不确定性因素及其处理。

（四）消防安全总目标

建筑物的消防安全总目标一般包括如下内容：

（1）减小火灾发生的可能性。

（2）在火灾条件下，保证建筑物内使用人员以及救援人员的人身安全。

（3）建筑物的结构不会因火灾作用而受到严重破坏或发生垮塌，或虽有局部垮塌，但不会发生连续垮塌而影响建筑物结构的整体稳定性。

（4）减少由于火灾而造成商业运营、生产过程的中断。

（5）保证建筑物内财产的安全。

（6）建筑物发生火灾后，不会引燃其相邻建筑物。

（7）尽可能减少火灾对周围环境的污染。

（五）性能判定标准

设计目标的性能判定标准应能够体现由火灾或消防措施造成的人员伤亡、建筑及其内部财产的损害、生产或经营被中断、风险等级等的最大可接受限度。常见的性能判定标准包括：

（1）生命安全标准。生命安全标准包括热效应、毒性和能见度等。

（2）非生命安全标准。非生命安全标准包括热效应、火灾蔓延、烟气损害、防火分隔物受损、结构的完整性和对暴露于火灾中财产所造成的危害等。

【考点三】消防性能化设计的设计步骤【★★】

（一）消防性能化设计步骤

（1）确定性能化设计的内容和范围。

（2）确定总体目标、功能要求和性能判据。

（3）开展火灾危险源识别。

（4）制定试设计方案。

（5）设定火灾场景和疏散场景。

（6）选择工程方法。

（7）评估试设计方案。

（8）确定最终设计方案。

（9）完成报告，编写性能化设计评估报告。

（二）消防性能化设计分析和设计报告内容

（1）工程的基本信息。

（2）分析或设计目标，包括制定此目标的理由。

（3）设计方法（基本原理）陈述，包括所采用的方法，为什么采用，做出了什么假设，采用了什么工具和理念等。

（4）性能评估指标。

（5）火灾场景的选择和设计火灾。

（6）设计方案的描述。

（7）消防安全管理。

（8）参考的资料、数据。

【考点四】资料收集【★★】

建筑的防火设计可分解为三部分，即建筑被动防火系统、建筑主动防火系统和安全疏散系统。

设计资料包括建筑设计说明、建筑总平面图、消防设计专篇、建筑主要楼层平面图、建筑主要立面图和剖面图。此外还包括结构、各专业设备的相关图样等。

【考点五】安全目标设定【★★】

（一）建筑结构性能化设计目标、功能目标和性能要求

1. 设计目标

在火灾作用下，建筑结构应能在合理的消防投入基础上，保持足够的完整性能、隔热性能或承载力，或同时保持其中两个或三个性能。

2. 功能目标

（1）建筑构件能避免因其在火灾中发生变形或破坏而导致建筑结构的严重破坏或失去承载力。

（2）不会因构件的受损而危及建筑内部人员的疏散安全和灭火救援人员的安全。

（3）避免结构在火灾中因变形、垮塌而难以修复或影响重要功能的使用、减少灾后结构的修复费用和难度，缩短结构功能的恢复期。

（4）预防因构件受损而加剧火灾或导致火灾蔓延至其他防火区域或相邻建筑物。

3. 性能要求

（1）建筑构件的耐火性能应与构件的功能、建筑的功能与用途、建筑内的预计火灾荷载、火灾强度及其持续时间、建筑高度与体量以及建筑内外的消防设施相适应。

（2）建筑承重构件在火灾作用下，应具有足够的承载力。

（3）建筑分隔构件的燃烧性能和耐火极限在设计所需时间内应能防止火灾和烟气的蔓延。

（4）建筑物中各构件的耐火性能应具有合理的关系。

（5）建筑构件在火灾作用下的变形不应超过允许变形值。

（6）建筑结构所提供的安全水平应与现行国家标准的规定等效。

（二）防火分区性能化设计目标、功能目标和性能要求

1. 设计目标

防火分区划分应能有效降低火灾危害，将火灾的财产损失控制在可接受的范围之内。

2. 功能目标

建筑内采取的防火隔断措施，应能将建筑火灾控制在设定的防火空间内，而不会经水平方向和垂直方向向其他区域蔓延。

3. 性能要求

（1）防火分隔构件的燃烧性能具有足够的耐火极限，并满足控制火灾的要求。

（2）着火空间内不会发生轰燃。

（3）火灾可以控制在设定的防火区域内。

（4）火灾不会发生连续蔓延。

（5）火灾的可能过火面积与满足规范要求的防火分区的过火面积基本相同。

（6）灭火系统符合设计要求，可以有效控制火灾蔓延。

（7）排烟系统符合设计要求，可以有效排除烟气和热量。

（三）防火间距的设计目标、功能目标和性能要求

1. 设计目标

建筑与相邻建筑、设施的防火间距应满足安全要求。

2. 功能目标

（1）防火间距应能有效防止建筑间的火灾蔓延。

（2）建筑周围应具有满足消防车展开灭火救援的条件。

3. 性能要求

（1）建筑与相邻建筑、设施之间的防火间距应根据建筑的耐火等级、外墙防火构造及相邻外墙的防火措施、灭火救援以及设施性质等因素进行确定。

（2）工业和民用建筑与城市地下交通隧道、地下人行道及其他地下建筑之间应采取防止火灾蔓延的有效措施。

（3）建筑周围应设置消防车道或满足消防车通行与停靠、折转的平坦空地。消防车道的净空高度和净宽度以及地面承压应满足消防车通行的需要。

（4）大型工业或民用建筑周围应设置环形消防车道或其他满足消防车灭火救援的场地。

（5）供消防车停留和作业的道路与建筑物的距离应满足消防车展开和救援的要求。

（四）自动灭火系统的设计目标、功能目标和性能要求

1. 设计目标

为建筑中不能中断防火保护的场所提供灭火措施，使其免受火灾危害或减轻其危害程度。

2. 功能目标

建筑内设置的自动灭火系统应能够及时扑灭和控制建筑内的初起火灾，防止火灾蔓延和造成较大损失。

3. 性能要求

（1）建筑内设置的自动灭火系统应根据设置场所的用途、火灾危险性、火灾特性、环境温度和系统的性价比等比较后确定。

（2）灭火系统的灭火剂应适用于扑救设置场所的火灾类型，且对保护对象的次生危害较小。

（3）灭火系统的类型应与火灾发展特性、建筑空间特性相适应，并在设置场所的环境温度下能安全、可靠运行和有效灭火。

（4）对于火灾报警系统识别火灾并联动的灭火系统，应有能保证系统及时启动的火灾探测控制系统。对于自动喷水灭火系统、细水雾灭火系统和水喷雾灭火系统等需要消防水泵供水的灭火系统，其电源应满足系统连续运行及其动作需要。

（五）排烟系统的设计目标、功能目标和性能要求

1. 设计目标

建筑内设置的排烟系统应能保证人员安全疏散与避难。

2. 功能目标

建筑内设置的排烟系统应能及时排除火灾产生的烟气，避免或限制火焰和烟气向无火区域蔓延，确保建筑物内人员的顺利疏散和安全避难，并为消防救援创造有利条件。

3. 性能要求

（1）排烟设施方式应与建筑的室内高度、结构形式、空间大小、火灾荷载、烟羽流形式及产烟量大小、室内外气象条件等条件相适应。

（2）排烟设施应具有保证其在火灾时正常动作的技术措施。

（3）排烟系统的排烟量或排烟口的面积能够将烟气控制在设计的室内高度以上，而不会不受控制地蔓延。

（4）机械排烟系统的室外风口布置，应能有效防止从室内排出的烟气再次被吸入。

（5）设置机械排烟设施的场所应结合建筑内部的结构形式和功能分区划分防烟分区。防烟分区及其分隔物应保证火灾烟气能在一定时间内有效蓄积和排出。

（6）排烟口的布置应能有效避免烟气因冷却而影响排烟效果，与附近安全出口、可燃构件或可燃物的距离应能防止出现高温烟气遮挡安全出口或引燃附近可燃物的现象。

（7）排烟风机应能保证在任一排烟口或排烟阀开启时自行启动，并应在高温下和该场所需排烟时间内具有稳定的工作性能。

（8）在地上密闭场所中设置机械排烟系统时，应同时设置补风系统，补风量应能有利于排烟系统的排烟。

（六）火灾自动报警系统的设计目标、功能目标和性能要求

1. 设计目标

为人员及早提供火灾信息，避免火灾扩大和人员疏散延迟而导致更大的伤亡和经济损失。

2. 功能目标

（1）火灾时，及时向使用人员发出报警信号，使人员能采取必要的合理措施，提高人员疏散的安全性和火灾扑救的有效性。

（2）火灾时，及时联动防止火灾蔓延和排除烟气或阻止烟气进入安全区域的相关设施。

3. 性能要求

（1）建筑应根据其实际用途、预期的火灾特性和建筑空间特性、发生火灾后的危害等因素设置合适的报警设施。

（2）火灾报警装置应与保护对象的火灾危险性、火灾特性和空间高度、大小及环境条件相适应。

（3）火灾报警系统发出的警报能使人员清楚地识别火灾信号，并采取相应的行动。

（4）火灾报警系统能可靠、准确地识别火灾信号并联动相应的消防设施。

（七）安全疏散系统的设计目标、功能目标和性能要求

1. 设计目标

建筑内应具有足够的安全疏散设施保证人员的生命安全。

2. 功能目标

安全疏散设施应确保发生火灾时，建筑内的人员在规定时间内能够安全疏散至室外安全区域。

3. 性能要求

（1）应有足够的安全出口供人员安全疏散，每个房间均应有与该房间使用人数相适应的疏散出口。

（2）安全出口宽度应与建筑内使用人数相适应，并考虑不同用途建筑中疏散人流的宽度和疏散速度，避免人员疏散过程中在安全出口发生拥挤、堵塞。

（3）建筑内的疏散应急照明与疏散指示标志均应与其所在场所相适应。

（4）安全疏散距离应与建筑内的人员行动能力相适应，确保人员疏散所用时间满足安全疏散所允许的限度。

（5）疏散设施应满足相应的防火要求，不会使人员在疏散过程中受到火灾烟气或热的危害。

（八）消防救援的设计目标、功能目标和性能要求

1. 设计目标

消防救援设计应能为消防队员消防救援作业提供有利条件，消防车道、救援场地和救援窗口以及室外消防设施应能满足消防队员救援作业的要求。

2. 功能目标

（1）建筑物应设置保障消防车安全、快速通行的消防车道。

（2）消防车登高操作场地应能满足消防车停靠、火场供水、灭火和救援需要。

（3）消防救援窗口应能满足消防队员进入建筑物的要求。

3. 性能要求

（1）消防车道的净宽度和净空高度应大于通行消防车的宽度和高度。

（2）消防车道的耐压强度应大于消防车满载时的轮压。

（3）消防车道的转弯半径应满足消防车安全转弯的要求。

（4）消防车道之间或与城市道路之间应能相互贯通联系。

（5）消防车登高操作场地的尺寸、间距以及距建筑物的距离应满足消防车展开和安全操作的要求。

（6）消防救援窗口的尺寸和间距及可进入性满足救援要求。

【考点六】建筑防火系统【★★】

（一）被动防火系统

1. 建筑结构

建筑结构防火的重要性：

（1）良好的结构耐火性能能为人员的安全疏散提供宝贵的疏散时间，特别是在高层和大空间建筑以及人员行动受限的建筑。

（2）为消防队员在建筑内所有人员撤出后进入建筑内实施灭火提供生命安全保证。

2. 防火分隔

3. 防火间距

防火间距设置的基本原则是：

（1）根据火灾的辐射热对相邻建筑的影响，一般不考虑飞火、风速等因素。

（2）保证消防扑救的需要。需根据建筑高度、消防车的型号尺寸，确定消防救援操作场地的大小。

（3）在满足防止火灾蔓延及消防车作业需要的前提下，考虑节约用地。

（二）主动防火系统

1. 自动灭火系统

2. 排烟系统

3. 火灾自动报警系统

4. 安全疏散系统

进行人员安全疏散设计，大致应经历如下过程：

（1）估算室内各个房间应疏散的人数。

（2）根据实际情况确定“假定起火点”。

（3）对每个“假定起火点”分别规划起火后避难者的避难路线。

（4）分析避难人员在每条疏散路线上的流动情况。

（5）分析高温烟气在每条疏散路线上的流动情况。

（6）对第（4）、第（5）阶段分析的情况进行比较、核对，研究人员避难的安全可靠度。

（7）根据第（6）阶段的分析结果，如确定属于危险的范围，则要对安全疏散设施进行技术调整，然后重新按上述程序反复研究避难设计方案，直至获得最佳方案。

5. 消防救援

消防救援入口的设置要求：

（1）每层设置可供消防救援人员进入的窗口。

（2）窗口的净高度和净宽度均不应小于 1.0 m，下沿距室内地面不应大于 1.2 m。

（3）窗口间距不宜大于 20 m，且每个防火分区的救援窗口不少于 2 个，设置位置与消防车登高操作场地相对应。

（4）窗口的玻璃易于破碎，并设置可在室外识别的明显标志。

【考点七】火灾模拟【★★】

（一）概述

火灾数值模型主要有专家系统（Expert System）、区域模型（Zone Model）、场模型（Field Model）、网络模型（Network Model）和混合模型（Hybrid Model）。场模型也即 CFD（计算流体动力学）模型，主要是指利用计算流体动力学技术对火灾进行模拟的模型。

（二）选取

从软件易用性来看，火灾专用模拟软件相对简单，在应用中不需要做复杂设置，使用者只需掌握火灾基本知识即可得到合理的结果。而通用 CFD 软件对使用者要求较高，使用者需要对流体力学有深入了解，才能得到合理结果。因此，一般火灾模拟选择专用模拟软件为宜。

利用火灾模型进行数值分析前，应着重考虑该模型对所模拟问题的适用性及预测能力。一般情况下，需要事先利用相关试验（已有其他人员进行的试验或自己进行相关试验）对模型进行确认研究。

从模拟准确性来看，火灾专用模拟软件由于是专门针对火灾开发，在概念模型层面相对于通用软件更接近于真实模型，其数学模型更能反映火灾过程。因此，一般情况下，建议选择火灾专用模拟软件，除非在专用模拟软件无法模拟的情况下才选择通用软件。

使用火灾专用模拟软件时，应着重考虑网格独立性、边界条件设置对模拟结果的影响；使用通用软件时，还应考虑湍流模型、燃烧模型、辐射模型的选择。

火灾模型的验证和确认应包含其对各类火灾参数的预测能力研究，如火场温度、热辐射通量、反应产物的浓度变化（着重研究 CO、CO_2、烟密度等）、火场能见度等。

【考点八】疏散模拟【★★】

（一）概述

建筑防火设计的主要目标之一是确保人身安全。建筑安全疏散的性能化设计，是要求所设计的疏散设施能够保证建筑中的全部人员有足够的时间安全疏散到安全区域。评价指标包括建筑的安全出口、疏散楼梯的宽度、疏散距离是否满足建筑内使用人员的疏散需要，人员的疏散所需时间是否大于火灾条件下的可用疏散时间。

安全疏散时间判据，主要按照火灾发展与人员疏散时间为同时沿一条不可逆的时间线进行，保证建筑物内人员安全疏散完毕所需时间必须小于火灾发展到危险状态的时间。

（二）疏散模型

1. 水力疏散模型

水力疏散模型通过将人在疏散通道内的走动模拟为水在管道内的流动来进行计算。这一方法的缺点是它完全忽略掉了人的个体特性，而将人群的疏散作为一种整体运动。水力疏散模型通常对人员疏散过程作如下保守假设：

（1）疏散人员具有相同的特征，并且都具有足够的身体条件疏散到安全地点。

（2）疏散人员是清醒的，在疏散开始的时刻一起井然有序地进行疏散，且人员在疏散过程中不会中途返回选择其他疏散路径。

（3）在疏散过程中，人流的流量与疏散通道的宽度成正比分配，即从某一出口疏散的人数按其宽度占出口总宽度的比例进行分配。

（4）人员从各个疏散门扇疏散且所有人的疏散速度一致，保持不变。

2. 人员行为模型

人员行为模型模拟人在火灾中的行为时，综合考虑了人与人、人与建筑物以及人与环境之间的相互作用。在选用模型时，一定要结合有待解决的实际问题与模型的适用性来进行选择。

3. 一般分类

疏散模型在处理疏散的一般问题时，均采用了三种不同基本方法：优化法、模拟法和风险评估法。

（1）优化法。假定人员以最有效的方式进行疏散，而不考虑外部环境的影响及非疏散行为。通常，模型认为人员选择的疏散路线是最佳的。这一类模型适用于大量的人群或将所有人员当作一个有共同特性的群体来考虑的情况，而不考虑个体行为。

（2）模拟法。试图表现实际的疏散行为与运动，不仅要得到准确的结果，而且要反映疏散时选择的疏散路线及人员所做的决定。

（3）风险评估法。能识别出火灾时与疏散有关的危险或相关事故，并能对最后的风险进行量化。

4. 建筑空间的表示

（1）对于精细网络法，整个封闭空间用覆盖一些瓦片状的网格来表示，各个模型中节点的网格大小与形状都不同。

（2）对于粗糙网络法，空间的描述是按照实际建筑结构的划分来确定，每个网格节点表示一个房间或走廊，然后根据它们之间的实际连接关系构建其网络模型。在这类模型中，仅能表示人员从一个建筑单元移动到另一个建筑单元，而无法描述人员在一个建筑单元内的运动，它也无法处理一些局部的现象。

5. 人群分析

（1）个体分析法：允许用户设定或由随机方式确定个体特性，人员决策与运动由这些个体特性决定。

（2）群体分析法：将人群视为一个具有共同特性的群体。在描述疏散过程时，不针对逃生的个体，而针对大量的人群。这种方法难以模拟事件对个体的影响，而只能对整个人群的普遍影响进行模拟。

6. 行为分析

（1）无行为准则模型：完全依赖于人群的物理运动和几何形状的物理表达，来影响人员的疏散，并对其进行预测判断。

（2）函数模拟行为模型：把人员的行为用一个方程或一个方程组来描述，以此达到控制人的响应的目的。

（3）复杂行为模型：通过复杂的物理方法来含蓄表示行为决策准则。

（4）基于行为准则的模型：预先规定了一套人员的行为准则，然后再根据这些准则来确定疏散过程中人员的行为。

（5）基于人工智能的模型：将个体人员设计成能对周围环境进行智能分析的模拟人或与之相近的智能人，因此可以准确地表现其决策过程，但这会使用户对人员行为的控制权被计算机所代替。

【考点九】模型评价【★★】

模型评价内容包括：

（1）计算模型的适用性。

（2）计算的收敛性。

（3）网格尺度的合理性。网格尺度的合理性包括网格的独立性和网格的经济性。

（4）时间步长的合理性。

（5）计算区域选择的合理性。

【考点十】火灾场景确定原则【★★】

火灾场景应根据最不利的原则确定，选择火灾风险较大的火灾场景作为设定火灾场景。

1. 在设计火灾场景时，应分析和确定建筑物的以下基本情况

（1）建筑物内的可燃物。

（2）建筑的结构布局。

（3）建筑物的自救能力与外部救援力量。

2. 在进行建筑物内可燃物的分析时，应着重分析以下因素

（1）潜在的引火源。

（2）可燃物的种类及其燃烧性能。

（3）可燃物的分布情况。

（4）可燃物的火灾荷载密度。

3. 在分析建筑的结构布局时，应着重考虑以下因素

（1）起火房间的外形尺寸和内部空间情况。

（2）起火房间的通风口形状及分布、开启状态。

（3）房间与相邻房间、相邻楼层及疏散通道的相互关系。

（4）房间的围护结构构件和材料的燃烧性能、力学性能、隔热性能、毒性性能及发烟性能。

4. 分析和确定建筑物在发生火灾时的自救能力与外部救援力量时，应着重考虑以下因素

（1）建筑物的消防供水情况和建筑物室内外的消火栓灭火系统。

（2）建筑内部的自动喷水灭火系统和其他自动灭火系统的类型与设置场所。

（3）火灾报警系统的类型与设置场所。

（4）消防队的技术装备、到达火场的时间和灭火控火能力。

（5）烟气控制系统的设置情况。

5. 在确定火灾发展模型时，应至少考虑下列参数

（1）初始可燃物对相邻可燃物的引燃特征值和蔓延过程。

（2）多个可燃物同时燃烧时热释放速率的叠加关系。

（3）火灾的发展时间和火灾达到轰燃所需的时间。

（4）灭火系统和消防队对火灾发展的控制能力。

（5）通风情况对火灾发展的影响因子。

（6）烟气控制系统对火灾发展蔓延的影响因子。

（7）火灾发展对建筑构件的热作用。

【考点十一】确定火灾场景的方法【★★】

确定火灾场景可采用下述方法：故障类型和影响分析、故障分析、相关统计数据、工程核查表、危害指数、危害和操作性研究、初步危害分析、故障树分析、事件树分析、原因后果分析和可靠性分析等。

事件树是风险级别评定程序中常用的一种方法。不过风险级别评定过程常常可以进行简化，在这种情形下，风险级别评定不需要事件树就能进行。然而，在不能使用简化方式的时候，需要采用事件树的方法，根据构成火灾场景单一事件的发生概率，得到该火灾场景的发生概率。

【考点十二】火灾场景设计【★★★★】

（一）火灾危险源辨识

设计火灾场景时，首先应进行火灾危险源的辨识，分析建筑物里可能面临的火灾风险主要

来自哪些方面，分析可燃物的种类、火灾荷载的密度、可燃物的燃烧特征等。

（二）火灾增长

原则上，在设计火灾增长曲线时可采用以下几种方法：

（1）可燃物实际的燃烧实验数据。

（2）类似可燃物实际的燃烧实验数据。

（3）根据类似的可燃物燃烧实验数据推导出的预测算法。

（4）基于物质的燃烧特性的计算方法。

（5）火灾蔓延与发展数学模型。

火灾的增长规律可用如下方程描述：

$$Q=\alpha t^2 \tag{2—4—3—1}$$

式中　Q——热释放速率（kW）；

α——火灾增长系数（kW/s^2）；

t——时间（s）。

“t平方火”的增长速度一般分为慢速、中速、快速、超快速四种类型，其火灾增长系数见表2—4—3—1。

表2—4—3—1　“t平方火”的对比情况

增长类型	火灾增长系数（kW/s^2）	达到1 MW的时间（s）	典型可燃材料
超快速	0.187 6	75	油池火、易燃的装饰家具、轻质窗帘
快速	0.046 9	150	装满东西的邮袋、塑料泡沫、叠放的木架
中速	0.011 72	300	棉与聚酯纤维弹簧床垫、木制办公桌
慢速	0.002 93	600	厚重的木制品

（三）设定火灾

（1）喷淋启动确定火灾规模。

（2）相关设计规范或指南。

（3）根据燃烧实验数据确定。

（4）根据轰燃条件确定。

轰燃是火灾从初期的增长阶段向充分发展阶段转变的一个相对短暂的过程。发生轰燃时室内的大部分物品开始剧烈燃烧，可以认为此时的火灾功率（即热释放速率）达到最大值。

（5）燃料控制型火灾的计算方法。

【考点十三】疏散场景确定【★★】

（一）疏散过程

疏散是伴随着新的冲动的产生和在行动过程中采取新的决定的一个连续过程。在某种程度上，一种简化过程的方法就是从工程学的角度将疏散过程分为三个阶段：察觉（外部刺激）、行为和反应（行为举止）、运动（行动）。

（二）安全疏散标准

疏散时间（t_{RSET}）包括疏散开始时间（t_{start}）和疏散行动时间（t_{action}）两部分。疏散时间为疏散开始时间与疏散行动时间之和。

（1）疏散开始时间（t_{start}）。疏散开始时间即从起火到开始疏散的时间，是探测时间（t_d）、报警时间（t_a）和人员的疏散预动时间（t_{pre}）之和。人员的疏散预动时间（t_{pre}）是识别时间（t_{rec}）与反应时间（t_{res}）之和。其中：t_{rec} 是指从火灾报警信号发出后到人员还未开始反应的这一时间段。当人员接收到火灾信息并开始做出反应时，识别阶段即结束；t_{res} 是指从人员识别报警信号并开始做出反应至开始直接朝出口方向疏散之间的时间。

（2）疏散行动时间（t_{action}）。疏散行动时间即从疏散开始至疏散到安全地点的时间，它由疏散动态模拟模型得到。

（三）疏散相关参数

（1）火灾探测时间。

（2）疏散准备时间。

（3）疏散开始时间。

（四）人员数量

人员数量通常由区域的面积与该区域内的人员密度的乘积来确定。在有固定座椅的区域，则可以按照座椅数来确定人数。在业主方和设计方能够确定未来建筑内的最大容量时，则应按照该值确定疏散人数。否则，需要参考国内外相关标准，由各相关方协商确定。

（五）人员行进速度

人员行进速度与人员密度、年龄和灵活性有关。当人员密度小于 0.5 人 /m^2 时，人群在水平地面上的行进速度可达 70 m/min 并且不会发生拥挤，下楼梯的速度可达 51 ~ 63 m/min。相反，当人员密度大于 3.5 人 /m^2 时，人群将非常拥挤，基本上无法移动。

（六）流动系数

人员密度与对应的人员行进速度的乘积，即单位时间内通过单位宽度的人流数量称为流动系数。流动系数反映了单位宽度的通行能力。

（七）安全裕度

考虑到危险来临时间和疏散行动时间分析中存在的不确定性，需要增加一个安全余量。在危险来临时间分析与疏散行动时间分析中，计算参数取为相对保守值时，安全裕度可以取小一些；否则，安全裕度应取较大值。一般情况下，安全裕度建议取为 0 ~ 1 倍的疏散行动时间。对于商业建筑，取值建议不应小于 1/2 的疏散行动时间。

【考点十四】用于分析计算结果的判定准则【★★】

（一）人员生命安全判定准则

火灾对人员的危害主要来源于火灾产生的烟气，主要表现在烟气的热作用和毒性方面；另外，对于疏散而言，烟气的能见度也是一个重要的影响因素。所以在分析火灾对疏散的影响时，一般从烟气的能见度、温度、毒性等方面进行讨论。通常情况下人员疏散安全判据指标见表 2—4—3—2。

表 2—4—3—2　　人员疏散安全判据指标

项目	人体可耐受的极限
烟气的能见度	当热烟层降到 2 m 以下时，对于大空间其能见度临界指标为 10 m
烟气的温度	2 m 以上空间内的烟气平均温度不大于 180℃；当热烟层降到 2 m 以下时，持续 30 min 的临界温度为 60℃
烟气的毒性	一般认为在可接受的能见度范围内，毒性都很低，不会对人员疏散造成影响（一般 CO 判定指标为 2 500 mg/L）

（二）防止火灾蔓延扩大判定准则

为减少火灾时财产损失和降低火灾对工作运营的影响，消防设计时通过采用一系列消防安全措施，控制火灾的大面积蔓延。性能化分析中通常采用热辐射分析方法来分析火灾蔓延情况。火灾发生时，火源对周围将产生热辐射和热对流，火源周围的可燃物在热辐射和热对流的作用下温度会逐渐升高，当达到其燃点温度时可能会发生燃烧，导致火灾的蔓延。

根据澳大利亚《防火安全工程指南》提供的资料，在火灾通过热辐射蔓延的设计中，当被引燃物是很薄很轻的窗帘、松散堆放的报纸等非常容易被点燃的物品时，其临界辐射强度可取为 10 kW/m^2；当被引燃物是带软垫的家具等一般物品时，其临界辐射强度可取为 20 kW/m^2；对于厚度为 5 cm 或更厚的木板等很难被引燃的物品，其临界辐射强度可取为 40 kW/m^2。如果不能确定可燃物的性质，为了安全起见，其临界辐射强度取为 10 kW/m^2。

（三）钢结构防火保护判定准则

火灾下钢结构破坏判定准则可分为构件和结构两个层次，分别对应局部构件破坏和整体结构破坏。一般来说，其判定准则有下列三种形式：

（1）在规定的结构耐火极限时间内，结构或构件的承载力 R_d 应不小于各种作用所产生的组合效应 S_m。

（2）在各种作用效应组合下，结构或构件的耐火时间 t_d 应不小于规定的结构或构件的耐火极限 t_m。

（3）火灾情景下，结构极限状态时的临界温度 T_d 应不小于在规定的耐火时间内结构所经历的最高温度 T_m。

上述三个要求在本质上是等效的，进行结构抗火设计时，满足其一即可。如采用临界温度法验证钢结构防火安全性，判定指标可采用日本“耐火安全检证法”提供的临界温度指标，即：$T_d = 325℃$。

【考点十五】计算结果分析与应用【★★】

（一）计算结果分析

1. 烟气模拟分析

烟气模拟分析需要首先在软件中输入计算参数。一般火灾模拟需要输入的参数包括：模型场景物理模型、边界条件、定义火源、定义消防系统。

烟气模拟分析可以得到烟气运动规律和模拟空间的环境参数指标。经常用到的参数包括：烟气的温度、烟气的能见度、烟气的毒性、气体流速、辐射强度。

2. 疏散模拟分析

疏散模拟分析需要首先在软件中输入计算参数。一般疏散模拟需要输入的参数包括：人员疏散空间模型、人员特性、流量系数、边界层宽度。

人员疏散分析可以得到人员疏散的状态，可得到的结果包括：人员疏散行动时间、最小行走路径、疏散出口拥堵情况、出口利用的有效性。

（二）计算结果应用

如果建筑的使用者撤离到安全地带所花的时间（t_{RSET}）小于火势发展到超出人体耐受极限的时间（t_{ASET}），则表明达到了保证人员生命安全的要求。即保证安全疏散的判定准则为：

$$t_{RSET}+T_s < t_{ASET} \quad (2—4—3—2)$$

式中 t_{RSET}——疏散时间；

T_s——安全裕度，即防火设计为疏散人员提供的安全余量；

t_{ASET}——开始出现人体不可忍受情况的时间，也称可用疏散时间或危险来临时间。

疏散时间 t_{RSET}（或以 t_{escape} 表示），即建筑中人员从疏散开始至全部人员疏散到安全区域所需要的时间。疏散过程大致可分为感知火灾、疏散行动准备、疏散行动、到达安全区域等几个阶段。

危险来临时间 t_{ASET}（或以 t_{risk} 表示），即疏散人员开始出现生理或心理不可忍受情况的时间，一般情况下，火灾烟气是影响人员疏散的最主要因素，常常以烟气下降一定高度或浓度达到超标的时间作为危险来临时间。

【考点十六】消防性能化设计文件编制内容【★★】

在性能化报告中，应明确表述设计的消防安全目标，充分解释如何来满足目标，提出基础设计标准，明确描述火灾场景，并证明火灾场景选择的正确性等。不得从其他国家的规范中断章取义引用条文，而应以我国国家标准的规定为基础进行等效性验证。编写的报告的内容包括：

（1）建筑基本情况及性能化设计的内容。

（2）分析目的及安全目标。

（3）性能判定标准，即性能指标。

（4）火灾场景设计。

（5）所采用的分析方法及其所基于的假设。

（6）计算分析与评估。

（7）不确定性分析。

（8）结论与总结。

（9）参考文献。

（10）设计单位和人员资质说明。

第四章　人员密集场所消防安全评估方法与技术

【考点一】评估目的【★★】

人员密集场所具有使用功能复杂，人员数量多、密度大、流动性强等特点，且具有公众开放性强、火灾易发多发特性。其火灾风险具有多样性、严重性，表现形式上具有空间、时间序列的不确定性和偶然关联性，易造成重特大火灾事故。人员密集场所对消防设施和系统的可靠性、完好性以及消防安全制度的落实具有更高的要求。人员密集场所的消防安全评估旨在对场所合法性、消防设施状态、消防安全管理现状进行逐项的定性评估，全面掌握该类场所的消防安全水平，针对存在不合法、火灾隐患的场所及时进行整改，以提高人员密集场所的整体消防安全水平。

【考点二】评估工作程序和步骤【★★】

人员密集场所消防安全评估工作程序和步骤主要包括前期准备、现场检查、评估判定和报告编制。

（一）前期准备

前期准备工作包括：明确消防安全评估对象和评估范围；收集消防安全评估需要的相关资料，确定评估对象适用的消防法律法规、技术标准规范；编制评估计划等。

评估计划的内容包括场所主要火灾风险分析、评估单元确定、评估方法与现场检查方法选择、评估工作计划进度安排和评估人员分工等。

（二）现场检查

现场检查以检查表法为基本方法。检查表中除了检查结果和备注栏内容需现场检查记录外，其他内容应根据评估对象和评估单元的实际情况编制。

现场检查时可选用的检查方法包括资料核对、问卷调查、外观检查、功能测试等，实际检查时可采用单一方法或几种方法的组合。

（1）消防安全管理单元的现场检查应采用资料核对、问卷调查的方式或其组合。

（2）建筑防火单元、安全疏散设施单元及消防设施单元的现场检查应采用资料核对、外观检查与功能测试相结合的方式。

（3）建筑防火单元中装修材料、外墙保温材料、防火涂料的防火性能等难以在现场进行功能测试验证的检查项，可查阅符合消防技术标准的证明文件、出厂合格证明及见证取样检测报告等证明文件，并在报告中说明。

（4）如确有需要，可选用烟气模拟分析、安全疏散分析等方法进行定量评估。

（5）资料核对时，应逐项检查资料原件，不应有选择地抽查部分项目。

（6）问卷调查对象不应少于 5 人。

（7）外观检查及功能测试的抽样位置和抽样数量，应根据不同的检查项内容分别确定，现场检查结果应能说明被抽查检查项的外观情况及功能现状。当现场检查采用抽查形式时，应在报告中说明抽查的对象、具体部位和抽查样本量。

（8）抽查的基本原则如下：

1）对防火间距、消防车道的设置及疏散楼梯的形式和数量应全部检查。

2）对防火分区进行抽查时，抽样位置应至少包括建筑的首层、顶层、标准层与地下层。

3）对安全疏散设施及消防设施进行抽查时，各设施、设备的抽样数量不少于2处，当总数不大于2处时，全部检查。当抽查到的设施设备有不合格检查项时，对该设施设备再抽样检查4处，不足4处时，全部检查。

（三）评估判定

1. 直接判定项（A项）

消防安全评估中可直接判定评估结论等级为差的检查项为直接判定项（A项），包括以下内容：

（1）建筑物和公众聚集场所未依法办理消防行政许可或备案手续的。

（2）未依法确定消防安全管理人、自动消防系统操作人员的。

（3）疏散通道、安全出口数量不足或者严重堵塞，已不具备安全疏散条件的。

（4）未按规定设置自动消防系统的。

（5）建筑消防设施严重损坏，不再具备防火灭火功能的。

（6）人员密集场所违反消防安全规定，使用、储存易燃易爆危险品的。

（7）公众聚集场所违反消防技术标准，采用易燃、可燃材料装修，可能导致重大人员伤亡的。

（8）经消防机构责令改正后，同一违法行为反复出现的。

（9）未依法建立专（兼）职消防队的。

（10）一年内发生一次以上（含）较大火灾或两次以上（含）一般火灾的。

2. 关键项（B项）、一般项（C项）

以法律法规、部门规章和消防技术标准规范的强制性条款为依据的检查项为关键项（B项），其他检查项为一般项（C项），在制定检查表时应予以识别并确定。关键项和一般项的检查结果分为合格、部分不合格（B_1或C_1）、完全不合格（B_2或C_2）。

3. 评估结论分级标准

根据现场检查及评估判定的情况给出评估结论等级，具体分级标准见表2—4—4—1。

表2—4—4—1 评估结论分级标准

等级	分级标准	描述性说明
好	不存在A项，且每个评估单元的单元合格率$R \geqslant 85\%$	火灾隐患较少，发生火灾的可能性较小或火灾事故的危害较小。消防安全管理制度较完善并严格落实；建筑防火符合规范要求，消防设施基本完好有效，安全疏散设施基本能保证火灾时人员疏散要求
一般	不存在A项，且每个评估单元的单元合格率$R \geqslant 60\%$，且至少一个评估单元的单元合格率$60\% \leqslant R < 85\%$	存在一般性火灾隐患，有发生火灾的可能性或火灾发生后将造成一定的危害。消防安全管理制度不够完善或落实不完全到位；建筑防火存在部分不符合规范情况，消防设施和安全疏散设施存在一些问题
差	存在A项，或至少一个评估单元的单元合格率$R < 60\%$	存在较大火灾隐患，发生火灾的可能性较大或火灾事故后果较严重。消防安全管理制度很不完善或落实不到位；建筑防火有重大违规情况；消防设施和安全疏散设施无法保证火情的及时有效控制或火灾时人员的安全疏散

（四）报告编制

消防安全评估的最终结果应形成评估报告，报告的正文内容至少应包括：

（1）消防安全评估项目概况。

（2）消防安全基本情况。

（3）消防安全评估方法及现场检查方法。

（4）消防安全评估内容。

（5）消防安全评估结论。

（6）消防安全对策、措施及建议。

第五篇
消防安全管理

第一章　消防安全管理概述

【考点一】消防安全管理的性质和特征【★★】

（一）消防安全管理的性质

1. 消防安全管理的自然属性

消防安全管理活动是人类同火灾这种自然现象做斗争的活动，这是消防安全管理的自然属性。这一属性决定了消防安全管理活动的目的是要解决人类如何利用科学技术战胜火灾。

2. 消防安全管理的社会属性

消防安全管理是一种社会管理的活动，这是消防安全管理的社会属性。这一属性决定了消防安全管理活动要维护统治阶级的利益，依据法律调整人们的行为，保障社会公共安全。

（二）消防安全管理的特征

（1）全方位性。

（2）全天候性。

（3）全过程性。

（4）全员性。

（5）强制性。

【考点二】消防安全管理的要素【★★】

消防安全管理的要素主要包括消防安全管理的主体、消防安全管理的对象、消防安全管理的依据、消防安全管理的原则、消防安全管理的方法、消防安全管理的目标六个方面。

（一）消防安全管理的主体

《消防法》确定的“政府统一领导、部门依法监管、单位全面负责、公民积极参与”消防工作原则，决定了政府、部门、单位、公民都是消防工作的主体，也是消防安全管理活动的责任主体。

（二）消防安全管理的对象

消防安全管理的对象，即消防安全管理资源，主要包括人、财、物、信息、时间、事务六个方面。

（三）消防安全管理的依据

消防安全管理的依据大致包括法律政策依据和规章制度依据两大类。

（1）法律政策依据。法律政策依据是指消防安全管理活动中运用的各种法律、法规、规章以及消防技术标准规范等规范性文件。法律政策依据主要包括：①法律；②行政法规；③地方性法规；④部门规章；⑤政府规章；⑥消防技术标准规范。

（2）规章制度依据。

（四）消防安全管理的原则

（1）谁主管谁负责的原则。

（2）依靠群众的原则。

（3）依法管理的原则。

（4）科学管理的原则。

（5）综合治理的原则。

（五）消防安全管理的方法

1. 基本方法

消防安全管理的基本方法主要包括行政方法、法律方法、行为激励方法、咨询顾问方法、宣传教育方法、舆论监督方法等。

2. 技术方法

消防安全管理的技术方法主要包括安全检查表分析方法、因果分析方法、事故树分析方法、消防安全状况评估方法等。

（六）消防安全管理的目标

消防安全管理的过程就是从选择最佳消防安全目标开始到实现最佳消防安全目标的过程。其最佳消防安全目标就是要在一定的条件下，通过消防安全管理活动将火灾发生的危险性和火灾造成的危害性降到最低程度。

第二章　社会单位消防安全管理

【考点一】消防安全重点单位的界定标准【★★】

《公安部关于实施〈机关、团体、企业、事业单位消防安全管理规定〉有关问题的通知》（公通字〔2001〕97号）提出了消防安全重点单位的界定标准。

（一）商场（市场）、宾馆（饭店）、体育场（馆）、会堂、公共娱乐场所等公众聚集场所

（1）建筑面积在1 000 m^2（含本数，下同）以上且经营可燃商品的商场（商店、市场）。

（2）客房数在50间以上的（旅馆、饭店）。

（3）公共的体育场（馆）、会堂。

（4）建筑面积在200 m^2 以上的公共娱乐场所。公共娱乐场所是指向公众开放的下列室内场所：

1）影剧院、录像厅、礼堂等演出、放映场所。

2）舞厅、卡拉OK等歌舞娱乐场所。

3）具有娱乐功能的夜总会、音乐茶座和餐饮场所。

4）游艺、游乐场所。

5）保龄球馆、旱冰场、桑拿浴室等营业性健身、休闲场所。

（二）医院、养老院和寄宿制的学校、托儿所、幼儿园

（1）住院床位在50张以上的医院。

（2）老人住宿床位在50张以上的养老院。

（3）学生住宿床位在100张以上的学校。

（4）幼儿住宿床位在50张以上的托儿所、幼儿园。

（三）国家机关

（1）县级以上的党委、人大、政府、政协。

（2）监察委、人民检察院、人民法院。

（3）中央和国务院各部委。

（4）共青团中央、全国总工会、全国妇联等的办事机关。

（四）广播、电视和邮政、通信枢纽

（1）广播电台、电视台。

（2）城镇的邮政和通信枢纽单位。

（五）客运车站、码头、民用机场

（1）候车厅、候船厅的建筑面积在500 m^2 以上的客运车站和客运码头。

（2）民用机场。

（六）公共图书馆、展览馆、博物馆、档案馆以及具有火灾危险性的文物保护单位

（1）建筑面积在2 000 m^2 以上的公共图书馆、展览馆。

（2）公共博物馆、档案馆。

（3）具有火灾危险性的县级以上文物保护单位。

（七）发电厂（站）和电网经营企业

（八）易燃易爆化学品的生产、充装、储存、供应、销售单位

（1）生产易燃易爆化学品的工厂。

（2）易燃易爆气体和液体的灌装站、调压站。

（3）储存易燃易爆化学品的专用仓库（堆场、储罐场所）。

（4）易燃易爆化学品的专业运输单位。

（5）营业性汽车加油站、加气站，液化石油气供应站（换瓶站）。

（6）经营易燃易爆化学品的化工商店（其界定标准，以及其他需要界定的易燃易爆化学品性质的单位及其标准，由省级消防机构根据实际情况确定）。

（九）劳动密集型生产、加工企业

生产车间员工在 100 人以上的服装、鞋帽、玩具等劳动密集型企业。

（十）重要的科研单位

界定标准由省级消防机构根据实际情况确定。

（十一）高层公共建筑、地下铁道、地下观光隧道，粮、棉、木材、百货等物资仓库和堆场，重点工程的施工现场

（1）高层公共建筑的办公楼（写字楼）、公寓楼等。

（2）城市地下铁道、地下观光隧道等地下公共建筑和城市重要的交通隧道。

（3）国家储备粮库、总储备量在 10 000 t 以上的其他粮库。

（4）总储量在 500 t 以上的棉库。

（5）总储量在 10 000 m^3 以上的木材堆场。

（6）总储存价值在 1 000 万元以上的可燃物品仓库、堆场。

（7）国家和省级等重点工程的施工现场。

（十二）其他发生火灾可能性较大以及一旦发生火灾可能造成人身重大伤亡或者财产重大损失的单位

【考点二】消防安全重点单位的界定程序【★★】

（一）申报

单位申报时需要注意下列要求：

（1）个体工商户如符合企业登记标准且经营规模符合消防安全重点单位界定标准的，要向当地消防机构备案。

（2）重点工程的施工现场符合消防安全重点单位界定标准的，由施工单位负责申报备案。工程竣工后，按照“谁使用，谁负责”的原则申报备案。

（3）同一栋建筑物中各自独立的产权单位或者使用单位，符合重点单位界定标准的，应当各自独立申报备案；建筑物本身符合消防安全重点单位界定标准的，建筑物产权单位也要独立申报备案。

（4）符合消防安全重点单位的界定标准，不在同一县级行政区域且有隶属关系的单位，法人单位要向所在地消防机构申报备案；同一县级行政区域内且有隶属关系的单位，下属单位具备法人资格的，各单位都需向所在地消防机构申报备案。

（二）核定

消防机构接到申报后，对申报备案单位的情况进行核实审定，按照分级管理的原则，对核查确定的消防安全重点单位进行登记造册。

（三）告知

对已确定的消防安全重点单位，消防机构采用《消防安全重点单位告知书》的形式，告知消防安全重点单位落实本单位消防安全主体责任，消防安全责任人、消防安全管理人、消防安全管理归口部门要切实履行消防安全工作职责，做好本单位消防安全管理工作。

（四）公告

消防机构于每年的第一季度对本辖区消防安全重点单位进行核查调整，上报本级人民政府，并通过报刊、电视、互联网网站等媒体将本地区的消防安全重点单位向全社会公告。

【考点三】消防安全组织职责【★★】

（一）消防安全委员会或者消防工作领导小组职责

（1）认真贯彻执行《消防法》和国家、行业、地方政府等有关消防管理的行政法规、技术规范。

（2）起草下发本单位有关消防管理工作文件，制定有关消防管理规定、制度，组织、策划重大消防管理活动。

（3）督促、指导单位消防管理部门和其他部门加强消防基础档案和消防设施建设，落实逐级防火责任制，推动消防管理科学化、技术化、法制化、规范化。

（4）组织对本单位专（兼）职消防管理人员的业务培训，指导、鼓励本单位职工积极参加消防活动，推动开展消防知识、技能培训。

（5）组织防火检查和重点时期的抽查工作。

（6）组织对重大火灾隐患的认定和整改工作。

（7）负责组织对重点部位、消防应急预案的制定、演练、完善工作，依工作实际，统一有关消防工作标准。

（8）支持、配合消防机构的日常消防管理监督工作，协助火灾事故的调查、处理以及消防机构交办的其他工作。

（二）消防安全管理部门职责

（1）依照当地消防机构布置的工作，结合单位实际情况，研究和制订计划并贯彻实施。定期或者不定期向单位主管领导和领导小组、当地消防机构汇报工作。

（2）负责处理单位消防安全委员会或者消防工作领导小组和主管领导交办的日常工作，发现违反消防规定的行为，及时提出纠正意见；如未采纳，可向单位消防安全委员会、消防工作领导小组或者向当地消防机构报告。

（3）推行逐级防火责任制和岗位防火责任制，贯彻执行国家消防法规和单位的各项规章制度。

（4）进行经常性的消防教育，普及消防常识，组织和训练专职（志愿）消防队。

（5）经常深入单位内部进行防火检查，协助各部门搞好火灾隐患整改工作。

（6）负责消防器材分布管理、检查、保管维修及使用。

（7）协助领导和有关部门处理单位系统发生的火灾事故，详细登记每起火灾事故，定期分析单位消防工作形势。

（8）严格用火、用电管理，执行审批动火申请制度，安排专人现场进行监督和指导，跟班作业。

（9）建立健全消防档案。

（10）积极参加当地消防机构组织的各项安全工作会议，并做好记录，会后向单位消防安全责任人、消防安全管理人汇报有关工作情况。

（三）其他部门消防安全职责

（1）下级部门对上级部门负责，上级部门与直属下级部门按照职责签订《消防安全责任书》和《消防安全管理承诺书》。

（2）明确本部门及所有岗位人员的消防工作职责，真正承担起与部门、岗位相适应的消防安全责任，做到分工合理、责任分明，各司其职、各尽其责。

（3）配合消防安全管理部门、专（兼）职消防人员实施本部门职责范围内的每日防火巡查、每月防火检查等消防安全工作，并在相关的检查记录内签字，及时落实火灾隐患整改措施及防范措施等。

（4）指定责任心强、工作能力强的人员为本部门的消防安全工作人员，负责保管和检查属于本部门管辖范围内的各种消防设施，发生故障后，及时向本部门消防安全责任人和消防安全管理归口部门汇报，协调解决相关事宜。

（5）负责监督、检查和落实与本部门工作有关的消防安全制度的执行和落实。

（6）积极组织本部门职工参加消防知识教育和灭火应急疏散演练，提高消防安全意识。

（7）发生火灾或者其他突发情况时，按照灭火应急疏散预案的规定和分工，履行职责。

【考点四】消防安全管理职责【★★★★★】

（一）单位消防安全管理职责

1. 一般单位职责

（1）明确各级、各岗位消防安全责任人及其职责，制定本单位的消防安全制度、消防安全操作规程、灭火和应急疏散预案。定期组织开展灭火和应急疏散演练，进行消防工作检查考核，保证各项规章制度落实。

（2）保证防火检查巡查、消防设施器材维护保养、建筑消防设施检测、火灾隐患整改、专职或者志愿消防队和微型消防站建设等消防工作所需资金投入。

（3）按照相关标准配备消防设施、器材，设置消防安全标志，定期检验维修，对建筑消防设施每年至少组织一次全面检测，确保完好有效。设有消防控制室的，实行 24 h 值班制度，每班不少于 2 人，并持证上岗。

（4）保障疏散通道、安全出口、消防车通道畅通，保证防火防烟分区、防火间距符合消防技术标准。保证建筑构件、建筑材料和室内装修装饰材料等符合消防技术标准。人员密集场所的门窗不得设置影响逃生和灭火救援的障碍物。

（5）定期开展防火检查、巡查，及时消除火灾隐患。

（6）根据需要建立专职或者志愿消防队、微型消防站，加强队伍建设，定期组织训练演练，加强消防装备配备和灭火药剂储备，建立与消防专业队伍联勤联动机制，提高扑救初起火灾能力。

（7）消防法律、法规、规章以及政策文件规定的其他职责。

2. 消防安全重点单位职责

（1）明确承担单位消防安全管理的部门，确定消防安全管理人，并报当地消防机构备案，组织实施本单位消防安全管理。

（2）建立消防档案，确定消防安全重点部位，设置防火标志，实行严格管理。

（3）按照相关标准和用电、用气安全管理规定安装、使用电器产品、燃气用具和敷设电气线路、管线，并定期维护保养、检测。

（4）组织员工进行岗前消防安全培训，定期组织消防安全培训和疏散演练。

（5）根据需要建立微型消防站，积极参与消防安全区域联防联控，提高自防自救能力。

（6）积极应用消防远程监控、电气火灾监测、物联网技术等技防物防措施。

3. 火灾高危单位职责

（1）定期召开消防安全工作例会，研究本单位消防工作，处理涉及消防经费投入、消防设施设备购置、火灾隐患整改等重大问题。

（2）鼓励消防安全管理人取得注册消防工程师执业资格，消防安全责任人和特有工种人员须经消防安全培训；自动消防设施操作人员应取得建（构）筑物消防员资格证书。

（3）专职消防队或者微型消防站应当根据本单位火灾危险特性配备相应的消防装备器材，储备足够的灭火救援药剂和物资，定期组织消防业务学习和灭火技能训练。

（4）按照国家标准配备应急逃生设施设备和疏散引导器材。

（5）建立消防安全评估制度，由具有资质的机构定期开展评估，评估结果向社会公开。

（6）参加火灾公众责任保险。

4. 多单位共用建筑的单位职责

（1）建设（产权）单位提供符合消防安全要求的建筑物，并提供经消防机构验收合格或者竣工验收备案抽查合格、已备案的证明文件资料。

（2）产权单位、使用单位、管理单位等在订立的合同中，依照有关规定明确各方的消防安全责任，明确消防专有、共用部位，以及专有、共用消防设施的消防安全责任、义务。

（3）产权单位、使用单位确定责任人或者委托管理，对共用的疏散通道、安全出口、建筑消防设施和消防车通道进行统一管理；其他单位对各自使用、管理场所依法履行消防安全管理职责。

（4）物业服务单位按照合同约定提供消防安全管理服务，对管理区域内的共用消防设施和疏散通道、安全出口、消防车通道进行维护管理，及时劝阻和制止占用、堵塞、封闭疏散通道、安全出口、消防车通道等行为，劝阻和制止无效的，立即向相关主管部门报告；定期开展防火检查巡查和消防宣传教育。

（5）当建筑局部施工需要使用明火时，施工单位和使用管理单位要共同采取措施，将施工区和使用区进行防火分隔，清除动火区域的易燃物、可燃物，配置消防器材，专人监护，确保施工区和使用区的消防安全。

（二）人员职责

1. 消防安全责任人职责

法人单位的法定代表人或者非法人单位的主要负责人是依照法律或者组织章程，行使职权的第一责任人，处于决策者、指挥者的重要地位。为了确保消防安全管理落到实处，必须明确单位的法人代表或者主要负责人是消防安全责任人，对单位的消防安全工作全面负责，在履行单位消防安全管理职责、承担单位因消防违法行为和火灾事故所产生的行政或者刑事责任等方面，承担“第一责任人”的责任。

2. 消防安全管理人职责

详见本书第一篇第一章第二节有关内容。

3. 专（兼）职消防安全管理人员职责

（1）掌握消防法律法规，了解本单位消防安全状况，及时向上级报告。

（2）提请确定消防安全重点单位，提出落实消防安全管理措施的建议。

（3）实施日常防火检查、巡查，及时发现火灾隐患，落实火灾隐患整改措施。

（4）管理、维护消防设施、灭火器材和消防安全标志。

（5）组织开展消防宣传，对全体员工进行教育培训。

（6）编制灭火和应急疏散预案，组织演练。

（7）记录有关消防安全管理工作开展情况，完善消防档案。

（8）完成其他消防安全管理工作。

4. 自动消防设施操作人员职责

（1）消防控制室值班操作人员履行下列职责：

1）熟悉和掌握消防控制室设备的功能及操作规程，持证上岗；按照规定测试自动消防设施的功能，保障消防控制室设备的正常运行。

2）核实、确认火警信息，火灾确认后，立即报火警并向消防主管人员报告，随即启动灭火和应急疏散预案。

3）及时确认故障报警信息，排除消防设施故障，不能排除的立即向部门主管人员或者消防安全管理人报告。

4）不间断值守岗位，做好消防控制室的火警、故障和值班记录。

（2）自动消防设施维护管理人员履行下列职责：

1）熟悉和掌握消防设施的功能和操作规程。

2）按照管理制度和操作规程等对消防设施进行检查、维护和保养，保证消防设施和消防电源处于正常运行状态，确保有关阀门处于正确位置。

3）发现故障及时排除，不能排除的及时向上级主管人员报告。

4）做好运行、操作和故障记录。

5. 部门消防安全责任人职责

（1）组织实施本部门的消防安全管理工作计划。

（2）根据本部门的实际情况开展消防安全教育与培训，制定消防安全管理制度，落实消防安全措施。

（3）按照规定实施消防安全巡查和定期检查，管理消防安全重点部位，维护管辖范围的消防设施。

（4）及时发现和消除火灾隐患；不能消除的，应采取相应措施并及时向消防安全管理人报告。

（5）发现火灾，及时报警，并组织人员疏散和初起火灾扑救。

6. 单位员工职责

（1）明确各自消防安全责任，认真执行本单位的消防安全制度和消防安全操作规程。维护消防安全，预防火灾。

（2）保护消防设施和器材，保障消防通道畅通。

（3）发现火灾，及时报警。

（4）参加有组织的灭火工作。

（5）发生火灾后，公共场所的现场工作人员立即组织、引导在场人员安全疏散。

（6）接受单位组织的消防安全培训，做到懂火灾的危险性、懂预防火灾措施、懂扑救火灾方法、懂火灾现场逃生方法（四懂）；做到会报火警、会使用灭火器材、会扑救初起火灾、会组织疏散逃生（四会）。

【考点五】消防安全制度的种类和主要内容【★★】

单位消防安全制度主要包括以下内容：消防安全责任制；消防安全教育、培训；防火巡查、检查；安全疏散设施管理；消防设施器材维护管理；消防（控制室）值班；火灾隐患整改；用火、用电安全管理；易燃易爆危险品和场所防火防爆管理；专职和志愿消防队的组织管理；灭火和应急疏散预案演练；燃气和电气设备的检查和管理（包括防雷、防静电）；消防安全工作考评和奖惩等。

消防安全责任制主要内容包括：

（1）确定单位消防安全委员会（或者消防安全领导小组）领导机构及其责任人的消防安全职责。

（2）明确消防安全管理归口部门和消防安全管理人的消防安全职责。

（3）明确单位各个部门、岗位消防安全责任人以及专（兼）职消防安全管理人员的职责。

（4）明确单位志愿消防队、专职消防队、微型消防站的组成及其人员职责。

（5）明确各个岗位员工的岗位消防安全职责。

【考点六】单位消防安全制度的落实【★★★★】

（一）确定消防安全责任

单位必须深入推进和落实消防安全责任制，按照消防安全组织要求，明确各级、各部门的消防安全责任人，对本级、本部门的消防安全负责，对下级消防安全工作进行指导、督促，层层落实消防安全责任制。

（二）定期开展防火巡查、检查

（1）单位实行逐级防火检查制度和火灾隐患整改责任制。消防安全责任人对火灾隐患整改负总责，消防安全管理人和消防安全管理归口职能部门具体负责组织火灾隐患整改工作。

（2）单位消防安全责任人、消防安全管理人对本单位落实消防安全制度和消防安全管理措施、执行消防安全操作规程等情况，每月至少组织一次防火检查；社会单位内设部门负责人对本部门落实消防安全制度和消防安全管理措施、执行消防安全操作规程等情况，每周至少开展一次防火检查；员工每天班前、班后进行本岗位防火检查，及时发现火灾隐患。

（3）单位按照规定对消防安全重点部位每日至少进行一次防火巡查；公众聚集场所在营业期间的防火巡查至少每 2 h 一次，营业结束时应当对营业现场进行检查，消除遗留火种；公众聚集场所、医院、养老院、寄宿制的学校、托儿所、幼儿园夜间防火巡查不少于 2 次。

（4）单位防火巡查主要包括下列内容：用火、用电、用气等情况；安全出口、疏散通道、安全疏散指示标志、应急照明等情况；常闭式防火门关闭状态、防火卷帘使用情况；消防设施、器材以及消防安全标志等情况；消防安全重点部位的人员在岗情况；其他消防安全情况。

（5）单位及其内设部门组织开展防火检查，防火检查主要包括下列内容：消防车通道、消防水源情况；安全疏散通道、楼梯，安全出口及其疏散指示标志、应急照明情况；消防安全标志的设置情况；灭火器材配置及其完好情况；建筑消防设施运行情况；消防控制室值班情况、消防控制设备运行情况及相关记录；用火、用电、用气情况；消防安全重点部位的管理情况；防火巡查落实情况及其记录；火灾隐患的整改以及防范措施的落实情况；易燃易爆危险品场所防火、防爆和防雷措施的落实情况；楼板、防火墙和竖井孔洞等重点防火分隔部位的封堵情况；消防安全重点部位人员及其他员工消防知识的掌握情况。

（6）单位在使用（营业）期间，需要进行电焊、气焊等明火作业的，按照规定履行审批手续，落实防护措施。动火期间，需要动火施工的区域与使用、营业区之间进行防火分隔；电焊、气焊等明火作业前，动火管理部门及其人员按照制度规定办理动火审批手续，清除易燃可燃物，配置灭火器材，落实现场监护人和安全措施，在确认无火灾、爆炸危险后方可动火施工；商店、公共娱乐场所禁止在营业时间动火施工。

（7）员工应履行本岗位消防安全职责，遵守消防安全制度和消防安全操作规程，熟悉本岗位火灾危险性，掌握火灾防范措施，进行防火检查，及时发现本岗位的火灾隐患。员工班前、班后防火检查应包括下列内容：用火、用电有无违章情况；安全出口、疏散通道是否畅通，有无堵塞、锁闭情况；消防器材、消防安全标志完好情况；场所有无遗留火种。

（8）发现的火灾隐患应当立即消除；对不能立即消除的，发现人应当向消防工作归口管理职能部门或者消防安全管理人报告，按程序整改并做好记录。消防安全管理归口职能部门或者消防安全管理人接到火灾隐患报告后，应当立即组织核查，研究制定整改方案，确定整改措施、整改期限、整改责任人和部门，报单位消防安全责任人审批。社会单位的消防安全责任人应当督促落实火灾隐患整改措施，为整改火灾隐患提供经费和组织保障。

（9）火灾隐患整改责任人和部门应当按照整改方案要求，落实整改措施，并加强整改期间的安全防范，确保消防安全。火灾隐患整改完毕后，消防安全管理人应当组织验收，并将验收结果报告消防安全责任人。对消防机构责令改正的火灾隐患，应当立即着手整改，并将整改情况报告消防机构。

（三）组织消防安全知识宣传教育培训

（1）社会单位应当确定专（兼）职消防宣传教育培训人员。消防宣传教育培训人员应当经过专业培训，具备宣传教育培训能力。

（2）单位应当购置或制作书籍、报刊等消防宣传教育培训资料，悬挂或者张贴消防宣传标语，利用展板、专栏、广播、电视、网络等形式开展消防宣传教育培训。

（3）员工上岗、转岗前，应经过消防安全培训合格；在岗人员每半年进行一次消防安全教育培训。

（4）单位消防安全责任人、消防安全管理人和员工通过消防安全教育培训掌握下列内容：有关消防法规、消防安全管理制度、保证消防安全的操作规程等；本单位、本岗位的火灾危险性和防火措施；建筑消防设施、灭火器材的性能、使用方法和操作规程；报火警、扑救初起火灾、应急疏散和自救逃生的知识、技能；本单位、场所的安全疏散路线，引导人员疏散的程序和方法等；灭火和应急疏散预案的内容、操作程序。

（四）开展灭火和疏散逃生演练

（1）消防安全责任人、消防安全管理人熟悉本单位灭火力量和扑救初起火灾的组织指挥程序。社会单位员工熟悉或者掌握本单位的下列情况：消防设施、器材设置情况，灭火器、消火栓等消防器材、设施的使用方法，初起火灾的处置程序和扑救初起火灾基本方法，灭火和应急疏散预案。

（2）员工发现火灾立即呼救，起火部位现场员工于1 min内形成灭火第一战斗力量，在第一时间内采取如下措施：灭火器材、设施附近的员工利用现场灭火器、消火栓等器材、设施灭火；电话或者火灾报警按钮附近的员工打“119”电话报警，报告消防控制室或者单位值班人员；安全出口或者通道附近的员工负责引导人员疏散。

（3）火灾确认后，单位于3 min内形成灭火第二战斗力量，及时采取如下措施：通信联络组按照灭火和应急预案要求通知预案涉及的员工赶赴火场，向消防队报警，向火场指挥员报告火灾情况，将火场指挥员的指令下达有关员工；灭火行动组根据火灾情况利用本单位的消防器材、设施扑救火灾；疏散引导组按分工组织引导现场人员疏散；安全救护组负责协助抢救、护送受伤人员；现场警戒组阻止无关人员进入火场，维持火场秩序。

（4）单位消防安全责任人、消防安全管理人和员工应熟悉本单位疏散逃生路线以及引导人员疏散程序，掌握避难逃生设施使用方法，具备火场自救逃生的基本技能。

（5）火灾发生后，员工迅速判明危险地点和安全地点，立即按照疏散逃生的基本要领和方法组织引导疏散逃生。

（6）火灾确认后，应立即启动建筑内的所有火灾声光警报器，同时向整栋建筑进行应急广播，发出疏散通知。

（7）人员密集场所员工在火灾发生时通过喊话、广播等方式稳定火场人员情绪，消除恐慌心理，积极引导群众采取正确的逃生方法，向安全出口、疏散楼梯、避难层（间）、楼顶等安全地点疏散逃生，并防止拥堵踩踏。

（8）人员密集场所的主要出入口设置“消防安全责任告知书”和“消防安全承诺书”，在显著位置和每个楼层提示场所的火灾危险性，安全出口、疏散通道位置及逃生路线，消防器材的位置和使用方法。

（五）消防安全重点单位实行“三项报告”备案制度

“三项报告”备案制度是指消防安全重点单位应定期向当地消防机构报告消防安全责任人、消防安全管理人依法履行消防安全职责情况，记录日常消防安全管理情况。“三项报告”备案包括以下三项内容：

1. 消防安全管理人员报告备案

消防安全重点单位依法确定的消防安全责任人、消防安全管理人、专（兼）职消防管理员、消防控制室值班操作人员等，自确定或者变更之日起5个工作日内，向当地消防机构报告备案，确保消防安全工作有人抓、有人管。消防安全责任人、消防安全管理人要切实履行消防安全职责，接受消防机构的业务指导和培训，落实各项消防责任，全面提高本单位消防安全管理水平。

2. 消防设施维护保养报告备案

设有建筑消防设施的消防安全重点单位，应当对建筑消防设施进行日常维护保养，并每年至少进行一次功能检测；不具备维护保养和检测能力的消防安全重点单位应委托具有资质的机构进行维护保养和检测，保障消防设施完整好用。消防安全重点单位要将维护保养合同、维修保养记录、设备运行记录每月向当地消防机构报告备案。提供消防设施维护保养和检测的技术服务机构，必须具有相应等级的资质，依照签订的维护保养合同认真履行义务，承担相应责任，确保建筑消防设施正常运行，并自签订维护保养合同之日起5个工作日内向当地消防机构报告备案。

3. 消防安全自我评估报告备案

消防安全重点单位应对消防安全管理情况每月组织一次自我评估。评估发现的问题和工作薄弱环节，要采取切实可行的措施及时整改。评估情况应自评估完成之日起5个工作日内向当地消防机构报告备案，并向社会公开。

【考点七】消防安全重点部位的确定【★★★】

单位应当将容易发生火灾、一旦发生火灾可能严重危及人身和财产安全，以及对消防安全有重大影响的部位确定为消防安全重点部位，设置明显的防火标志，实行严格管理。消防安全重点部位通常可从以下几个方面来考虑：

（1）容易发生火灾的部位。如化工生产车间，油漆、烘烤、熬炼、木工、电焊气割操作间，化验室、汽车库、化学危险品仓库，易燃、可燃液体储罐，可燃、助燃气体钢瓶仓库和储罐，液化石油气瓶或者储罐，氧气站，乙炔站，氢气站，易燃的建筑群等。

（2）发生火灾后对消防安全有重大影响的部位，如与火灾扑救密切相关的变配电室，消防控制室，消防水泵房等。

（3）性质重要、发生事故影响全局的部位，如发电站、变配电站（室），通信设备机房、生产总控制室，电子计算机房，锅炉房，档案室，资料、贵重物品和重要历史文献收藏室等。

（4）财产集中的部位，如储存大量原料、成品的仓库、货场，使用或者存放先进技术设备的实验室，车间、仓库等。

（5）人员集中的部位，如单位内部的礼堂（俱乐部），托儿所，集体宿舍，医院病房等。

【考点八】消防安全重点部位的管理【★★★】

（一）制度管理

在单位的防火安全制度中，首先要明确消防重点部位，使职工都能了解消防安全重点部位的火灾危险性以及应遵守的有关规定。同时，根据各消防安全重点部位的性质、特点和火灾危险性，制定相应的防火安全制度，采取必要的防火措施上墙公布，并落实到班组及个人，做到明确职责、层层落实、加强管理、各司其职，实行消防管理制度化。

（二）标识化管理

为了突出重点，明确责任，严格管理，每个消防安全重点部位都必须设立“消防安全重点部位”指示牌、禁止烟火警告牌和消防安全管理标识牌，做到“消防安全重点部位明确、禁止烟火明确”（两明确）和“防火负责人落实、志愿消防员落实、防火安全制度落实、消防器材落实、灭火预案落实”（五落实），实行消防安全管理规范化。

（三）教育管理

一方面，从制度中明确消防安全重点部位职工为消防安全重点工种工人。另一方面，本着

“抓重点、顾一般”的原则，加强对重点部位职工的消防教育，提高其自防自救的能力。开展教育，可采取新工人入厂、重点工种上岗前的必训教育；厂报、黑板报、播放录像、订阅资料的常规教育；举办志愿消防员、重点工种工人消防培训班的应知应会教育；举办消防运动会的实战演练教育等形式。通过一系列的教育，基本能使重点部位职工达到“四懂四会”，做到消防知识群众化。

（四）档案管理

建立和完善消防档案是实行消防管理的一项重要基础工作，也是一项重要的业务建设。消防档案的建立必须在进行调查、统计、核实的基础上加以认真填写，并不断加以完善。消防安全重点部位的档案管理做到“四个一”（一制度：消防安全重点部位防火安全制度；一表：消防安全重点部位工作人员登记表；一图：消防安全重点部位基本情况照片成册图；一计划：消防安全重点部位灭火施救计划）。

（五）日常管理

开展防火检查是消防安全重点部位日常管理的一个重要环节，其目的在于发现和消除不安全因素和火灾隐患，把火灾事故消灭在萌芽状态，做到防患于未然。同时，防火检查也是贯彻落实有关消防法律法规、技术规范的重要措施，还起到监督、检查的作用。防火检查可采取“六查、六结合”的方法，以收到较好的效果。“六查”即：单位组织每月查；所属部门每周查；班组每天查；专职消防员巡回查；部门之间互抽查；节日期间重点查。“六结合”即：检查与宣传相结合；检查与整改相结合；检查与复查相结合；检查与记录相结合；检查与考核相结合；检查与奖惩相结合。

（六）应急管理

应急管理是贯彻“防消结合”方针的一项具体内容，也是及时扑救初起火灾、减少火灾损失的一个重要手段。单位可以根据各重点部位生产、储存、使用物品的性质、火灾特点及危险程度，配置相应的消防设施，落实专人负责，确保随时可用。同时，各重点部位应制定灭火预案，组织管理人员及志愿消防员结合实际开展灭火演练，做到“四熟练”，即：熟练使用灭火器材，熟练报告火警，熟练疏散群众，熟练扑灭初起火灾。

【考点九】火灾隐患的判定【★★】

《消防监督检查规定》（公安部令第 120 号）将具有下列情形之一的，确定为火灾隐患：

（1）影响人员安全疏散或者灭火救援行动，不能立即改正的。

（2）消防设施未保持完好有效，影响防火灭火功能的。

（3）擅自改变防火分区，容易导致火势蔓延、扩大的。

（4）在人员密集场所违反消防安全规定，使用、储存易燃易爆危险品，不能立即改正的。

（5）不符合城市消防安全布局要求，影响公共安全的。

（6）其他可能增加火灾实质危险性或者危害性的情形。

【考点十】单位火灾隐患的排查内容【★★】

单位通过对消防安全管理的下列环节开展防火检查，排查火灾隐患：

（1）消防法律、法规、规章、制度的贯彻执行情况。

（2）消防安全责任制、消防安全制度、消防安全操作规程建立及落实情况。

（3）单位员工消防安全教育培训情况。

（4）单位灭火和应急疏散预案制定及演练情况。

（5）建筑之间防火间距、消防通道、建筑安全出口、疏散通道、防火分区设置情况。

（6）消火栓，火灾自动报警、自动灭火和防烟排烟系统等自动消防设施运行，灭火器材配置等情况。

（7）电气线路敷设以及电气设备运行情况。

（8）建筑室内装修装饰材料防火性能情况。

（9）生产、储存、经营易燃易爆危险化学品的单位场所设置位置情况。

（10）“三合一”场所（住宿与生产、仓储、经营一种或一种以上场所在同一建筑内混合设置）人员住宿与生产、仓储、经营部分实行防火分隔，安全出口、疏散通道设置，消火栓、自动消防设施运行，电气线路敷设及电气设备运行等情况。

（11）新建、改建、扩建工程消防设计审核、消防验收情况。

（12）销售和使用领域的消防产品质量情况。

【考点十一】重大火灾隐患判定程序和不予判定的情况【★★】

（一）重大火灾隐患判定程序

《重大火灾隐患判定方法》（GB 35181—2017）第 4.2 条规定，重大火灾隐患判定适用下列程序：

（1）现场检查：组织进行现场检查，核实火灾隐患的具体情况，并获取相关影像和文字资料。

（2）集体讨论：组织对火灾隐患进行集体讨论，做出结论性判定意见，参与人数不应少于 3 人。

（3）专家技术论证：对于涉及复杂疑难的技术问题，判定重大火灾隐患有困难的，应组织专家成立专家组进行技术论证，形成结论性判定意见。结论性判定意见应有 2/3 以上的专家同意。

（二）不予判定为重大火灾隐患的情况

《重大火灾隐患判定方法》（GB 35181—2017）第 5.1.3 条规定，下列情形不应判定为重大火灾隐患：

（1）依法进行了消防设计专家评审，并已采取相应技术措施的。

（2）单位、场所已停产停业或停止使用的。

（3）不足以导致重大、特别重大火灾事故或严重社会影响的。

【考点十二】重大火灾隐患直接判定【★★★★】

根据《重大火灾隐患判定方法》（GB 35181—2017）的规定，对符合下列判定要素之一的，直接判定为重大火灾隐患：

（1）生产、储存和装卸易燃易爆危险品的工厂、仓库和专用车站、码头、储罐区，未设置在城市的边缘或相对独立的安全地带。

（2）生产、储存、经营易燃易爆危险品的场所与人员密集场所、居住场所设置在同一建筑物内，或与人员密集场所、居住场所的防火间距小于国家工程建设消防技术标准规定值的

75%。

（3）城市建成区内的加油站、天然气或液化石油气加气站、加油加气合建站的储量达到或超过《汽车加油加气站设计与施工规范》（GB 50156—2012）（2014 年版）对一级站的规定。

（4）甲、乙类生产场所和仓库设置在建筑的地下室或半地下室。

（5）公共娱乐场所、商店、地下人员密集场所的安全出口数量不足或其总净宽度小于国家工程建设消防技术标准规定值的 80%。

（6）旅馆、公共娱乐场所、商店、地下人员密集场所未按国家工程建设消防技术标准的规定设置自动喷水灭火系统或火灾自动报警系统。

（7）易燃可燃液体、可燃气体储罐（区）未按国家工程建设消防技术标准的规定设置固定灭火、冷却、可燃气体浓度报警、火灾报警设施。

（8）在人员密集场所违反消防安全规定使用、储存或销售易燃易爆危险品。

（9）托儿所、幼儿园的儿童用房以及老年人活动场所，所在楼层位置不符合国家工程建设消防技术标准的规定。

（10）人员密集场所的居住场所采用彩钢夹芯板搭建，且彩钢夹芯板芯材的燃烧性能等级低于《建筑材料及制品燃烧性能分级》（GB 8624—2012）规定的 A 级。

【考点十三】重大火灾隐患综合判定要素及标准【★★★★★】

（一）重大火灾隐患综合判定要素

1. 总平面布置

《重大火灾隐患判定方法》（GB 35181—2017）第 7.1 条规定了总平面布置方面的隐患：

（1）未按国家工程建设消防技术标准的规定或城市消防规划的要求设置消防车道或消防车道被堵塞、占用。

（2）建筑之间的既有防火间距被占用或小于国家工程建设消防技术标准的规定值的 80%，明火和散发火花地点与易燃易爆生产厂房、装置设备之间的防火间距小于国家工程建设消防技术标准的规定值。

（3）在厂房、库房、商场中设置员工宿舍或是在住宅等民用建筑中从事生产、仓储、经营等活动，且不符合《住宿与生产储存经营合用场所消防安全技术要求》（GA703—2007）的规定。

（4）地下车站的站厅乘客疏散区、站台及疏散通道内设置商业经营活动场所。

2. 防火分隔

《重大火灾隐患判定方法》（GB 35181—2017）第 7.2 条规定了防火分隔方面的隐患：

（1）原有防火分区被改变并导致实际防火分区的建筑面积大于国家工程建设消防技术标准规定值的 50%。

（2）防火门、防火卷帘等防火分隔设施损坏的数量大于该防火分区相应防火分隔设施总数的 50%。

（3）丙、丁、戊类厂房内有火灾或爆炸危险的部位未采取防火分隔等防火防爆技术措施。

3. 安全疏散设施及灭火救援条件

《重大火灾隐患判定方法》（GB 35181—2017）第 7.3 条规定了安全疏散设施及灭火救援条件方面的隐患：

（1）建筑内的避难走道、避难间、避难层的设置不符合国家工程建设消防技术标准的规定，或避难走道、避难间、避难层被占用。

（2）人员密集场所内疏散楼梯间的设置形式不符合国家工程建设消防技术标准的规定。

（3）除公共娱乐场所、商店、地下人员密集场所外的其他场所或建筑物的安全出口数量或宽度不符合国家工程建设消防技术标准的规定，或既有安全出口被封堵。

（4）按国家工程建设消防技术标准的规定，建筑物应设置独立的安全出口或疏散楼梯而未设置。

（5）商店营业厅内的疏散距离大于国家工程建设消防技术标准规定值的125%。

（6）高层建筑和地下建筑未按国家工程建设消防技术标准的规定设置疏散指示标志、应急照明，或所设置设施的损坏率大于标准规定要求设置数量的30%；其他建筑未按国家工程建设消防技术标准的规定设置疏散指示标志、应急照明，或所设置设施的损坏率大于标准规定要求设置数量的50%。

（7）设有人员密集场所的高层建筑的封闭楼梯间或防烟楼梯间的门的损坏率大于其设置总数的20%，其他建筑的封闭楼梯间或防烟楼梯间的门的损坏率大于其设置总数的50%。

（8）人员密集场所内疏散走道、疏散楼梯间、前室的室内装修材料的燃烧性能等级不符合《建筑内部装修设计防火规范》（GB 50222—2017）的规定。

（9）人员密集场所的疏散走道、楼梯间、疏散门或安全出口设置栅栏、卷帘门。

（10）人员密集场所的外窗被封堵或被广告牌等遮挡。

（11）高层建筑的消防车道、救援场地设置不符合要求或被占用，影响火灾扑救。

（12）消防电梯无法正常运行。

4. 消防给水及灭火设施

《重大火灾隐患判定方法》（GB 35181—2017）第7.4条规定了消防给水及灭火设施方面的隐患：

（1）未按国家工程建设消防技术标准的规定设置消防水源、储存泡沫液等灭火剂。

（2）未按国家工程建设消防技术标准的规定设置室外消防给水系统，或已设置但不符合标准的规定或不能正常使用。

（3）未按国家工程建设消防技术标准的规定设置室内消火栓系统，或已设置但不符合标准的规定或不能正常使用。

（4）除旅馆、公共娱乐场所、商店、地下人员密集场所外，其他场所未按国家工程建设消防技术标准的规定设置自动喷水灭火系统。

（5）未按国家工程建设消防技术标准的规定设置除自动喷水灭火系统外的其他固定灭火设施。

（6）已设置的自动喷水灭火系统或其他固定灭火设施不能正常使用或运行。

5. 防烟排烟设施

《重大火灾隐患判定方法》（GB 35181—2017）第7.5条规定了防烟排烟设施方面的隐患：

人员密集场所、高层建筑和地下建筑未按国家工程建设消防技术标准的规定设置防烟排烟设施，或已设置但不能正常使用或运行。

6. 消防供电

《重大火灾隐患判定方法》（GB 35181—2017）第7.6条规定了消防供电方面的隐患：

（1）消防用电设备的供电负荷级别不符合国家工程建设消防技术标准的规定。

（2）消防用电设备未按国家工程建设消防技术标准的规定采用专用的供电回路。

（3）未按国家工程建设消防技术标准的规定设置消防用电设备末端自动切换装置，或已设置但不符合标准的规定或不能正常自动切换。

7. 火灾自动报警系统

《重大火灾隐患判定方法》（GB 35181—2017）第7.7条规定了火灾自动报警系统方面的隐患：

（1）除旅馆、公共娱乐场所、商店、其他地下人员密集场所以外的其他场所未按国家工程建设消防技术标准的规定设置火灾自动报警系统。

（2）火灾自动报警系统不能正常运行。

（3）防烟排烟系统、消防水泵以及其他自动消防设施不能正常联动控制。

8. 消防安全管理

《重大火灾隐患判定方法》（GB 35181—2017）第7.8条规定了消防安全管理方面的隐患：

（1）社会单位未按消防法律法规要求设置专职消防队。

（2）消防控制室操作人员未按《消防控制室通用技术要求》（GB 25506—2010）的规定持证上岗。

9. 其他

《重大火灾隐患判定方法》（GB 35181—2017）的7.9条规定了其他方面的隐患：

（1）生产、储存场所的建筑耐火等级与其生产、储存物品的火灾危险性类别不相匹配，违反国家工程建设消防技术标准的规定。

（2）生产、储存、装卸和经营易燃易爆危险品的场所或有粉尘爆炸危险场所未按规定设置防爆电气设备和泄压设施，或防爆电气设备和泄压设施失效。

（3）违反国家工程建设消防技术标准的规定使用燃油、燃气设备，或燃油、燃气管道敷设和紧急切断装置不符合标准规定。

（4）违反国家工程建设消防技术标准的规定在可燃材料或可燃构件上直接敷设电气线路或安装电气设备，或采用不符合标准规定的消防配电线缆和其他供配电线缆。

（5）违反国家工程建设消防技术标准的规定在人员密集场所使用易燃、可燃材料装修、装饰。

（二）重大火灾隐患综合判定标准

按照重大火灾隐患判定原则和程序，对照下列条件进行重大火灾隐患综合判定。符合下列情形之一的，综合判定为重大火灾隐患：

（1）人员密集场所存在上述“3. 安全疏散设施及灭火救援条件”的第（1）款至第（9）款、“5. 防烟排烟设施”“9. 其他”第（3）款规定的综合判定要素3条及3条以上的。

（2）易燃、易爆危险品场所存在上述“1. 总平面布置”第（1）款至第（3）款、“4. 消防给水及灭火设施”第（5）款和第（6）款规定的综合判定要素3条及3条以上的。

（3）人员密集场所、易燃易爆危险品场所、重要场所存在上述“（一）重大火灾隐患综合判定要素”规定的任意综合判定要素4条及4条以上的。

（4）其他场所存在上述“（一）重大火灾隐患综合判定要素”规定的任意综合判定要素6条及6条以上的。

【考点十四】消防档案的内容【★★★】

消防档案主要包括两个方面的内容，即消防安全基本情况和消防安全管理情况，并附有必要的图表。

消防安全基本情况的内容是：单位基本概况和消防安全重点部位情况；建筑物或者场所施工、使用或者开业前的消防设计审核、消防验收以及消防安全检查的文件、资料；消防安全管理组织机构和各级消防安全责任人；消防安全制度；消防设施、灭火器材情况；专职消防队、志愿消防队人员及其消防装备配备情况；与消防安全有关的重点工种人员情况：新增消防产品、防火材料的合格证明材料；灭火和应急疏散预案。

消防安全管理情况主要有两项内容：一是消防机构依法填写制作的各类法律文书。这主要包括《消防监督检查记录表》《责令改正通知书》以及涉及消防行政处罚的有关法律文书。二是有关工作记录。其主要有①消防设施定期检查记录、自动消防设施检查检测报告以及维修保养的记录；②火灾隐患及其整改情况记录；③防火检测、巡查记录；④有关燃气、电气设备检测等记录；⑤消防安全培训记录；⑥灭火和应急疏散预案的演练记录；⑦火灾情况记录；⑧消防奖惩情况记录。上述第①～④项记录要填写检查人员的姓名、时间、部位、内容、发现的火灾隐患以及处理措施等；第⑤项记录要填写培训的时间、参加人员、内容等；第⑥项记录要填写演练的时间、地点、内容、参加部门以及人员等。

【考点十五】消防档案的管理【★★】

（1）消防档案由消防安全重点单位统一保管、备查。

（2）消防档案要完整和安全。

维护消防档案的完整，有两方面的含义：一方面，从数量上要保证档案的齐全，使应该集中保存的档案不能残缺不全；另一方面，从质量上要维护档案的有机联系和历史真迹，不能人为地割裂分散，或者零乱堆放，更不能涂改勾画，使档案失真。档案材料数量齐全，才能保证档案的系统完整；保持档案的有机联系，才能使档案有科学依据。

维护消防档案的安全，也有两方面的含义：一方面，力求档案不遭受毁坏，尽量延长档案使用的时间；另一方面，消防档案也具有一定的机密性，要防止档案遗失，保证档案不被盗窃、不被泄露。

第三章　社会单位消防安全宣传与教育培训

【考点一】消防安全宣传与教育培训的原则和目标【★★】

（一）消防安全宣传与教育培训的原则

按照“政府统一领导、部门依法监管、单位全面负责、公民积极参与”的原则，实行消防安全宣传与教育培训责任制。

（二）消防安全宣传与教育培训目标

通过开展全民消防安全宣传与教育培训活动，树立“全民消防，生命至上”理念，激发公民关注消防安全、学习消防知识、参与消防工作的积极性和主动性，不断提升全民消防安全素质，夯实公共消防安全基础，减少火灾危害，为实现国民经济和社会发展的奋斗目标、全面建成小康社会创造良好的消防安全环境。

【考点二】消防安全宣传的主要内容和形式【★★★】

（一）单位消防安全宣传的主要内容和形式

（1）各单位应建立消防安全宣传教育制度，健全机构，落实人员，明确责任，定期组织开展消防安全宣传活动。

（2）各单位应制定灭火和应急疏散预案，张贴疏散逃生路线图。消防安全重点单位至少每半年、其他单位至少每年应组织一次灭火、疏散逃生演练。

（3）各单位应设置消防安全宣传阵地，配备消防安全宣传教育资料，经常开展消防安全宣传教育活动；单位广播、闭路电视、电子屏幕、局域网等应经常宣传消防安全知识。

（二）学校消防安全宣传的主要内容和形式

（1）学校应落实相关学科课程中消防安全教育内容，针对不同年龄段的学生分类开展消防安全宣传工作；每学年至少应组织师生开展一次疏散逃生演练、消防知识竞赛、消防趣味运动会等活动；有条件的学校应组织学生在在校期间至少参观一次消防科普教育场馆。

（2）学校应利用“全国中小学生安全教育日”“防灾减灾日”“科技活动周”“119 消防宣传日”等集中开展消防安全宣传活动。

（3）小学、初级中学每学年应布置一次由学生与家长共同完成的消防安全家庭作业；普通高中、中等职业学校、高等学校应鼓励学生参加消防安全志愿服务活动，将学生参与消防安全活动纳入校外社会实践、志愿活动考核体系，每名学生在校期间参加消防安全志愿活动应不少于 4 h。

（4）校园电视、广播、网站、报刊、电子显示屏、板报等，应经常播、刊、发消防安全内容，每月不少于一次；有条件的学校应建立消防安全宣传教育场所，配置必要的消防设备、宣传资料。

（5）学校教室、行政办公楼、宿舍及图书馆、实验室、餐厅、礼堂等，应在醒目位置设置疏散逃生标志等消防安全提示。

（三）人员密集场所消防安全宣传的主要内容和形式

（1）人员密集场所应在安全出口、疏散通道和消防设施等位置设置消防安全提示，结合场所情况，向在场人员提示场所火灾危险性、疏散出口和路线、灭火和逃生设备器材位置及使用方法。

（2）文化娱乐场所、商场市场、宾馆饭店以及大型活动现场应通过电子显示屏、广播或主持人提示等形式向顾客告知安全出口位置和消防安全注意事项。

（3）公共交通运输工具的候车（机、船）场所、站台等应在醒目位置设置消防安全提示，宣传消防安全常识；电子显示屏、车（机、船）载视频和广播系统应经常播放消防安全知识。

【考点三】消防安全教育培训的主要内容和形式【★★★★★】

（一）单位消防安全教育培训的主要内容和形式

（1）新上岗和进入新岗位的职工岗前培训。

（2）在岗职工定期培训。

（3）消防安全管理相关人员专业培训。

（4）消防安全教育培训形式主要包括：定期开展全员消防教育培训，落实从业人员上岗前消防安全培训制度；组织全体从业人员参加灭火、疏散演练；到消防安全教育场馆参观体验，确保人人具备检查和消除火灾隐患能力，扑救初起火灾能力，组织人员疏散逃生能力。

（二）学校消防安全教育培训的主要内容和形式

（1）在开学初、放寒（暑）假前、学生军训期间，对学生普遍进行专题消防安全教育培训。

（2）结合不同课程实验课的特点和要求，对学生进行有针对性的消防安全教育培训。

（3）组织学生到当地消防站参观体验。

（4）每学年至少组织学生开展一次应急疏散演练。

（5）对寄宿学生进行经常性的安全用火用电教育培训和应急疏散演练。

（三）社区居民委员会、村民委员会消防安全教育培训的主要内容和形式

各社区居民委员会、村民委员会开展下列消防安全教育培训工作：

（1）利用文化活动站、学习室等场所，对居民、村民进行经常性防火和灭火技能的消防安全宣传教育。

（2）组织志愿消防队、治安联防队和灾害信息员、保安人员等开展防火和灭火等消防安全教育培训。

（3）在火灾多发季节、农业收获季节、重大节日和乡村民俗活动期间，有针对性地开展关于防火和灭火技能的消防安全教育培训。

第四章　应急预案编制与演练

【考点一】应急预案编制有关内容【★★】

项目	内容
编制应急预案的目的	针对设定的火灾事故的不同类型、规模及社会单位情况，合理调动分配单位内部员工组成的灭火救援力量，正确采用各种技术和手段，成功地实施灭火救援行动，最大限度地减少人员伤亡，降低财产损失
编制应急预案的意义	（1）有利于掌握科学施救的主动权 （2）有利于促进单位内部相互熟悉 （3）有利于增强演练的针对性
应急预案的编制依据	（1）法规制度依据，包括消防法律法规规章、涉及消防安全的相关法律规定和本单位消防安全制度 （2）客观依据，包括单位的基本情况、消防安全重点部位情况等 （3）主观依据，包括员工的文化程度、消防安全素质和防火灭火技能等
应急预案的编制范围	应急预案的编制范围主要包括消防安全重点单位、在建重点工程、其他需要制定应急预案的单位或场所。
应急预案的分类	根据火灾类型，应急预案大致划分为以下六类：多层建筑类、高层建筑类、地下建筑类、一般的工矿企业类、化工类、其他类
应急预案制定的程序	（1）明确范围，明确重点部位 （2）调查研究，收集资料 （3）科学计算，确定人员力量和器材装备 （4）确定灭火救援应急行动意图 （5）严格审核，不断充实完善

【考点二】应急预案的编制内容【★★★★】

（一）单位基本情况

单位基本情况包括单位基本概况和消防安全重点部位情况，消防设施、灭火器材情况，消防组织、志愿消防队人员及装备配备情况。

（二）应急组织机构

（1）火场指挥部。确定总指挥、副总指挥成员。指挥部职责：根据方便现场指挥、通信联络畅通、保证自身安全的原则，火场指挥部的地点可设在起火部位附近或消防控制室、电话总机室；指挥协调各职能小组和志愿消防队开展工作，根据火情决定是否通知人员疏散并组织实施，及时控制和扑救火灾；消防队到达后，及时向指挥员报告火场内的有关情况，按照指挥员的统一部署，协调配合消防队开展灭火救援行动。

（2）灭火行动组。灭火行动组由单位的志愿消防队员组成，负责现场灭火、抢救被困人员、操作消防设施。

（3）疏散引导组。疏散引导组负责引导人员疏散自救，确保人员安全快速疏散。

（4）安全防护救护组。安全防护救护组负责对受伤人员进行紧急救护，并视情转送医疗机构。

（5）火灾现场警戒组。火灾现场警戒组负责控制各出口，无关人员只许出不许进，火灾扑灭后保护现场。

（6）后勤保障组。后勤保障组负责通信联络、车辆调配、道路畅通、供电控制、水源保障。

（7）机动组。机动组受火场指挥部的指挥，负责增援行动。

（三）火情预想

（1）重点部位和主要起火点。同一重点部位，可假设多个起火点。

（2）起火物品及蔓延条件，燃烧面积（范围）和主要蔓延的方向。

（3）可能造成的危害和影响（如可燃液体的燃烧、压力容器的爆炸，结构的倒塌，人员伤亡、被困情况等），以及火情发展变化趋势等。

（4）区分白天和夜间、营业期间和非营业期间。

（四）报警和接警处置程序

1. 报警

以快捷方便为原则确定发现火灾后的报警方式。报警时应说明以下情况：着火单位、着火部位、着火物质及有无人员被困、单位具体位置、报警电话号码、报警人姓名；同时，还要报告本单位值班领导和有关部门。

2. 接警

单位领导接警后，启动应急预案，按预案确定内部报警的方式和疏散的范围，组织指挥初起火灾的扑救和人员疏散工作，安排力量做好警戒工作。有消防控制室的场所，值班员接到火情消息后，立即通知有关人员前往核实火情，火情核实确认后，立即报告消防队和值班负责人，通知灭火行动组人员前往着火地点。

（五）初起火灾处置程序和措施

（1）指挥部、各行动小组和志愿消防队迅速集结，按照职责分工，进入相应位置开展灭火救援行动。

（2）发现火灾时，起火部位现场员工应当于 1 min 内形成灭火第一战斗力量，在第一时间采取如下措施：灭火器材、设施附近的员工利用现场灭火器、消火栓等器材、设施灭火；电话或火灾报警按钮附近的员工打“119”电话报警，报告消防控制室或单位值班人员；安全出口或通道附近的员工负责引导人员疏散。若火势扩大，单位应当于 3 min 内形成灭火第二战斗力量，及时采取如下措施：通信联络人员按照应急预案要求通知预案涉及的员工赶赴火场，向火场指挥员报告火灾情况，将火场指挥员的指令下达有关员工；灭火行动组根据火灾情况利用本单位的消防器材、设施扑救火灾；疏散引导组按分工组织引导现场人员疏散；安全救护组负责协助抢救、护送受伤人员；现场警戒组阻止无关人员进入火场，维持火场秩序。

（3）相关部位人员负责关闭空调系统和煤气总阀门，及时疏散易燃易爆危险品及其他重要物品。

（六）应急疏散的组织程序和措施

（1）疏散通报。火场指挥部根据火灾的发展情况，决定发出疏散通报。通报的次序是：着火层—着火层以上各层—有可能蔓延的着火层以下的楼层。

（2）疏散通报的方式。一是语音通报；二是警铃通报。

（3）疏散引导。一是划定安全区；二是明确责任人；三是及时变更修正；四是突出重点。

（七）安全防护救护和通信联络的程序及措施

（1）建筑外围安全防护。

（2）建筑首层出入口安全防护。

（3）起火部位的安全防护。

（4）在安全区及时对受伤人员进行救治，对于危重伤患及时送往医院救治。

（5）利用电话、对讲机等建立有线、无线通信网络，确保火场信息传递畅通。

（6）火场指挥部、各行动组、各消防安全重点部位必须确定专人负责信息传递，保证火场指令得到及时传递、落实。

（7）安排专人在主要路口处接应消防车。

（八）绘制灭火和应急疏散计划图

计划图应当力求详细准确，图文并茂，标注明确，直观明了。应针对假设部位制定灭火进攻和疏散路线平面图。平面图比例应正确，设备、物品、疏散通道、安全出口、灭火设施和器材分布位置应标注准确，假设部位及周围场所的名称应与实际相符。灭火进攻的方向，灭火装备停放位置，消防水源，物资、人员疏散路线，物资放置，人员停留地点以及指挥员位置，图中应标识明确。

（九）注意事项

（1）参加演练的人员应当配备必要的个人防护设备。

（2）灭火疏散阵地设置要安全，应能进能退、攻防兼备。

（3）指挥员要密切注意火场上各种复杂情况和险情的变化，适时采取果断措施，避免伤亡。

（4）灭火救援应急行动结束后，要做好现场的清理工作。

（5）其他需要特别警示的事项。

【考点三】应急预案演练目的、原则及分类【★★★】

项目	内容
演练目的	①检验预案；②完善准备；③锻炼队伍；④磨合机制；⑤科普宣教
演练原则	①结合实际，合理定位；②着眼实战，讲求实效；③精心组织，确保安全；④统筹规划，厉行节约
演练分类	（1）按组织形式划分，应急预案演练可分为桌面演练和实战演练 （2）按演练内容划分，应急预案演练可分为单项演练和综合演练 （3）按演练目的与作用划分，应急预案演练可分为检验性演练、示范性演练和研究性演练

【考点四】应急预案演练规划【★★★】

《机关、团体、企业、事业单位消防安全管理规定》（公安部令第61号）第四十条规定，消防安全重点单位应当按照灭火和应急疏散预案，至少每半年进行一次演练，并结合实际，不断完善预案。其他单位应当结合本单位实际，参照制定相应的应急方案，至少每年组织一次演练。

1. 演练领导小组

演练领导小组负责应急演练活动全过程的组织领导，审批决定演练的重大事项。

2. 策划部

策划部负责应急演练策划、演练方案设计、演练实施的组织协调、演练评估总结等工作。

（1）总策划。总策划是演练准备、演练实施、演练总结等阶段各项工作的主要组织者。

（2）文案组。在总策划的直接领导下，文案组负责制订演练计划、设计演练方案、编写演练总结报告以及演练文档归档与备案等。

（3）协调组。协调组负责与演练涉及的相关单位以及本单位有关部门之间的沟通协调。

（4）控制组。在演练实施过程中，在总策划的直接指挥下，控制组负责向演练人员传送各类控制消息，引导应急演练进程按计划进行。

（5）宣传组。宣传组负责编制演练宣传方案、整理演练信息、组织新闻媒体进行新闻发布等。

3. 保障部

保障部负责调集演练所需物资装备，购置和制作演练模型、道具、场景，准备演练场地，维持演练现场秩序，保障运输车辆，保障人员生活和安全保卫等。

4. 评估组

评估组负责设计演练评估方案和编写演练评估报告，对演练准备、组织、实施及其安全事项等进行全过程、全方位评估，及时向演练领导小组、策划部和保障部提出意见、建议。

5. 参演人员

参演人员包括应急预案规定的有关应急管理部门（单位）工作人员、各类专兼职应急救援队伍以及志愿者队伍等。参演人员承担具体演练任务，针对模拟火灾事故场景做出应急响应行动。

【考点五】应急预案演练准备【★★★】

单位在开展应急预案演练之前，应当做好下列四项准备工作：

（一）制订演练计划

（1）确定演练目的，明确举办应急演练的原因、演练要解决的问题和期望达到的效果等。

（2）分析演练需求，在对事先设定火灾事件故风险及应急预案进行认真分析的基础上，确定需调整的演练人员、需锻炼的技能、需检验的设备、需完善的应急处置流程和需进一步明确的职责等。

（3）确定演练范围，根据演练需求、经费、资源和时间等条件的限制，确定演练事件类型、等级、地域、参演机构及人数、演练方式等。

（4）安排演练准备与实施的日程计划。

（5）编制演练经费预算，明确演练经费筹措渠道。

（二）设计演练方案

（1）确定演练目标。

（2）设计演练情景与实施步骤。演练情景包括演练场景概述和演练场景清单。

（3）设计演练评估标准与方法。演练评估是通过观察、体验和记录演练活动，比较演练实际效果与目标之间的差异，总结演练成效和不足的过程。演练评估应以演练目标为基础。每项演练目标都要设计合理的评估项目方法、标准。

（4）编写演练方案文件。演练方案文件是指导演练实施的详细工作文件。

（5）演练方案评审。对综合性较强、风险较大的应急演练，评估组要对文案组拟订的演练方案进行评审，确保演练方案科学可行，以确保应急演练工作的顺利进行。

（三）演练动员与培训

在演练开始前要进行演练动员和培训，确保所有演练参与人员掌握演练规则、演练情景和各自在演练中的任务。所有演练参与人员都要经过应急基本知识、演练基本概念、演练现场规则等方面的培训。对控制人员要进行岗位职责、演练过程控制和管理等方面的培训；对评估人员要进行岗位职责、演练评估方法、工具使用等方面的培训；对参演人员要进行应急预案、应急技能及个体防护装备使用等方面的培训。

（四）应急预案演练保障

应急预案演练保障包括人员保障、经费保障、场地保障、物资和器材保障、通信保障和安全保障。

1. 人员保障

演练参与人员一般包括演练领导小组、演练总指挥、总策划、文案组人员、控制组人员、评估组人员、保障部人员、参演人员、模拟人员等，有时还会有观摩人员等其他人员。在演练的准备过程中，演练组织单位和参与单位应合理安排工作，保证相关人员参与演练活动的时间，通过组织观摩学习和培训，提高演练人员素质和技能。

2. 经费保障

演练组织单位每年要根据应急演练规划编制应急演练经费预算，纳入该单位的年度财政（财务）预算，并按照演练需要及时拨付经费。要对经费使用情况进行监督检查，确保演练经费专款专用、节约高效。

3. 场地保障

根据演练方式和内容，经现场勘察后选择合适的演练场地。桌面演练一般可选择会议室或应急指挥中心等；实战演练应选择与实际情况相似的地点，并根据需要设置指挥部、集结点、接待站、供应站、救护站、停车场等设施。演练场地应有足够的空间，良好的交通、生活、卫生和安全条件，尽量避免干扰公众生产生活。

4. 物资和器材保障

根据需要，准备必要的演练材料、物资和器材，制作必要的模型设施等，主要包括：

（1）信息材料。信息材料主要包括应急预案和演练方案的纸质文本、演示文档、图表、地图、软件等。

（2）物资设备。物资设备主要包括各种应急抢险物资、特种装备、办公设备、录音摄像设备、信息显示设备等。

（3）通信器材。通信器材主要包括固定电话、移动电话、对讲机、海事电话、传真机、计算机、无线局域网、视频通信器材和其他配套器材，尽可能使用已有通信器材。

（4）演练情景模型。搭建必要的模拟场景及装置设施。

5. 通信保障

应急演练过程中，应急指挥机构、总策划、控制组人员、参演人员、模拟人员等之间要有及时可靠的信息传递渠道。根据演练需要，可以采用多种公用或专用通信系统，必要时可组建演练专用通信与信息网络，确保演练控制信息的快速传递。

6. 安全保障

演练组织单位要高度重视演练组织与实施全过程的安全保障工作。大型或高风险演练活动要按规定制定专门应急预案，采取预防措施，并对关键部位和环节可能出现的突发事件进行针对性演练。根据需要为演练人员配备个体防护装备，购买商业保险。对可能影响公众生活、容易引起公众误解和恐慌的应急演练，应提前向社会发布公告，告示演练内容、时间、地点和组织单位，并做好应对方案，避免造成负面影响。

演练现场要有必要的安保措施，必要时对演练现场进行封闭或管制，保证演练安全进行。演练出现意外情况时，演练总指挥与其他领导小组成员会商后可提前终止演练。

【考点六】应急预案演练实施【★★】

应急预案的演练一般包括以下三个步骤：

（1）演练启动。演练正式启动前一般要举行简短仪式，由演练总指挥宣布演练开始并启动演练活动。

（2）演练执行。演练执行包括：①演练指挥与行动；②演练过程控制；③演练解说；④演练记录；⑤演练宣传报道。

（3）演练结束与终止。演练实施过程中出现下列情况，经演练领导小组决定，由演练总指挥按照事先规定的程序和指令终止演练：①出现真实突发事件，需要参演人员参与应急处置时，要终止演练，使参演人员迅速回归其工作岗位，履行应急处置职责；②出现特殊或意外情况，短时间内不能妥善处理或解决时，可提前终止演练。

【考点七】应急预案演练评估与总结【★★】

1. 演练评估

演练评估是在全面分析演练记录及相关资料的基础上，对比参演人员表现与演练目标要求，对演练活动及其组织过程做出客观评价，并编写演练评估报告的过程。所有应急演练活动都应进行演练评估。

演练评估报告的主要内容一般包括演练执行情况、预案的合理性与可操作性、应急指挥人员的指挥协调能力、参演人员的处置能力、演练所用设备装备的适用性、演练目标的实现情况、演练的成本效益分析、对完善预案的建议等。

2. 演练总结

（1）现场总结。在演练的一个或所有阶段结束后，由演练总指挥、总策划、专家评估组长等在演练现场有针对性地进行讲评和总结。内容主要包括本阶段的演练目标、参演队伍及人员的表现、演练中暴露的问题、解决问题的办法等。

（2）事后总结。在演练结束后，由文案组根据演练记录、演练评估报告、应急预案、现场总结等材料，对演练进行系统和全面的总结，并形成演练总结报告。演练总结报告的内容包括：演练目的，时间和地点，参演单位和人员，演练方案概要，发现的问题与原因，经验和教训，以及改进有关工作的建议等。

3. 成果运用

对演练暴露出来的问题，演练单位应当及时采取措施予以改进，包括修改完善应急预案、有针对性地加强应急人员的教育和培训、对应急物资装备有计划地更新等，并建立改进任务表，按规定时间对改进情况进行监督检查。

4. 文件归档与备案

演练组织单位在演练结束后应将演练计划、演练方案、演练评估报告、演练总结报告等资料归档保存。

5. 考核与奖惩

演练组织单位要注重对演练参与单位及人员进行考核，并根据考核结果给予奖惩。

第五章　施工现场消防安全管理

【考点一】施工现场总平面布置的原则【★★】

（一）明确总平面布局内容

下列临时用房和临时设施应纳入施工现场总平面布局：

（1）施工现场的出入口、围墙、围挡。

（2）施工现场内的临时道路。

（3）给水管网或管路，以及配电线路敷设或架设的走向、高度。

（4）施工现场办公用房、宿舍、发电机房、变配电房、可燃材料库房、易燃易爆危险品库房、可燃材料堆场及其加工场、固定动火作业场等。

（5）临时消防车道、消防救援场地和消防水源。

（二）重点区域的布置原则

1. 施工现场设置出入口的基本原则

《建设工程施工现场消防安全技术规范》（GB 50720—2011）第 3.1.3 条规定，施工现场出入口的设置应满足消防车通行的要求，并宜布置在不同方向，其数量不宜少于 2 个。当确有困难只能设置 1 个出入口时，应在施工现场内设置满足消防车通行的环形道路。

2. 固定动火作业场的布置原则

《建设工程施工现场消防安全技术规范》（GB 50720—2011）第 3.1.5 条规定，固定动火作业场应布置在可燃材料堆场及其加工场、易燃易爆危险品库房等全年最小频率风向的上风侧；宜布置在临时办公用房、宿舍、可燃材料库房、在建工程等全年最小频率风向的上风侧。

3. 危险品库房的布置原则

《建设工程施工现场消防安全技术规范》（GB 50720—2011）第 3.1.6 条规定，易燃易爆危险品库房应远离明火作业区、人员密集区和建筑物相对集中区；第 3.1.7 条规定，可燃材料堆场及其加工场、易燃易爆危险品库房不应布置在架空电力线下。

【考点二】防火间距【★★★】

（一）临建用房与在建工程的防火间距

（1）人员住宿、可燃材料及易燃易爆危险品储存等场所严禁设置于在建工程内。

（2）易燃易爆危险品库房与在建工程应保持足够的防火间距。

（3）《建设工程施工现场消防安全技术规范》（GB 50720—2011）第 3.2.1 条规定，易燃易爆危险品库房与在建工程的防火间距不应小于 15 m，可燃材料堆场及其加工场、固定动火作业场与在建工程的防火间距不应小于 10 m。其他临时用房、临时设施与在建工程的防火间距不应小于 6 m。

（二）临建用房间的防火间距

施工现场主要临时用房、临时设施的防火间距不应小于表 2—5—5—1 的规定。当办公用房、宿舍成组布置时，其防火间距可适当减小，但应符合以下要求：

（1）每组临时用房的栋数不应超过 10 栋，组与组之间的防火间距不应小于 8 m。

（2）组内临时用房之间的防火间距不应小于 3.5 m；当建筑构件燃烧性能等级为 A 级时，其防火间距可减少到 3 m。

表 2—5—5—1 **施工现场主要临时用房、临时设施的防火间距** （单位：m）

名称	办公用房、宿舍	发电机房、变配电房	可燃材料库房	厨房操作间、锅炉房	可燃材料堆场及其加工场	固定动火作业场	易燃易爆危险品库房
办公用房、宿舍	4	4	5	5	7	7	10
发电机房、变配电房	4	4	5	5	7	7	10
可燃材料库房	5	5	5	5	7	7	10
厨房操作间、锅炉房	5	5	5	5	7	7	10
可燃材料堆场及其加工场	7	7	7	7	7	10	10
固定动火作业场	7	7	7	7	10	10	12
易燃易爆危险品库房	10	10	10	10	10	12	12

注：1. 临时用房、临时设施的防火间距应按临时用房外墙外边线或堆场、作业场、作业棚边线间的最小距离计算，如临时用房外墙有凸出可燃构件时，应从其凸出可燃构件的外缘算起。

2. 两栋临时用房相邻较高一面的外墙为防火墙时，防火间距不限。

3. 表 2—5—5—1 未规定的，可按同等火灾危险性的临时用房、临时设施的防火间距确定。

【考点三】临时消防车通道【★★】

（一）临时消防车通道设置要求

（1）施工现场内应设置临时消防车通道，临时消防车道与在建工程、临时用房、可燃材料堆场及其加工场的距离不宜小于 5 m，且不宜大于 40 m。施工现场周边道路满足消防车通行及灭火救援要求时，施工现场内可不设置临时消防车通道。

（2）临时消防车道的设置应符合以下规定：

1）临时消防车通道宜为环形，如设置环形车道确有困难，应在消防车通道尽端设置尺寸不小于 12 m × 12 m 的回车场。

2）临时消防车通道的净宽度和净空高度均不应小于 4 m。

3）临时消防车通道的右侧应设置消防车行进路线指示标识。

4）临时消防车通道路基、路面及其下部设施应能承受消防车通行压力及工作荷载。

（二）临时消防救援场地的设置

1. 下列施工现场需设临时消防救援场地

（1）建筑高度大于 24 m 的在建工程。

（2）建筑工程单体占地面积大于 3 000 m^2 的在建工程。

（3）超过 10 栋，且为成组布置的临时用房。

2. 临时消防救援场地的设置要求

（1）临时消防救援场地应在在建工程装饰装修阶段设置。

（2）临时消防救援场地应设置在成组布置的临时用房场地的长边一侧及在建工程的长边一侧。

（3）场地宽度应满足消防车正常操作要求且不应小于 6 m，与在建工程外脚手架的净距不宜小于 2 m，且不宜超过 6 m。

【考点四】施工现场临时用房的防火要求【★★】

（一）宿舍、办公用房的防火要求

宿舍、办公用房的防火设计应符合下列规定：

（1）建筑构件的燃烧性能等级应为 A 级。当临时用房是金属夹芯板时，其芯材的燃烧性能等级应为 A 级。

（2）建筑层数不应超过 3 层，每层建筑面积不应大于 300 m^2。

（3）建筑层数为 3 层或每层建筑面积大于 200 m^2 时，应设置不少于 2 部疏散楼梯，房间疏散门至疏散楼梯的最大距离不应大于 25 m。

（4）单面布置用房时，疏散走道的净宽度不应小于 1.0 m；双面布置用房时，疏散走道的净宽度不应小于 1.5 m。

（5）疏散楼梯的净宽度不应小于疏散走道的净宽度。

（6）宿舍房间的建筑面积不应大于 30 m^2，其他房间的建筑面积不宜大于 100 m^2。

（7）房间内任一点至最近疏散门的距离不应大于 15 m，房门的净宽度不应小于 0.8 m，房间建筑面积超过 50 m^2 时，房门的净宽度不应小于 1.2 m。

（8）隔墙应从楼地面基层隔断至顶板基层底面。

（二）特殊用房的防火要求

除办公用房、宿舍外，施工现场内诸如发电机房、变配电房、厨房操作间、锅炉房、可燃材料和易燃易爆危险品库房是施工现场火灾危险性较大的临时用房，对于这些用房提出防火要求，有利于火灾风险的控制。

发电机房、变配电房、厨房操作间、锅炉房、可燃材料和易燃易爆危险品库房的防火设计应符合下列规定：

（1）建筑构件的燃烧性能等级应为 A 级。

（2）层数应为 1 层，建筑面积不应大于 200 m^2。

（3）可燃材料库房单个房间的建筑面积不应超过 30 m^2，易燃易爆危险品库房单个房间的建筑面积不应超过 20 m^2。

（4）房间内任一点至最近疏散门的距离不应大于 10 m，房门的净宽度不应小于 0.8 m。

（三）其他防火要求

组合建造防火设计应符合下列规定：

（1）办公用房、宿舍不应与厨房操作间、锅炉房、变配电房等组合建造。

（2）施工现场人员较为密集的用房，如会议室、文化娱乐室、培训室、餐厅等房间应设置在临时用房的第一层，其疏散门应向疏散方向开启。

【考点五】在建工程防火要求【★★★】

（一）临时疏散通道的防火要求

在建工程作业场所临时疏散通道的设置应符合下列规定：

（1）耐火极限不应低于 0.50 h。

（2）设置在地面上的临时疏散通道，其净宽度不应小于 1.5 m；利用在建工程施工完毕的水平结构、楼梯作临时疏散通道，其净宽度不应小于 1.0 m；用于疏散的爬梯及设置在脚手架上的临时疏散通道，其净宽度不应小于 0.6 m。

（3）临时疏散通道为坡道，且坡度大于 25° 时，应修建楼梯或台阶踏步或设置防滑条。

（4）临时疏散通道不宜采用爬梯，确需采用爬梯时，应有可靠固定措施。

（5）临时疏散通道侧面如为临空面，必须沿临空面设置高度不小于 1.2 m 的防护栏杆。

（6）临时疏散通道设置在脚手架上时，脚手架应采用不燃材料搭设。

（7）临时疏散通道应设置明显的疏散指示标识。

（8）临时疏散通道应设置应急照明设施。

（二）既有建筑进行扩建、改建施工的防火要求

既有建筑进行扩建、改建施工时，必须明确划分施工区和非施工区。施工区不得营业、使用和居住；非施工区继续营业、使用和居住时，应符合下列要求：

（1）施工区和非施工区之间应采用不开设门、窗、洞口的耐火极限不低于 3.0 h 的不燃烧体隔墙进行防火分隔。

（2）非施工区内的消防设施应完好和有效，疏散通道应保持畅通，并应落实日常值班及消防安全管理制度。

（3）施工区的消防安全应配有专人值守，发生火情应能立即处置。

（4）施工单位应向居住和使用者进行消防宣传教育、告知建筑消防设施、疏散通道的位置及使用方法，同时应组织进行疏散演练。

（5）外脚手架搭设不应影响安全疏散、消防车正常通行及灭火救援操作。

（三）其他防火要求

1. 外脚手架、支模架

外脚手架、支模架的架体宜采用不燃或难燃材料搭设。其中，高层建筑和既有建筑改造工程的外脚手架、支模架的架体应采用不燃材料搭设。

2. 安全网

下列安全防护网应采用阻燃型安全防护网：

（1）高层建筑外脚手架的安全防护网。

（2）既有建筑外墙改造时，其外脚手架的安全防护网。

（3）临时疏散通道的安全防护网。

3. 安全疏散

作业场所应设置明显的疏散指示标志，其指示方向应指向最近的临时疏散通道入口；作业层的醒目位置应设置安全疏散示意图。

【考点六】灭火器设置场所及配置要求【★★】

（一）设置场所

在建工程及临时用房的下列场所应配置灭火器：

（1）易燃易爆危险品存放及使用场所。

（2）动火作业场所。

（3）可燃材料存放、加工及使用场所。

（4）厨房操作间、锅炉房、发电机房、变配电房、设备用房、办公用房、宿舍等临时用房。

（5）其他具有火灾危险的场所。

（二）设置配置要求

施工现场灭火器配置应符合下列规定：

（1）灭火器的类型应与配备场所可能发生火灾类型匹配。

（2）灭火器的最低配置标准应符合表 2—5—5—2 的规定。

表 2—5—5—2　**灭火器最低配置标准**

项目	固体物质火灾		液体或可熔化固体物质火灾、气体火灾	
	单具灭火器最小灭火级别	单位灭火级别最大保护面积（m^2/A）	单具灭火器最小灭火级别	单位灭火级别最大保护面积（m^2/B）
易燃易爆危险品存放及使用场所	3 A	50	89B	0.5
固定动火作业场	3 A	50	89B	0.5
临时动火作业点	2 A	50	55B	0.5
可燃材料存放、加工及使用场所	2 A	75	55B	1.0
厨房操作间、锅炉房	2 A	75	55B	1.0
自备发电机房	2 A	75	55B	1.0
变配电房	2 A	75	55B	1.0
办公用房、宿舍	1 A	100	—	—

（3）灭火器的配置数量应按照《建筑灭火器配置设计规范》（GB 50140—2005）经计算确定，且每个场所的灭火器数量不应少于 2 具。

（4）灭火器的最大保护距离应符合表 2—5—5—3 的规定。

表 2—5—5—3 **灭火器的最大保护距离** （单位：m）

灭火器配置场所	固体物质火灾	液体或可熔化固体物质火灾、气体火灾
易燃易爆危险品存放及使用场所	15	9
固定动火作业场	15	9
临时动火作业点	10	6
可燃材料存放、加工及使用场所	20	12
厨房操作间、锅炉房	20	12
发电机房、变配电房	20	12
办公用房、宿舍等	25	—

【考点七】施工现场临时消防用水要求【★★★】

（一）消防用水量

临时消防用水量应为临时室外消防用水量和临时室内消防用水量之和；临时室外消防用水量应按临时用房和在建工程的临时室外消防用水量的较大者确定，施工现场火灾次数可按同时发生 1 次确定。

（二）临时室外消防给水系统设置要求

1. 设置条件

临时用房建筑面积之和大于 1 000 m^2 或在建工程单体体积大于 10 000 m^3 时，应设置临时室外消防给水系统。当施工现场处于市政消火栓 150 m 保护范围内且市政消火栓的数量满足室外消防用水量要求时，可不设置临时室外消防给水系统。

2. 设置要求

施工现场临时室外消防给水系统的设置应符合下列要求：

（1）给水管网宜布置成环状。

（2）临时室外消防给水干管的管径应依据施工现场临时消防用水量和干管内水流计算速度进行计算确定，且不应小于 *DN*100 mm。

（3）室外消火栓应沿在建工程、临时用房、可燃材料堆场及其加工场均匀布置，距在建工程、临时用房、可燃材料堆场及其加工场的外边线不应小于 5 m。

（4）消火栓的间距不应大于 120 m。

（5）消火栓的最大保护半径不应大于 150 m。

（三）临时室内消防给水系统设置要求

1. 设置条件

建筑高度大于 24 m 或单体体积超过 30 000 m^3 的在建工程，应设置临时室内消防给水系统。

2. 设置要求

（1）室内消防竖管设置要求。在建工程室内临时消防竖管的设置应符合下列要求：

1）消防竖管的设置位置应便于消防人员操作，其数量不应少于 2 根；当结构封顶时，应将消防竖管设置成环状。

2）消防竖管的管径应根据在建工程临时消防用水量、竖管内水流计算速度进行计算确定，且不应小于 *DN*100 mm。

（2）消防水泵接合器设置要求。设置室内消防给水系统的在建工程，应设消防水泵接合器。消防水泵接合器应设置在室外便于消防车取水的部位，与室外消火栓或消防水池取水口的距离宜为 15 ~ 40 m。

（3）室内消火栓快速接口及消防软管设置的基本要求。设置临时室内消防给水系统的在建工程，各结构层均应设置室内消火栓接口及消防软管接口，并应符合下列要求：

1）在建工程的室内消火栓接口及软管接口应设置在位置明显且易于操作的部位。

2）消火栓接口的前端应设置截止阀。

3）消火栓接口或软管接口的间距，多层建筑不大于 50 m，高层建筑不大于 30 m。

（4）消防水带、水枪及软管的配置要求。《建设工程施工现场消防安全技术规范》（GB 50720—2011）第 5.3.13 条规定，在建工程结构施工完毕的每层楼梯处应设置消防水枪、水带及软管，且每个设置点不应少于 2 套。

（5）中转水池及加压水泵的设置要求。建筑高度超过 100 m 的在建工程，应在适当楼层增设楼层中转水池和加压水泵，中转水池的有效容积不应少于 10 m^3，上、下两个中转水池的高差不宜超过 100 m。

（四）其他设置要求

（1）临时消防给水系统的给水压力应满足消防水枪充实水柱长度不小于 10 m 的要求；给水压力不能满足要求时，应设置消火栓泵，消火栓泵不应少于 2 台，且应互为备用；消火栓泵宜设置自动启动装置。

（2）当外部消防水源不能满足施工现场的临时消防用水量要求时，应在施工现场设置临时蓄水池。临时蓄水池宜设置在便于消防车取水的部位，其有效容积不应小于施工现场火灾延续时间内一次灭火的全部消防用水量。

（3）施工现场临时消防给水系统应与施工现场生产、生活给水系统合并设置，但应设置将生产、生活用水转为消防用水的应急阀门。应急阀门不应超过 2 个，且应设置在易于操作的场所，并设置明显标识。

（4）严寒和寒冷地区的现场临时消防给水系统，应采取防冻措施。

【考点八】临时应急照明设置【★★★】

（一）临时应急照明设置场所

施工现场的下列场所应配备临时应急照明：

（1）自备发电机房及变配电房。

（2）水泵房。

（3）无天然采光的作业场所及疏散通道。

（4）高度超过 100 m 的在建工程的室内疏散通道。

（5）发生火灾时仍需坚持工作的其他场所。

（二）临时应急照明设置要求

作业场所应急照明的照度不应低于正常工作所需照度的 90%，疏散通道的照度值不应小于 0.5 lx。临时消防应急照明灯具宜选用自备电源的应急照明灯具，自备电源的连续供电时间不应小于 60 min。

【考点九】施工现场消防安全管理制度【★★】

施工单位应针对施工现场可能导致火灾发生的施工作业及其他活动，制定消防安全管理制度。消防安全管理制度应包括下列主要内容：

（1）消防安全教育与培训制度。

（2）可燃及易燃易爆危险品管理制度。

（3）用火、用电、用气管理制度。

（4）消防安全检查制度。

（5）应急预案演练制度。

【考点十】施工现场防火技术方案【★★】

施工现场防火技术方案应包括下列主要内容：

（1）施工现场重大火灾危险源辨识。

（2）施工现场防火技术措施，即施工人员在具有火灾危险的场所进行施工作业或实施具有火灾危险的工序时，在“人、机、料、法、环”等方面应采取的防火技术措施。

（3）临时消防设施、临时疏散设施配备，并应具体明确以下相关内容：

1）明确配置灭火器的场所、选配灭火器的类型和数量及最小灭火级别。

2）确定消防水源，临时消防给水管网的管径、敷设线路、给水工作压力及消防水池、水泵、消火栓等设施的位置、规格、数量等。

3）明确设置应急照明的场所和应急照明灯具的类型、数量、安装位置等。

4）在建工程永久性消防设施临时投入使用的安排及说明。

5）明确安全疏散的线路（位置）、疏散设施搭设的方法及要求等。

（4）临时消防设施和消防警示标识布置图。

【考点十一】施工现场灭火及应急疏散预案【★★★】

施工单位应编制现场灭火及应急疏散预案。灭火及应急疏散预案包括以下主要内容：

（1）应急灭火处置机构及各级人员应急处置职责。

（2）报警、接警处置的程序和通信联络的方式。

（3）扑救初起火灾的程序和措施。

（4）应急疏散及救援的程序和措施。

【考点十二】施工现场消防安全教育与培训【★★】

施工人员进场前，施工现场的消防安全管理人员应向施工人员进行消防安全教育和培训。消防安全教育和培训应包括下列内容：

（1）施工现场消防安全管理制度、防火技术方案、灭火及应急疏散预案的主要内容。

（2）施工现场临时消防设施的性能及使用、维护方法。

（3）扑灭初起火灾及自救逃生的知识和技能。

（4）报火警、接警的程序和方法。

【考点十三】消防安全技术交底【★★】

消防安全技术交底的对象为在具有火灾危险场所作业的人员或实施具有火灾危险工序的人员。交底应针对具有火灾危险的具体作业场所或工序，向作业人员传授如何预防火灾、扑灭初起火灾、自救逃生等方面的知识、技能。

施工作业前，施工现场的施工管理人员应向作业人员进行消防安全技术交底。消防安全技术交底应包括下列主要内容：

（1）施工过程中可能发生火灾的部位或环节。

（2）施工过程应采取的防火措施及应配备的临时消防设施。

（3）初起火灾的扑救方法及注意事项。

（4）逃生方法及路线。

【考点十四】消防安全检查【★★★】

施工过程中，施工现场的消防安全负责人应定期组织消防安全管理人员对施工现场的消防安全进行检查。消防安全检查应包括下列主要内容：

（1）可燃物及易燃易爆危险品的管理是否落实。

（2）动火作业的防火措施是否落实。

（3）用火、用电、用气是否存在违章操作，电、气焊及保温防水施工是否执行操作规程。

（4）临时消防设施是否完好有效。

（5）临时消防车道及临时疏散设施是否畅通。

【考点十五】消防管理档案【★★】

施工现场消防安全管理档案包括以下文件和记录：

（1）施工单位组建施工现场防火安全管理机构及聘任现场防火管理人员的文件。

（2）施工现场防火安全管理制度及其审批记录。

（3）施工现场防火安全管理方案及其审批记录。

（4）施工现场防火应急预案及其审批记录。

（5）施工现场防火安全教育和培训记录。

（6）施工现场防火安全技术交底记录。

（7）施工现场消防设备、设施、器材验收记录。

（8）施工现场消防设备、设施、器材台账及更换、增减记录。

（9）施工现场灭火和应急疏散演练记录。

（10）施工现场防火安全检查记录（含防火巡查记录、定期检查记录、专项检查记录、季节性检查记录，以及防火安全问题或隐患整改通知单、问题或隐患整改回复单、问题或隐患整改复查记录）。

（11）施工现场火灾事故记录及火灾事故调查报告。

（12）施工现场防火工作考评和奖惩记录。

【考点十六】可燃物及易燃易爆危险品管理【★★】

（1）可燃材料及易燃易爆危险品应按计划限量进场。进场后，可燃材料宜存放于库房内，如露天存放时，应分类成垛堆放，垛高不应超过2 m，单垛体积不应超过50 m^3，垛与垛之间的最小间距不应小于2 m，且应采用不燃或难燃材料覆盖；易燃易爆危险品应分类专库储存，库房内通风良好，并设置禁火标志。

（2）室内使用油漆及其有机溶剂、乙二胺、冷底子油或其他可燃材料、易燃易爆危险品的物资作业时，应保持良好通风，作业场所严禁明火，并应避免产生静电。

（3）施工产生的可燃、易燃建筑垃圾或余料，应及时清理。

【考点十七】用火、用电、用气管理【★★】

（一）用火管理

1. 动火作业管理

动火作业是指在施工现场进行明火、爆破、焊接、气割或采用酒精炉、煤油炉、喷灯、砂轮、电钻等工具进行可能产生火焰、火花和炽热表面的临时性作业。

为保证动火作业安全，施工现场动火作业应符合下列要求：

（1）施工现场动火作业前，应由动火作业人提出动火作业申请。动火作业申请至少应包含动火作业的人员、内容、部位或场所、时间、作业环境及灭火救援措施等内容。

（2）动火许可证的签发人收到动火申请后，应前往现场查验并确认动火作业的防火措施落实后，方可签发动火许可证。

（3）动火操作人员应按照相关规定，具有相应资格，并持证上岗作业。

（4）焊接、切割、烘烤或加热等动火作业前，应对作业现场的可燃物进行清理；作业现场及其附近无法移走的可燃物，应采用不燃材料对其覆盖或隔离。

（5）施工作业安排时，宜将动火作业安排在使用可燃建筑材料的施工作业前进行。确需在使用可燃建筑材料的施工作业之后进行动火作业，应采取可靠的防火措施。

（6）严禁在裸露的可燃材料上直接进行动火作业。

（7）焊接、切割、烘烤或加热等动火作业，应配备灭火器材，并设动火监护人进行现场监护，每个动火作业点均应设置一个监护人。

（8）五级（含五级）以上风力时，应停止焊接、切割等室外动火作业。

（9）动火作业后，应对现场进行检查，确认无火灾危险后，动火操作人员方可离开。

2. 其他用火管理

（1）施工现场存放和使用易燃易爆危险品的场所（如油漆间、液化气间等），严禁明火。

（2）施工现场不应采用明火取暖。

（3）厨房操作间炉灶使用完毕后，应将炉火熄灭，排油烟机及油烟管道应定期清理油垢。

（二）用电管理

施工现场用电应符合下列要求：

（1）施工现场供用电设施的设计、施工、运行、维护应符合《建设工程施工现场供用电安全规范》（GB 50194—2014）的要求。

（2）电气线路应具有相应的绝缘强度和机械强度，严禁使用绝缘老化或失去绝缘性能的电气线路，严禁在电气线路上悬挂物品。破损、烧焦的插座、插头应及时更换。

（3）电气设备特别是易产生高热的设备，应与可燃、易燃易爆和腐蚀性物品保持一定的安全距离。

（4）有爆炸危险的场所，按危险场所等级选用相应的电气设备。

（5）配电屏上每个电气回路应设置漏电保护器、过载保护器，距配电屏 2 m 范围内不应堆放可燃物，5 m 范围内不应设置可能产生较多易燃易爆气体、粉尘的作业区。

（6）可燃材料库房不应使用高热灯具，易燃易爆危险品库房内应使用防爆灯具。

（7）普通灯具与易燃物距离不宜小于 300 mm；聚光灯、碘钨灯等高热灯具与易燃物距离不宜小于 500 mm。

（8）电气设备不应超负荷运行或带故障使用。

（9）禁止私自改装现场供用电设施；现场供用电设施的改装应经具有相应资质的电气工程师批准，并由具有相应资质的电工实施。

（10）应定期对电气设备和线路的运行及维护情况进行检查。

（三）用气管理

施工现场用气应符合下列要求：

（1）储装气体的罐瓶及其附件应合格、完好和有效；严禁使用减压器及其他附件缺损的氧气瓶，严禁使用乙炔专用减压器、回火防止器及其他附件缺损的乙炔瓶。

（2）气瓶运输、存放、使用时，应符合下列规定：

1）气瓶应保持直立状态，并采取防倾倒措施，乙炔瓶严禁横躺卧放。

2）严禁碰撞、敲打、抛掷、滚动气瓶。

3）气瓶应远离火源，距火源距离不应小于 10 m，并应采取避免高温和防止暴晒的措施。

4）燃气储装瓶罐应设置防静电装置。

（3）气瓶应分类储存，库房内通风良好；空瓶和实瓶同库存放时，应分开放置，两者间距不应小于 1.5 m。

（4）气瓶使用时，应符合下列规定：

1）使用前，应检查气瓶及气瓶附件的完好性，检查连接气路的气密性，并采取避免气体泄漏的措施，严禁使用已老化的橡皮气管。

2）氧气瓶与乙炔瓶的工作间距不应小于 5 m，气瓶与明火作业点的距离不应小于 10 m。

3）冬季使用气瓶，如气瓶的瓶阀、减压器等发生冻结，严禁用火烘烤或用铁器敲击瓶阀，禁止猛拧减压器的调节螺丝。

4）氧气瓶内剩余气体的压力不应小于 0.1 MPa。

5）气瓶用后，应及时归库。

第六章　大型群众性活动消防安全管理

【考点一】大型群众性活动消防安全责任【★★★】

根据《大型群众性活动安全管理条例》第五条规定，大型群众性活动的承办者对其承办活动的安全负责，承办者的主要负责人为大型群众性活动的安全责任人。消防安全作为大型群众性活动安全工作的重要部分，其消防安全责任也应由承办者及承办者的主要负责人负责。

《消防法》第二十条规定，举办大型群众性活动，承办人应当依法向公安机关申请安全许可，制定灭火和应急疏散预案并组织演练，明确消防安全责任分工，确定消防安全管理人员，保持消防设施和消防器材配置齐全、完好有效，保证疏散通道、安全出口、疏散指示标志、应急照明和消防车通道符合消防技术标准和管理规定。

【考点二】大型群众性活动消防安全管理工作原则【★★】

大型群众性活动消防安全管理工作必须坚持以下五个原则：

（1）以人民为中心，减少火灾。

（2）居安思危，预防为主。

（3）统一领导，分级负责。

（4）依法申报，加强监管。

（5）快速反应，协同应对。

【考点三】大型群众性活动消防安全管理工作职责【★★★★】

（一）承办单位消防安全责任人

承办单位消防安全责任人作为大型群众性活动消防安全保卫工作领导小组组长，是大型群众性活动消防安全工作的第一责任人，必须履行以下消防安全职责：

（1）贯彻执行消防法律法规，保障承办活动消防安全符合规定，掌握活动的消防安全情况。

（2）将消防工作与承办的大型群众性活动统筹安排，批准实施大型群众性活动消防安全工作方案。

（3）为大型群众性活动的消防安全提供必要的经费和组织保障。

（4）确定逐级消防安全责任，批准实施消防安全制度和保障消防安全的操作规程。

（5）组织防火巡查、防火检查，督促落实火灾隐患整改，及时处理涉及消防安全的重大问题。

（6）根据消防法律法规的规定建立志愿消防队。

（7）组织制定符合大型群众性活动实际的灭火和应急疏散预案，并实施演练。

（8）依法向当地消防机构申报举办大型群众性活动的消防安全检查手续，在取得合格手续的前提下方可举办。

（二）承办单位消防安全管理人

承办单位消防安全管理人作为大型群众性活动消防安全保卫工作领导小组副组长，对大型群众性活动承办单位的消防安全负责人负责，并组织落实下列消防安全管理工作：

（1）拟订大型群众性活动消防安全工作方案，组织实施大型群众性活动的消防安全管理工作。

（2）组织制定消防安全制度和保障消防安全的操作规程并检查督促其落实。

（3）拟订消防安全工作的资金投入和组织保障方案。

（4）组织实施防火巡查、防火检查和火灾隐患整改工作。

（5）组织实施对承办活动所需的消防设施、灭火器材和消防安全标志进行检查，确保其完好有效，确保疏散通道和安全出口畅通。

（6）组织管理志愿消防队。

（7）对参加活动的演职、服务、保障等人员进行消防知识、技能的宣传教育和培训，组织灭火和应急疏散预案的实施和演练。

（8）单位消防安全责任人委托的其他消防安全管理工作。

（9）协调活动场地所属单位做好相关消防安全工作。

消防安全管理人应当定期向消防安全责任人报告消防安全情况，及时报告涉及消防安全的重大问题。未确定消防安全管理人的，消防安全管理工作由单位消防安全责任人负责实施。

（三）活动场地产权单位

活动场地的产权单位应当向大型群众性活动的承办单位提供符合消防安全要求的建筑物、场所和场地。对于承包、租赁或者委托经营、管理的，当事人在订立的合同中依照有关规定明确各方的消防安全责任；消防车通道、涉及公共消防安全的疏散设施和其他建筑消防设施应当由产权单位或者委托管理的单位统一管理。

（四）灭火行动组

灭火行动组履行以下工作职责：

（1）结合活动举办实际，制定灭火和应急疏散预案，并报请领导小组审批后实施。

（2）实施灭火和应急疏散预案的演练，对预案存在的不合理的地方进行调整，确保预案贴近实战。

（3）对举办活动场地及相关设施组织消防安全检查，督促相关职能部门整改火灾隐患，确保活动举办安全。

（4）组织力量在活动举办现场利用现有消防装备实施消防安全保卫，确保第一时间处置火灾事故或突发性事件。

（5）发生火灾事故时，组织人员对现场进行保护，协助当地公安机关进行事故调查。

（6）对发生的火灾事故进行分析，汲取教训，积累经验，为今后的活动举办提供强有力的安全保障。

（五）通信保障组

通信保障组履行以下工作职责：

（1）建立通信平台。有条件的单位可利用无线通信平台，无条件的单位将领导小组各级领导及成员的联系方式汇编成册，建立通信联络平台。

（2）保证第一时间将领导小组组长的各项指令传达到每一个参战单位和人员，实现上下通信畅通无阻。

（3）与当地消防机构保持紧密联系，确保第一时间向消防机构报警，争取灭火救援时间，最大限度地减少人员伤亡和财产损失。

（六）疏散引导组

疏散引导组履行以下工作职责：

（1）掌握活动举办场所各安全通道、出口位置，了解安全通道、出口畅通情况。

（2）在关键部位设置工作人员，确保通道、出口畅通。

（3）在发生火灾或突发事件的第一时间，引导参加活动的人员从最近的安全通道、安全出口疏散，确保参加活动人员生命安全。

（七）安全防护救护组

安全防护救护组履行以下工作职责：

（1）做好可能发生的事件的前期预防，做到心中有数。

（2）聘请医疗机构的专业人员备齐相应的医疗设备和急救药品到活动现场，做好应对突发事件的准备工作。

（3）一旦发生突发事件，确保第一时间到场处置，确保人身安全。

（八）防火巡查组

防火巡查组履行以下工作职责：

（1）巡查活动现场消防设施是否完好有效。

（2）巡视活动现场安全出口、疏散通道是否畅通。

（3）巡查活动现场消防重点部位的运行状况、工作人员在岗情况。

（4）巡查活动过程用火用电情况。

（5）巡查活动过程中的其他消防不安全因素。

（6）纠正巡查过程中的消防违章行为。

（7）及时向活动的消防安全管理人报告巡查情况。

【考点四】大型群众性活动消防安全管理的档案管理【★★】

大型群众性活动消防档案应当包括消防安全基本情况和消防安全管理情况。

（一）消防安全基本情况包含的内容

（1）活动基本概况和活动消防安全重点部位情况。

（2）活动场所符合消防安全条件的相关文件。

（3）活动消防安全管理组织机构和各级消防安全责任人。

（4）活动消防安全工作方案、消防安全制度。

（5）消防设施、灭火器材情况。

（6）现场防火巡查力量、志愿消防队等力量部署及消防装备配备情况。

（7）与活动消防安全有关的重点工作人员情况。

（8）临时搭建的活动设施的耐火性能检测情况。

（9）灭火和应急疏散预案。

（二）消防安全管理情况包含的内容

（1）活动前消防机构进行消防安全检查的文件或资料，以及落实整改意见的情况。

（2）活动所需消防设备设施的配备、运行情况。

（3）防火检查、巡查记录。

（4）消防安全培训记录。

（5）灭火和应急疏散预案的演练记录。

（6）火灾情况记录。

（7）消防奖惩情况记录。

【考点五】大型群众性活动消防安全管理的实施【★★】

（一）前期筹备阶段

在前期筹备阶段，大型群众性活动承办单位应做到以下几点：①依法办理举办大型群众性活动的各类许可事项。②对活动场所、场地的消防安全情况进行收集整理，特别是要对活动场所和场地是否进行消防设计审核、消防验收等情况进行调研。③同场地的产权单位签订包括消防安全责任划分在内的相关协议。④组织相关人员对活动举办场所（场地）进行消防安全检查，对活动场所、场地消防安全状况不符合消防法律法规和技术规范要求的，应要求场所、场地产权单位进行相关的整改，要求其提供的场所、场地符合消防安全要求。不应使用未经消防验收的场所、场地举办大型群众性活动。

（1）编制大型群众性活动消防工作方案。消防工作方案应当包括下列内容：

1）活动的时间、地点、活动内容、主办单位、承办单位、协办单位、活动场所可容纳的人员数量以及活动预计参加人数等基本情况。

2）消防安全责任人、消防安全管理人等消防工作组织机构。

3）消防安全工作人员的数量、任务分配和识别标志。

4）活动场所消防安全平面图、临时设施消防设计图样、消防设施位置图、安全出口安全疏散流线图等消防安全相关的图样资料。

5）相关工作人员消防安全培训计划。

6）根据活动举办时间，安排各项消防安全工作计划，倒排工作时间节点。

7）确定活动的消防安全重点部位情况及具体消防工作措施。

8）消防车道情况。

9）现场秩序维护、人员疏导措施。

10）拟定灭火和应急疏散预案。

11）联系有关保安机构，组织具有专业消防知识和技能的巡查人员。

（2）室内场所。检查室内活动场所重点部位消防安全现状、固定消防设施及其运行情况、消防安全通道和安全出口设置情况。

（3）室外场所。了解室外消防设施的配置情况及消防车通道预留情况。

（4）设计符合消防安全要求的舞台等为活动搭建的临时设施。

（二）集中审批阶段

在集中审批阶段，大型群众性活动承办单位应做好以下工作：

（1）领导小组对各项消防安全工作方案以及各小组的组成人员进行全面复核，确保工作方案符合现场保卫工作实际、各职能小组结构合理，形成最强的战斗集体。

（2）对制定的灭火和应急疏散预案进行审定，确保灭火和应急疏散预案合理有效。

（3）对灭火和应急疏散预案组织实施实战演练，及时调整预案，确保预案切合实际。

（4）对活动搭建的临时设施进行全面检查，强化过程管理，确保施工期间的消防安全。

（5）在活动举办前，对活动所需的用电线路进行全电力负荷测试，确保用电安全。

（三）现场保卫阶段

根据先期制定的预案，现场保卫主要分为活动现场保卫和外围流动保卫两个方面。其中活动现场保卫包括现场防火监督保卫和现场灭火保卫两种。

现场防火监督保卫人员主要在活动举行现场重点部位进行巡查，及时发现和消除各类不确定性因素产生的火灾隐患，协调当地消防机构工作人员对活动现场进行消防安全检查。要按照预案要求确定现场监督保卫人员数量、工作中心点和巡逻范围。现场灭火保卫人员主要在舞台、大功率电器使用点等容易产生火灾的重大危险源和消火栓等消防专用设施点进行定点守护，用随身携带的灭火装备和固定灭火设施及时、快速将发现的火灾消灭在萌芽阶段，避免火灾蔓延扩大。

外围流动保卫人员主要是在活动举办期间对活动举办地主要通道、重大危险源等进行有针对性的流动巡逻，及时发现、消灭初起火灾，并做好活动举办场所应急救援准备工作，最大限度地确保活动举办安全。

【考点六】大型群众性活动消防安全管理的工作内容【★★】

（一）防火巡查

大型群众性活动应当组织具有专业消防知识和技能的巡查人员在活动举办前 2 h 进行一次防火巡查；在活动举办全程开展防火巡查；活动结束时应当对活动现场进行检查，消除遗留火种。防火巡查的内容应包括以下几个方面：

（1）及时纠正违章行为。

（2）妥善处置火灾危险，无法当场处置的，应当立即报告。

（3）发现初起火灾应当立即报警并及时扑救。防火巡查应当填写巡查记录，巡查人员及其主管人员应当在巡查记录上签名。

（二）防火检查

大型群众性活动应当在活动前 12 h 内进行防火检查。检查的内容应当包括：

（1）消防机构所提意见的整改情况以及防范措施的落实情况。

（2）安全疏散通道、疏散指示标志、应急照明和安全出口情况。

（3）消防车通道、消防水源情况。

（4）灭火器材配置及有效情况。

（5）用电设备运行情况。

（6）重点操作人员以及其他人员消防知识的掌握情况。

（7）消防安全重点部位的管理情况。

（8）易燃易爆危险物品和场所防火防爆措施的落实情况以及其他重要物资的防火安全情况。

（9）防火巡查情况。

（10）消防安全标志的设置情况和完好、有效情况。

（11）其他需要检查的内容。

防火检查应当填写检查记录，检查人员和被检查部门负责人应当在检查记录上签名。

（三）制定灭火和应急疏散预案

大型群众性活动的承办单位制定的灭火和应急疏散预案应当包括下列内容：

（1）组织机构，包括灭火行动组、通信联络组、疏散引导组、安全防护救护组。

（2）报警和接警处置程序。

（3）应急疏散的组织程序和措施。

（4）扑救初起火灾的程序和措施。

（5）通信联络、安全防护救护的程序和措施。

第三部分　模考实战

第一单元　模 考 试 题

一、单项选择题（共 80 题，每题 1 分。每题的备选项中，只有 1 个最符合题意）

1. 某单位新建办公楼项目已获得施工许可，现拟进行消防设计备案。下列提供备案材料的行为中，不符合备案要求的是（　　）。

A. 获得施工许可七个工作日内提供　　B. 获得施工许可三天内提供

C. 获得施工许可五天内提供　　D. 获得施工许可十个工作日内提供

2. 某消防设施检测机构在某建设工程机械排烟系统未施工完成的情况下出具了检测结果为合格的《建筑消防设施检测报告》。根据《消防法》，对该消防设施检测机构直接负责的主管人员和其他直接责任人员应予以处罚。下列处罚中，正确的是（　　）。

A. 五千元以上一万元以下罚款　　B. 一万元以上五万元以下罚款

C. 五万元以上十万元以下罚款　　D. 十万元以上二十万元以下罚款

3. 某建筑进行内部装修，一名电工违章电焊施工作业，结果引发火灾，造成 3 人死亡。根据《刑法》，对该电工依法追究刑事责任。下列定罪中，正确的是（　　）。

A. 重大劳动安全事故罪　　B. 重大责任事故罪

C. 消防责任事故罪　　D. 工程重大安全事故罪

4.《机关、团体、企业、事业单位消防安全管理规定》（公安部令第 61 号）规定，消防安全重点单位应当进行每日防火巡查，并确定巡查的内容和频次，公众聚集场所在营业期间的防火巡查，应当至少每（　　）小时一次。

A. 2　　B. 1

C. 3　　D. 4

5. 建设单位应当将大型的人员密集场所和其他特殊建筑工程的消防设计文件报送消防机构审核。下列场所中，不属于大型人员密集场所的是（　　）。

A. 建筑面积 21 000 m^2 的饭店

B. 建筑面积 1 800 m^2 的医院门诊楼

C. 建筑面积 1 100 m^2 的劳动密集型企业的员工集体宿舍

D. 建筑面积 580 m^2 的网吧

6. 某消防安全评估机构（二级资质）受某单位委托，对该单位的重大火灾隐患整改进行咨询指导，并出具了书面结论报告。根据《社会消防技术服务管理规定》，该评估机构超越了其资质许可范围从事社会消防技术服务活动，消防机构可对其处以（　　）的处罚。

A. 五千元以上一万元以下罚款　　B. 一万元以上二万元以下罚款

C. 二万元以上三万元以下罚款　　D. 三万元以上五万元以下罚款

7. 根据《注册消防工程师制度暂行规定》，下列行为中，不属于注册消防工程师义务的是（　　）。

A. 在规定范围内从事消防安全技术执业活动

B. 履行岗位职责

C. 不得允许他人以本人名义执业

D. 不断更新知识，提高消防安全技术能力

8. 注册消防工程师职业道德最根本的原则是（　　）和诚实守信。

A. 确保经济效益　　B. 维护公共安全

C. 确保工程进度　　D. 团结协作配合

9. 2015 年 4 月 6 日，某石油化工企业发生对二甲苯爆炸事故，造成 6 人受伤、直接经济损失 9 457 万元。对二甲苯（P–Xylene）是苯的衍生物，有毒，为无色透明液体，简称 PX。二甲苯类物质闪点为 30℃左右、爆炸下限为 1.0% 左右。爆炸性气体混合物最大试验安全间隙（MESG）或最小点燃电流比（MICR）分级属Ⅱ A 级，按引燃温度分组属 T1 组。对二甲苯储存火灾危险性属（　　）类。

A. 乙　　B. 丙

C. 甲　　D. 丁

10. 仓库的火灾危险性应根据储存物品的火灾危险性及储存量等因素确定，对储存场所进行防火检查时，应检查储存物品的火灾危险类别、数量和存放方式。某仓库的下列做法中，不符合现行国家消防技术标准要求的是（　　）。

A. 同一座仓库同时存放数种物品时，存储过程中采用分区存储

B. 同一座仓库同时存放了汽油、机械零件、包装用的木箱，将该仓库划分为甲类储存物品仓库

C. 储存电子元件的仓库，采用纸盒与泡沫塑料包裹电子元件，包装材料的体积大于电子元件的体积的 1/2，仓库的火灾危险性划分为丙类

D. 采用木箱包装的戊类物品，木箱重量大于物品本身重量的 1/4，将仓库的火灾危险性划分为丁类

11. 某多层丙类仓库，采用预应力钢筋混凝土楼板，耐火极限 0.85 h；钢结构屋顶承重构件采用防火涂料保护，耐火极限为 0.90 h；吊顶采用轻钢龙骨石膏板，耐火极限 0.15 h；外墙采用难燃性墙体，耐火极限为 0.50 h；仓库内设有自动喷水灭火系统。该仓库的下列结构中，不满足二级耐火等级建筑要求的是（　　）。

A. 预应力混凝土楼板　　B. 钢结构屋顶承重构件

C. 轻钢龙骨石膏板吊顶　　D. 难燃性外墙

12. 在对工业建筑进行防火检查时，应注意检查工业建筑的火灾危险性、耐火等级和建筑面积。在检查的下列工业建筑中，可以采用三级耐火等级的是（　　）。

A. 建筑面积为 1 500 m^2 的金属冶炼车间

B. 建筑面积为 350 m^2 氨压缩机房

C. 蒸发量为 7 t/h 的燃煤锅炉房

D. 独立建筑的建筑面积为 280 m^2 的单层制氨车间

13. 某城市全年最小频率风向为东北风。该市的一个大型化工企业内设有甲醇储罐区，

均为地上固定顶储罐。储罐直径 20 m、容量 5 000 m^3。防火堤内不包括储罐占地的净面积为 5 000 m^2。下列防火检查结果中，不符合现行国家消防技术标准的是（　　）。

A. 锅炉房位于甲醇储罐区西南侧，两者之间的防火间距为 55 m

B. 甲醇储罐之间的防火间距为 12.5 m

C. 罐区周围的环形消防车道有 3% 的坡度，且上空有架空管道，距车道净空高度为 5 m

D. 甲醇储罐区防火堤高度为 1.1 m

14. 消防车登高面是消防灭火救援的重要设施。下列关于消防车登高面设置的说法中，错误的是（　　）。

A. 高层建筑应至少沿一个长边或周边长度的 1/4 且不小于一个长边长度的底边连续布置消防车登高面

B. 消防车登高面靠建筑外墙一侧的边缘距离建筑外墙不应大于 10 m

C. 消防车登高面的坡度不宜大于 3%

D. 高层建筑的消防车登高面不应布置裙房

15. 某丙类火灾危险性厂房，地上 4 层，耐火等级为二级，建筑高度 22.5 m，建筑面积 25 000 m^2，在四层靠外墙部位设置成品喷漆工段，建筑面积 120 m^2。下列做法中，符合规定的是（　　）。

A. 将厂房一层原 150 m^2 的办公区改建为 3 间员工宿舍，并采用防火墙与其他部位分隔

B. 在厂房二层新增 4 间办公室，该办公区采用耐火极限 2.5 h 的防火隔墙和 1.0 h 的楼板与其他部分分隔，并通过相邻车间的封闭楼梯间疏散

C. 丙类润滑油中间储蓄罐容量为 4.7 m^3，设置在厂房一层的单独房间内，该房间采用防火墙和耐火极限不低于 1.5 h 的楼板与其他部位分隔

D. 在厂房四层设置中间仓库，储存喷漆工段一昼夜生产所需的油漆，该仓库采用耐火极限为 2.5h 的防火隔墙和 1.5 h 的楼板与其他部位分隔

16. 对民用建筑的附属用房进行防火检查。下列检查结果中，不符合现行国家消防技术标准的是（　　）。

A. 住宅建筑地下车库的疏散楼梯与地上部分共用楼梯间，并按规范采取分隔措施

B. 将常压燃油锅炉房设置在高层建筑的地下二层

C. 将柴油发电机房布置在商业建筑的地下二层

D. 将油浸变压器室设置在剧场建筑的地下二层

17. 对某 33 层住宅建筑的消防电梯进行防火检查。下列检查内容中，不属于防火检查内容的是（　　）。

A. 电梯的载重量

B. 首层设置的消防员专用操作按钮

C. 消防电梯内的安装摄像头

D. 消防电梯从首层到达顶层的时间

18. 在对某一类高层商业综合体进行检查时，查阅资料得知，该楼地上共 6 层，每层划分为 12 个防火分区，符合规范要求。该综合体外部的下列消防救援设施设置做法中，不符合现行国家消防技术标准要求的是（　　）。

A. 由于该综合体外立面无窗，故在二至六层北侧外墙上每个防火分区分别设置 2 个消防救援窗口

B. 仅在该楼的北侧沿长边连续布置宽度 12 m 的消防车登高操作场地

C. 消防车登高操作场地内侧与该商业综合体外墙之间的最近距离为 9 m

D. 建筑物与消防车登高操作场地相对应范围内有 6 个直通室内防烟楼梯间的入口

19. 下列关于防火分区的做法中，错误的是（ ）。

A. 建筑局部设有自动灭火系统，防火分区的增加面积按该局部面积增加 0.5 倍计算

B. 建筑第一至三层设置自动扶梯，防火分区的建筑面积按连通 3 个楼层的建筑面积叠加计算，并按照规范规定划分防火分区

C. 叠加计算错层式汽车库上下连通层的建筑面积，防火分区的最大允许建筑面积可按规范增加 1 倍

D. 人防工程中的水泵房、污水泵房、水池、厕所等无可燃物的房间面积可不计入防火分区面积

20. 在对层高为 3.5 m 的地下车库进行防烟分区检查时，应注意检查挡烟垂壁的材料和挡烟垂壁的高度是否满足现行国家消防技术标准的要求。下列挡烟垂壁的做法中，错误的有（ ）。

A. 挡烟垂壁的最下端低于机械排烟口

B. 挡烟垂壁突出顶棚 500 mm

C. 制作挡烟垂壁的材料为 5 mm 厚的普通玻璃

D. 在挡烟垂壁明显位置设置永久性标志铭牌

21. 某百货大楼，地上 4 层，局部 6 层，建筑高度 36 m，建筑面积 28 700 m^2。下列做法中，错误的是（ ）。

A. 防火墙上的防火门采用向疏散方向开启的平开门，并在关闭后能从任何一侧手动开启

B. 办公区走道上的甲级防火门采用常开防火门，在火灾情况下能自行关闭并反馈信号

C. 变形缝附近的防火门设置在六层建筑一侧

D. 因消防电梯前室的门洞尺寸较大，防火门安装和使用不便，采用防火卷帘代替

22. 下列关于建筑中疏散门宽度的说法中，错误的是（ ）。

A. 电影院观众厅的疏散门，其净宽度不应小于 1.2 m

B. 多层办公建筑内的疏散门，其净宽度不应小于 0.9 m

C. 地下歌舞娱乐场所的疏散门，其总净宽度应根据疏散人数按每 100 人不小于 1.0 m 计算

D. 住宅建筑的户门，其净宽度不应小于 0.9 m

23. 下列一、二级耐火等级建筑的疏散走道和安全出口的检查结果中，不符合现行国家消防技术标准的是（ ）。

A. 容纳 4 500 人的单层体育馆，其室外疏散通道的净宽度为 3.50 m

B. 一座 2 层老年人公寓中，位于袋形走道两侧的房间疏散门至最近疏散楼梯间的直线距离为 18 m

C. 单元式住宅中公共疏散走道净宽度为 1.05 m

D. 采用敞开式外廊的多层办公楼中，从袋形走道尽端的疏散门至最近封闭楼梯间的直线距离为 27 m

24. 下列避难走道的防火检查结果中，不符合现行国家消防技术标准的是（ ）。

A. 避难走道采用耐火极限 3.00 h 的防火墙和耐火极限 2.50 h 的楼板与其他区域进行分隔

B. 最远防火分区通向避难走道的门至该避难走道最近直通地面的出口的距离为 39 m

C. 使用人数最多的防火分区通向与其连接的避难走道的 2 个门净宽度均为 1.6 m，避难走道的净宽度均为 3.50 m

D. 防火分区开向避难走道前室的门采用乙级防火门，前室开向避难走道的门采用甲级防火门

25. 下列关于高层办公楼疏散楼梯设置的说法中，错误的是（　　）。

A. 疏散楼梯间内不得设置烧水间、可燃材料储存室、垃圾道

B. 疏散楼梯间不得设置影响疏散的凸出物或其他障碍物

C. 疏散楼梯间必须靠外墙设置并开设外窗

D. 公共建筑的疏散楼梯间不得敷设可燃气体管道

26. 对某建筑高度为 140 m 的住宅建筑进行防火检查。下列关于避难层的检查结果中，不符合现行国家消防技术标准的是（　　）。

A. 设置了可直接对外开启的乙级防火窗

B. 在避难层设置消防电梯出口

C. 在避难层设置的设备用房与避难区之间采用防火墙分隔

D. 在避难层设置消火栓、机械排烟系统和消防专用电话

27. 对某医院的高层病房楼进行防火检查时，发现下列关于避难间的做法中，错误的是（　　）。

A. 在二层及以上的病房楼层设置避难间

B. 避难间靠近楼梯间设置，采用耐火极限为 2.5 h 的防火隔墙和甲级防火门与其他部位隔开

C. 每个避难间为 2 个护理单元服务

D. 每个避难间的建筑面积为 25 m^2

28. 对大型地下商业建筑进行防火检查时，发现下列下沉式广场防风雨棚的做法中，错误的是（　　）。

A. 防风雨棚四周开口部位均匀布置

B. 防风雨棚开口高度为 0.8 m

C. 防风雨棚开口的面积为该空间地面面积的 25%

D. 防风雨棚开口位置设置百叶，其有效排烟面积为开口面积的 60%

29. 有爆炸危险区域内的楼梯间、室外楼梯或有爆炸危险的区域与相邻区域连通处，应设置门斗等防护措施。下列门斗的做法中，符合现行国家消防技术标准规定的是（　　）。

A. 门斗隔墙的耐火极限为 2.0 h，门采用甲级防火门且与楼梯间门错位

B. 门斗隔墙的耐火极限为 1.5 h，门采用甲级防火门且与楼梯间门正对

C. 门斗隔墙的耐火极限为 2.0 h，门采用乙级防火门且与楼梯间门正对

D. 门斗隔墙的耐火极限为 2.5 h，门采用乙级防火门且与楼梯间门错位

30. 对建筑内部装修防火工程进行验收时，应对电气设备及灯具的设置进行检查。在对某建筑的内装修工程检查时，下列检查结果中，不符合现行国家消防技术标准规定的是（　　）。

A. 插座安装在木质装修材料上

B. 配电箱的壳体和底板采用金属材料制作，安装在轻钢龙骨纸面石膏板墙上

C. 吊顶内的电线采用金属管保护

D. 开关安装在水泥板隔墙上

31. 在对建筑外保温系统进行防火检查时，发现的下列做法中，符合现行国家消防技术标准要求的是（　　）。

A. 建筑高度为 20 m 的医院病房楼，基层墙体与装饰层之间有空腔，外墙外保温系统采用燃烧性能为 B_2 级的保温材料

B. 建筑高度 27 m 的住宅楼，基层墙体与装饰层之间无空腔，外墙外保温系统采用燃烧性能为 B_2 级的保温材料

C. 建筑高度 15 m 的员工集体宿舍，基层墙体与装饰层之间无空腔，外墙外保温系统采用燃烧性能为 B_1 级的保温材料

D. 建筑高度为 18 m 的办公楼，基层墙体与装饰层之间有空腔，外墙外保温系统采用燃烧性能为 B_2 级的保温材料

32. 消防设施档案应真实记录建筑消防设施的质量状况，从延续性要求及可追溯性要求出发，完整的档案内容应包括（　　）。

A. 消防设施平面布局、系统验收报告，维护保养记录

B. 消防设施值班、巡查、检测、维护及记录

C. 消防设施基本情况的各类文件资料，消防设施及相关人员动态管理的记录、资料

D. 消防设施巡查记录以及消防控制室值班记录

33. 某五星级酒店设有消防控制中心，配备 8 名值班人员轮值。下列消防安全职责中，不属于消防控制中心值班人员职责的是（　　）。

A. 填写消防控制室值班记录表

B. 记录消防控制室室内消防设备的火警或故障情况

C. 对火灾报警控制器进行日常检查

D. 实施日常防火检查和巡查

34. 下列关于消防控制室室内设置的消防控制室图形显示装置与火灾报警控制器、电气火灾控制设备、火灾报警传输设备等之间关系的描述中，错误的是（　　）。

A. 火灾报警控制器可将所有信息传输至图形显示装置

B. 通过操作图形显示装置，可控制消防水泵控制器的工作状态

C. 电气火灾监控系统是由另一生产企业提供的产品，不能与火灾报警控制器连接的图形显示装置直接通信，所以连接了该企业提供的图形显示装置

D. 火灾报警传输设备可直接连接图形显示装置

35. 按照施工过程质量控制要求，消防给水系统安装前应对采用的主要设备、系统组件、管材管件及其他设备、材料进行现场检验。根据《消防给水及消火栓系统技术规范》（GB 50974—2014），下列说法中，正确的是（　　）。

A. 流量开关应经相应国家产品质量监督检验中心检验合格

B. 消防水箱应经国家消防产品质量监督检验中心检验合格

C. 压力开关应经国家消防产品质量监督检验中心检验合格

D. 安全阀应经国家消防产品质量监督检验中心检验合格

36. 根据《消防给水及消火栓系统技术规范》（GB 50974—2014）的规定，室内消火栓系统

管网安装完成后，对其进行水压试验和冲洗的正确顺序是（　　）。

A. 强度试验—严密性试验—冲洗　　B. 强度试验—冲洗—严密性试验

C. 冲洗—强度试验—严密性试验　　D. 冲洗—严密性试验—强度试验

37. 某住宅小区采用临时高压消防给水系统，电动消防水泵供水，高位消防水箱稳压，运行维护管理时，根据现行国家消防技术标准，正确的做法是（　　）。

A. 每季度检查供电情况

B. 每年测试泵的流量和压力

C. 每周对稳压泵的停泵启泵压力进行检查

D. 每月手动启动消防泵运行，并检查供电情况

38. 根据《消防给水及消火栓系统技术规范》（GB 50974—2014），干式消火栓系统允许的最大充水时间是（　　）min。

A. 5　　B. 10

C. 2　　D. 3

39. 某消防工程施工单位对消火栓系统进行施工前的经常检验，根据《消防给水及消火栓系统技术规范》（GB 50974—2014），关于消火栓固定接口密封性能现场试验的说法中，正确的是（　　）。

A. 试验数量宜从每批中抽查 1%，但不应少于 3 个

B. 当仅有 1 个不合格时，应再抽查 2%，但不应少于 10 个

C. 应缓慢而均匀地升压 1.6 MPa，并应保压 1 min

D. 当第 2 次抽查仍有不合格时，应继续进行批量抽查，抽查数量按前次递增

40. 闭式自动灭火系统施工安装前，需对已进场的闭式喷头进行密封性能试验。下列情况中，符合相关施工验收规范要求的是（　　）。

A. 施工单位按规范要求抽样并使用专用试验装置进行密封性试验

B. 密封性能试验压力为 3 MPa，保压时间 1 min

C. 施工单位按每批喷头总数量的 1% 抽样送国家法定检测机构进行密封性能试验

D. 施工单位按每批喷头 5 只喷头抽样送国家法定检测机构进行密封性能试验

41. 某工地按《通用阀门　压力试验》（GB /T 13927）、《自动喷水灭火系统　第 6 部分：通用阀门》（GB 5135.6）的要求，对消防用蝶阀开展进场检验。下列检查项目中，不属于进场检验项目的是（　　）。

A. 外观质量检查　　B. 型号规格检查

C. 开关指示标志　　D. 水头损失检查

42. 检查自动喷水灭火系统，湿式报警阀前压力为 0.35 MPa，打开湿式报警阀组试水阀，以 1.2 L/s 的流量放水，不带延迟器的水力警铃最迟在（　　）s 内发出报警铃声。

A. 5　　B. 30

C. 15　　D. 90

43. 对自动喷水灭火系统实施检查维护，下列项目中，属于年度检查内容的是（　　）。

A. 报警阀组启动性能试验　　B. 水流指示器动作性能试验

C. 水源供水能力测试　　D. 水泵接合器完好性检查

44. 某消防设施检测机构的人员在对一商场的自动喷水灭火系统进行检测时，打开系统末

端试水装置在达到规定流量时指示器不动作。下列故障原因中可以排除的是（　　）。

A. 桨片被管腔内杂物卡阻　　B. 调整螺母与触头未调试到位

C. 报警阀前端的水源控制阀未完全打开　　D. 连接水流指示器的电路线脱落

45. 根据《建筑消防设施的维护管理》（GB 25201），在建筑消防设施维护管理时，应对自动喷水灭火系统进行巡查并填写《建筑消防设施巡查记录表》。下列内容中，不属于自动喷水灭火系统巡查记录内容的是（　　）。

A. 报警阀组外观，试验阀门状况、排水设施状况、压力显示值

B. 水流指示器外观及现场环境

C. 充气设备、排气设备及控制装置等的外观及运行状况

D. 系统末端试验装置外观及现场环境

46. 根据《水喷雾灭火系统技术规范》（GB 50219），对水喷雾灭火系统应进行联动试验检查，系统响应时间、工作压力和流量应符合设计要求：当系统为手动控制时，应以手动方式进行至少（　　）次试验，检查系统的动作情况及信号反馈情况。

A. 3　　B. 4

C. 1　　D. 5

47. 某消防工程施工单位的人员在细水雾灭火系统调试过程中，对系统的泵组进行调试。根据《细水雾灭火系统技术规范》（GB 50898），下列泵组调试结果中，不符合要求的是（　　）。

A. 以自动方式启动泵组时，泵组立即投入运行

B. 以备用电源切换方式切换启动泵组时，泵组 10 s 投入运行

C. 采用柴油泵作为备用泵时，柴油泵的启动时间为 5 s

D. 控制柜进行空载和加载控制调试时，控制柜正常动作和显示

48. 某气体灭火系统储瓶间内设有 6 只 150 L 七氟丙烷灭火剂储存容器，根据《气体灭火系统施工及验收规范》（GB 50263），各储存容器的高度差最大不宜超过（　　）mm。

A. 10　　B. 30

C. 50　　D. 20

49. 某七氟丙烷气体灭火系统防护区的灭火剂储存容器，在 20℃时容器内压力为 2.5 MPa，50℃时的容器内压力为 4.2 MPa。对该防护区灭火剂输送管道采用气压强度试验代替水压强度试验时，最小试验压力应为（　　）MPa。

A. 3.75　　B. 4.62

C. 4.83　　D. 6.3

50. 下列关于气体灭火系统维护管理的说法中，正确的是（　　）。

A. 气体灭火系统的储存器应定期抽样送国家级消防产品检验中心检验

B. 应按《气瓶安全监察规程》的规定对气体灭火系统使用的钢瓶进行维护保养

C. 每两个季度应对高压二氧化碳储存容器逐个进行称重检查

D. 发现七氟丙烷灭火系统储存容器内的压力低于额定工作压力时，应立即使用氮气增压

51. 某建筑的电子计算机房采用气体灭火系统保护，在一个防护区内安装了 3 台预制灭火装置，根据《气体灭火系统设计规范》（GB 50370），3 台预制灭火装置动作响应时差最大不得大于（　　）s。

A. 1　　B. 2

C. 3　　D. 4

52. 某化工企业的立式甲醇储罐采用液上喷射低倍数泡沫灭火系统，某消防设施检测机构对该系统进行检测。下列检测结果中，不符合现行国家消防技术标准要求的是（　　）。

A. 泡沫泵启动后 3.1 min 泡沫产生器喷出泡沫

B. 自动喷泡沫试验，喷射泡沫时间为 1 min

C. 泡沫混合液的发泡倍数为 10 倍

D. 泡沫液选用水成膜泡沫液

53. 泡沫灭火系统使用的常压钢质泡沫液储罐通常采用现场制作的方式。下列关于现场制作要求的说法中，正确的是（　　）。

A. 泡沫液管道吸液口应紧贴常压钢质泡沫液储罐底面

B. 现场制作的常压钢质泡沫液储罐应进行严密性试验，试验时间应在 30 min 以上，目测不能泄漏

C. 现场制作的常压钢质泡沫液储罐，仅需对内表面进行防腐处理

D. 现场制作的常压钢质泡沫液储罐的防腐处理应在严密性试验前进行

54. 某油库采用低倍数泡沫灭火系统，根据《泡沫灭火系统施工及验收规范》（GB 50281）有关维护管理的规定，下列检查项目中，属于每两年检查一次的项目是（　　）。

A. 储罐立管除锈　　B. 喷泡沫试验

C. 冲洗管道　　D. 自动控制设施功能测试

55. 消防检测机构对某单位安装的干粉预制灭火装置进行检测，下列检测结果中，不符合现行国家消防技术标准规定的是（　　）。

A. 管道长度为 18 m　　B. 灭火剂储存量为 160 kg

C. 工作压力 2.3 MPa　　D. 一个防护区使用 3 套预制灭火装置

56. 下列关于干粉灭火系统管理要求的说法，正确的是（　　）。

A. 储存容器允许的最低环境温度为 −30℃

B. 地上防护区有固定窗扇时可不设机械排风装置

C. 驱动气体储瓶管理应执行《气瓶安全监察规程》

D. 自动控制状态下的干粉灭火系统不得延迟喷放

57. 对干粉灭火系统进行维护管理时，下列检查项目中，属于每月检查一次的项目是（　　）。

A. 驱动气瓶充装量　　B. 启动气体储瓶压力

C. 灭火控制器运行情况　　D. 管网、支架及喷放组件

58. 某消防设施检测机构对一单位设置的局部应用干粉灭火系统进行检测。关于系统保护对象环境及系统功能检查的下列结果中，不符合现行国家消防技术标准要求的是（　　）。

A. 喷射的干粉覆盖保护对象垂直投影面积的 120%

B. 可燃液体液面至容器缘口的距离为 155 mm

C. 保护对象周围的空气流动速度最大为 3 m/s

D. 干粉喷射时间为 60 s

59. 某消防技术服务机构的检测人员对一大型商业综合体设置的各类灭火器进行检查，根据《建筑灭火器配置验收及检查规范》（GB 50444）的要求，下列关于灭火器的检测结论中，

正确的是（　　）。

A. 每月对顶层办公区域配置的灭火器进行一次检查，符合要求

B. 每月对商场部分配置的灭火器进行一次检查，符合要求

C. 每月对地下室配置的灭火器进行一次检查，符合要求

D. 每月对锅炉房配置的灭火器进行一次检查，符合要求

60. 灭火器使用一定年限后，对符合报废条件、报废年限的灭火器，建筑使用管理单位应及时采购符合要求的灭火器进行等效更换。下列灭火器中，正常情况下出厂时间已满 10 年但不满 12 年可不报废的是（　　）。

A. 二氧化碳灭火器　　B. 水基型灭火器

C. 洁净气体灭火器　　D. 干粉灭火器

61. 某消防技术服务机构对已完工的防烟排烟系统进行检测，下列做法中，错误的是（　　）。

A. 采用发烟器分别对消防电梯前室及附近的两只感烟探测器进行模拟火灾试验，待相应的正压送风机启动后，使用风速仪对消防电梯前室设置的送风口处的风速进行测量，获得测量结果并观察消防联动控制器是否接收到相应正压送风机的动作信号

B. 对二层商场电动挡烟垂壁附近的一只感烟探测器进行发烟试验，观察电动挡烟垂壁的自动降落情况

C. 手动打开设在地下车库的排烟阀，待相应的排烟风机启动后，使用风速仪对排烟口处的风速进行测量，获得测量结果并观察消防联动控制器是否接收到相应排烟阀、排烟风机的动作信号

D. 启动地下车库的排烟系统，手动关闭排烟风机入口处总管上设置的排烟防火阀，观察排烟风机的运行状态及消防联动控制器接收到相应排烟防火阀、排烟风机动作信号的有关情况

62. 对建筑防烟排烟系统验收时，验收包含资料验收、外观质量检查、系统功能测试和合格判定四部分内容。下列文件资料中，不属于资料验收内容的是（　　）。

A. 施工图等设计文件　　B. 联动调试记录表

C. 立项批准文件　　D. 风管系统安装及检查记录

63. 下列甲醇生产车间内电线、导线的选型及敷设的做法中，不符合现行国家消防技术标准要求的是（　　）。

A. 低压电力线路绝缘导线的额定电压等于工作电压

B. 在 1 区内的供电线路采用铝芯电线缆

C. 接线箱内的供配电线路采用无护套的电线

D. 电气线路在较高处敷设

64. 下列接线方式中，符合电气防火要求的是（　　）。

A. 将 2 根不同线径的单芯铜导线直接压接在同一个端子上

B. 将铜导线和铝导线直接铰接后用胶布缠绕

C. 将铜导线和铝导线烫锡后接到接线端子上

D. 将单芯导线烫锡后铰接，再用防水胶布缠绕

65. 对建筑进行防火检查时，应对建筑内设置的应急照明和疏散指示标志进行检查。下列关于公共建筑内安装应急照明灯具的说法中，错误的是（　　）。

A. 在侧面墙上顶部安装时其底部距地面不得低于 1.8 m

B. 消防应急照明灯具应均匀布置

C. 在距地面 1 m 以下墙面上安装时应采用嵌入式安装

D. 在侧面墙上顶部安装时其底部距地面不得低于 2 m

66. 某建筑物内设有火灾自动报警系统，下列关于火灾探测器的安装质量检查结果中，不符合安装要求的是（　　）。

A. 安装在顶棚上的点型感烟探测器距多孔送风顶棚孔口的水平距离为 1 m

B. 安装在宽度为 2 m 的内走道顶棚上的点型感温探测器的间距为 12 m

C. 在净高为 12 m 的中庭安装的一对红外光束感烟探测器距地面的垂直距离为 11 m，且在这一高度上没有任何遮挡物

D. 会议室内感烟探测器的报警确认灯朝向会议室的门口

67. 对某建筑内安装的火灾自动报警系统进行检查时，发现部分模块的连接导线余量不够，根据现行国家消防技术标准，模块的连接导线应留有不小于（　　）mm 的余量。

A. 100　　B. 150

C. 200　　D. 250

68. 进行区域火灾风险评估时，在明确火灾风险评估目的和内容的基础上，应进行信息采集，重点收集与区域安全相关的信息。下列信息中，不属于区域火灾风险评估时应采集的信息是（　　）。

A. 区域内人口概况　　B. 区域的环保概况

C. 消防安全规章制度　　D. 区域内经济概况

69. 下列关于建筑火灾风险评估流程顺序描述正确的是（　　）。

A. 信息采集—风险识别—评估指标体系建立—风险分析与计算—风险等级判断—风险控制措施

B. 信息采集—风险识别—风险分析与计算—风险等级判断—评估指标体系建立—风险控制措施

C. 信息采集—评估指标体系建立—风险识别—风险分析与计算—风险等级判断—风险控制措施

D. 评估指标体系建立—信息采集—风险识别—风险分析与计算—风险等级判断—风险控制措施

70. 已确定消防安全管理人的单位，消防安全责任人不应履行的消防安全职责是（　　）。

A. 贯彻执行消防法规，保障单位消防安全符合规定，掌握本单位的消防情况

B. 将消防工作与本单位的生产、科研、经营、管理等活动统筹安排、执行年度消防工作计划

C. 拟订年度消防工作计划，组织实施日常消防安全管理工作

D. 确定逐级消防安全责任，批准实施消防安全制度和保障消防安全的操作规范

71. 消防安全重点单位“三项报告”备案制度中，不包括（　　）。

A. 消防安全管理人员报告备案　　B. 消防设施维护保养报告备案

C. 消防规章制度报告备案　　D. 消防安全自我评估报告备案

72. 单位在确定消防重点部位以后，应加强对消防重点部位的管理。下列管理措施中，不属于消防重点部位管理措施的是（　　）。

A. 制度管理　　B. 隐患管理
C. 立牌管理　　D. 教育管理

73. 对某大型工厂进行防火检查，发现的下列火灾隐患中，可以直接判定为重大火灾隐患的是（　　）。

A. 室外消防给水系统消防泵损坏
B. 将氨压缩机房设置在厂房的地下一层
C. 在主厂房边的消防车道上堆满了货物
D. 在 2 号车间与 3 号车间之间的防火间距空地搭建了一个临时仓库

74. 根据《社会消防安全教育培训规定》（公安部令 109 号），关于单位消防安全培训的主要内容和形式的说法，错误的是（　　）。

A. 各单位应对新上岗和进入新岗位的职工进行上岗前消防安全培训
B. 各单位应对在岗的职工每年至少进行一次消防安全培训
C. 各单位至少每年组织一次灭火、应急疏散演练
D. 各单位职工应具备消除火灾隐患的能力、扑救初起火灾的能力、组织人员疏散逃生的能力

75. 人员密集场所应当定期开展全员消防教育培训，提高全员的消防安全意识和消防安全能力。下列能力中，不属于员工通过教育培训必须具备的消防安全能力的是（　　）。

A. 检查和消除火灾隐患的能力　　B. 扑救初起火灾的能力
C. 组织人员疏散逃生的能力　　D. 救援被困人员的能力

76. 按《机关、团体、企业、事业单位消防安全管理规定》（公安部令第 61 号）的规定，下列内容中，不属于应急预案编制内容的是（　　）。

A. 应急组织机构　　B. 报警和接警处置程序
C. 应急疏散的组织程序和措施　　D. 员工的消防培训计划

77. 消防应急预案演练可以按照组织形式、演练内容、演练目的与作用等不同分类方法进行划分。下列演练中，属于按照演练内容进行划分的是（　　）。

A. 检验性演练　　B. 综合性演练
C. 示范性演练　　D. 研究性演练

78. 既有建筑改造工程的外脚手架，应采用（　　）材料搭设。

A. 难燃　　B. 可燃
C. 易燃　　D. 不燃

79. 根据《建设工程施工现场消防安全技术规范》（GB 50720），施工单位应编制施工现场灭火及应急疏散预案。下列内容中，不属于灭火及应急疏散预案主要内容的是（　　）。

A. 应急疏散及救援的程序和措施
B. 应急灭火处置机构及各级人员应急处置职责
C. 动火作业的防火措施
D. 报警、接警处置的程序和通信联络的方式

80. 某公司拟在一体育馆举办大型周年庆典活动，根据相关要求成立了活动领导小组，并安排公司的一名副经理担任疏散引导组的组长。根据相关规定，疏散引导组职责中不包括（　　）。

A. 熟悉体育馆所在安全通道、出口的位置

B. 在每个安全出口设置工作人员，确保通道、出口畅通

C. 安排人员在发生火灾时第一时间引导参加活动的人员从最近的安全出口疏散

D. 进行灭火和应急疏散预案的演练

二、多项选择题（共 20 题，每题 2 分。每题的备选项中，有 2 个或 2 个以上符合题意，至少有 1 个错项。错选，本题不得分；少选，所选的每个选项得 0.5 分）

81. 对某动物饲料加工厂的谷物碾磨车间进行防火检查，查阅资料得知，该车间耐火等级为一级，防火分区划分符合规范要求。该车间的下列做法中，符合现行国家消防技术标准要求的有（　　）。

A. 配电站设于厂内的一层，采用防火墙和耐火极限为 1.50 h 的楼板与其他区域分隔，墙上的门为甲级防火门

B. 位于厂房三层的运行调度监控室采用防火墙和耐火极限为 1.50 h 的楼板与其他部分分隔，且设有独立使用的防烟楼梯间

C. 车间办公室贴邻厂房外墙设置，采用耐火极限为 4.00 h 的防火墙与厂房分隔，并设有独立的安全出口

D. 设置在一层的产品临时存放仓库单独划分防火分区

E. 位于二层的饲料添加剂仓库（丙类）采用防火墙和耐火极限为 1.50 h 的楼板与其他部位分隔，墙上的门为甲级防火门

82. 对某地下一层人防工程进行消防安全检查。下列检查结果中，不符合现行国家消防技术标准要求的有（　　）。

A. 设置了排烟机房，且采用防火墙和常闭甲级防火门与其他场所隔开

B. 设置了一个建筑面积为 200 m^2 的电子游戏厅，并采取了相应的防火分隔措施

C. 设置了一个建筑面积为 2 000 m^2 的超市，并采取了相应的防火分隔措施

D. 设置了一个建筑面积为 200 m^2 的幼儿早教中心，并采取了相应的防火分隔措施

E. 设置了一个建筑面积为 150 m^2 的餐厅，其操作间采用液化石油气燃料

83. 安全疏散距离是安全疏散设计的一项重要内容。关于安全疏散距离的设置，下列说法中，符合现行国家消防技术标准要求的有（　　）。

A. 商场营业厅内任一点至疏散门的距离不应大于 30 m

B. 设置自动喷水系统的场所，室内任一点至安全出口的安全疏散距离可在规范规定值的基础上增加 25%

C. 高层建筑在首层未采用防烟楼梯间前室时，可将直通室外的门设置在离楼梯间不大于 15 m 处

D. 采用敞开式外廊的建筑，安全疏散距离可在规范规定值的基础上增加 5 m

E. 位于二级耐火等级建筑内的卡拉 OK 厅，厅内任一点至直通疏散走道的疏散门的直线距离不应大于 9 m

84. 某纺织厂房，地上 3 层，耐火等级为二级，建筑高度 18 m，建筑面积 16 800 m^2，设置 4 间疏散楼梯间。下列关于疏散楼梯间的做法，正确的有（　　）。

A. 厂房的 3 个疏散楼梯间靠外墙布置，并具备天然采光和自然通风条件，设置为封闭楼梯间

B. 厂房的 1 个疏散楼梯间不能自然通风采光，因厂房的建筑高度小于 32 m，防烟楼梯间可不设置前室

C. 厂房的 1 个疏散楼梯间不能自然通风采光，将其改为防烟楼梯间

D. 封闭楼梯间、防烟楼梯间的顶棚、墙面和地面的装修材料均采用不燃烧材料

E. 其中 1 部封闭楼梯间开设防火门确实有困难，采用防火卷帘代替

85. 某消防服务机构对建筑面积为 30 000 m^2 的大型地下商场进行安全评估，在对防火隔间进行检查时发现，防火分区通向防火隔间的门为乙级防火门，两个乙级防火门的间距为 4 m，隔间的装修为轻钢龙骨石膏板吊顶，阻燃壁纸装饰墙面，隔间内有几位顾客坐在座椅上休息。根据现行国家消防技术标准，该防火隔间不符合现行国家消防技术标准规定的有（　　）。

A. 防火隔间的门为乙级防火门

B. 采用轻钢龙骨石膏板吊顶

C. 设置供人员休息用的座椅

D. 不同防火分区开向防火隔间门的距离为 4 m

E. 采用阻燃壁纸装饰墙面

86. 下列关于消防水泵接合器的安装要求的说法中，正确的有（　　）。

A. 应安装在便于消防车接近使用的地点

B. 墙壁式消防水泵接合器不应安装在玻璃墙下方

C. 墙壁式消防水泵接合器与门窗洞口的净距不应小于 2.0 m

D. 距室外消火栓或消防水池的距离宜为 5 ~ 40 m

E. 地下消防水泵接合器进水口与井盖底部的距离不应小于井盖的直径

87. 某住宅小区，有 18 栋 20 层的住宅，建筑高度为 57 m，20 层楼板标高为 54.2 m，高位消防水箱底标高为 62.6 m，室内消防采用联合供水的临时高压消防给水系统，设计流量 57 L/s，室外埋地供水干管采用 *DN*200 mm 球墨铸铁管，长 2 000 m，漏水率为 1.40 L/min· km，室内管网总的漏水量为 0.25 L/s。下列关于该系统稳压设施的设置和参数的设计的做法中，符合安全可靠、经济合理要求的有（　　）。

A. 临时高压消防给水系统采用高位消防水箱加稳压泵稳压的方式

B. 高位消防水箱出水管的流量开关启动流量设计值为 1.2 L/s

C. 高位消防水箱出水管的流量开关启动流量设计值为 0.25 L/s

D. 高位消防水箱出水管的流量开关启动流量设计值为 0.30 L/s

E. 临时高压消防给水系统采用高位消防水箱稳压的方式

88. 下列关于室外消火栓的说法中，正确的有（　　）。

A. 地下式消火栓应安装在消火栓井内，消火栓井内径不宜小于 1.2 m

B. 同一建筑物设置的室外消火栓应采用同一厂家的栓口及配件

C. 消火栓栓口安装高度允许偏差为 ±20 mm

D. 地下式消火栓顶部出水口应正对井口

E. 地下式消火栓应设置永久性固定标志

89. 某高层建筑，建筑高度 50 m，设有 3 台湿式报警阀。下列关于末端试水装置设置的说法中，正确的有（　　）。

A. 每层最不利点喷头处均应设置末端试水设置

B. 末端试水装置的出流量应由系统流量系数最大的喷头确定

C. 末端试水装置应由试水阀、压力表、试水接头组成

D. 末端试水装置的出水应采取孔口出流的方式排入排水管道

E. 末端试水装置处排水管道的直径不宜小于 *DN*75 mm

90. 消防技术服务机构对某电视发射塔安装的 IG541 混合气体灭火系统进行验收前检测。在模拟启动试验环节，正确的检测方法有（　　）。

A. 手动模拟启动试验时，按下手动启动按钮，观察相关声光、报警及启动输出端负载的动作信号、联动设备动作是否正常

B. 手动模拟启动试验时，使压力信号反馈装置动作，观察相关防护区门外的气体喷放指示灯动作是否正常

C. 自动模拟启动试验时，用人工模拟火警使防护区内的任一火灾探测器动作，观察火警信号输出后，相关报警设备动作是否正常，再用人工模拟火警使防护区内的另一火灾探测器动作，观察相关声光报警及启动输出端负载的动作信号、联动设备动作是否正常

D. 可用一个与灭火系统驱动装置启动电压、电流相同的负载代替灭火系统驱动装置进行模拟启动试验

E. 手动模拟启动试验与自动模拟启动试验任选一项即可

91. 建筑灭火器配置缺陷项分为三类，分别为严重（A）、重（B）、轻（C）。下列灭火器装置中，属于严重缺陷项的有（　　）。

A. 堆场上露天设置 MFT/ABC20 灭火器

B. 柴油发电机房设置 1 具磷酸铵盐灭火器及 1 具碳酸氢钠灭火器

C. 建筑地下室灭火器被锁在灭火器箱中

D. 普通住宅内配置的灭火器未取得 3C 认证证书

E. 民用机场候机厅配置的灭火器型号为 MF/ABC4

92. 某办公楼，每层为一个防火分区，设有火灾自动报警系统、室内消火栓系统、防烟排烟系统等消防设施。当正压送风机控制柜处于自动状态时，检测风机的启动情况。下列操作中，能启动正压送风机的有（　　）。

A. 使消防联动控制器处于自动状态，使用发烟器分别对十层的楼梯间前屋及内走道的各一只感烟探测器进行模拟火灾报警测试，两只探测器先后发出火灾报警信号

B. 使消防联动控制器处于手动状态，使用发烟器对一楼大堂的一只感烟探测器进行模拟火灾报警测试，探测器发出火灾报警信号，再按下一只手动火灾报警按钮发出火灾报警信号

C. 在消防控制室内的消防联动控制器上手动按下正压送风机的启动按钮

D. 使消防联动控制器处于手动状态，使用发烟器分别对八层的两间办公室内的各一只感烟探测器进行模拟火灾报警测试，两只探测器先后发出火灾报警信号

E. 使消防联动控制器处于自动状态，手动开启设在六层防烟楼梯间的送风口

93. 在对易燃易爆危险环境进行防火检查时，应注意检查电气设备和电缆电线的选型及其安装情况。下列做法中，符合现行国家消防技术标准要求的有（　　）。

A. 在爆炸性气体混合物级别为Ⅱ A 级的爆炸性气体环境，选用Ⅱ B 级别的防爆电器设备

B. 在爆炸危险区域为 I 区的爆炸性环境采用截面积为 2.0 mm^2 的铜芯照明电缆

C. 安装的正压型电气设备与通风系统连锁

D. 电气设备房间与爆炸性环境相通，采取对爆炸性环境保持相对正压的措施

E. 在爆炸危险区域不同的方向，接地干线有 1 处与接地体连接

94. 在对建筑由火灾自动报警系统联动启动的雨淋喷水灭火系统进行检测时，应检测雨淋阀组联动控制功能。根据现行国家消防技术标准的规定，下列关于开启雨淋阀组的联动触发信号的说法中，正确的有（　　）。

A. 同一报警区域内两只及以上独立的感温火灾探测器的报警信号

B. 同一报警区域内两只及以上独立的感烟火灾探测器的报警信号

C. 同一报警区域内一只感烟火灾探测器与一只手动火灾报警按钮的报警信号

D. 同一报警区域内一只感烟火灾探测器与一只感温火灾探测器的报警信号

E. 同一报警区域内一只感温火灾探测器与一只手动火灾报警按钮的报警信号

95. 火灾自动报警系统施工安装过程中出现的下列现象中，错误的是（　　）。

A. 将火灾报警总线金属管直接穿到安装盒中，并在盒外侧加锁母

B. 将不小心弄断的火灾报警总线重新剥线，烫锡后铰接，用胶布缠绕好后再穿管

C. 将不小心弄断的火灾报警总线重新剥线，烫锡，并在中断处增加一个接线盒，再将金属管切断后按要求接入接线盒

D. 接线过程中，如只剩下一种颜色的导线，将其中一根导线两段分别打个结，以区分电源极性

E. 施工人员在看起来十分干净、干燥的工作环境施工后，还特意将穿管与接线盒的接口处做了密封处理

96. 对某公共建筑火灾自动报警系统的控制器进行功能检查。下列检查结果中，符合现行国家消防技术标准要求的有（　　）。

A. 控制器与探测器之间的连线断路，控制器在 80 s 时发出故障信号

B. 控制器与探测器之间的连线短路，控制器在 120 s 时发出故障信号

C. 在故障状态下，使一非故障部位的探测器发出火灾报警信号，控制器在 50 s 时发出火灾报警信号

D. 在故障状态下，使一非故障部位的探测器发出火灾报警信号，控制器在 70 s 时发出火灾报警信号

E. 控制器与备用电源之间的连线断路，控制器在 90 s 时发出故障信号

97. 根据《火灾自动报警系统施工及验收规范》（GB 50166），下列火灾自动报警系统的功能中，应每季度进行检查和试验的有（　　）。

A. 分期分批试验探测器的动作及确认灯显示功能

B. 试验火灾警报装置的声光显示功能

C. 试验主、备用电源自动切换功能

D. 试验非消防电源强制切断功能

E. 试验相关消防控制设备的控制显示功能

98. 消防性能化设计以消防安全工程学为基础，是一种先进、有效、科学、合理的防火设计方法。下列属于建筑物消防性能化设计的基本步骤的是（　　）。

A. 确定建筑物的消防安全总体目标

B. 进行性能化防火试设计和评估验证

C. 修改、完善设计并进一步评估验证确定是否满足所确定的消防安全目标

D. 编制设计说明与分析报告，提交审查与批准

E. 确定建筑各楼层和区域的使用功能

99. 针对人员密集场所存在的下列隐患情况，根据《重大火灾隐患判定方法》的规定，可判定重大隐患要素的有（　　）。

A. 一个防火分区设置的 6 樘防火门有 2 樘损坏

B. 商场营业厅内的疏散距离超过规定距离的 20%

C. 火灾自动报警系统处于故障状态，不能恢复正常运行

D. 设置的防排烟系统不能正常使用

E. 安全出口被封堵

100. 对自动喷水灭火系统进行年度检测，打开某个防火分区的末端试水装置，压力开关和水流指示器均正常动作，但消防水泵却没有启动。出现这种情况的原因有（　　）。

A. 水流指示灯前的信号蝶阀故障

B. 水流指示器的报警信号没有反馈到联动控制设备

C. 消防联动控制设备中的控制模块损坏

D. 水泵控制柜的控制模式未设定在“自动”状态

E. 水泵控制柜故障

第二单元　参考答案与解析

一、单项选择题参考答案与解析

1. D

【解析】《消防法》第十条规定，按照国家工程建设消防技术标准需要进行消防设计的建设工程，除本法第十一条另有规定的外，建设单位应当自依法取得施工许可之日起七个工作日内，将消防设计文件报消防机构备案，消防机构应当进行抽查。

2. B

【解析】根据《消防法》第六十九条规定，消防产品质量认证、消防设施检测等消防技术服务机构出具虚假文件的，责令改正，处五万元以上十万元以下罚款，并对直接负责的主管人员和其他直接责任人员处一万元以上五万元以下罚款；有违法所得的，并处没收违法所得；给他人造成损失的，依法承担赔偿责任；情节严重的，由原许可机关依法责令停止执业或者吊销相应资质、资格。

前款规定的机构出具失实文件，给他人造成损失的，依法承担赔偿责任；造成重大损失的，由原许可机关依法责令停止执业或者吊销相应资质、资格。

3. B

【解析】重大责任事故罪是指在生产、作业过程中违反有关安全管理的规定，因而发生重大伤亡事故或造成其他严重后果的行为，因此选选项 B。其他各选项解释如下：重大劳动安全事故罪是指安全生产设施或者安全生产条件不符合国家规定，因而发生重大伤亡事故或造成其他严重后果的行为。消防责任事故罪是指违反消防管理法规，经消防监督机构通知采取改正措施而拒绝执行，造成严重后果，危害公共安全的行为。工程重大安全事故罪是指建设单位、设计单位、施工单位、工程监理单位违反国家规定，降低工程质量标准，造成重大安全事故的行为。

4. A

【解析】《机关、团体、企业、事业单位消防安全管理规定》（公安部令第 61 号）第二十五条规定，公众聚集场所在营业期间的防火巡查应当至少每两小时一次；营业结束时，应当对营业现场进行检查，消除遗留火种。

5. B

【解析】《建设工程消防监督管理规定》第十三条规定，对具有下列情形之一的人员密集场所，建设单位应当向消防机构申请消防设计审核，并在建设工程竣工后向出具消防设计审核意见的消防机构申请消防验收：①建筑总面积大于一万平方米的宾馆、饭店、商场、市场。故不选选项 A。②建筑总面积大于二千五百平方米的影剧院，公共图书馆的阅览室，营业性室内健身、休闲场馆，医院的门诊楼，大学的教学楼、图书馆、食堂，劳动密集型企业的生产加工车间，寺庙、教堂。故选选项 B。③建筑总面积大于一千平方米的托儿所、幼儿园的儿童用房，儿童游乐厅等室内儿童活动场所，养老院、福利院，医院、疗养院的病房楼，中小学校的教学楼、图书馆、食堂，学校的集体宿舍，劳动密集型企业的员工集体宿舍。故不选选项 C。④建筑总面积大于五百平方米的歌舞厅、录像厅、放映厅、卡拉 OK 厅、夜总会、游艺厅、桑拿浴室、网吧、酒吧，具有娱乐功能的餐馆、茶馆、咖啡厅。故不选选项 D。

6. B

【解析】根据《社会消防技术服务管理规定》第四十七条规定，消防技术服务机构超越资质许可范围从事社会消防技术服务活动的，责令改正，处一万元以上二万元以下罚款。

7. A

【解析】《注册消防工程师制度暂行条例》第三十二条规定，注册消防工程师享有下列权利：①使用注册消防工程师称谓；②在规定范围内从事消防安全技术执业活动；③对违反相关法律、法规和技术标准的行为提出劝告，并向本级别注册审批部门或者上级主管部门报告；④接受继续教育；⑤获得与执业责任相应的劳动报酬；⑥对侵犯本人权利的行为进行申诉。该条例第三十三条规定，注册消防工程师履行下列义务：①遵守法律、法规和有关管理规定，恪守职业道德；②执行消防法律、法规、规章及有关技术标准；③履行岗位职责，保证消防安全技术执业活动质量，并承担相应责任；④保守知悉的国家秘密和聘用单位的商业、技术秘密；⑤不得允许他人以本人名义执业；⑥不断更新知识，提高消防安全技术能力；⑦完成注册管理部门交办的相关工作。因此，选项 A 为注册消防工程师享有的权利；选项 B、C、D 为注册消防工程师享有的义务。

8. B

【解析】注册消防工程师职业道德最根本的原则包括维护公共安全原则和诚实守信。

9. A

【解析】《建筑设计防火规范》（GB 50016—2014）第 3.1.3 条规定，闪点不小于 28℃，但小于 60℃的液体为乙类。

10. D

【解析】《建筑设计防火规范》（GB 50016—2014）第 3.1.5 条规定，丁、戊类储存物品仓库的火灾危险性，当可燃包装重量大于物品本身重量的 1/4 或可燃包装体积大于物品本身体积的 1/2 时，应按丙类确定。

11. B

【解析】《建筑设计防火规范》（GB 50016—2014）第 3.2.14 条规定，二级耐火等级多层厂房和多层仓库内采用预应力钢筋混凝土的楼板，其耐火极限不应低于 0.75 h，故选项 A 正确。根据该规范表 3.2.1，满足二级耐火等级的屋顶承重构件的耐火极限不应低于 1.00 h，故选项 B 错误。根据该规范表 3.2.1 注，二级耐火等级建筑内采用不燃材料的吊顶，其耐火极限不限。故选项 C 正确。该规范第 3.2.12 条规定，除甲、乙类仓库和高层仓库外，一、二级耐火等级建筑的非承重外墙，当采用不燃性墙体时，其耐火极限不应低于 0.25 h；当采用难燃性墙体时，不应低于 0.50 h，故选项 D 正确。

12. D

【解析】《建筑设计防火规范》（GB 50016—2014）第 3.2.3 条规定，单、多层丙类厂房和多层丁、戊类厂房的耐火等级不应低于三级。使用或产生丙类液体的厂房和有火花、赤热表面、明火的丁类厂房，其耐火等级均不应低于二级，当为建筑面积不大于 500 m^2 的单层丙类厂房或建筑面积不大于 1 000 m^2 的单层丁类厂房时，可采用三级耐火等级的建筑。金属冶炼车间的火灾危险性类别为丁类，但面积大于 1 000 m^2，故不能采用，选项 A 错误。

该规范第 3.2.2 条规定，高层厂房，甲、乙类厂房的耐火等级不应低于二级，建筑面积不大于 300 m^2 的独立甲、乙类单层厂房可采用三级耐火等级的建筑。氨压缩机房的火灾危险性类别为乙类，但面积大于 300 m^2，故不能采用，选项 B 错误。单层制氨车间的火灾危险性类别为乙类，面积小于 300 m^2，故可以采用，选项 D 正确。

该规范第 3.2.5 条规定，锅炉房的耐火等级不应低于二级，当为燃煤锅炉房且锅炉的总蒸发量不大于 4 t/h 时，可采用三级耐火等级的建筑。故蒸发量为 7 t/h 的燃煤锅炉房不能采用，选项 C 错误。

13．C

【解析】根据《建筑设计防火规范》（GB 50016—2014）表 4.2.1 注 3，甲、乙、丙类液体的固定顶储罐区或半露天堆场，乙、丙类液体桶装堆场与甲类厂房（仓库）、民用建筑的防火间距，应按本表的规定增加 25%，且甲、乙类液体的固定顶储罐区或半露天堆场，乙、丙类液体桶装堆场与甲类厂房（仓库）、裙房、单、多层民用建筑的防火间距不应小于 25 m，与明火或散发火花地点的防火间距应按本表有关四级耐火等级建筑物的规定增加 25%。四级耐火等级对应距离为 40 m，增加 25%，为 50 m，小于 55 m，故选项 A 正确。

《建筑设计防火规范》（GB 50016—2014）第 4.2.2 条规定，防火间距为 0.6 D=12 m ＜ 12.5 m，故选项 B 正确。

根据相关规定，消防车道的净宽度和净高均不应小于 4 m（宽度测量值的允许负偏差不得大于规定值的 5%，且不影响正常使用），坡度不得大于 8%，且与建筑之间不得设置妨碍消防车作业的树木、架空管线等障碍物，故选项 C 错误。

《建筑设计防火规范》（GB 50016—2014）第 4.2.5.4 规定，防火堤的设计高度应比计算高度高出 0.2 m，且应为 1.0 ~ 2.2 m，故选项 D 正确。

14．D

【解析】《建筑设计防火规范》（GB 50016—2014）第 7.2.1 条规定，高层建筑至少沿一个长边或周边长度的 1/4 且不小于一个长边长度的底边连续布置消防车登高面，该范围内的裙房进深不应大于 4 m。故选项 A 正确，选项 D 错误。《建筑设计防火规范》（GB 50016—2014）第 7.2.2.4 条规定，场地应与消防车道连通，场地靠建筑外墙一侧的边缘距离建筑外墙不宜小于 5 m，且不应大于 10 m，场地的坡度不宜大于 3%。故选项 B、C 正确。

15．C

【解析】员工宿舍严禁设置在厂房内。故选项 A 错误。办公室、休息室设置在丙类厂房内时，应采用耐火极限不低于 2.50 h 的防火隔墙和 1.00 h 的楼板与其他部位分隔，并应至少设置 1 个独立的安全出口，如隔墙上需开设相互连通的门时，应采用乙级防火门。故选项 B 错误。厂房内的丙类液体中间储罐应设置在单独房间内，其容量不应大于 5 m^3。故选项 C 正确。储存油漆的中间仓库属于甲类，甲、乙类中间仓库应靠外墙布置，其储量要尽量控制在一昼夜的需要量内。丙类厂房内，甲类中间仓库应采用防火墙和耐火极限不低于 1.50 h 的不燃性楼板与其他部位分隔。故选项 D 错误。

16. D

【解析】住宅部分与非住宅部分的安全出口和疏散楼梯应分别独立设置；为住宅部分服务的地上车库应设置独立的疏散楼梯或安全出口，地下车库的疏散楼梯与地上部分共用楼梯间时，在首层须采用耐火极限不低于 2.00 h 的防火隔墙和乙级防火门将地下与地上部分的连通部位完全分隔并设置明显的标志。故选项 A 正确。

燃油或燃气锅炉房应设置在首层或地下一层的靠外墙部位，如为常（负）压燃油或燃气锅炉，可设置在地下二层或屋顶上。设置在屋顶上的常（负）压燃气锅炉，距离通向屋面的安全出口不应小于 6 m。采用相对密度（与空气密度的比值）不小于 0.75 的可燃气体为燃料的锅炉，不得设置在地下或半地下。故选项 B 正确。

柴油发电机房不应布置在人员密集场所的上一层、下一层或贴邻，故选项 C 正确。

变压器室应设置在建筑首层或地下一层的靠外墙部位。变压器室没有油浸变压器时，宜设置在建筑外的专用房间内，故选项 D 错误。

17. C

【解析】《建筑设计防火规范》（GB 50016—2014）第 7.3.8 条规定，消防电梯应符合下列规定：①应能每层停靠；②电梯的载重量不应小于 800 kg；③电梯从首层至顶层的运行时间不宜大于 60 s；④电梯的动力与控制电缆、电线、控制面板应采取防水措施；⑤在首层的消防电梯入口处应设置供消防队员专用的操作按钮；⑥电梯轿厢的内部装修应采用不燃材料；⑦电梯轿厢内部应设置专用消防对讲电话。选项 A、B、D 都属于防火检查的内容。

18. A

【解析】消防救援口沿建筑外墙在每层设置，设置间距不宜大于 20 m，且保证每个防火分区不少于 2 个。故选项 A 错误。消防车登高操作场地与消防车道连通，与厂房、仓库、民用建筑之间不得设置妨碍消防车操作的树木、架空管线等障碍物和车库出入口。场地靠建筑外墙一侧的边缘距离建筑外墙不宜小于 5 m，且不应大于 10 m；场地的坡度不宜大于 3%，长度和宽度分别不应小于 20 m 和 10 m。故选项 B、C 均正确。《建筑设计防火规范》（GB 50016—2014）第 7.2.3 条规定，建筑物与消防车登高操作场地相对应的范围内，应设置直通室外的楼梯或直通楼梯间的入口。故选项 D 正确。

19. A

【解析】《建筑设计防火规范》（GB 50016— 2014）表 5.3.1 注 1：表中规定的防火分区最大允许建筑面积，当建筑内设置自动灭火系统时，可按本表的规定增加 1.0 倍。故选项 A 错误。

《建筑设计防火规范》（GB 50016—2014）第 5.3.2 条规定，建筑内设置自动扶梯、敞开楼梯等上、下层相连通的开口时，其防火分区的建筑面积应按上、下层相连通的建筑面积叠加计算；当叠加计算后的建筑面积大于本规范第 5.3.1 条的规定时，应划分防火分区。故选项 B 正确。

《汽车库、修车库、停车场设计防火规范》（GB 50067—2014）第 5.1.1 条规定，对于敞开式、错层式、斜楼板式的汽车库，其上下连通层的防火分区面积应叠加计算，每个防火分区的最大允许建筑面积不应大于规定的 2.0 倍。故选项 C 正确。

《人民防空工程设计防火规范》（GB 50098—2009）第 4.1.1.2 条规定，水泵房、污水泵房、水池、厕所、盥洗间等无可燃烧的房间，其面积可不计入防火分区的面积之内。故选项 D 正确。

20. C

【解析】《挡烟垂壁》（GA 533—2012）第 5.1.2.5 条规定，制作挡烟垂壁的玻璃材料应为防火玻璃。

21. D

【解析】《建筑设计防火规范》（GB 50016—2014）第 6.5.1.1 条规定，设置在建筑内经常有人通行处的防火门宜采用常开防火门。常开防火门应能在火灾时自行关闭，并应具有信号反馈的功能。故选项 B 正确。

第 6.5.1.4 条规定，防火门应能在其内外两侧手动开启。故选项 A 正确。

第 6.5.1.5 条规定，设置在建筑变形缝附近时，防火门应设置在楼层较多的一侧，并应保证防火门开启时门扇不跨越变形缝。故选项 C 正确。

第 7.3.5.4 条规定，除设置在仓库连廊、冷库穿堂或谷物筒仓工作塔内的消防电梯外，消防电梯应设置前室，前室或合用前室的门应采用乙级防火门，不应设置卷帘。故选项 D 错误。

22. A

【解析】《建筑设计防火规范》（GB 50016—2014）第 5.5.19 条规定，人员密集的公共场所、观众厅的疏散门不应设置门槛，其净宽度不应小于 1.40 m，且紧靠门口内外各 1.40 m 范围内不应设置踏步。故选项 A 错误。

《建筑设计防火规范》（GB 50016—2014）第 5.5.18 条规定，公共建筑内疏散门和安全出口的净宽度不应小于 0.90 m，疏散走道和疏散楼梯的净宽度不应小于 1.10 m。故选项 B 正确。

《建筑设计防火规范》（GB 50016—2014）第 5.5.21.2 条规定，除剧场、电影院、礼堂、体育馆外的其他公共建筑，地下或半地下人员密集的厅、室和歌舞娱乐放映游艺场所，其房间疏散门、安全出口、疏散走道和疏散楼梯的各自总净宽度，应根据疏散人数按每 100 人不小于 1.00 m 计算确定。故选项 C 正确。

《建筑设计防火规范》（GB 50016—2014）第 5.5.30 条规定，住宅建筑的户门、安全出口、疏散走道和疏散楼梯的各自总净宽度应经计算确定，且户门和安全出口的净宽度不应小于 0.90 m，疏散走道、疏散楼梯和首层疏散外门的净宽度不应小于 1.10 m。建筑高度不大于 18 m 的住宅中一边设置栏杆的疏散楼梯，其净宽度不应小于 1.0 m。故选项 D 正确。

23. C

【解析】《建筑设计防水规范》（GB 50016—2014）第 5.5.19 条规定，人员密集的公共场所的室外疏散通道的净宽度不应小于 3.00 m，并应直接通向宽敞地带。故选项 A 正确。第 5.5.17 条规定，老年人建筑，位于袋形走道两侧或尽端的疏散门至最近安全出口的直线距离不大于 20 m。建筑内开向敞开式外廊的房间疏散门至最近安全出口的直线距离可按表 5.5.17 的规定（不大于 22 m）增加 5 m。故选项 B、D 均正确。第 5.5.30 条规定，住宅建筑的户门、安全出口、疏散走道、疏散楼梯和首层疏散外门的净宽度不应小于 1.10 m，建筑高度不大于 18 m 的住宅中一边设置栏杆的疏散楼梯，其净宽度不应小于 1.0 m。故选项 C 错误。

24. D

【解析】《建筑设计防火规范》（GB 50016—2014）第 6.4.14 条规定，避难走道的设置应符合下列规定：①避难走道防火隔墙的耐火极限不应低于 3.00 h，楼板的耐火极限不应低于 1.50 h（选项 A 正确）。②避难走道直通地面的出口不应少于 2 个，并应设置在不同方向；当避难走道仅与一个防火分区相通且该防火分区至少有 1 个直通室外的安全出口时，可设置 1 个直通地面的出口。任一防火分区通向避难走道的门至该避难走道最近直通地面的出口的距离不应大于 60 m（选项 B 正确）。③避难走道的净宽度不应小于任一防火分区通向该避难走道的设计疏散总净宽度（选项 C 正确）。④避难走道内部装修材料的燃烧性能应为 A 级。⑤防火分区至避难走道入口处应设置防烟前室，前室的使用面积不应小于 6.0 m^2，开向前室的门应采用甲级防火门，前室开向避难走道的门应采用乙级防火门（选项 D 错误）。⑥避难走道内应设置消火栓、消防应急照明、应急广播和消防专线电话。

25. C

【解析】《建筑设计防火规范》（GB 50016—2014）第 6.4.1 条规定，疏散楼梯间应符合下列规定：①楼梯间应能天然采光和自然通风，并宜靠外墙设置。靠外墙设置时，楼梯间、前室及合用前室外墙上的窗口与两侧门、窗、洞口最近边缘的水平距离不应小于 1.0 m（无需是必须设置，因此选项 C 错误）。②楼梯间内不应设置烧水间、可燃材料储藏室、垃圾道（选项 A 正确）。③楼梯间内不应有影响疏散的凸出物或其他障碍物（选项 B 正确）。④封闭楼梯间、防烟楼梯间及其前室，不应设置卷帘。⑤楼梯间内不应设置甲、乙、丙类液体管道。⑥封闭楼梯间、防烟楼梯间及其前室内禁止穿过或设置可燃气体管道。敞开楼梯间内不应设置可燃气体管道，当住宅建筑的敞开楼梯间内确需设置可燃气体管道和可燃气体计量表时，应采用金属管和设置切断气源的阀门（选项 D 正确）。

26. D

【解析】《建筑设计防火规范》（GB 50016—2014）第 5.5.23 条规定，建筑高度大于 100 m 的公共建筑，应设置避难层（间）避难层（间）应符合下列规定：

第 5.5.23.4 条规定，避难层可兼作设备层。设备管道宜集中布置，其中的易燃、可燃液体或气体管道应集中布置，设备管道区应采用耐火极限不低于 3.00 h 的防火隔墙与避难区分隔。管道井和设备间应采用耐火极限不低于 2.00 h 的防火隔墙与避难区分隔，管道井和设备间的门不应直接开向避难区；确需直接开向避难区时，与避难层区出入口的距离不应小于 5 m，且应采用甲级防火门。避难间内不应设置易燃、可燃液体或气体管道，不应开设除外窗、疏散门之外的其他开口（选项 C 正确）。

第 5.5.23.5 条规定，避难层应设置消防电梯出口（选项 B 正确）。

第 5.5.23.9 条规定，应设置直接对外的可开启窗口或独立的机械防烟设施，外窗应采用乙级防火窗（选项 A 正确，选项 D 错误）。

27. D

【解析】《建筑设计防火规范》（GB 50016—2014）第 5.5.24 条规定，高层病房楼应在二层及以上的病房楼层和洁净手术部设置避难间（选项 A 正确）。避难间应符合下列规定：①避难间服务的护理单元不应超过 2 个（选项 C 正确），其净面积应按每个护理单元不小于 25.0 m^2 确定（选项 D 错误，建筑面积为 25 m^2，则净面积达不到 25 m^2）。②避难间兼作其他用途时，应保证人员的避难安全，且不得减少可供避难的净面积。③应靠近楼梯间，并应采用耐火极限不低于 2.00 h 的防火隔墙和甲级防火门与其他部位分隔（选项 B 正确）。

28. B

【解析】《建筑设计防火规范》（GB 50016—2014）第 6.4.12.3 条规定，用于防火分隔的下沉式广场等室外开敞空间，确需设置防风雨棚时，防风雨篷不应完全封闭，四周开口部位应均匀布置，开口的面积不应小于该空间地面面积的 25%，开口高度不应小于 1.0 m；开口设置百叶时，百叶的有效排烟面积可按百叶通风口面积的 60% 计算。

29. A

【解析】《建筑设计防火规范》(GB 50016—2014) 第 3.6.10 条规定，有爆炸危险区域内的楼梯间、室外楼梯或有爆炸危险的区域与相邻区域的连通处，应设置门斗等防护措施。门斗的隔墙应为耐火极限不应低于 2.00 h 的防火隔墙，门应采用甲级防火门并应与楼梯间的门错位设置。故选选项 A。

30. A

【解析】《建筑设计防火规范》(GB 50016—2014) 第 10.2.4 条规定，开关、插座和照明灯具靠近可燃物时，应采取隔热、散热等防火措施。故选项 A 错误，选项 D 正确。

《建筑内部装修设计防火规范》(GB 50222—2017) 第 3.0.4 条规定，安装在金属龙骨上燃烧性能达到 B_1 级的纸面石膏板、矿棉吸声板，可作为 A 级装修材料使用。《建筑内部装修设计防火规范》(GB 50222—2017) 第 4.0.17 条规定，建筑内部的配电箱、控制面板、接线盒、开关、插座等不应直接安装在低于 B_1 级的装修材料上；用于顶棚和墙面装修的木质类板材，当内部含有电器、电线等物体时，应采用不低于 B_1 级的材料。选项 B 中，配电箱的壳体和底板采用金属材料制作，燃烧性能为 A 级，纸面石膏板燃烧性能为 B_1 级。故选项 B 正确。

《建筑设计防火规范》(GB 50016—2014) 第 10.2.3 条规定，配电线路不得穿越通风管道内腔或直接敷设在通风管道外壁上，穿金属导管保护的配电线路可紧贴通风管道外壁敷设。配电线路敷设在有可燃物的闷顶、吊顶内时，应采取穿金属导管、采用封闭式金属槽盒等防火保护措施。故选项 C 正确。

31. B

【解析】《建筑设计防火规范》(GB 50016—2014) 第 6.7.4 条规定，设置人员密集场所的建筑，其外墙外保温材料的燃烧性能应为 A 级。故选项 A、C 错误。

《建筑设计防火规范》(GB 50016—2014) 第 6.7.5.1.3 条规定，与基层墙体、装饰层之间无空腔的建筑外墙外保温系统，建筑高度不大于 27 m 时，保温材料的燃烧性能不应低于 B_2 级 (选项 B 正确)。

《建筑设计防火规范》(GB 50016—2014) 第 6.7.4 条规定，设置人员密集场所的建筑其外墙外保温材料的燃烧性能应为 A 级。第 6.7.6 条规定，除设置人员密集场所的建筑外，与基层墙体、装饰层之间有空腔的建筑外墙外保温系统，建筑高度大于 24 m 时，外墙外保温材料的燃烧性能应为 A 级；建筑高度不大于 24 m 时，保温材料的燃烧性能不应低于 B_1 级 (选项 D 错误)。

32. C

【解析】建筑消防设施档案至少包含下列内容：①消防设施基本情况。消防设施基本情况主要包括消防设施的验收文件和产品、系统使用说明书、系统调试记录、消防设施平面布置图和系统图等原始技术资料。②消防设施动态管理情况。消防设施动态管理情况主要包括消防设施的值班记录、巡查记录、检测记录、故障维修记录以及维护保养计划表、维护保养记录、自动消防控制室值班人员基本情况档案及培训记录等。

33. D

【解析】《建筑消防设施的维护管理》(GB 25201—2010) 第 5.2.6 条规定，消防控制室每班工作时间不大于 8 h，每班人员不少于 2 人。值班人员对火灾报警控制器进行检查、接班、交班时，应填写《消防控制值班记录表》。值班期间每 2 h 记录一次消防控制室内消防设备的运行情况，及时记录消防控制室内消防设备的火警或故障情况。因此选项 A、B、C 均正确，选项 D 不应为值班室人员的安全职责。

34．B

【解析】通过消防联动控制设备，能够控制和显示各类消防设施的电源工作状态、各类设备及其组件的启 / 停等运行状态和故障状态，显示具有控制功能、信号反馈功能的阀门、监控装置的正常工作状态和动作状态。因此，可控制消防水泵控制器的“电源工作状态”，而无法控制消防水泵控制器的“工作状态”，故选项 B 错误。

35．C

【解析】《消防给水及消火栓系统技术规范》（GB 50974—2014）第 12.2.1 条规定：消防给水及消火栓系统施工前应对采用的主要设备、系统组件、管材管件及其他设备、材料进行现场检查，并应符合下列要求：①主要设备、系统组件、管材管件及其他设备、材料，应符合国家现行有关产品标准的规定，并应具有出厂合格证或质量认证书。②消防水泵、消火栓、消防水带、消防水枪、消防软管卷盘或轻便水龙、报警阀组、电动（磁）阀、压力开关、流量开关、消防水泵接合器、沟槽连接件等系统主要设备和组件，应经国家消防产品质量监督检验中心检测合格（选项 A、C）。③稳压泵、气压水罐、消防水箱、自动排气阀、信号阀、止回阀、安全阀、减压阀、倒流防止器、蝶阀、闸阀、流量计、压力表、水位计等，应经相应国家产品质量监督检验中心检测合格（选项 B、D）。④气压水罐、组合式消防水池、屋顶消防水箱、地下水取水和地表水取水设施，以及其附件等，应符合国家现行相关产品标准的规定。

根据以上条款规定，流量开关、压力开关应经国家消防产品质量监督检验中心检验合格，因此选项 A 错误，选项 C 正确。消防水箱、安全阀应经相应国家产品质量监督检验中心检验合格，因此选项 B、D 错误。

36．B

【解析】《消防给水及消火栓系统技术规范》（GB 50974—2014）第 12.4.1.1 条规定，消防给水及消火栓系统管网安装完毕后，应对其进行强度试验、冲洗和严密性试验。

37．D

【解析】《消防给水及消火栓系统技术规范》（GB 50974—2014）第 14.0.4 条规定，消防水泵和稳压泵等供水设施的维护管理应符合下列规定：①每月应手动启动消防水泵运转一次，并应检查供电电源的情况（选项 A 错误，选项 D 正确）。②每周应模拟消防水泵自动控制的条件自动启动消防水泵运转一次，且应自动记录自动巡检情况，每月应检测记录。③每日应对稳压泵的停泵启泵压力和启泵次数等进行检查和记录运行情况（选项 C 错误）。④每日应对柴油机消防水泵的启动电池的电量进行检测，每周应检查储油箱的储油量，每月应手动启动柴油机消防水泵运行一次。⑤每季度应对消防水泵的出流量和压力进行一次试验（选项 B 错误）。（6）每月应对气压水罐的压力和有效容积等进行一次检测。

38．A

【解析】《消防给水及消火栓系统技术规范》（GB 50974—2014）第 7.1.6 条规定，干式消火栓系统的充水时间不应大于 5 min。

39．B

【解析】《消防给水及消火栓系统技术规范》（GB 50974—2014）第 12.2.3.14 条规定，消火栓固定接口应进行密封性能试验，应以无渗漏、无损伤为合格。试验数量宜从每批中抽查 1%，但不应少于 5 个（选项 A 错误），应缓慢而均匀地升压 1.6 MPa，应保压 2 min（选项 C 错误）。当两个及两个以上不合格时，不应使用该批消火栓。当仅有 1 个不合格时，应再抽查 2%，但不应少于 10 个（选项 B 正确），并应重新进行密封性能试验；当仍有不合格时，亦不应使用该批消火栓（选项 D 错误）。

40. A

【解析】《自动喷水灭火系统施工及验收规范》（GB 50261—2017）第 3.2.7.5 条规定，闭式喷头应进行密封性能试验，以无渗漏、无损伤为合格。试验数量应从每批中抽查 1%，并不得少于 5 只，试验压力应为 3.0 MPa，保压时间不得少于 3 min。当两只及两只以上不合格时，不得使用该批喷头。当仅有一只不合格时，应再抽查 2%，并不得少于 10 只，并重新进行密封性能试验；当仍有不合格时，亦不得使用该批喷头。因此选项 B、C、D 错误。

41. D

【解析】《自动喷水灭火系统施工及验收规范》（GB 50261—2017）第 3.2.8 条规定，阀门及其附件的现场检验应符合下列要求：①阀门的商标、型号、规格等标志应齐全，阀门的型号、规格应符合设计要求，选项 B 正确。②阀门及其附件应配备齐全，不得有加工缺陷和机械损伤，选项 A 正确。③报警阀除应有商标、型号、规格等标志外，尚应有水流方向的永久性标志，选项 C 正确。

42. C

【解析】《自动喷水灭火系统施工及验收规范》（GB 50261—2017）第 7.2.5.1 条规定，湿式报警阀调试时，在末端装置处放水，当湿式报警阀进口水压大于 0.14 MPa、放水流量大于 1 L/s 时，报警阀应及时启动；带延迟器的水力警铃应在 5 ~ 90 s 内发出报警铃声，不带延迟器的水力警铃应在 15 s 内发出报警铃声；压力开关应及时动作，启动消防泵并反馈信号。

43. C

【解析】《自动喷水灭火系统设计规范》（GB 50084—2017）：

第 9.0.3 条规定，每年应对水源的供水能力进行一次测定，每日应对电源进行检查（选项 C 正确）。

第 9.0.6 条规定，每个季度应对系统所有的末端试水阀和报警阀旁的放水试验阀进行一次放水试验，检查系统启动、报警功能以及出水情况是否正常（选项 A 错误）。

第 9.0.16 条规定，消防水泵接合器的接口及附件应每月检查一次，并应保证接口完好、无渗漏、闷盖齐全（选项 D 错误）。

第 9.0.17 条规定，每月应利用末端试水装置对水流指示器进行试验（选项 B 错误）。

44. C

【解析】

水流指示器故障表现为打开末端试水装置，达到规定流量时水流指示器不动作，或者关闭末端试水装置后，水流指示器反馈信号仍然显示为动作信号。①故障原因分析：a. 桨片被管腔内杂物卡阻；b. 调整螺母与触头未调试到位；c. 电路接线脱落。②故障处理：a. 清除水流指示器管腔内的杂物；b. 将调整螺母与触头调试到位；c. 检查并重新将脱落电路接通。

45. B

【解析】自动喷水灭火系统巡查记录内容包括：①喷头外观及其周边障碍物、喷头溅水盘与顶棚距离。②报警阀组外观、排水设施状况、水源控制阀的启闭状态等。③充气设备、排气装置及其控制装置、火灾探测传动、液（气）动传动及其控制装置、现场手动控制装置等外观、运行状况。④系统末端试水装置、楼层试水阀及其现场环境状态，压力监测情况等。⑤系统用电设备的电源及其供电情况。因此本题选选项 B。

46. C

【解析】《水喷雾灭火系统设计规范》（GB 50219—2014）第 8.4.11.3 条规定，系统的响应时间、工作压力和流量应符合设计要求。检查数量：全数检查。检查方法：当为手动控制时，以手动方式进行 1 ~ 2 次试验；当为自动控制时，以自动和手动方式各进行 1 ~ 2 次试验，并用压力表、流量计、秒表计量。

47. B

【解析】《细水雾灭火系统技术规范》（GB 50898—2013）第 4.4.3 条规定，泵组调试应符合下列规定：①以自动或手动方式启动泵组时，泵组应立即投入运行。故选项 A 正确。②以备用电源切换方式或备用泵切换启动泵组时，泵组应立即投入运行。故选项 B 不符合要求，本题答案为选项 B。③采用柴油泵作为备用泵时，柴油泵的启动时间不应大于 5 s。故选项 C 正确。④控制柜应进行空载和加载控制调试，控制柜应能按其设计功能正常动作和显示。故选项 D 正确。

48. D

【解析】《气体灭火系统施工及验收规范》（GB 50263—2007）第 4.3.1.5 条规定，同一规格的灭火剂储存容器，其高度差不宜超过 20 mm。《气体灭火系统施工及验收规范》（GB 50263—2007）第 4.3.1.6 条规定，同一规格的驱动气体储存容器，其高度差不宜超过 10 mm。因此，最大不宜超过 20 mm，选择选项 D。

49. C

【解析】《气体灭火系统施工及验收规范》（GB 50263—2007）附录 E.1.3 规定，当水压强度试验条件不具备时，可采用气压强度试验代替。气压强度试验压力取值：二氧化碳灭火系统取 80% 水压强度试验压力，IG541 混合气体灭火系统取 10.5 MPa，卤代烷 1301 灭火系统和七氟丙烷灭火系统取 1.15 倍最大工作压力。故 $4.2 \times 1.15=4.83$（MPa）。

50. B

【解析】《气体灭火系统施工及验收规范》（GB 50263—2007）：

第 8.0.6.2.2 条规定，每月检查高压二氧化碳灭火系统、七氟丙烷管网灭火系统及 IG541 灭火系统等系统的灭火剂和驱动气体储存容器内的压力，不得小于设计储存压力的 90%（选项 A、D 错误）。

第 8.0.9 条规定，低压二氧化碳灭火剂储存容器的维护管理应按《压力容器安全技术监察规程》执行；钢瓶的维护管理应按《气瓶安全监察规程》执行。灭火剂输送管道耐压试验周期应按《压力管道安全管理与监察规定》执行（选项 B 正确）。

第 8.0.7.5 条规定，每季度应对气体灭火系统进行 1 次全面检查，对高压二氧化碳储存容器逐个进行称重检查，灭火剂净重不得小于设计储存量的 90%。（选项 C 错误）。

51. B

【解析】《气体灭火系统设计规范》（GB 50370—2005）第 3.1.15 条规定，同一防护区内的预制灭火系统装置多于 1 台时，必须能同时启动，其动作响应时差不得大于 2 s。

52．D

【解析】《泡沫灭火系统设计规范》（GB 50151—2010）第 2.1.6 条规定，低倍数泡沫指发泡倍数低于 20 的灭火泡沫（选项 C 正确）。

《泡沫灭火系统设计规范》（GB 50151—2010）第 3.2.3 条规定，水溶性甲、乙、丙类液体和其他对普通泡沫有破坏作用的甲、乙、丙类液体，以及用一套系统同时保护水溶性和非水溶性甲、乙、丙类液体的，必须选用抗溶泡沫液（醇、醛、酸、酯、醚、酮等是常见的水溶性液体，选项 D 错误。本题答案为选项 D）。

《泡沫灭火系统设计规范》（GB 50151—2010）第 4.1.10 条规定，固定式泡沫灭火系统的设计应满足在泡沫消防水泵或泡沫混合液泵启动后，将泡沫混合液或泡沫输送到保护对象的时间不大于 5 min（选项 A 正确）。

《泡沫灭火系统施工及验收规范》（GB 50281—2006）第 6.2.6.2 条规定，低、中倍数泡沫灭火系统喷水试验完毕，将水放空后，进行喷泡沫试验；当为自动灭火系统时，应以自动控制的方式进行；喷射泡沫的时间不应小于 1 min（选项 B 正确）。

53．B

【解析】《泡沫灭火系统施工及验收规范》（GB 50281—2006）第 5.3.2 条规定，常压泡沫液储罐的现场制作、安装和防腐应符合下列规定：①现场制作的常压钢质泡沫液储罐，泡沫液管道出液口不应高于泡沫液储罐最低液面 1 m，泡沫液管道吸液口距泡沫液储罐底面不应小于 0.15 m，且宜做成喇叭口形（选项 A 错误）。②现场制作的常压钢质泡沫液储罐应该进行严密性试验，试验压力应为储罐装满水后的静压力，试验时间不应小于 30 min，目测应无渗漏（选项 B 正确）。③现场制作的常压钢质泡沫液储罐内、外表面应按设计要求防腐，并应在严密性试验合格后进行（选项 C、D 错误）。

54．B

【解析】《泡沫灭火系统施工及验收规范》（GB 50281—2006）：

第 8.2.2.5 条规定，每月应对遥控功能或自动控制设施及操纵机构进行检查，性能应符合设计要求（因此选项 D 应为每月检查内容，错误）。

第 8.2.2.6 条规定，每月对储罐上的低、中倍数泡沫混合液立管应清除锈渣（因此选项 A 应为每月检查内容，错误）。

第 8.2.3 条规定，每半年除储罐上泡沫混合液立管和液下喷射防火堤内泡沫管道及高倍数泡沫产生器进口端控制阀后的管道外，其余管道应全部冲洗，清除锈渣（因此选项 C 错误）。

第 8.2.4.2 条规定，每两年应对系统进行检查和试验；检查和试验的内容及要求应符合下列规定：对于高倍数泡沫灭火系统，可在防护区内进行喷泡沫试验，并对系统所有组件、设施、管道及附件进行全面检查（因此选项 B 正确）。

55．B

【解析】《干粉灭火系统设计规范》（GB 50347—2004）第 3.4.1 条规定，预制灭火装置应符合下列规定：①灭火剂储存量不得大于 150 kg（选项 B 不符合）。②管道长度不得大于 20 m（选项 A 符合）。③工作压力不得大于 2.5 MPa（选项 C 符合）。

《干粉灭火系统设计规范》（GB 50347—2004）第 3.4.3 条规定，一个防护区或保护对象所用预制灭火装置最多不得超过 4 套，并应同时启动，其动作响应时间差不得大于 2 s（选项 D 符合）。

56．D

【解析】《干粉灭火系统设计规范》（GB 50347—2004）：

第 5.1.3 条规定，储存装置的布置应方便检查和维护，并宜避免阳光直射。其环境温度应为 –20 ~ 50℃（因此选项 A 错误）。

第 7.0.5 条规定，地下防护区和无窗或设固定窗扇的地上防护区，应设置独立的机械排风装置，排风口应通向室外（因此选项 B 错误）。

第 5.1.1.1 条规定，干粉储存容器应符合《压力容器安全技术监察规程》的规定；驱动气体储瓶及其充装系数应符合《气瓶安全监察规程》的规定（因此选项 C 正确）。

第 6.0.2 条规定，设有火灾自动报警系统时，灭火系统的自动控制应在收到两个独立火灾探测信号后才能启动，并应延迟喷放，延迟时间不应大于 30 s，且不得小于干粉储存容器的增压时间（因此选项 D 错误）。

57. A

【解析】干粉灭火系统周期性检查内容如下：

频次	检查项目
日检查内容	（1）干粉储存装置外观 （2）灭火控制器运行情况（选项 C） （3）启动气体储瓶和驱动气体储瓶压力（选项 B）
月检查内容	（1）干粉储存装置部件 （2）驱动气体储瓶充装量（选项 A）
年检查内容	（1）防护区及干粉储存装置间 （2）管网、支架及喷放组件（选项 D） （3）模拟启动检查

58. C

【解析】《干粉灭火系统设计规范》（GB 50347—2004）：

第 3.1.3 条规定，采用局部应用灭火系统的保护对象应符合下列规定：①保护对象周围的空气流动速度不应大于 2 m/s。必要时，应采取挡风措施（因此选项 C 错误）。②在喷头和保护对象之间，喷头喷射角范围内不应有遮挡物。③当保护对象为可燃液体时，液面至容器缘口的距离不得小于 150 mm（因此选项 B 正确）。

第 3.3.2 条规定，室内局部应用灭火系统的干粉喷射时间不应小于 30 s；室外或有复燃危险的室内局部应用灭火系统的干粉喷射时间不应小于 60 s。（因此选项 D 正确）。

第 3.3.3.1 条规定，当采用面积法设计时，保护对象计算面积应取被保护表面的垂直投影面积（设计要求应取被保护表面的垂直投影面积。检测结果是垂直投影面积的 120%，说明保护对象均可受到保护，符合规范要求，因此选项 A 正确）。

59. A

【解析】《建筑灭火器配置验收及检查规范》（GB 50444—2008）：

第 5.2.1 条规定，灭火器的配置、外观等应每月进行一次检查。第 5.2.2 条规定，候车（机、船）室、歌舞娱乐放映游艺等人员密集的公共场所以及堆场、罐区、石油化工装置区、加油站、锅炉房、地下室等场所配置的灭火器每半月检查一次。

60. A

【解析】手提式、推车式灭火器出厂时间达到或超过下列规定期限的，予以报废处理：①水基型灭火器出厂期满 6 年。②干粉灭火器洁净气体灭火器出厂期满 10 年。③二氧化碳灭火器出厂期满 12 年。

61. B

【解析】《火灾自动报警系统设计规范》（GB 50116—2013）第 4.5.1 条规定，防烟系统的联动控制方式应符合下列规定：①应由加压送风口所在防火分区内的两只独立的火灾探测器或一只火灾探测器与一只手动火灾报警按钮的报警信号，作为送风口开启和加压送风机启动的联动触发信号，并应由消防联动控制器联动控制相关层前室等需要加压送风场所的加压送风口开启和加压送风机启动。故选项 A 正确。②应由同一防烟分区内且位于电动挡烟垂壁附近的两只独立的感烟火灾探测器的报警信号，作为电动挡烟垂壁降落的联动触发信号，并应由消防联动控制器联动控制电动挡烟垂壁的降落。故本题选选项 B。

《火灾自动报警系统设计规范》（GB 50116—2013）第 4.5.3 条规定，防烟系统、排烟系统的手动控制方式，应能在消防控制室内的消防联动控制器上手动控制送风口、电动挡烟垂壁、排烟口、排烟窗、排烟阀的开启或关闭及防烟风机、排烟风机等设备的启动或停止，防烟排烟风机的启动、停止按钮应采用专用线路直接连接至设置在消防控制室内的消防联动控制器的手动控制盘，并应直接手动控制防烟排烟风机的启动、停止。故选项 C 正确。

《火灾自动报警系统设计规范》（GB 50116—2013）第 4.5.5 条规定，排烟风机入口处的总管上设置的 280℃排烟防火阀在关闭后应直接联动控制风机停止，排烟防火阀及风机的动作信号应反馈至消防联动控制器。故选项 D 正确。

62. C

【解析】防烟排烟系统竣工验收前，施工单位需要提交下列竣工验收资料，供参验单位进行资料检查：①竣工验收申请报告。②施工图设计文件（包括设计图样和设计说明书等）、各类消防设施的设备及其组件安装说明书、消防设计审核意见书和设计变更通知书、竣工图。③主要设备、组件、成品的出厂质量合格证明及进场检验报告。④隐蔽工程检查验收记录。⑤工程设备、部件、风管（道）系统及检验记录。⑥风管（道）试验记录。⑦设备单机试运转记录。⑧联动调试记录。⑨工程划分表。⑩观感质量综合验收记录。⑪安全和功能检验资料的检查记录。因此选选项 C。

63. B

【解析】《爆炸危险环境电力装置设计规范》（GB 50058—2014）：

第 5.4.1.1 条规定，在爆炸性环境内，低压电力、照明线路采用的绝缘导线和电缆的额定电压应高于或等于工作电压。因此选项 A 符合要求。

第 5.4.1.2 条规定，在爆炸危险区内，除在配电盘、接线箱或采用金属导管配线系统内，无护套的电线不应作为供配电线路。因此选项 C 符合要求。

第 5.4.1.3 条规定，在 1 区内应采用铜芯电缆；除本质安全电路外，在 2 区内宜采用铜芯电缆，当采用铝芯电缆时，其截面面积不得小于 16 mm^2，且与电气设备的连接应采用铜—铝过渡接头。因此选项 B 不符合要求。

第 5.4.3.1.1 条规定，当可燃物质比空气重时，电气线路宜在较高处敷设或直接埋地；架空敷设时宜采用电缆桥架；电缆沟敷设时沟内应充沙，并宜设置排水措施。甲醇蒸汽密度比空气大（1.1 左右），因此选项 D 符合要求。

64. C

【解析】同一端子上导线连接不应多于两根，且两根导线线径相同。选项 A 错误。铜、铝线相接，宜采用铜铝过渡接头，也可采用在铜线接头处搪锡；通过较大电流的接头，应采用油质或氧焊接头，在连接时加弹力片后拧紧。选项 B、D 错误，故选选项 C。

65. A

【解析】消防应急照明灯具的安装：①消防应急照明灯具应均匀布置，最好安装在棚顶或距楼地面 2 m 以上的侧面墙上（选项 B 符合要求）。②在侧面墙上顶部安装时，其底部距地面距离不得低于 2 m（选项 A 不符合要求，选项 D 符合）；在距地面 1 m 以下侧面墙上安装时，应采用嵌入式安装（选项 C 符合要求），其凸出墙面最大水平距离不应超过 20 mm，且应保证光线照射在安装灯具的水平线以下；不得安装在地面或距地面 1 ~ 2 m 之间的侧面墙上。③吊装时，要采用金属吊杆或吊链，吊杆或吊链上端应固定在建筑结构件上。

66. B

【解析】点型感烟、感温火灾探测器至多孔送风顶棚孔口的水平距离，不应小于 0.5 m。选项 A 正确。

在宽度小于 3 m 的内走道顶棚上安装探测器时，宜居中安装。点型感温火灾探测器的安装间距，不应超过 10 m。选项 B 错误。

线型光束感烟火灾探测器发射器和接收器（反射式探测器的探测器和反射板）之间的光路上应无遮挡物，并应保证接收器（反射式探测器的探测器）避开日光和人工光源的直接照射。选项 C 正确。

探测器报警确认灯应朝向便于人员观察的主要入口方向。探测器在即将调试时方可安装，在调试前应妥善保管并应采取防尘、防潮、防腐蚀措施。选项 D 正确。

67. B

【解析】《火灾自动报警系统施工及验收规范》（GB 50166—2007）第 3.7.3 条规定，模块的连接导线应留有不小于 150 mm 的余量，其端部应有明显标志。

68. B

【解析】在明确火灾风险评估的目的和内容的基础上，收集所需的各种资料，重点收集与区域安全相关的信息，可包括评估区域内人口、经济、交通等概况，区域内消防重点单位情况，周边环境情况，市政消防设施相关资料，火灾事故应急救援预案，消防安全规章制度等。

69. A

【解析】建筑火灾风险评估可按照以下六个步骤来进行：信息采集—风险识别—评估指标体系建立—风险分析与计算—风险等级判断—风险控制措施。

70. C

【解析】选项 A、B、D 是消防安全责任人的消防安全职责。选项 C 为消防安全管理人应履行的职责。

《机关、团体、企业、事业单位消防安全管理规定》（公安部第 61 号令）第六条规定，单位的消防安全责任人应当履行下列消防安全职责：①贯彻执行消防法规，保障单位消防安全符合规定，掌握本单位的消防安全情况；②将消防工作与本单位的生产、科研、经营、管理等活动统筹安排，批准实施年度消防工作计划；③为本单位的消防安全提供必要的经费和组织保障；④确定逐级消防安全责任，批准实施消防安全制度和保障消防安全的操作规程；⑤组织防火检查，督促落实火灾隐患整改，及时处理涉及消防安全的重大问题；⑥根据消防法规的规定建立专职消防队、志愿消防队；⑦组织制定符合本单位实际的灭火和应急疏散预案，并实施演练。

《机关、团体、企业、事业单位消防安全管理规定》（公安部第61号令）第七条规定，单位可以根据需要确定本单位的消防安全管理人。消防安全管理人对单位的消防安全责任人负责，实施和组织落实下列消防安全管理工作：①拟订年度消防工作计划，组织实施日常消防安全管理工作；②组织制定消防安全制度和保障消防安全的操作规程并检查督促其落实；③拟订消防安全工作的资金投入和组织保障方案；④组织实施防火检查和火灾隐患整改工作；⑤组织实施对本单位消防设施、灭火器材和消防安全标志的维护保养，确保其完好有效，确保疏散通道和安全出口畅通；⑥组织管理专职消防队和志愿消防队；⑦在员工中组织开展消防知识、技能的宣传教育和培训，组织灭火和应急疏散预案的实施和演练；⑧单位消防安全责任人委托的其他消防安全管理工作。

71．C

【解析】消防安全重点单位“三项报告”备案制度包括以下三项内容：消防安全管理人员报告备案、消防设施维护保养报告备案、消防安全自我评估报告备案。

72．B

【解析】消防安全重点部位的管理包括制度管理、标识化管理（立牌管理）、教育管理、档案管理、日常管理、应急管理。

73．B

【解析】《重大火灾隐患判定方法》（GB 35181—2017）第6.4条规定，甲、乙类生产场所和仓库设置在建筑的地下室或半地下室属于直接判定要素。氨压缩机房属于乙类厂房，所以可以直接判定为重大火灾隐患。

《重大火灾隐患判定方法》（GB 35181—2017）第7章规定，综合判定要素有总平面布置、防火分隔、安全疏散设施及灭火救援条件、消防给水及灭火设施、防烟排烟设施、消防供电、火灾自动报警系统、消防安全管理及其他。故选项A、C、D均属于重大火灾隐患的综合判定要素。

74．C

【解析】各单位根据自身特点，建立健全消防安全培训制度，明确机构和人员，保障教育培训工作经费，重点对下列人员进行不同形式的消防安全教育培训：①新上岗和进入新岗位的职工岗前培训（选项A正确）。②在岗的职工定期培训。③消防安全管理相关人员专业培训。

消防安全教育培训形式主要包括：①定期开展全员消防教育培训，落实从业人员上岗前消防安全培训制度；②组织全体从业人员参加灭火、疏散演练；③到消防教育场馆参观体验，确保人人懂本场所火灾危险性，并会报警、会灭火、会逃生（选项D正确）。

各单位应制定灭火和应急疏散预案，张贴逃生疏散路线图。消防安全重点单位至少每半年、其他单位至少每年应组织一次灭火、逃生疏散演练（选项B正确、选项C错误）。

75．D

【解析】单位应定期开展全员消防教育培训，落实从业人员上岗前消防安全培训制度；组织全体从业人员参加灭火、疏散演练；到消防教育场馆参观体验，确保人人懂本场所火灾危险性，并会报警、会灭火、会逃生。

76. D

【解析】《机关、团体、企业、事业单位消防安全管理规定》（公安部令第 61 号）第三十九条规定，消防安全重点单位制定的灭火和应急疏散预案应当包括下列内容：①组织机构，包括：灭火行动组、通信联络组、疏散引导组、安全防护救护组；②报警和接警处置程序；③应急疏散的组织程序和措施；④扑救初起火灾的程序和措施；⑤通信联络、安全防护救护的程序和措施。

77. B

【解析】应急预案演练按组织形式划分，可分为桌面演练和实战演练；按演练内容划分，可分为单项演练和综合演练；按演练目的与作用划分，可分为检验性演练、示范性演练和研究性演练。

78. D

【解析】为保护施工人员免受火灾伤害，外脚手架、支模架的架体宜采用不燃或难燃材料搭设。其中，高层建筑和既有建筑改造工程的外脚手架、支模架的架体应采用不燃材料搭设。

79. C

【解析】《建设工程施工现场消防安全技术规范》（GB 50720—2011）第 6.1.6 条规定，施工单位应编制施工现场灭火及应急疏散预案。灭火及应急疏散预案应包括下列主要内容：①应急灭火处置机构及各级人员应急处置职责；②报警、接警处置的程序和通信联络的方式；③扑救初起火灾的程序和措施；④应急疏散及救援的程序和措施。

80. D

【解析】疏散引导组履行以下工作职责：①掌握活动举办场所各安全通道、出口位置，了解安全通道、出口畅通情况；②在关键部位设置工作人员，确保通道、出口畅通；③在发生火灾或突发事件的第一时间，引导参加活动的人员从最近的安全通道、安全出口疏散，确保参加活动人员生命安全。

二、多项选择题参考答案与解析

81. DE

【解析】该厂房火灾危险性为乙类，配电站不应设置在乙类车间内，故选项 A 错误。有爆炸危险的甲、乙类厂房的分控制室宜独立设置，当贴邻外墙设置时，应采用耐火极限不低于 3.00 h 的防火隔墙与其他部位分隔。故选项 B 错误。办公室、休息室等不符设置在甲、乙类厂房内。确需贴邻本厂房时，其耐火等级不应低于二级，并应采用耐火极限不低于 3.00 h 的防爆墙与厂房分隔，且设置独立的安全出口。故选项 C 错误。

82. DE

【解析】《人民防空工程设计防火规范》（GB 50098—2009）第 4.2.4 条规定，下列场所应采用耐火极限不低于 2 h 的隔墙和 1.5 h 的楼板与其他场所隔开，并应符合下列规定：①消防控制室、消防水泵房、排烟机房、灭火剂储瓶室、变配电室、通信机房、通风和空调机房、可燃物存放量平均值超过 30 kg/m^2 火灾荷载密度的房间等，墙上应设置常闭的甲级防火门；②柴油发电机房的储油间，墙上应设置常闭的甲级防火门，并应设置高 150 mm 的不燃烧、不渗漏的门槛，地面不得设置地漏；③同一防火分区内厨房、食品加工等用火用电用气场所，墙上应设置不低于乙级的防火门，人员频繁出入的防火门应设置火灾时能自动关闭的常开式防火门；④歌舞娱乐放映游艺场所，且一个厅、室的建筑面积不应大于 200 m^2，隔墙上应设置不低于乙级的防火门。故选项 A、B 符合要求。

《人民防空工程设计防火规范》(GB 50098—2009)第 3.1.6 条规定，地下商店应符合下列规定：①不应经营和储存火灾危险性为甲、乙类储存物品属性的商品；②营业厅不应设置在地下三层及三层以下；③当总建筑面积大于 20 000 m^2 时，应采用防火墙进行分隔，且防火墙上不得开设门窗洞口，相邻区域确需局部连通时，应采取可靠的防火分隔措施。故选项 C 符合要求。

《人民防空工程设计防火规范》(GB 50098—2009)第 3.1.3 条规定，人防工程内不应设置哺乳室、托儿所、幼儿园、游乐厅等儿童活动场所和残障人士活动场所。故选项 D 错误。

《人民防空工程设计防火规范》(GB 50098—2009)第 3.1.2 条规定，人防工程内不得使用和储存液化石油气、相对密度(与空气密度比值)大于或等于 0.75 的可燃气体和闪点小于 60℃的液体燃料。故选项 E 错误。

83. ABDE

【解析】《建筑设计防火规范》(GB 50016—2014)第 5.5.17 条规定：

①注 1：建筑内开向敞开式外廊的房间疏散门至最近安全出口的直线距离可按规定增加 5 m(选项 D 正确)。注 3：建筑物内全部设置自动喷水灭火系统时，其安全疏散距离可按规定增加 25%(选项 B 正确)。②楼梯间应在首层直通室外，确有困难时，可在首层采用扩大的封闭楼梯间或防烟楼梯间前室。当层数不超过 4 层且未采用扩大的封闭楼梯间或防烟楼梯间前室时，可将直通室外的门设置在离楼梯间不大于 15 m 处(选项 C 错误)。③房间内任一点至房间直通疏散走道的疏散门的直线距离，不应大于表 5.5.17 规定的袋形走道两侧或尽端的疏散门至最近安全出口的直线距离(选项 E 正确)(耐火等级为一、二级歌舞娱乐放映游艺场所内位于疏散走道两侧或尽端的疏散门至最近安全出口的距离为 9 m)。④一、二级耐火等级建筑内疏散门或安全出口不少于 2 个的观众厅、展览厅、多功能厅、餐厅、营业厅等，其室内任一点至最近疏散门或安全出口的直线距离不应大于 30 m；当疏散门不能直通室外地面或疏散楼梯间时，应采用长度不大于 10 m 的疏散走道通至最近的安全出口。当该场所设置自动喷水灭火系统时，室内任一点至最近安全出口的安全疏散距离可分别增加 25%(选项 A 正确)。

84. ACD

【解析】纺织厂房的火灾危险性类别为丙类。

《建筑设计防火规范》(GB 50016—2014)第 3.7.6 条规定，高层厂房和甲、乙、丙类多层厂房的疏散楼梯应采用封闭楼梯间或室外楼梯。建筑高度大于 32 m 且任一层人数超过 10 人的厂房，应采用防烟楼梯间或室外楼梯。故选项 A 正确。

《建筑设计防火规范》(GB 50016—2014)第 2.1.16 条规定，防烟楼梯间指在楼梯间入口处设置防烟的前室、开敞式阳台或凹廊(统称前室)等设施，且通向前室和楼梯间的门均为防火门，以防止火灾的烟和热气进入的楼梯间。故选项 B 错误。

《建筑设计防火规范》(GB 50016—2014)第 6.4.2.1 条规定，封闭楼梯间不能自然通风或自然通风不能满足要求时，应设置机械加压送风系统或采用防烟楼梯间。故选项 C 正确。

《建筑内部装修设计防火规范》(GB 50022—2011)第 3.1.6 条规定，无自然采光楼梯间、封闭楼梯间、防烟楼梯间及其前室的顶棚、墙面和地面均应采用 A 级装修材料。故选项 D 正确。

《建筑设计防火规范》(GB 50016—2014)第 6.4.1.4 条规定，封闭楼梯间、防烟楼梯间及其前室，不应设置卷帘。故选项 E 错误。

85. ACE

【解析】防火隔间的检查内容：①防火隔间的建筑面积不应小于 6.0 m^2。②防火隔间墙应采用耐火极限不低于 3.00 h 的防火隔墙，门应采用甲级防火门；不同防火分区通向防火隔间的门最小间距不应小于 4 m（故选项 A 错误，选项 D 正确）。③防火隔间内部装修材料的燃烧性能应为 A 级（轻钢龙骨石膏板的燃烧性能为 A 级；阻燃壁纸的燃烧性能为 B_1 级。故选项 B 正确，选项 E 错误）。防火隔间只能用于相邻两个独立使用场所的人员相互通行，不得用于除人员通行外的其他用途（故选项 C 错误）。

86. ABCE

【解析】消防水泵接合器的安装应符合下列规定：①组装式消防水泵接合器的安装，应按接口、本体、连接管、止回阀、安全阀、放空管、控制阀的顺序进行，止回阀的安装方向应使消防用水能从消防水泵接合器进入系统，整体式消防水泵接合器的安装按其使用安装说明书进行。②接口的位置应方便操作，安装在便于消防车使用的地点，安装在便于消防车接近的人行道或非机动车行驶地段，距室外消火栓或消防水池的距离宜为 15 ~ 40 m（因此选项 A 正确，选项 D 错误）。③墙壁水泵接合器的安装应符合设计要求。设计无要求时，其安装高度距地面宜为 0.7 m；与墙面上的门、窗、孔、洞的净距离不应小于 2.0 m，且不应安装在玻璃幕墙下方（因此选项 B、C 正确）。④地下水泵接合器的安装，应使进水口与井盖底面的距离不大于 0.4 m，且不应小于井盖的半径。井内应有足够的操作空间并应做好防水和排水措施，防止地下水渗入。寒冷地区井内应做防冻保护（因此选项 E 正确）。⑤水泵接合器与给水系统之间不应设置除检修阀门以外的其他阀门；检修阀门应在水泵接合器周围就近设置，且应保证便于操作。

87. BE

【解析】《消防给水及消火栓系统技术规范》（GB 50974—2014）第 5.2 条规定，临时高压消防给水系统应采用高位消防水箱稳压的方式，当高位消防水箱不能满足静压要求时，需设置稳压泵。一类高层住宅当采用临时高压消防给水系统时，高位消防水箱设置应使得最不利点消防设施的静水压力满足不应小于 0.07 MPa。本题中，高层屋顶试验消火栓安装在 20 层顶板上 1.1 m 屋面，其水压为 62.6 -（54.2+1.1）=7.3 m ≈ 0.073（MPa），故选项 E 正确，选项 A 错误。

《消防给水及消火栓系统技术规范》（GB 50974—2014）第 5.3 条规定，消防给水系统管网的正常泄漏量应根据管道材质、接口形式等确定，且不宜小于 1 L/s。故选项 B 正确，选项 C、D 错误。

88. CDE

【解析】室外地下式消火栓应安装在消火栓井内，消火栓井一般用 MU7.5 红砖、M7.5 水泥沙浆砌筑。消火栓井内径不应小于 1.5 m。井内应设爬梯以方便阀门的维修。选项 A 错误。

《消防给水及消火栓系统技术规范》（GB 50974—2014）规定如下：

第 12.3.7.3 条规定，地下式消火栓顶部进水口或顶部出水口应正对井口。顶部进水口或顶部出水口与消防井盖底面的距离不应大于 0.4 m，井内应有足够的操作空间，并应做好防水措施（选项 D 正确）。

第 12.3.7.4 条规定，地下式室外消火栓应设置永久性固定标志（选项 E 正确）。

第 12.3.9.2 条规定，同一建筑物内设置的消火栓、消防软管卷盘应采用统一规格的栓口、消防水枪和水带及配件（选项 B 错误）。

第 12.3.9.7 条规定，消火栓栓口中心距地面应为 1.1 m，特殊地点的高度可特殊对待，允许偏差 ±20 mm（选项 C 正确）。

89．CDE

【解析】《自动喷水灭火系统设计规范》（GB 50084—2017）第 6.5.1 条规定，每个报警阀组控制的最不利点洒水喷头处应设末端试水装置，其他防火分区、楼层均应设直径为 25 mm 的试水阀（因此选项 A 错误）。

《自动喷水灭火系统设计规范》（GB 50084—2017）第 6.5.2 条规定，末端试水装置应由试水阀、压力表以及试水接头组成。试水接头出水口的流量系数，应等同于同楼层或防火分区内的最小流量系数洒水喷头。末端试水装置的出水，应采取孔口出流的方式排入排水管道，排水立管宜设伸顶通气管，且管径不应小于 75 mm（因此选项 B 错误，选项 C、D、E 正确）。

《自动喷水灭火系统设计规范》（GB 50084—2017）第 6.5.3 条规定，末端试水装置和试水阀应有标识，距地面的高度宜为 1.5 m，并应采取不被他用的措施。

90．ABCD

【解析】依据《气体灭火系统施工及验收规范》（GB 50263—2007）的相关规定：

附录 E.2.1 手动模拟启动试验可按下述方法进行：

按下手动启动按钮，观察相关动作信号及联动设备动作是否正常（如发出声、光报警，启动输出端的负载响应，关闭通风空调、防火阀等），因此选项 A 正确。

人工使压力信号反馈装置动作，观察相关防护区门外的气体喷放指示灯是否正常，因此选项 B 正确。

附录 E.2.2 自动模拟启动试验可按下述方法进行：①将灭火控制器的启动输出端与灭火系统相应防护区驱动装置连接。驱动装置应与阀门的动作机构脱离。也可以用一个启动电压、电流与驱动装置的启动电压、电流相同的负载代替，因此选项 D 正确。②人工模拟火警使防护区内任意一个火灾探测器动作，观察单一火警信号输出后，相关报警设备动作是否正常（如警铃、蜂鸣器发出报警声等）。③人工模拟火警使该防护区内另一个火灾探测器动作，观察复合火警信号输出后，相关动作信号及联动设备动作是否正常（如发出声、光报警，启动输出端的负载，关闭通风空调、防火阀等），因此选项 C 正确。

第 6.2.1 条规定，调试时，应对所有防护区或保护对象按本规范附录 E.2 的规定进行系统手动、自动模拟启动试验，并应合格，因此选项 E 错误。

91．BDE

【解析】灭火器属于严重缺陷项（A）的有：灭火器的类型、规格、灭火级别和配置数量符合建筑灭火器配置要求；灭火器的产品质量符合国家有关产品标准的要求；同一灭火器配置单元内的不同类型灭火器，其灭火剂能相容；灭火器的保护距离符合规定，保证配置场所的任一点都在灭火器设置点的保护范围内。故选项 B、D 属于严重缺陷项。根据《建筑灭火器配置设计规范》（GB 50140—2015）附录 A 和附录 D，民用机场候机厅属于严重危险级应采用 3A 灭火器，MF/ABC4 属于 2A，故选项 E 不符合设计要求，属于严重缺陷项。

92．ACE

【解析】《火灾自动报警系统设计规范》（GB5 0116—2013）：

第 4.5.1.1 条规定，防烟系统的联动控制方式应由加压送风口所在防火分区内的两只独立的火灾探测器或一只火灾探测器与一只手动火灾报警按钮的报警信号，作为送风口开启和加压送风机启动的联动触发信号，并应由消防联动控制器联动控制相关层前室等需要加压送风场所的加压送风口开启和加压送风机启动。选项 A 正确、选项 B 错误。

第 4.5.2.1 条规定，排烟系统的联动控制方式应由同一防烟分区内的两只独立的火灾探测器的报警信号，作为排烟口、排烟窗或排烟阀开启的联动触发信号，并应由消防联动控制器联动控制排烟口、排烟窗或排烟阀的开启，同时停止该防烟分区的空调系统。

第 4.5.3 条规定，防烟系统、排烟系统的手动控制方式，应能在消防控制室内的消防联动控制器上手动控制送风口、电动挡烟垂壁、排烟口、排烟窗、排烟阀的开启或关闭及防烟风机、排烟风机等设备的启动或停止，防烟、排烟风机的启动、停止按钮应采用专用线路直接连接至设置在消防控制室内的消防联动控制器的手动控制盘，并应直接手动控制防烟、排烟风机的启动、停止。选项 C 正确、选项 D 错误、选项 E 正确。

93．ACD

【解析】《爆炸危险环境电力装置设计规范》（GB 50058—2014）：

第 5.2.3 条规定，防爆电气设备的级别和组别不应低于该爆炸性气体环境内爆炸性气体混合物的级别和组别，由表 5.2.3.1 可知，Ⅱ A 级气体、蒸气可选择Ⅱ A、Ⅱ B、Ⅱ C 级别的设备。故选项 A 正确。

第 5.4.1 条规定，爆炸性环境 1 区内铜芯照明电缆，最小截面面积在 1 区为 2.5 mm^2 以上，2 区为 1.5 mm^2 以上。故选项 B 错误。

第 5.2.4 条规定，当选用正压型电气设备及通风系统时，电气设备应与通风系统联锁。故选项 C 正确。

第 5.3.2 条规定，当安装设备的房间必须与爆炸性环境相通时，应对爆炸性环境保持相对的正压。选项 D 正确。

第 5.5.3 条规定，在爆炸危险区域不同方向，接地干线应不少于两处与接地体连接。选项 E 错误。

94．AE

【解析】《火灾自动报警系统设计规范》（GB 50116—2013）第 4.2.3 条规定，雨淋系统的联动控制设计，应符合下列规定：①联动控制方式，应由同一报警区域内两只及以上独立的感温火灾探测器或一只感温火灾探测器与一只手动火灾报警按钮的报警信号，作为雨淋阀组开启的联动触发信号。应由消防联动控制器控制雨淋阀组的开启。故选项 A、E 正确，选项 B、C、D 错误。②手动控制方式，应将雨淋消防泵控制箱（柜）的启动和停止按钮、雨淋阀组的启动和停止按钮，用专用线路直接连接至设置在消防控制室内的消防联动控制器的手动控制盘，直接手动控制雨淋消防泵的启动、停止及雨淋阀组的开启。③水流指示器，压力开关，雨淋阀组、雨淋消防泵的启动和停止的动作信号应反馈至消防联动控制器。

95．BD

【解析】《火灾自动报警系统施工及验收规范》（GB 50166—2007）：

第 3.2.5 条规定，导线在管内或线槽内，不应有接头或扭结。导线的接头，应在接线盒内焊接或用端子连接。第 3.2.6 条规定，从接线盒、线槽等处引到探测器底座、控制设备、扬声器的线路，当采用金属软管保护时，其长度不应大于 2 m。第 3.2.7 条规定，敷设在多尘或潮湿场所管路的管口和管子连接处，均应做密封处理。因此选项 B 错误、选项 C 正确、选项 E 正确。

第 3.2.9 条规定，金属管子入盒，盒外侧应套锁母，内侧应装护口；在吊顶内敷设时，盒的内、外侧均应套锁母。塑料管入盒应采取相应固定措施。因此选项 A 正确。

第 3.2.15 条规定，同一工程中的导线，应根据不同用途选不同颜色加以区分，相同用途的导线颜色应一致。电源线正极应为红色，负极应为蓝色或黑色。因此选项 D 错误。

96．ACE

【解析】《火灾自动报警系统施工及验收规范》（GB 50166—2007）第 4.3.2 条规定，按《火灾报警控制器》（GB 4717）的有关要求对控制器进行下列功能检查并记录：①检查自检功能和操作级别。②使控制器与探测器之间的连线断路和短路，控制器应在 100 s 内发出故障信号（短路时发出火灾报警信号除外）；在故障状态下，使任一非故障部位的探测器发出火灾报警信号，控制器应在 1 min 内发出火灾报警信号，并应记录火灾报警时间；再使其他探测器发出火灾报警信号，检查控制器的再次报警功能（选项 A、C 正确，选项 B、D 错误）。③检查消音和复位功能。④使控制器与备用电源之间的连线断路和短路，控制器应在 100 s 内发出故障信号（选项 E 正确）。

97．ABCE

【解析】每季度应检查和试验火灾自动报警系统的下列功能，并按要求填写相应的记录。①采用专用检测仪器分期分批试验探测器的动作及确认灯显示。②试验火灾警报器的声光显示。③试验水流指示器、压力开关等报警功能、信号显示。④对主电源和备用电源进行 1 ~ 3 次自动切换试验。⑤用自动或手动检查下列消防控制设备的控制显示功能：a. 室内消火栓、自动喷水、泡沫、气体、干粉等灭火系统的控制设备。b. 抽验电动防火门、防火卷帘门，数量不小于总数的 25%。c. 选层试验消防应急广播设备，并试验公共广播强制转入火灾应急广播的功能，抽检数量不小于总数的 25%。d. 消防应急照明与疏散指示标志的控制装置。e. 送风机、排烟机和自动挡烟垂壁的控制设备。f. 消防电梯迫降功能。g. 应抽取不小于总数 25% 的消防电话和电话插孔在消防控制室进行对讲通话试验。

98．ABCD

【解析】建筑消防性能化设计的基本程序如下：①确定建筑的使用功能、用途和建筑设计的适用标准。②确定需要采用性能化设计方法进行设计的问题。③确定建筑的消防安全总体目标。④进行消防性能化试设计和评估验证。⑤修改、完善设计，并进一步评估验证，确定是否满足所确定的消防安全目标。⑥编制设计说明与分析报告，提交审查和批准。

99．CDE

【解析】《重大火灾隐患判定方法》（GB 35181—2017）：

第 7.2.2 条规定，防火门、防火卷帘等防火分隔设施损坏的数量大于该防火分区相应防火分隔设施总数的 50%。故选项 A 错误。

第 7.3.5 条规定，商店营业厅内的疏散距离大于国家工程建设消防技术标准规定值的 125%。故选项 B 错误。

第 7.7.2 条规定，火灾自动报警系统不能正常运行。故选项 C 正确。

第 7.5 条规定，人员密集场所、高层建筑和地下建筑未按国家工程建设消防技术标准的规定设置防烟、排烟设施，或已设置但不能正常使用或运行。故选项 D 正确。

第 7.3.3 条规定，除 6.5 规定外的其他场所或建筑物的安全出口数量或宽度不符合国家工程建设消防技术标准的规定，或既有安全出口被封堵。故选项 E 正确。

100．CDE

【解析】开启测试阀，消防水泵不能正常启动故障原因分析：①流量开关或压力开关设定值不正确。②控制柜控制回路或电气元件损坏。③水泵控制柜未设定在“自动”状态。

后　记

注册消防工程师资格考试一直受到全国消防行业及社会各界的广泛关注。为了提高应试人员复习备考的效率，作者编写了考前冲刺系列考试辅导用书，共三册，分别为《消防安全技术实务考前冲刺（2018年版）》《消防安全技术综合能力考前冲刺（2018年版）》《消防安全案例分析考前冲刺（2018年版）》。

《消防安全技术综合能力考前冲刺（2018年版）》的编写，结合了2018年版教材和国家消防技术标准规范，同时参考了近三年注册消防工程师资格考试题型和难度。全书共分为三个部分。第一部分备考攻略，主要介绍了正向学习、反向学习和模块学习的三种学习方法；统计分析了近三年考试知识点的分值分布情况，从中提炼出各章的复习重点内容以及考点的思维导图；结合注册消防工程师资格考试特点，总结备考经验，分别对单项选择题、多项选择题的答题技巧进行了翔实介绍。第二部分考点汇集，是本书的核心和精髓，对梳理出的每个考点给出关注度（以★的多少表示）提示，在对每个考点的解读中，既突出考点的条理化，又将考点追源至法律规范的具体条款规定，这是对消防专业知识的总结，更是通关考试的必备。第三部分模考实战，精选一套模拟测试题，逐题给出参考答案和解析，达到模考实战和举一反三的良好效果。

本书第一部分由刘双跃编写。第二部分第一篇由韩中华编写；第二篇、第四篇、第五篇由张杰编写；第三篇第一章至第十二章由韩中华编写，第十三章至第十五章由张杰编写。第三部分由刘小芬、张杰、韩中华编写。史昕、田晴晴、刘天琪、刘俊林、赵国程也参与了本书有关的编写工作。韩中华对全书进行了统稿和校对工作。

本书适用于参加注册消防工程师资格考试的人员，特别是缺少复习备考时间或需要迅速提高得分率的应试人员，还可供指导教师及其他消防相关人员使用。

由于作者的知识水平有限，书中难免存在不足之处，恳请广大读者批评指正。

编者

2018年6月